| 제3판 |

광해방지공학

Mine Reclamation Engineering

남광수 · 권현호 공저

도서출판 동화기술

머리말

광업은 산업활동에 필요한 원료자원을 공급해주는 국가전략산업이나, 광산개발로 인해 발생되는 광해(mine damage) 문제로 자원개발 환경과 광산지역 주변 생태계는 물론 국민건강에 좋지 않은 영향을 주고 있다. 그동안 우리나라를 포함한 대부분의 국가에서 개발・생산을 하고 폐광 이후에 광산 복구를 함으로써 광산지역 환경훼손은 물론 막대한 복구비용이 소요되고 있다. 국내외적으로 광산개발에 대한 환경규제가 강화되는 추세로 지속가능한 개발(sustainable development)을 위해서는 자원개발 및 채광활동으로 훼손된 환경에 대한 친환경적인 복구가 요구되고 있으며, 학문적인 지식과 실무능력을 갖춘 전문인력 양성이 필수적이다.

다양한 광해 유형을 종합한 광해방지공학은 학문의 범위가 넓고 해당 산업분야에 대한 종합적인 안목을 필요로 하므로 효율적인 광해관리업무 수행을 위해서는 광해 유형별로 이론과 실무능력이 요구된다. 이에 저자는 기존에 출간된 광해방지공학(2007년, 2013년)을 기본으로 광해방지사업 실무내용과 정부에서 개발한 에너지・자원 국가직무능력표준(NCS)을 연계하여 재개정 도서를 저술하였다. 이 책은 광해 및 자원개발 전공자나 이에 관심 있는 학생, 일반인이나 산업계 실무자들이 쉽게 이해하고 활용할 수 있도록 광해 유형별 광해방지 및 복구에 대한 기초이론과 현장실무 내용으로 구성하였다.

광해방지공학은 종합학문으로 저자의 지식이 부족하여 내용이 충분하지 못하거나 오류가 있을 것으로 생각되기에 독자 여러분의 기탄없는 조언을 바란다. 이 책이 완성될 수 있도록 자료 제공과 원고 수정작업에 기꺼이 협조하여 주신 전문가분들과 한국광해광업공단 임직원 및 도서출판 동화기술에 깊은 감사를 드린다. 아울러 다년간 집필에 집중할 수 있도록 배려하고 응원해준 소중한 우리 가족에게 고마움을 표한다.

차례

Chapter 3 지반침하에 의한 광해

Chapter 4 광산배수에 의한 광해

Chapter 5 광물찌꺼기에 의한 광해

Chapter 7 소음·진동, 먼지날림에 의한 광해

제 1 장

총론

1.1 광해 정의 및 유형

1.1.1 광해 정의 및 특성

광업은 산업활동에 필요한 원료공급을 하는 국가기간산업으로서 중요성을 갖고 있다. 하지만 광산개발 과정에서 산림훼손, 폐석 및 광물찌꺼기 유실, 지반침하, 오염된 광산배수 유출 등의 다양한 광해(鑛害, mine damage)가 발생하고 있다(그림 1-1).

광산안전법에서 광해는 광산에서의 토지의 굴착, 광물의 채굴, 선광 및 제련과정에서 생기는 지반침하, 폐석·광물찌꺼기의 유실, 갱내수·폐수의 방류 및 유출, 광연(鑛煙)의 배출, 먼지의 날림, 소음·진동의 발생으로 광산 및 주변 환경에 미치는 피해로 정의하고 있다. 아울러 폐광산 일대에 방치되어 자연경관 및 도시미관을 훼손하는 광산시설물(선광장 등 구조물, 사무소, 사택 등)도 광해의 범주에 포함하고 있다.

광해는 '오염성, 지속성, 확산성, 축적성'의 특성이 있으며, 광산지역 환경훼손의 주요 원인으로 작용하여 광산 복구와 복구지를 활용하는 데 장애요인이 되고 있다. 광해가 발생될 경우 유해중금속 등의 확산으로 피해범위가 광범위하고 복구에 많은 시

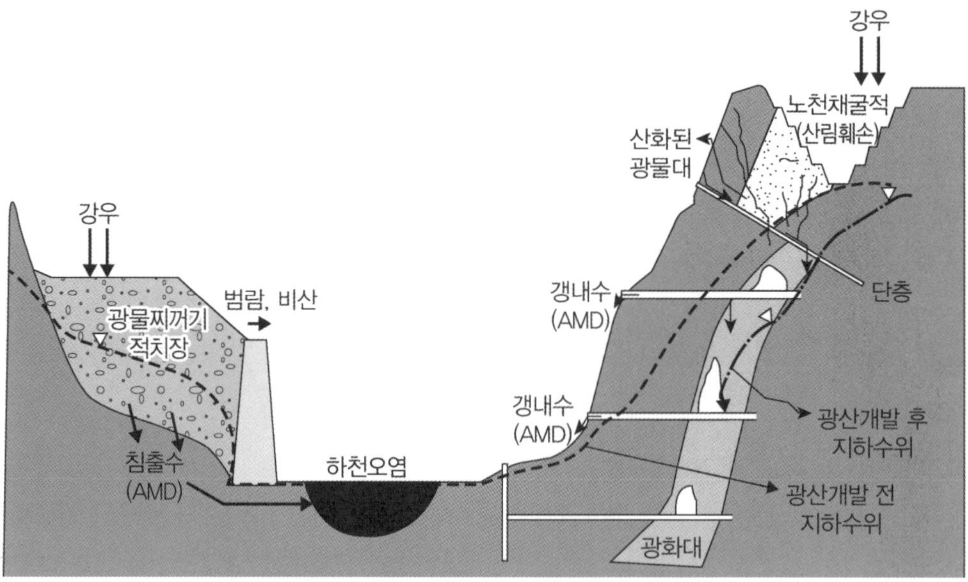

그림 1-1 광산개발 과정에서 발생하는 다양한 광해

간과 비용이 소요된다. 실제로 중금속으로 오염된 갱내수는 폐광 이후 수십 년 동안 지속적으로 발생되며, 채굴적 붕괴로 인한 지반침하는 50년이 지난 후에도 갑자기 발생되고 있다.

1.1.2 광해 유형 및 발생 현황

(1) 광해 유형

가행 및 휴・폐광, 노천채광 및 갱내채광 등의 광산개발 형태와 광종에 따라 다양한 유형의 광해가 발생하여 피해가 발생되므로, 광해 유형별로 복구방안이 마련되어야 한다(표 1-1). 광산에서 발생하는 광해 유형으로는 산림훼손, 채굴적에 의한 지반침하, 광산배수 유출, 폐석 및 광물찌꺼기 유실, 소음・진동 및 먼지날림, 폐시설물 등이며, 이러한 광해가 복합적으로 발생한다.

광해 유형 중 개발과정에서 화약발파, 운반 및 선광 등의 과정에서 발생하는 소음・진동 및 먼지날림에 의한 광해는 폐광산에서는 발생하지 않고 가행광산에서 발생한다.

표 1-1 광해 유형 및 피해

<table>
<tr><th>구분</th><th>광업활동</th><th>광해 유형</th><th>광해로 인한 피해</th></tr>
<tr><td rowspan="4">가행 중 발생</td><td>노천개발</td><td>• 산림・토지훼손</td><td>• 자연경관 훼손, 산사태</td></tr>
<tr><td>갱도굴착 및 채광작업</td><td>• 폐석 유실, 광산배수 유출, 지반침하, 소음・진동, 먼지날림</td><td>• 수질오염, 하천생태계 파괴, 토양오염, 지상구조물 파손, 주거환경 악화</td></tr>
<tr><td>선광작업</td><td>• 광물찌꺼기 유실</td><td>• 수질오염, 토양오염</td></tr>
<tr><td>운반작업</td><td>• 먼지날림, 소음</td><td>• 대기・수질오염, 주거환경 악화</td></tr>
<tr><td colspan="2" rowspan="3">폐광 후 발생</td><td>• 지반침하</td><td>• 땅 꺼짐, 지상구조물 파손, 농업용수 고갈, 습지 형성</td></tr>
<tr><td>• 광산배수(갱내수, 침출수) 유출</td><td>• 수질오염, 토양오염</td></tr>
<tr><td>• 폐석 및 광물찌꺼기 유실, 광산시설물 방치</td><td>• 적치장 하부 토지・주거지 매몰, 수질오염, 토양오염, 자연경관 및 도시미관 훼손</td></tr>
</table>

광종에 관계없이 산림훼손, 폐석 유실, 지반침하, 오염수 유출 등의 다양한 광해 유형이 복합적으로 발생한다. 대부분 단일광종인 석탄광산이나 비금속광산에서는 광물찌꺼기가 발생하지 않으나, 금속광산에서는 원광 중 미량 존재하는 특정 금속을 회수하기 위한 선광과정 등에서 다량의 광물찌꺼기가 발생한다. 비금속광산에서는 오염원으로 존재하는 광물이 미량이거나 거의 존재하지 않아 상대적으로 광해가 적다.

(2) 광해 발생 현황

남한에서는 약 5,800개의 광산이 존재하였으며 금속광산과 석탄광산은 경제성 문제로 대부분 폐광되었고, 가행광산의 대부분은 석회석, 규석, 고령토, 납석, 장석 등을 생산하는 비금속광산이다. 금속광산은 1930년대 일제 강점기부터 본격 개발되었고, 해방 이후 재채굴 형식으로 개발되다가 1980년대 이후 대부분이 폐광되었다. 석탄광산은 1960년대 본격 개발되었으나, 1980년대 연료사용 패턴 변화로 소비가 급감함에 따라 1980년대 후반부터 실시된 정부 차원의 석탄산업합리화조치로 대부분이 폐광되었다.

가행광산 및 휴·폐광산에서 다양한 유형의 광해가 발생한다. 가행광산은 관련 법규 준수와 민원예방을 위한 조치로 광해의 영향이 적은 편이나, 약 5,500개의 휴·폐광산에서 발생한 광해에 대한 광해방지사업이 필요한 실정이다(표 1-2).

표 1-2 광해 발생 현황(제4차 광해방지기본계획) (단위 : 개)

구분	일반광산			석탄광산	합계
	금속광산	비금속광산	소계		
가행광산	25 (2)	295 (12)	320 (14)	5 (0)	325 (14)
휴지광산	46 (7)	314 (14)	360 (21)	-	360 (21)
폐광산	2,224 (1,678)	2,453 (1,201)	4,677 (2,879)	438 (400)	5,115 (3,279)
합계	2,295 (1,687)	3,062 (1,227)	5,357 (2,914)	443 (400)	5,800 (3,314)

주) ( )는 광해 발생 개소이며, 매년 휴·폐광산 발생으로 광산 및 광해 발생 개소는 변동될 수 있음.

1.2 광산개발 일반

1.2.1 지질 및 광상

(1) 광물(mineral)

광물은 천연산 무기물로 이루어진 균질의 고체로서 일정한 화학성분과 결정구조를 가지며, 고유한 물리적·화학적 성질을 가지는 물질이다. 광물의 종류는 약 5,500여 종으로 지각구성 성분의 1% 이상을 차지하는 지각의 8대 원소(O, Si, Al, Fe, Ca, Na, K, Mg)가 전체의 98% 이상이다. 지각은 여러 종류의 광물 집합체인 암석으로 구성되어 있다.

암석을 구성하는 석영, 장석, 운모, 각섬석, 휘석, 감람석 등과 같은 주요 광물을 조암광물(rock forming minerals)이라 한다(표 1-3). 조암광물의 90% 이상은 규소와 산소의 결합에 의해 형성되는 사면체 결정구조를 갖는 규산염광물이다. 규산염광물에 비하여 적은 양이 산출되며 품위가 높아야 경제적 가치가 있는 비규산염광물에는 원소광물, 산화광물, 할로겐광물, 황화광물, 탄산염광물, 인산염광물 등이 있다.

표 1-3 조암광물 현황

구분		이온 및 특징	주요 광물
규산염광물		SiO_4 사면체를 기본단위로 중합체를 이룸	• 석영, 정장석, 휘석, 각섬석, 흑운모 등
비규산염광물	원소광물	없음	• 금, 은, 금강석, 황
	산화광물	O^{2-}	• 자철석, 적철석, 강옥, 금홍석
	할로겐광물	Cl^-, F^-	• 암염, 형석
	황화광물	S^{2-}	• 황철석, 황동석, 방연석
	탄산염광물	$(CO_3)^{2-}$	• 방해석, 고회석(dolomite)
	황산염광물	$(SO_4)^{2-}$	• 석고, 중정석
	인산염광물	$(PO_4)^{3-}$	• 인회석

(2) 암석(rock)

암석은 한 종류 또는 그 이상의 광물들의 물리적 결합으로 생성된 집합체로서, 암석의 성인에 따라 화성암, 퇴적암, 변성암으로 분류한다. 특정원소들이 일정 수준 이상으로 농집되어 있어 경제성을 갖는 암석을 광석(ore mineral)이라 한다.

1) 화성암(igneous rock)

화성암은 용융상태인 마그마가 지하의 약한 부분이나 틈을 따라 지표로 흘러나오거나 지하 깊은 곳에서 서서히 냉각·고결되어 생성된 암석이다. 화성암은 마그마의 냉각 위치에 따라 분출암(extrusive rock)과 관입암(intrusive rock)으로 분류한다(표 1-4). 분출암은 화산의 화구나 지각의 틈을 따라 분출된 것으로 용암류(lava flow)와 화산암설로 산출한다. 관입암은 관입 시 관입체의 구조적 관계에 따라 심성암은 규모가 큰 저반(batholith)이나 암주(stock)로, 반심성암은 규모가 작은 암맥(dyke), 암상(sill), 병반(laccolith), 암경(neck)으로 산출한다.

표 1-4 화성암의 분류 및 산출상태

분류	마그마의 냉각 위치	암석	산출상태
분출암	지표	화산암	• 용암류, 화산암설
관입암	지표 부근	반심성암	• 암맥, 암상, 병반, 암경
	지하 심부	심성암	• 저반, 암주

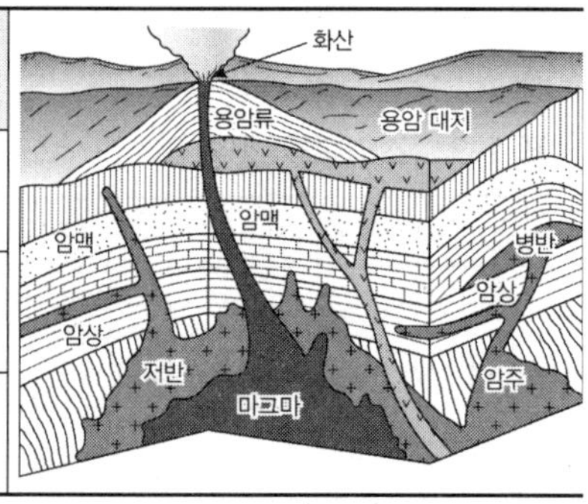

화성암은 생성 시 마그마가 식으면서 굳은 위치와 SiO_2의 함량을 기준으로 표 1-5와 같이 분류한다. 생성 깊이에 따라 마그마가 지각 깊은 곳에 관입하여 굳어진 조립질(coarse texture)의 심성암, 마그마가 지표에 분출되어 빠르게 굳어진 유리질 또는 세립질(fine texture)의 화산암, 비교적 지하 얕은 곳에 관입하여 굳어진 반정질(hypocrystalline texture)의 반심성암으로 구분한다. 또한 SiO_2의 함량에 따라 산성암, 중성암, 염기성암, 초염기성암으로 분류한다.

표 1-5 화성암의 분류

산출상태 \ SiO_2 (%)		산성암 65% 이상	중성암 65~52%	염기성암 52~45%	초염기성암 45% 미만
세립질	화산암	유문암	안산암	현무암	코마티아이트
↕	반심성암	석영반암	섬록반암	휘록암	–
조립질	심성암	화강암	섬록암	반려암	감람암
색		밝은색	←	→	어두운 색

2) 퇴적암(sedimentary rock)

퇴적암은 암석이 풍화·침식과정에 의해 부서져 물, 바람 등과 함께 운반되어 일정지역에 퇴적물이 계속 쌓여 오랜 기간 압축·고화과정을 거쳐 생성된 암석이다. 퇴적암은 구성물질의 기원, 입자의 크기, 화학성분 등에 따라 쇄설성 퇴적암, 화학적 퇴적암, 유기적 퇴적암으로 분류한다(표 1-6).

퇴적암의 특징적인 구조는 층상으로 발달되는 평행구조인 층리(bedding), 모래 지층에서 일정한 방향을 갖지 않는 층리인 사층리(cross-bedding), 수심이 얕은 물 밑에서 생긴 물결자국인 연흔(ripple mark), 퇴적물이 건조한 대기에 노출되어 논바닥이 갈라지는 형태의 건열(sun 또는 mud crack), 퇴적암에 자갈 모양의 물체가 채워져 있는 결핵체(concretion)와 생물의 유해 등이 지층 중에 남아 있는 화석(fossil) 등이 있다.

3) 변성암(metamorphic rock)

변성암은 기존의 암석이 온도와 압력으로 인한 변성작용을 받아 새로운 광물조성과 조직을 갖게 되는 암석이다. 변성암은 변성작용의 요인에 따라 파쇄 변성작용에 의한 파쇄암, 압력과 온도의 변성작용에 의한 광역변성암, 온도의 변성작용에 의한 접촉변성암으로 분류한다(표 1-7).

변성암의 특징적인 구조는 판상의 광물이 평행하게 배열되는 엽리(foliation), 얇은 판으로 쪼개지는 성질인 벽개(cleavage), 편암 내에 발달하는 엽리인 편리(schistosity), 편마암 내에 발달하는 엽리인 편마구조(gneissosity), 광물이 한 방향으로 평행하게 배열하는 선구조(lineation) 등이 있다.

표 1-6 퇴적암의 분류

분류	생성과정	물질 기원	퇴적물(지름)	퇴적암
쇄설성 퇴적암	처음부터 고체로 존재하다가 퇴적된 물질	암석 조각, 광물 입자	자갈(2 mm 이상)	역암
			모래(0.0625～2 mm)	사암
			실트(0.0625 mm 이하)	셰일
			점토(0.0039 mm 이하)	
		화산분출물	화산진, 화산재(4 mm 이하)	응회암
			화산력, 화산탄(4 mm 이상)	집괴암
화학적 퇴적암	암석에서 용해되어 용액이 되었다가 침전되면서 고체로 됨	화학성분	암염(NaCl)	암염
			석고	석고
			방해석	석회암－탄산염암
			고회석	고회암－탄산염암
			석영	처트(chert)
유기적 퇴적암	생물의 유해가 쌓여 퇴적된 것	생물의 유해	석회질 생물체	석회암
			규질 생물체	규조토
			식물체	석탄

표 1-7 변성암의 분류

기존 암석		변성작용	조직	작다 ← 변성 정도 → 크다
퇴적암	셰일	접촉변성	혼펠스	혼펠스(hornfels)
		광역변성	엽리, 편마	슬레이트 → 천매암 → 편암 → 편마암
	사암	광역변성	입상 변정질	규암
	석회암	접촉, 광역변성		대리암
화성암	현무암	광역변성	엽리	녹색 편암 → 편마암
	감람암	접촉변성	사문암	사문암

(3) 광상(ore deposit)

경제적 가치가 있는 광물자원이 국부적으로 농집되어 채굴의 대상이 되는 부분을 광상이라고 하며, 성인에 따라 화성광상, 퇴적광상, 변성광상으로 분류한다.

1) 광상의 형성 및 산출상태

일반적인 광상의 형성과정은 마그마 발생과 함께 다양한 지질작용으로부터 야기된 물, 가스와 같은 유체가 열과 압력에 의한 유동성에 따라 다양한 지층과 암석을 통과하면서 형성한다. 암석의 균열을 따라 침투한 지하수는 규산염광물, 황화광물 등을 용해시키며, 지하수가 이동하는 과정에서 유체가 통과하는 암석 매체로부터 금속이온뿐만 아니라 착이온 등의 성분을 다량 추출하여 유용금속을 다량 함유한 광화유체(mineralizing solution)로 변화한다(최선규, 2013).

광화유체는 대규모 지질매체 또는 구조대를 통한 유동과정에서 지질매체의 환경변화에 따라 고체상의 유용광물로 정출이 유도되는 침전메커니즘이 작용하며 집중적 농집과정이 발생하여 광상이 형성된다(그림 1-2).

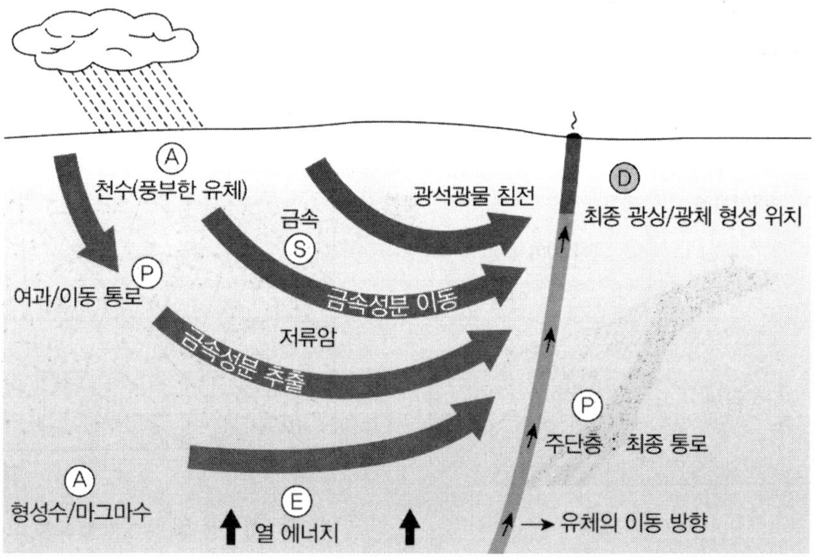

유용금속(+착이온)(S), 유체(A), 에너지(E), 이동통로(P), 농집/침전환경(D)

그림 1-2 금속광화작용에 영향을 미치는 핵심인자 간 복합적 상호작용의 모식도(최선규, 2013)

광상의 산출상태는 규칙적 모양을 갖는 맥상광체와 관상광체, 불규칙한 모양을 갖는 괴상광체와 광염상광체 및 망상광체가 있다(그림 1-3). 맥상광체는 일정한 크기의 맥폭과 방향성을 갖는 광체로서 주로 단층대와 같은 파쇄대에서 발달한다. 관상광체는 연장이 긴 원통형의 광체로서 주로 지질구조의 교차 부분이나 화산 분화구에서 형성되며 대규모 경제성 광상이 발견되는 광체이다. 괴상광체는 석회질 퇴적암에 화성암체가 관입하거나 단층 등을 따라 광화유체가 유입되어 석회-규산염광물을 침전시켜 생성된 광체이다. 광염상광체는 광석광물이 모암 내에 작은 입자로 산포되어 산출되고, 망상광체는 미세하게 분포하는 세맥(vein) 내에 광석광물이 집중적으로 산출된다.

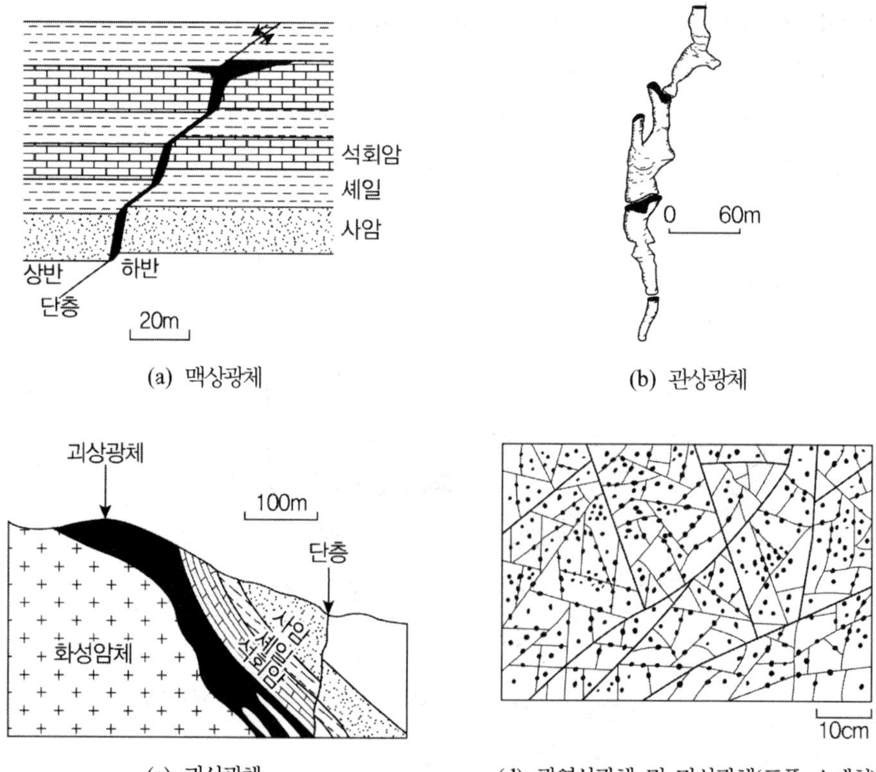

(a) 맥상광체 (b) 관상광체 (c) 괴상광체 (d) 광염상광체 및 망상광체(표품 스케치)

그림 1-3 광상의 산출상태(한국지구과학회, 1998)

2) 광상의 분류

① 화성광상(igneous deposit)

화성광상은 화성암의 생성과정인 화성활동에 수반되어 생성된 광상으로, 마그마가 고화될 때 단계적으로 온도, 압력, 성분의 변화에 따라 정마그마(orthomagmatic), 페그마타이트(pegmatite), 기성(pneumatolytic), 열수(hydrothermal)광상으로 분류한다

(표 1-8). 기성광상에서 화성암체 주위에 석회암이 있으면 휘발성 성분이 석회암과 교대하여 칼슘 성분을 많이 포함한 광물의 집합체를 스카른(skarn)이라고 한다. 과거 세계적인 텅스텐광상으로 유명한 영월군 소재 상동광산도 스카른광상에 속한다.

열수광상을 만드는 고온의 수용액인 광액(ore solution)에는 규산분이 많이 포함되어 있어 주로 석영맥을 형성한다. 석영맥 중에 대부분 황철석과 황동석, 섬아연석, 유비철석 등이 포함되어 금, 구리, 아연 등과 같은 유용광물을 함유한다.

표 1-8 화성광상의 분류

<table>
<tr><th>구분</th><th>광상 생성 및 산출 광물</th><th>모식도</th></tr>
<tr><td>정마그마광상</td><td>• 마그마가 식는 초기에 밀도가 큰 광물이 가라앉아 생성(600°C 이상에서 생성)
• 자철석, 크롬철석, 티탄철석, 백금, 니켈 등</td><td rowspan="4">
(1) 정마그마광상
(2) 페그마타이트광상
(3) 접촉광상 및 기성광상
(4) 심열수광상
(5) 중열수광상
(6) 천열수광상</td></tr>
<tr><td>페그마타이트광상</td><td>• 마그마가 심부에서 굳어져 화강암이 생성된 후, 휘발성분이 많은 잔류마그마가 암석의 틈으로 흘러들어 굳어져서 생성(500～600°C에서 생성)
• 리튬, 우라늄 등의 희유원소 광물</td></tr>
<tr><td>기성광상</td><td>• 마그마 고결 말기에 마그마가 더 냉각되어 잔여 수증기와 휘발성분이 주위 암석과 반응하여 생성(374～500°C에서 생성)
• 주석석, 휘수연석, 회중석, 형석 등</td></tr>
<tr><td>열수광상</td><td>• 수증기가 고온의 열수로 변하여 주변 암석 틈 사이에 여러 가지 광물을 침전(374°C 이하에서 생성)
• 금, 은, 구리, 납, 아연 등</td></tr>
</table>

② 퇴적광상(sedimentary deposit)

퇴적광상은 유용광물을 포함한 암석이 풍화・침식・운반・퇴적되는 과정에서 유용한 광물이 집중적으로 퇴적되어 형성되는 광상으로서 사광상(placer deposit), 풍화잔류광상(잔류광상), 침전광상으로 분류한다.

풍화작용과 침식작용에 의해 하상으로 운반된 비중이 크고 풍화에 강한 유용광물들이 물의 흐름으로 이동하여 쌓인 사광상에는 금강석, 백금, 금, 자철석, 모나자이트, 석류석 등의 광물이 발견된다. 풍화잔류광상은 계속되는 풍화작용으로 광상의 위치 또는 가까이에서 잔류 농집되어 형성되는 광상으로 고령토, 수산화알루미늄 광물이 모인 보크사이트(bauxite)광상이 생성된다. 물에 녹아 있던 유용한 광물성분이 화학적으로 결합·침전되어 생성되는 침전광상에는 암염, 석고 같은 화학적 침전광상과 동식물의 사체가 쌓여서 농집된 석회암, 석탄 등과 같은 유기적 침전광상이 있다.

③ 변성광상(metamorphic deposit)

변성광상은 화성광상이나 퇴적광상이 지각변동에 의한 변성작용을 받아 생성된 광상이다. 변성작용으로 생성된 광상은 석면, 흑연, 활석광상 등이며 대규모 철광상이 형성되기도 한다. 퇴적암 중에 소량 남아 있는 유기질 기원의 비정질 탄소가 변성작용을 받아 흑연광상으로 형성되는 것과 고회석이 변성할 때 물과 이산화탄소 등이 첨가되면 활석광상이 되는 것이 변성광상의 예로 들 수 있다.

(4) 한국의 지질계통 및 광상 분포

한반도는 오랜 지질시대를 거치면서 수차례의 조산운동과 그와 연관된 화성·변성활동 등이 작용하여 현재와 같은 지질구조를 형성하였다. 광상의 성인과 생성시기, 분포 등은 지질계통과 지체구조에 연관되며, 우리나라는 지질시대별로 다양한 지질현상과 암석이 분포한다(표 1-9).

우리나라는 면적에 비해서 금속·비금속광물과 석탄 및 석회석 등 약 300여 종의 다양한 광종이 분포되어 있다. 광상은 용도에 따라 금속광상과 비금속광상으로, 산출대상물에 따라 금광상, 은광상, 구리광상 등으로 분류하며 2종류 이상인 경우 금은광상, 납아연광상과 같이 복합명으로 표기한다.

우리나라에서 중생대에는 마그마작용에 의하여 형성된 쥐라기의 대보화강암체와 백악기의 불국사화강암체 주변에 많은 광화작용이 수반되어 다양한 금속광상(Au, Ag, Cu, Pb, Zn, Fe, W, Mo, Sn 등)이 형성되었다(이현구 등, 2007). 또한 평안남도와 강원도, 충북 일대에 분포한 고생대 조선누층군에 두껍게 퇴적된 석회석광상이 형성되어 있고, 강원도 삼척, 태백, 정선 등에 분포한 고생대 평안누층군에 석탄이 매장되어 있다.

표 1-9 지질연대 및 한반도에 분포하는 층서(이병주 · 선우춘, 2010)

대	기	연대	층서			관입
신생대	제4기	1.8 Ma	충적층 신양리층(제주도)			
	신제3기	23 Ma	서귀포층			
			연일층군			
			장기층군			
			양북층군			
	고제3기	65 Ma	(빗금)			불국사화강암
			경상누층군	유천층군		
중생대	백악기	146 Ma	경상누층군	하양층군		
			경상누층군	신동층군		
	쥐라기	200 Ma	(빗금)			대보화강암
			대동층군(남포층군, 반송층군)			
	트라이아스기	251 Ma				송림화강암
			평안누층군	동고층		
고생대	페름기	299 Ma	평안누층군	고한층		
			평안누층군	도사곡층		
			평안누층군	함백산층		
			평안누층군	장성층		
	석탄기	359 Ma	평안누층군	금천층		
			평안누층군	만항층		
			(빗금)			
	데본기	416 Ma	(빗금)			
	사일루리아기	444 Ma	(빗금)			
	오도비스기	488 Ma	조선누층군	두위봉층	영흥층	옥천층군?
			조선누층군	직운산층	영흥층	
			조선누층군	막골층	영흥층	
			조선누층군	두무골층	문곡층	
			조선누층군	동점층	문곡층	
	캄브리아기	550 Ma	조선누층군	화절층	와곡층	
			조선누층군	풍촌층	마차리층	
			조선누층군	묘봉층	삼방산층	
			조선누층군	장산층		
원생대	후기		(빗금)			
			상원계			화강암 관입
	중기		연천계 서산층군			
	전기		경기편마암 복합체			
시생대		4.5 Ga	지리산편마암 복합체 소백산편마암 복합체 마천령편마암 복합체 낭림육괴 관모육괴			

주) 빗금 부분은 한반도에서 관찰되지 않는 결층임(Ma : 백만년, Ga : 10억년)

1.2.2 광물자원 및 광산개발 절차

(1) 광물자원

광물자원은 광종의 물리적 특성과 사용 용도에 따라 금속광물, 비금속광물, 에너지광물로 분류한다(표 1-10). 금속광물은 암석이나 광석 내 특정원소의 함량으로 개발 여부가 결정되며, 선광 · 제련과정을 거쳐 금속원료로 다양하게 사용한다(표 1-11).

희소금속(희유금속, rare metal)은 지각 내 부존량이 작지만 첨단산업과 신에너지산업에 수요가 큰 금속자원이다. 철이나 베이스메탈(卑金屬, base metal)에 희소금속을 첨가하면 특수합금을 만들 수 있는 특성으로 희소금속을 산업비타민이라 한다.

국가가 특정한 광물의 수급 및 가격안정이나 전략적인 필요에 따라 광업권 설정 대상으로 지정한 광물을 법정광물이라 한다. 각국에서는 광물 수급의 우선순위, 신산업의 기여도, 자원고갈 등을 고려하여 핵심광물(전략광물, critical minerals)을 선정 · 관리하고 있으며, 우리나라도 4차 산업혁명에 필수적인 코발트, 리튬, 텅스텐, 니켈, 망간 등을 관리하고 있다.

표 1-10 광물자원의 분류

<table>
<tr><th colspan="3">구분</th><th>유용 광물자원</th><th>우리나라의 법정광물</th></tr>
<tr><td rowspan="4">금속광물</td><td colspan="2">함철금속광물</td><td>• 철, 니켈, 크롬, 마그네슘, 망간, 텅스텐 등</td><td rowspan="4">• 금, 은, 동, 연, 아연, 백금, 주석, 창연, 안티몬, 수은, 철, 크롬철, 티탄철, 유화철, 망간, 니켈, 코발트, 텅스텐, 리튬, 카드뮴, 탄탈륨, 니오비움, 사금, 몰리브덴, 베릴륨, 지르코늄, 바나듐 및 희토류</td></tr>
<tr><td rowspan="3">비철 금속 광물</td><td>베이스메탈</td><td>• 구리, 납, 아연 등</td></tr>
<tr><td>귀금속</td><td>• 금, 은, 백금 등</td></tr>
<tr><td>희소금속</td><td>• 리튬, 코발트, 몰리브덴, 텅스텐 등(국내 약 35종)</td></tr>
<tr><td rowspan="3">비금속광물</td><td colspan="2">화학공업원료</td><td>• 형석, 활석, 인회석, 유황</td><td rowspan="3">• 유황, 석고, 납석, 활석, 석회석, 남정석, 홍주석, 형석, 하석, 명반석, 중정석, 규조토, 장석, 고령토, 사문석, 수정, 운모, 불석, 석회석, 연옥, 규사, 규석, 인, 붕소, 흑연, 마그네사이트, 보크사이트, 금강석</td></tr>
<tr><td colspan="2">요업원료</td><td>• 고령토, 납석 등</td></tr>
<tr><td colspan="2">건축재료원료</td><td>• 석회석</td></tr>
<tr><td rowspan="2">에너지광물</td><td colspan="2">화석에너지원료</td><td>• 석탄, 석유, 천연가스</td><td rowspan="2">• 석탄, 석유, 우라늄, 토륨</td></tr>
<tr><td colspan="2">핵에너지원료</td><td>• 우라늄, 토륨</td></tr>
</table>

주) 법정광물은 광업법 개정에 따라 변동 가능

표 1-11 주요한 금속과 그들의 광석과 활용분야(문희수 · 최선규, 2001)

금속	광석광물	광상의 종류	금속 함유량(%)	활용분야
알루미늄(Al)	깁사이트[gibbsite, $Al(OH)_3$]	풍화잔류광상	Al; 34.7	• 합금, 경금속, 자동차
안티몬(Sb)	스티브나이트(stibnite, Sb_2S_3) 테트라히드라이트(tetrahedrite, $Cu_{12}Sb_4S_{13}$)	열수광상	Sb; 71.7	• 주석관, 청동, 에나멜, 요업
크롬(Cr)	크롬철석[chromite, (Fe, Mg) Cr_2O_4]	정마그마광상	Cr; 46.4	• 합금, 도금, 내화벽돌, 염료
코발트(Co)	린나아이트(linnaeite, Co_3S_4)	열수광상	Co; 11~53	• 강철합금, 촉매제
구리(Cu)	칼코사이트(chalcocite, Cu_2S) 황동석(chalcopyrite, $CuFeS_2$) 반동석(bornite, Cu_5FeS_4)	열수광상	Cu; 79.9 34.7 63.3	• 합금, 전자공업
금(Au)	자연금(native gold, Au) 일렉트럼(electrum, AuAg)	열수 혹은 사광상	Au; 80~98 70~75	• 귀금속합금, 화학기구, 전자공업
철(Fe)	적철석(hematite, Fe_2O_3) 자철석(magnetite, Fe_3O_4) 능철석(siderite, $FeCO_3$)	퇴적광상 혹은 마그마성	Fe; 70 72.35 48.21	• 각종 기계공업, 합금
납(Pb)	방연석(galena, PbS)	열수광상	Pb; 86.6	• 축전지, 합금
몰리브덴(Mo)	휘수연석(molybdenite, MoS_2)	열수광상	Mo; 60	• 특수강, 필라멘트
니켈(Ni)	펜틀란다이트[pentlandite, $(Fe, Ni)_9S_8$]	마그마성	Ni; 10~40	• 특수강합금, 로켓
백금(Pt)	자연백금(native platinum, Pt)	마그마성	Pt; 다양함	• 촉매, 전자공업
은(Ag)	자연은(native silver, Ag) 휘은석(argentite, Ag_2S)	열수광상	Ag; 100 87	• 귀금속, 합금, 사진, 전기도금
토륨(Th)	모나자이트[monazite, $(Ce, La, Th)PO_4$]	사광상	Th; 2~24	• 원자로원료, 특수유리, 합금
주석(Sn)	석석(cassiterite, SnO_2)	열수광상	Sn; 78.7	• 주석판, 청동
티타늄(Ti)	금홍석(rutile, TiO_2)	사광상	Ti; 60.0	• 고압용기, 염료
텅스텐(W)	흑중석[wolframite, $(Fe, Mn)WO_4$] 회중석(sheelite, $CaWO_4$)	열수광상	W; 60 63	• 특수강, 합금, 초경기계
우라늄(U)	유라니나이트(uraninite, UO_2)	열수광상	U; 83.3	• 원자로원료, 촉매
아연(Zn)	섬아연석(sphalerite, ZnS)	열수광상	Zn; 67	• 합금, 살충제
수은(Hg)	진사(cinnabar, HgS)	열수광상	Hg; 86.2	• 촉매, 부식제

(2) 광산(mine) 분류 및 광산개발 절차

1) 광산 분류

광산은 지하 또는 지표의 광물자원을 개발하는 작업이 진행되는 장소로서, 광산안전법에 광업을 경영하는 사업장으로 정의하고 있다. 국내 광산은 광산안전법상 일반광산, 석탄광산, 석유광산으로 분류한다. 일반광산은 금속광산과 비금속광산으로, 석탄광산은 메탄가스 함유량 등에 따라 갑종탄광과 을종탄광으로 분류한다. 갑종탄광은 주요 배기갱도의 기류 중에서 메탄가스 함유율이 0.25% 이상, 채탄작업장의 기류 중에서 메탄가스 함유율이 1% 이상, 통기시설의 운전을 1시간 정지한 경우 통행갱도 또는 채탄작업장에서 메탄가스 함유율이 3% 이상, 갱내에서 메탄가스가 폭발하거나 연소한 사고가 있었던 경우 중 어느 하나에 해당하는 석탄광산이다.

석탄광산은 탄량, 탄질이 경제적인 개발가치가 있고 풍부하게 매장된 탄전(炭田, coal field)지역에 분포하나, 금속광산은 다양한 광종이 전국에 산재되어 있다(그림 1-4).

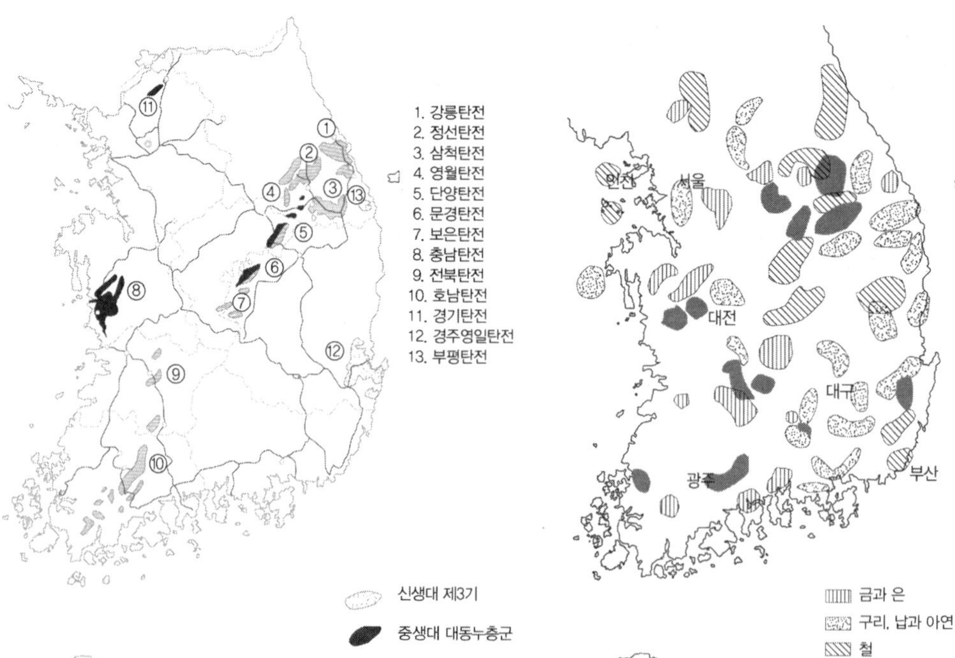

(a) 석탄광산 (b) 금속광산

그림 1-4 국내 광산 현황

주요 탄전은 삼척탄전, 정선탄전, 문경탄전 등이며, 정선탄전의 부존 면적이 가장 넓고 매장량은 삼척탄전이 전체의 약 40% 정도이다. 삼척탄전, 정선탄전은 고생대 평안누층군에 집중 분포하여 대규모로 개발되었다. 충남탄전은 중생대 대동누층군에 분포한 탄층을 개발하였으며, 탄층 발달상태가 빈약하여 소규모로 개발되었다.

2) 광산개발 절차

일반적으로 광산개발은 시장조사 등 자료조사, 탐사, 사업타당성조사, 개발·건설, 생산, 폐광 및 복구의 단계로 수행된다(그림 1-5). 광산개발은 부존 가능성이 있는 광상의 잠재적 가치에 대해 탐사하고, 시추를 통해 매장량을 산출한 후 사업타당성조사 결과 광상이 광산건설 및 운영 대비 경제적 가치가 확보된다고 판단될 경우에 개발한다. 광산개발 프로젝트는 조사부터 광산개발까지 10년 이상의 시간과 많은 비용이 소요되므로 개발 단계별로 주요 수행내용 및 목표를 정하여 추진하여야 한다.

광산개발을 위한 광업권은 등록을 한 일정한 광구에서 등록받은 광물과 이와 같은 광상에 부존하는 다른 광물을 채굴하고 취득하는 권리이다. 국내 광업권 등록 및 광산개발 절차는 그림 1-6과 같으며, 법정광물에 대해 광업권을 등록하려면 주무부처

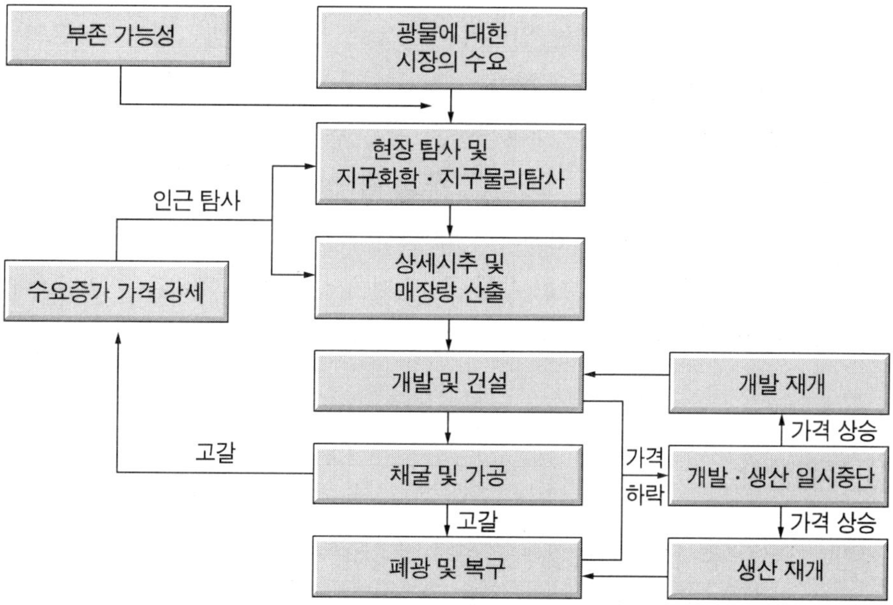

그림 1-5 광산의 개발과정(임용생, 2010)

장관에게 광업권설정 출원서를 제출하여 광업권을 취득해야 한다.

광업권은 광물을 탐사하는 권리인 탐사권(존속기간 7년)과 광물을 채굴하고 취득하는 권리인 채굴권(존속기간 20년)이 있다. 광업권을 취득했다고 바로 광물 생산작업을 할 수 있는 것이 아니라, 광업권자는 채광을 개시하기 전에 광구 소재 관할 시·도지사로부터 채굴계획인가를 받아야 한다.

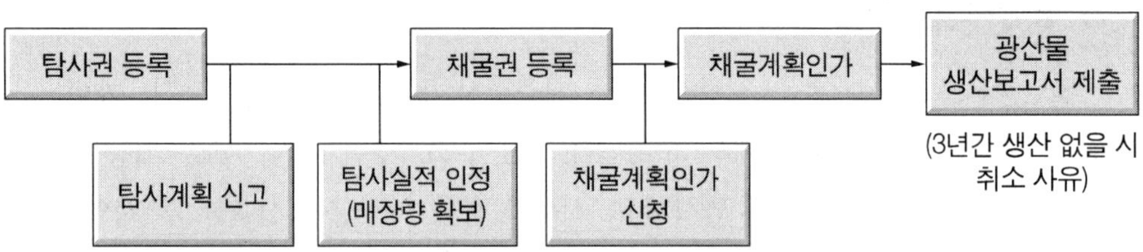

그림 1-6 광업권 등록 및 광산개발 절차(한국광물자원공사, 2012)

1.2.3 자원개발 전주기

자원개발은 광상을 찾아내고 광상에서 유용한 자원을 개발·생산하며, 개발이 완료된 후에는 자연상태로 되돌리는 일련의 과정으로, 탐사－개발·생산－복구의 과정을 자원개발 전주기(life cycle)라고 한다.

현대의 광산개발은 광석이나 유용광물을 찾는 탐사, 광상의 규모와 가치를 결정하는 탐광, 채광을 위해 광상을 개착하는 개갱, 광석의 실질적인 회수를 위한 채광, 채광지의 복원을 위한 복구의 단계로 이루어지며, 이를 자원개발의 5단계라 한다(표 1-12). 일반적으로 탐사와 탐광은 채광 전 단계에서, 개갱과 채광은 개발단계에서, 채광 후 폐광단계 이후에는 복구작업을 수행한다.

(1) 자원탐사

자원탐사는 부존되어 있는 경제성 있는 유용한 광체를 발견하는 조사단계로서 각종 탐사 등을 통하여 광체 존재와 발달 여부, 품위와 매장량 등 자원개발 관련 설계 기초자료 제공을 목적으로 실시한다. 일반적인 자원탐사 흐름도는 그림 1-7과 같으며

표 1-12 자원개발의 5단계(Hartman & Mutmansky, 2002)

단계	과 정	기간	비용/단위 비용
채광 전 단계			
1. 탐사 (광상)	• 광석의 탐사 – 탐사방법 : 직접적(지질조사), 간접적(물리탐사, 지구화학탐사) – 유망지 선정(지도, 문헌, 구 광산) – 항공 : 항공사진, 항공물리탐사, 위성 – 지표 : 지표물리탐사, 지질조사 – 이상대 탐지, 분석, 평가	1～3년	\$0.2～10백만 또는 \$0.05～1.1/톤
2. 탐광 (광체)	• 광석의 규모와 가치(시험/평가) – 시료채취(시추/시굴), 품위 분석 – 규모 및 품위 추정 – 광상의 평가 또는 사업타당성 평가(개발 또는 포기 결정)	2～5년	\$1～15백만 또는 \$0.22～1.65/톤
개발단계			
3. 개갱 (시굴)	• 생산을 위한 광체 노출 – 개발권 취득(매입 또는 임차) – 환경영향평가, 기술평가, 허가 – 진입도로, 운반시스템 및 지상시설물 건설 – 광체 노출(박토 또는 수갱 건설)	2～5년	\$10～500백만 또는 \$0.275～11/톤
4. 채광 (채굴)	• 대규모 광석 생산 – 채광방식 선정요소 : 지질, 지형, 경제성, 환경, 안전성 – 채광방법 : 지표(노천채광), 갱내 – 비용 모니터링 및 투자 회수(3～10년)	10～30년	\$5～75백만 또는 \$2.2～165/톤
채광 후 단계			
5. 복구 (복원)	• 부지 복구 – 플랜트 및 건물 철거 – 폐석 및 광물찌꺼기 안정화 – 광산배수 모니터링 등	1～10년	\$1～20백만 또는 \$0.22～4.4/톤

좋은 탐사결과를 도출하기 위해서는 어느 하나의 탐사를 단독으로 수행하기보다는 지질조사와 지구화학탐사, 지구물리탐사를 병행하여 수행하는 것이 바람직하다.

광상의 존재가 유망한 지역에 대해 항공탐사와 지구화학탐사 등 광역탐사를 실시하여 광상 존재 가능성이 높은 이상대(anomaly) 구간을 도출한다. 이상대 구간 일대에 지질조사와 지구물리탐사 등 정밀탐사를 실시하여 가장 유망성이 있다고 판단되는 곳에 시추탐사를 실시한다. 시추탐사로 광체의 규모와 형상을 확인하고 3차원 모델링 프로그램을 활용하여 광체의 품위와 매장량을 산정한다.

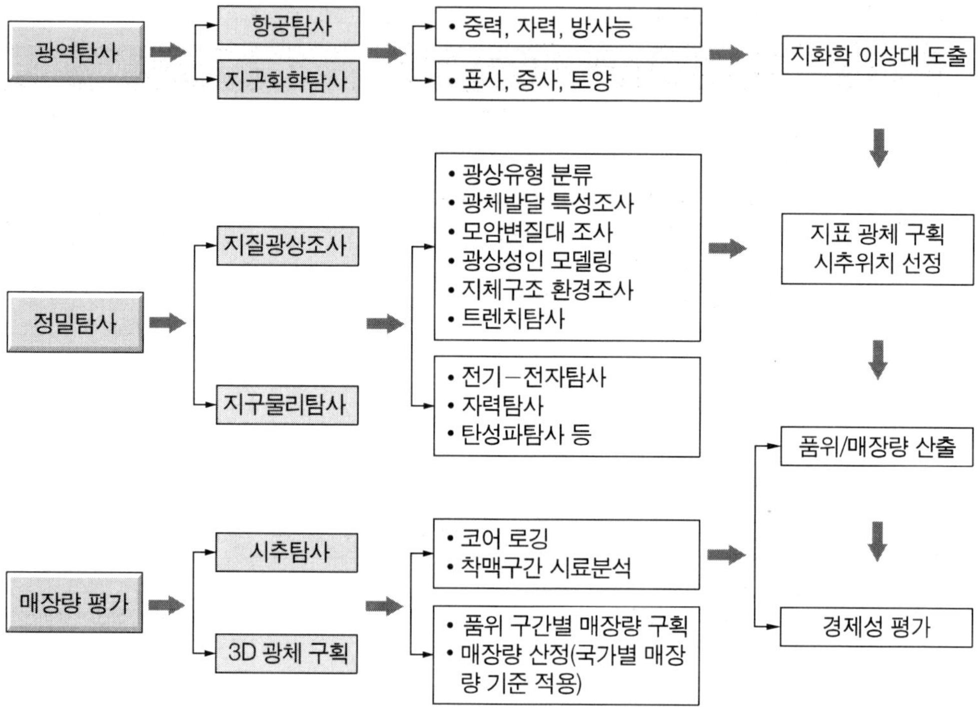

그림 1-7 자원탐사 흐름도(조성준, 2017)

지구화학탐사(geochemical exploration)는 광상을 둘러싸고 있는 암석, 토양, 퇴적물, 식물에 함유된 원소들의 분포를 조사·분석하여 광화작용과 관련한 지구화학적 이상 분포를 발견하기 위해 실시한다. 지구물리탐사(geophysical exploration)는 암석

표 1-13 지구물리탐사법의 이용 물성

방법		주요 물성	측정에 이용되는 현상
중력탐사		밀도	• 중력가속도 변화
자력탐사		대자율	• 자기장 변화
전기탐사	자연전위탐사	산화전위, pH, 전기전도도	• 전기화학적 전위 변화
	유도분극탐사	암석 공극 내 입자의 전기화학적 특성	• 분극전위 변화
	전기비저항탐사	전기전도도	• 겉보기 전기비저항 변화
전자탐사		전기전도도, 투자율	• 자기장 강도, 위상 등의 변화
탄성파탐사		탄성계수, 밀도	• 탄성파속도 차이
방사능탐사		방사능 원소의 함량	• 방사능 차이

이나 지층 구성물질들의 물리적 특성을 측정·해석하여 지하자원의 부존 여부, 지질분포, 지질구조 등을 간접적으로 확인하는 탐사법이다. 탐사를 통해 획득한 이상대 정보는 광체의 존재와 규모를 대략적으로 확인하고 조금 더 정밀한 광체 확인을 위한 시추공 위치선정 등에 이용한다.

지구물리탐사법에는 이용되는 물성에 따라 중력탐사, 자력탐사, 전기탐사, 전자탐사, 탄성파탐사, 방사능탐사 등이 있다(표 1-13).

(2) 자원개발 및 생산

광체의 부존여건과 광종에 따라 개갱방식 등의 개발계획을 수립하고 적정한 채광법을 선정하여 개발한다. 일반적으로 광상이 지표 가까이 부존되어 있을 때에는 노천채광으로, 광상이 심부에 부존되어 있으면 지표에 갱구를 개설하여 갱내채광으로 광산을 개발한다.

1) 개갱(development) 및 굴착

지표 및 지하 부존광체의 상태, 확보광량 및 자본금의 규모 등을 종합 분석하여 적정한 개갱법을 선택하여야 한다. 지표에 갱구가 설정되면 광상의 위치와 형태에 따라 광체에 접근하는 개갱법에는 수평갱(level), 사갱(inclined shaft), 수갱(shaft)이 있다(그림 1-8). 일반적으로 광체에 접근하기 위해서는 수평갱으로 광체와 연결하고 점차 배수수준보다 낮은 하부개발을 위하여 사갱과 수갱을 개설하는 갱도골격 시스템을 구축한 후 채광작업을 개시한다.

갱내채광은 주요 개발갱도인 수평갱, 수갱, 사갱을 굴착하고 주운반갱도로부터 연층갱도(drift), 크로스갱도(crosscut) 등을 개설하여 채광작업을 실시한다. 갱도는 광물 및 인력·자재 운반, 통기, 배수 등의 통로로 활용되므로 암반이 견고한 하반에 갱도를 굴착한다. 레일을 설치하는 사갱 운반시스템에서는 일반적으로 15~18° 경사를 적용하지만, 광산용트럭에 의한 무궤도운반을 적용하는 경우에는 평균 8° 정도의 완사갱(ramp way)을 굴착하여 광체에 접근한다.

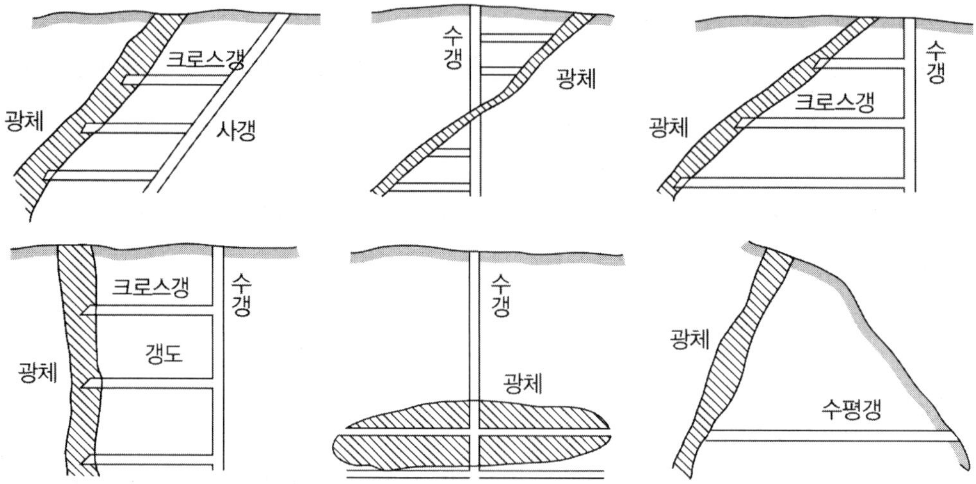

그림 1-8 광상의 위치와 형태에 따른 주요 개갱법

일반적으로 갱내 굴착작업은 그림 1-9와 같이 천공 → 장약 · 발파 → 환기 → 부석 제거 → 파쇄암 적재 및 운반 → 지보시공 등의 일련의 작업과정을 반복 수행한다. 발파 굴착은 소단면의 경우 1일 3회 발파하고 대단면의 경우 1일 1~2회 발파 작업을 실시한다. 발파 후 발파 연기의 환기에 시간이 소요되므로 이 과정에서 작업자를 교대한다.

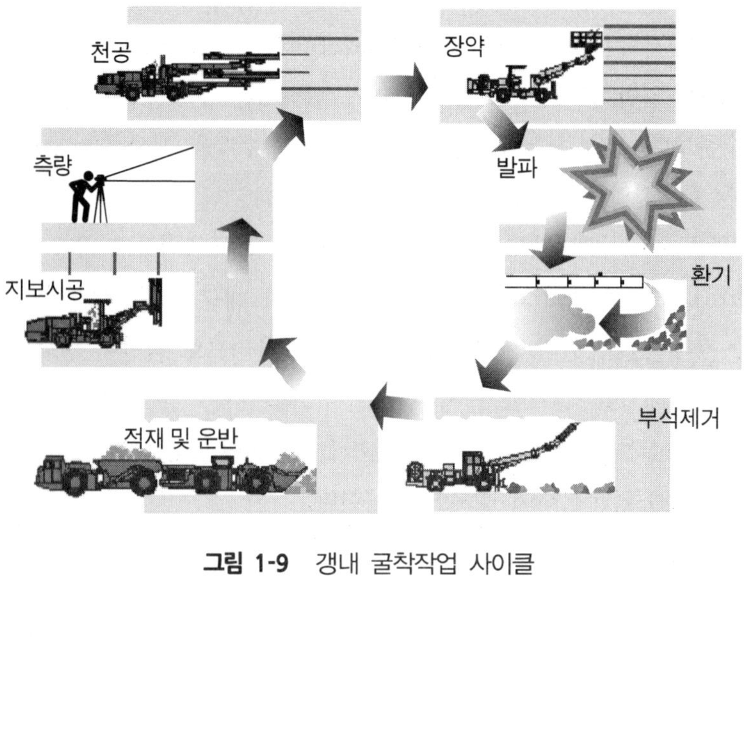

그림 1-9 갱내 굴착작업 사이클

2) 채광(mining)

채광법은 광상 형태 및 규모, 광체 경사, 상하반의 성질, 맥폭, 광석품위 등 광상조건과 지표시설, 인프라, 환경영향 등을 종합하여 선정한다. 일반적으로 광상이 지표 가까이 부존되어 있을 경우 노천채광을 하고, 점차 광상이 심부로 발달하게 되면 갱내채광으로 전환한다(그림 1-10).

광상에 적용할 때에는 채광법 선택의 3요소인 안전(safety), 능률(efficiency), 경제성(economy)을 비교 · 검토하여 최적의 채광법을 선택하여야 한다.

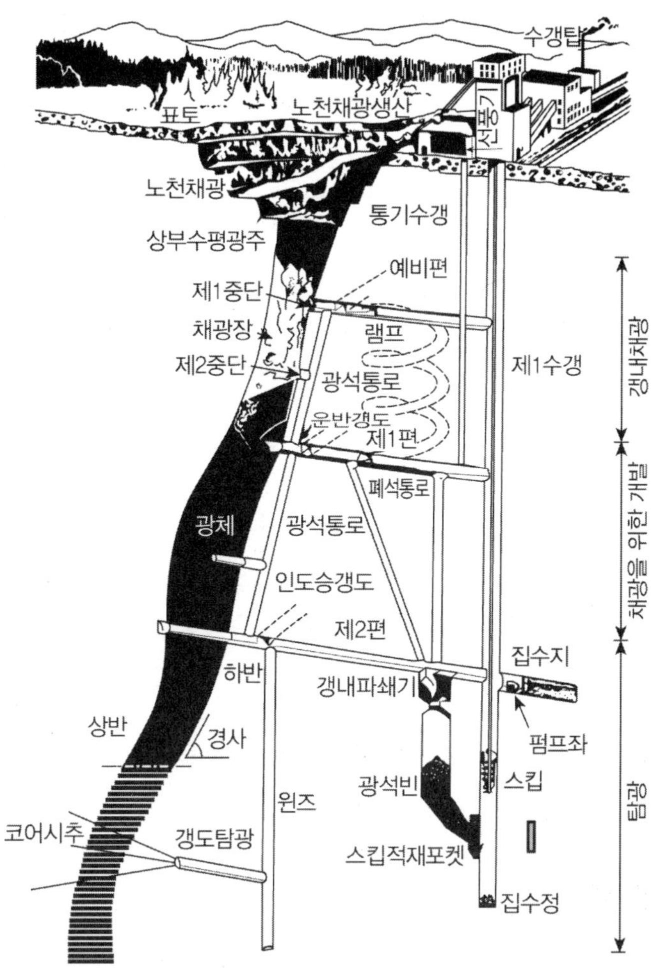

그림 1-10 채광 모식도(Hartman & Mutmansky, 2002)

채광법은 광상의 부존위치에 따라 노천채광법과 갱내채광법으로 분류하며, Hartman 등(2002)에 의한 채광법의 분류는 표 1-14와 같다. 석탄을 제외한 금속, 비금속광물에서는 채광법이라 하며, 대상광물이 석탄일 경우 채탄법으로 호칭한다. 갱내채광법은 작업장의 암반강도에 의한 지보의 적용조건에 따라 무지지채광법, 지지채광법, 붕락식채광법을 적용한다. 채광법을 포함한 자원개발 전주기에 대한 세부 내용은 저자가 집필한 자원개발공학개론을 참조하기 바란다.

표 1-14 채광법 분류(Hartman & Mutmansky, 2002)

대분류	중분류	소분류	채광법	주요 산물	상대원가(%)
노천	기계력		오픈피트*	금속, 비금속	5
			채석	석재	100
			오픈캐스트*	석탄, 비금속	10
			오거	석탄	5
	수력	사광	수력식	금속, 비금속	5
			준설	금속, 비금속	<5
		용해	보어홀	비금속	5
			침출*	금속	10
갱내	무지지		주방식*	석탄, 비금속	20
			광주식	금속, 비금속	10
			슈린케이지	금속, 비금속	45
			중단*	금속, 비금속	20
	지지		충전식*	금속	55
			나주식	금속	70
			스퀘어세트	금속	100
	붕락식		장벽식*	석탄	15
			중단붕락식	금속	15
			블록케이빙*	금속	10

주) 별표(*) 표시는 가장 중요하고 많이 사용되는 채광법을 의미

(3) 선광 및 제련

1) 선광(mineral processing)

선광은 채굴 광석을 선별처리하는 과정으로 원광을 파·분쇄하고, 광물 특성에 맞

취 물리적·화학적으로 처리하여 불필요한 맥석광물(gangue mineral)이나 유해성분을 제거하여 목적 광물의 품위를 높이는 작업이다. 선광과정으로 산출되는 최종산물을 정광(concentrate)이라 한다. 석탄, 석회석 등과 같은 비금속은 정광상태를 제품으로 사용하며 금, 은, 동 등과 같은 금속은 제련공정을 통해 정광을 금속으로 만들어 이용한다.

선광은 채광과 제련의 중간공정으로 선광공정은 파·분쇄공정, 분립공정, 선별공정, 후처리공정(농축, 탈수, 건조)과 같이 일련의 단위공정으로 분류한다(그림 1-11).

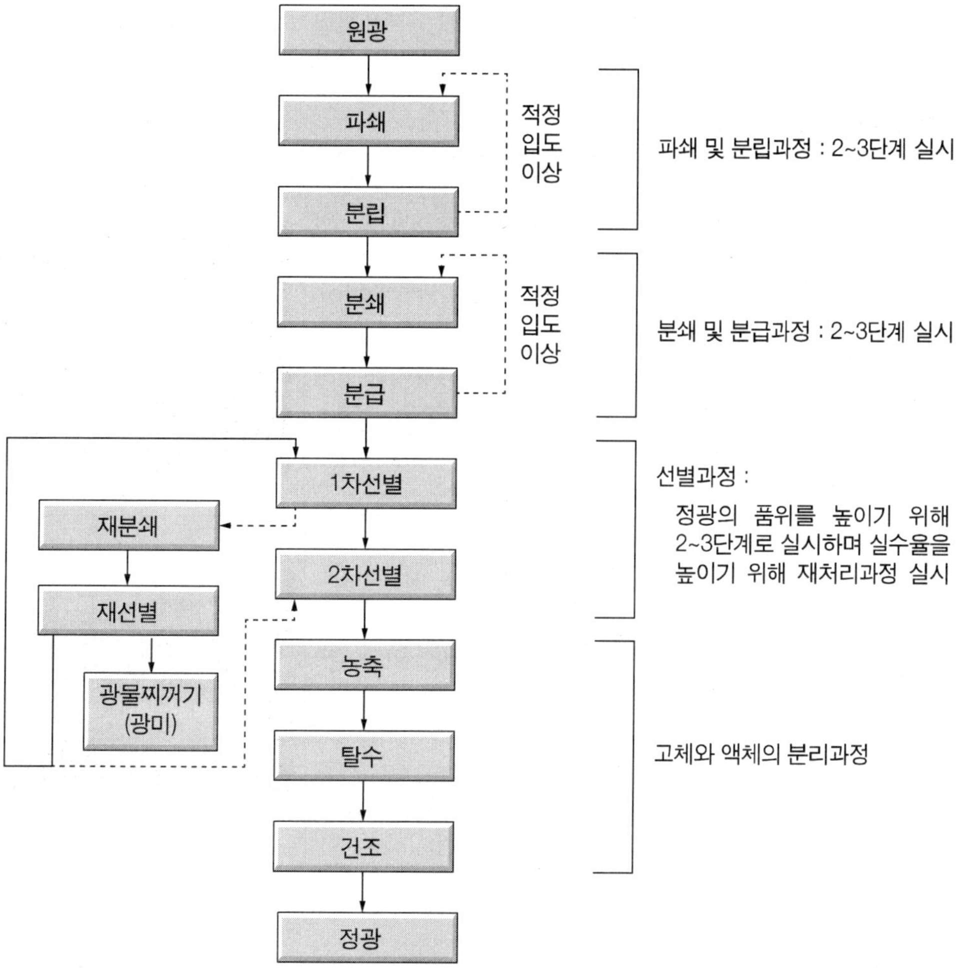

그림 1-11 선광공정 계통도

파·분쇄는 기계적방법으로 입자들을 분쇄하여 유용광물과 무용광물의 입자를 분리시켜 단체분리도(degree of liberation)를 높여 유용광물의 회수율을 높이기 위해 실시한다. 조크러셔(jaw crusher)와 같은 조쇄기로 원광석을 50~100 mm 정도로, 콘크러셔(cone crusher)와 같은 중쇄기로 6~25 mm 정도로 파쇄시킨 광석을 볼밀(ball mill)과 같은 분쇄기로 0.1~2.5 mm 정도로 분쇄한다.

선별(separation)은 광물들의 물리적·물리화학적 특성을 이용하여 목적광물만을 정광으로 회수하고 맥석광물은 광물찌꺼기(광미, tailing)로 제거하는 분리공정이다. 선별의 종류에는 비중선별, 중액선별, 자력선별, 정전선별 등과 같은 물리적선별과 광물표면의 물리화학적 성질의 차이를 이용하는 부유선별이 있다(표 1-15).

표 1-15 선별의 종류

방법	선별 원리	비고
비중선별	• 물을 매체로 이용하여 광물 간의 비중 차이에 의한 침강속도 차이로 선별 • 비중선별기 종류 : 지그(jig), 테이블, 나선형(spiral) 선별기	 자력선별
중액선별 (부침법)	• 선별 광물의 중간 비중을 가지는 중액제(자철석, 페로실리콘(ferro-silicon), 중정석)을 이용하여 선별	
자력선별	• 광물 간의 자성 차이를 이용하여 자철석, 적철석 등 자성광물 선별	
정전선별	• 광물의 전기전도도 차이를 이용하여 선별 • 금속황화물은 양도체이나 석영, 장석, 능철석 등은 불양도체	 부유선별
광학선별	• 레이저광을 이용하여 광석 색깔로 백색도가 우수한 석영, 석회석 등을 선별	
부유선별	• 각종 부선시약을 사용하여 광물입자의 표면특성(친수성, 소수성)을 이용한 선별 • 포수제, 기포제, 조건제(활성제, 억제제, pH조절제) 사용하여 목적광물 선별	

2) 제련(metallurgy)

제련은 광석이나 선별공정을 통하여 회수된 정광으로부터 금속을 얻는 공정이다. 금속의 제련은 한 번에 금속을 얻기보다는 우선 불순물이 약간 섞인 순도 98~99%

내외 조금속(crude metal)을 생산한 후, 정련(refining) 공정을 거쳐 99.99% 이상 고순도 금속을 생산한다. 비철금속에서는 광석으로부터 조금속을 만들 때까지를 제련이라 하고, 조금속으로부터 순금속을 얻는 공정을 정련이라고 한다. 그러나 철금속에서는 용광로에서 철광석을 녹여 만든 선철을 만드는 과정을 제련이라 하고, 선철에서 불순물을 제거하고 제강을 만드는 과정을 정련이라 한다.

금속제련은 건식제련(pyrometallurgy), 습식제련(hydrometallurgy), 전해제련(electrometallurgy)으로 분류한다(그림 1-12). 대부분의 금속은 고온으로 광석을 녹이는 건식제련으로 생산되며, 광석의 품위가 낮아 선광하기 곤란하거나 광물찌꺼기에서 침출에 의해 금속을 회수하는 경우 산이나 알칼리 등의 용매를 사용하는 습식제련법을 적용한다. 전해제련은 정제된 침출액으로부터 전기분해하여 목적금속의 순도를 높여 순금속을 회수하는 방법이다.

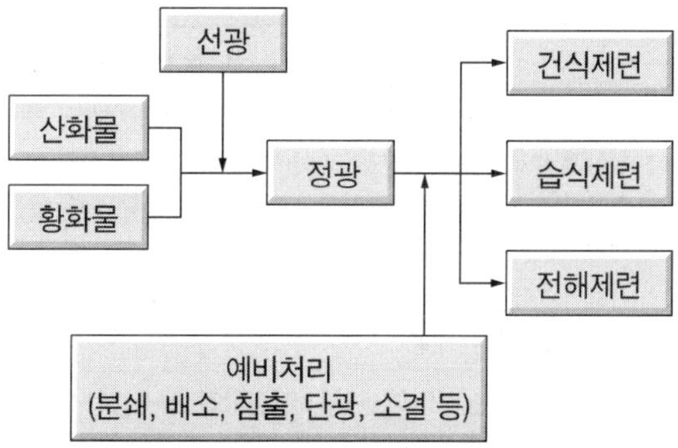

그림 1-12 금속제련 분류(손호상, 2009)

(4) 폐광 및 복구

자원개발의 마지막 단계인 복구는 광산의 폐광과 광산개발로 인한 환경 위해요인 제거 및 복구지 활용을 통한 토지가치 상승 등의 내용을 포함한다. 복구는 친환경 자원개발이라는 시대적 요청사항으로, 장래의 자원수급과 토지이용까지 고려한 자원개발의 전 과정을 지속가능한 개발(sustainable development)이라 한다(Hartman & Mutmansky, 2002). 훼손된 환경복원 및 폐광부지의 효과적 활용을 통한 성공적인 복구는 자원개발에 대한 부정적인 인식을 긍정적으로 변화시킨다.

1) 폐광 및 복구계획(mine closure plan) 수립

폐광 및 복구계획은 개발 초기단계인 굴착단계에서부터 개발로 인하여 환경에 미치는 영향과 채광 완료 후 채광지에 대한 복원 및 활용 등을 고려하여 수립한다(표 1-16). 이러한 계획에는 현장시설물의 철거와 안전한 정리, 개발과정에서 발생한 각종 오염원에 대한 환경복구 및 채광지의 효과적인 활용에 대한 내용이 포함되어야 한다.

폐광 및 복구계획 수립 시 발생 광해에 대해 일괄 처리하는 것이 바람직하다. 그러나 현장여건, 예산 등으로 일괄 처리가 곤란할 경우 광해 유형 중 선 오염원인 산성광산배수와 광물찌꺼기에 대해 우선 처리한 후 토양오염 등에 대한 복구계획을 수립하는 것이 합리적이다.

표 1-16 폐광 및 복구계획 내용(임용생, 2010)

구분	폐광 및 복구계획 내용
일반사항	• 현장 위치, 광구 범위, 토지 지목 및 상태, 현장 전반에 대한 설명 • 광산개발에 의해 영향을 받을 지역의 지형 • 현장작업 중 환경에 영향을 끼쳤던 과거 활동에 대한 내용 • 계획 중인 광산개발 내역 • 건설 · 운영 · 폐광에 따른 생태계 및 사회경제적 영향 • 허가과정 관련 내용
광산개발 · 건설 · 운영 활동	• 지질학적 특성(지역의 지형, 지질학적 특징, 산성광산배수의 가능성) • 광산건설방안 일정(시설물 및 기반시설 건설) • 광산의 운영방안(채굴 방안, 사용 중장비, 생산량 등) • 광산배수 및 광산폐기물(폐석, 광물찌꺼기, 화학물질 등) 보관 및 처리 • 광산건설 및 운영에 따른 환경보호 대책방안 • 광산운영 기간의 현장복구 일정 및 단계 • 광산개발이나 생산이 중지될 경우의 위험방지 대책 및 모니터링 방안
폐광에 따른 광산 복구 · 복원 방안	• 채광장 및 갱의 폐쇄와 건물 및 구조물(선광장, 전력선, 파이프라인 등)의 해체 또는 철거 방안 • 현장복구에 활용될 기술 및 방안 • 심부 작업지, 광물찌꺼기적치장, 경사지의 매립 및 안정화작업 • 잔류물, 산성광산배수, 폐기물 처리 및 처분 • 채광장의 복원 및 재녹화 방안과 일정

국내외적으로 광산개발에 대한 환경규제가 강화되는 추세로 지속가능한 자원개발을

위해서는 환경친화적인 개발이 필수적으로 요구되고 있다. 그동안 대부분의 국가에서 개발·생산을 하고 폐광 이후에 광해방지사업을 실시함으로써 환경훼손은 물론 막대한 복구비용이 소요되고 있다. 효율적이고 체계적인 광산 복구를 위해서는 개발계획과 함께 광해방지계획을 수립하고, 광산개발 단계부터 폐광 이후까지 자원개발 전주기에 따라 광해관리가 필요하다.

2) 광산 복구지 활용

폐광계획이 수립되면 채광훼손지를 주변 환경과 조화를 이루도록 친환경적 복구계획을 수립하여 광산을 복구하여야 한다. 아울러 폐광지역 경제 활성화를 목표로 주변 자연경관과 생태환경을 고려한 복구를 실시하는 것이 효율적이다. 국내외적으로 폐광산 적치장 부지나 갱내 채굴공간 등을 복구하여 레저단지, 생태공원 관광지, 골프장, 지하저장고 등으로 활용하고 있다(표 1-17, 그림 1-13).

표 1-17 국내외 폐광산 복구 및 활용 사례

소재지	광종	활용 대상	폐광	복구 및 활용 사례
강원 정선	석탄	폐석장부지	2004년	• 폐석장 사면정리, 산림복구 실시 • 종합 레저단지(골프장, 스키장 등) 조성
경기 광명	금속	갱도, 채굴공간	1972년	• 갱도, 채굴공간 활용 및 복원 • 수도권 동굴테마파크 조성
경북 영양	금속	광산시설물	1994년	• 광산시설물(선광장 등) 형태 보존 및 활용 • 광산시설물 활용하여 자생화공원 조성
독일 에센시	석탄	광산시설물	1986년	• 광산시설물(수갱 등) 활용 • 세계적 디자인 문화센터 조성(2001년 유네스코 문화유산 등재)
캐나다 빅토리아시	석회석	노천채굴지	1920년	• 채광 완료 후 광업권자 주도 복원 • 사계절 꽃 정원(Sunken 가든) 조성

국내의 경우 폐탄광의 폐석장에 대해 폐석유실방지사업과 산림복구사업으로 조성된 부지를 활용하여 종합 레저단지로, 석회석광산의 훼손지를 골프장으로 조성한 사례가 있다. 해외의 경우 영국 콘월지역의 석회석광산 채굴지 일대를 식물재배단지로 복원한 에덴프로젝트 사례가 있다. 또한 유럽에 위치한 소금광산 대부분이 폐광된 이후

복원사업을 통해 박물관, 공연장, 갤러리 등 문화시설로 활용하고 있다.

(a) 국내 갱내 석탄광산[폐석장 일대 복구하여 종합 레저단지(강원랜드) 조성]

(b) 영국 노천 석회석광산(식물원 조성)

그림 1-13 국내외 폐광산 복구 및 활용

1.3 국내외 광해 관련 제도

1.3.1 국내 광해 관련 제도

(1) 광업활동의 단계별 적용 법규

일반적으로 광업활동은 자원개발 전주기적 특성을 갖고 있으며, 광업활동 단계별로 다양한 법률적 적용을 받는다(표 1-18). 광산개발을 위해서는 광업권 설정, 채굴계획 인가 등의 허가절차를 받은 후에 본격 생산활동을 하며, 채산성 악화 등으로 폐광하면 채광지에 대한 복구를 실시한다.

표 1-18 광업활동의 단계별 적용 법령

광업활동 단계	인허가 내용	관계 법령	소관부처
광업권 설정	광업권설정인가	광업법	산업통상자원부
채굴계획인가	채굴계획인가	광업법	산업통상자원부, 시・도지사
	산림훼손 인허가	산지관리법	산림청, 시・도지사
	토지형질변경 인허가	국토의 계획 및 이용에 관한 법	시・도지사
채광, 파쇄	광산종업원 위해 방지	광산안전법	산업통상자원부
선광	폐수배출시설 설치 및 관리	광산안전법, 광산피해방지법, 수질환경보전법	산업통상자원부, 환경부
광물찌꺼기 처리	폐기물처리시설 설치 및 관리	광산안전법, 광산피해방지법, 폐기물관리법	산업통상자원부, 환경부
	광물찌꺼기 집적 등으로 인한 광해방지	광산안전법, 광산피해방지법	산업통상자원부
휴・폐광	휴・폐광 시 광해방지조치 의무	광산안전법, 광산피해방지법	산업통상자원부
	훼손지역 원상복구 의무	광산피해방지법, 산지관리법	산업통상자원부, 산림청, 시・도지사
	폐기물처리 및 관리	광산피해방지법, 폐기물관리법	산업통상자원부, 환경부

주) 법령 및 소관부처는 개정에 따라 변동 가능

광산안전법상 광업권자는 광산활동에 의해 발생되는 광해의 방지와 안전조치 의무를 준수하도록 규정하고 있다. 아울러 광업을 중단하거나 폐광하는 경우에는 훼손된 산림 및 토지의 복구, 광업시설물의 철거, 채굴한 자리의 붕괴방지를 위한 조치, 오염된 갱내수 등의 정화, 폐석 또는 광물찌꺼기 유실방지조치 등의 광해를 방지하기 위하여 필요한 조치를 하도록 규정하고 있다.

(2) 광산피해의 방지 및 복구에 관한 법률 제정

광해방지를 위한 광해방지사업은 주무부처인 산업통상자원부(과거 산업자원부)에서 1980년부터 가행 및 휴・폐광산의 광산지역공해방지사업을, 1990년부터 폐탄광의 광해방지사업을 시행하였다. 또한 환경부에서 1990년대 중반부터 지방자치단체와 함께 폐금속광산의 광해방지사업을, 농림축산식품부(과거 농림부)에서 폐금속광산 주변 오염 농경지에 대한 토양개량사업을 시행하였다.

정부에서는 각 부처에 분산 추진되고 있는 광해방지사업의 일원화로 효율성을 높이고, 지속가능한 자원개발을 위한 기반 마련을 위하여 2005년 5월에 「광산피해의 방지 및 복구에 관한 법률(일명 광산피해방지법)」을 제정하였다. 법률에 의해 설립된 한국광해광업공단(2021년 한국광해관리공단과 한국광물자원공사 통합)은 정부에서 수립한 광해방지기본계획에 따라 체계적인 광해방지사업을 추진하고 있다.

(3) 광해방지사업 추진 절차 및 시행 방법

1) 광해방지사업 추진 절차

「광산피해의 방지 및 복구에 관한 법률」에 따라 5년마다 광해방지기본계획을, 광해방지기본계획에 따른 광해방지실시계획을 매년 수립하여 광해방지사업을 추진하고 있다. 광해방지사업은 표 1-19와 같이 ① 광해방지기본계획 수립 → ② 광해방지실시계획 수립 → ③ 광해방지사업계획 작성・승인 → ④ 광해방지사업 시행의 단계로 추진한다.

표 1-19 광해방지사업 추진 절차

<추진 절차>	<사업계획에 포함되어야 할 내용>
광해방지기본계획 수립 (매 5년)	• 가행, 휴·폐광산의 광해발생 여부 및 정도 • 광해의 발생 원인별 광해방지계획 • 광해방지시설의 설치·운영 및 관리계획 • 광해방지사업에 관한 투자계획 • 토지의 수용 및 사용 등에 따른 보상 • 광해방지기술의 연구개발 • 광해방지를 위한 국내외 기술협력 • 광해방지사업에 관한 전문인력 양성
↓	
광해방지실시계획 수립 (매년)	• 예산안에 계상된 총 광해방지사업금 • 광해방지사업의 내용 • 광해방지사업별 사업기간
↓	
광해방지사업계획 작성·승인 (매년 9월 신청)	• 광산 개요 • 광해방지사업의 필요성 • 광해방지사업의 대상 및 물량 • 광해방지사업별 개략사업비 • 광해방지사업자 • 광해방지사업기간 • 토양오염 개량의 검증 • 오염토양 정화 또는 복원의 검증 • 광해방지시설의 사후관리
↓	
광해방지사업 시행	• 광해방지사업자(광업권자, 한국광해광업공단 또는 전문광해방지사업자) 시행

2) 광해방지사업 시행 방법

광해방지사업의 시행 주체는 광해 원인자인 광해방지의무자(광업권자)이나, 광업권자가 직접 시행하기 곤란한 경우 정부가 한국광해광업공단 또는 일정 전문자격(기술능력, 시설, 장비)을 갖추어 등록된 전문광해방지사업자에게 위탁하여 시행한다. 위탁하는 전문분야로는 휴·폐광산의 산림복구사업 및 토지복구사업, 농경지를 포함한 토양개량·복원 및 정화사업, 오염수질의 개선사업, 지반침하방지 및 복원사업, 광물찌꺼기유실방지사업, 먼지날림, 광연 및 소음·진동 방지사업, 광해방지사업의 감리 분야이다. 다만, 가행광산의 산림복구사업 및 토지복구사업, 폐석유실방지사업과 같이 전문기술이 필요하지 않은 광해방지사업은 광업권자가 직접 시행할 수 있다.

광해방지사업자는 사고・천재지변・광해방지시설의 고장 등 긴급광해가 발생할 경우 주무부처 장관에게 보고한 후 사업을 시행할 수 있으며, 사업 개시일부터 30일 이내에 사업경과보고서 및 긴급광해방지계획을 작성하여 주무부처 장관의 승인을 받아야 한다. 긴급광해방지계획에는 광산 개요, 사업 필요성, 광해의 원인 및 원인자, 대상사업 및 사업물량, 개략사업비 및 소요비용의 충당 방법, 광해방지사업자, 사업기간, 공사감리 등의 내용이 포함되어야 한다.

3) 광해방지시설 검사 및 사후관리

광해방지시설의 설치 또는 변경공사를 실시한 경우 검사를 받아야 한다. 검사대상 광해방지시설은 오염수질정화시설(단순침전식의 자연정화처리방식은 제외), 먼지날림방지시설(방진망시설, 방진덮개 및 먼지날림방지용 구조물은 제외), 소음・진동 및 광연배출방지시설(차폐식 방법에 의한 시설물은 제외), 광물찌꺼기 및 광재의 저장시설(폐석집적장은 제외)이다.

광해방지시설의 설치 후 훼손으로 인한 환경피해 예방 및 시설물의 성능 유지 등을 위해 시설물의 사후관리 및 유지업무를 수행하도록 규정하고 있다. 지속적인 사후관리 및 유지의 대상이 되는 광해방지시설은 오염수질정화시설, 광물찌꺼기 등의 저장시설, 계측시설 등 지반침하방지시설이다.

1.3.2 국외 광해 관련 제도

광업이 발달한 선진국에서는 우리나라보다 일찍 다양한 광해문제를 해결하기 위해 정부 주도하에 법규를 제정하여 광해방지사업을 추진하고 있다(표 1-20). 일본의 광해사업은 경제산업성 내 자원에너지청에서 전담하며, 석탄광산과 금속광산별로 법규 및 관리제도가 있다. 석탄광산은 1957년과 1963년에 석탄광산 광해복구와 배상제도를 위한 법규를 마련하여 석탄광해방지사업단에서 사업을 추진하다가, 현재는 신에너지산업기술종합개발기구(NEDO)에서 수행하고 있다. 금속광산은 금속광업사업단(MMAJ)에서 광해방지사업을 추진하다가, 현재는 일본석유천연가스금속광물지원기구(JOGMAC)에서 수행하고 있다.

미국의 광해방지사업은 내무성 내 노천광복구실에서 전담하며, 광해복구감독기구(office of surface mining reclamation and enforcement)에서 「노천광산관리·복구법」에 따라 폐광산 복구를 위한 기금을 마련하여 광해업무를 수행하고 있다.

표 1-20 외국의 광해 관련 제도

구분	일본	미국
법·제도	• 석탄광 - 임시석탄광해복구법(1957년) • 석탄광업의 효율적 이용, 광해복구 - 석탄광해배상등임시조치법(1963년) • 광해배상담보용 적립금제도 • 분쟁해결을 위한 판정제도 • 금속광 - 금속광업등광해대책특별조치법(1973년) - 광산보안법(1949년) : 안전 및 광해방지	• 광산보안법 - 작업안전 및 광해관리 • 노천광산관리·복구법 - 가행 및 휴·폐 노천탄광
담당부처	• 경제산업상(자원에너지청) * 가행광산 안전 : 경제산업성 산하 원자력안전보안원	• 내무성(노천광복구실)
전담기관	• 석탄광 : 석탄광해방지사업단 - 석탄광해방지사업단을 신에너지산업기술종합개발기구(NEDO)에 통합(1997년) • 금속광 : 금속광업사업단(MMAJ) - MMAJ를 일본석유천연가스금속광물지원기구(JOGMAC)에 통합(2004년)	• 내무성 내 감독기구 (office of surface mining reclamation and enforcement)
복구비용	• 석탄광 - 광업권자 납부금, 국가보조금, 수익자부담금을 재원으로 NEDO 시행 • 금속광 - 사업자는 광해관리기금에 부담금을 JOGMAC에 납부 - JOGMAC은 축적된 기금이자 등을 통해 광해사업 시행	• 연방기금 (재무성 신용채권 발행으로 조달) • 주단위 폐광복구기금 - 사업자 복구부담금, 기부금, 이익발생금, 이자 등

제 2 장

폐석에 의한 광해

2.1 폐석 발생원 및 환경적 영향

2.1.1 폐석 발생원

폐석은 광산개발 과정에서 행해지는 굴진, 채광, 광석의 선별, 갱도보수, 갱내·외 시설물 설치, 배수로 정비 및 광산도로 개설 등의 과정에서 발생되는 암석 및 저품위 광석이다. 폐석발생량은 광물의 종류 및 채광방식(노천, 갱내)에 따라 차이가 있으며, 동일 광종이라도 광물의 부존상태, 품위, 채광법, 지질조건, 지형 등에 따라 다르게 나타난다(그림 2-1).

폐석량은 적치된 폐석에 대해 현지측량으로 산출하거나, 가행기간 동안 생산량을 기준으로 광종별 톤당 폐석발생량을 계산하여 산출한다. 최근에는 드론 등을 활용하여 폐석 적치구간을 촬영하고 전산프로그램을 이용하여 폐석량을 산출하고 있다.

(a) 석탄광산 (b) 금속광산

그림 2-1 폐석 발생 및 적치

(1) 석탄광산

국내 석탄광산은 대부분 갱내채탄하므로 폐석은 갱도굴착, 탄중 협석, 갱도보수, 갱내·외 주요시설물 설치, 배수로 정비, 선탄작업 등에서 발생하며, 갱도굴착시 가장 많이 발생한다. 보통 대부분의 폐석은 1～5 cm 내외 검은색 자갈 형태로서 주요 암종은 사암(sandstone)과 혈암(shale)이고, 주요 성분은 실리카(SiO_2)나 알루미나(Al_2O_3)이다.

국내 석탄광산의 폐석발생률은 일반적으로 생산량 대비 30% 내외이나, 탄폭이 작은 탄층을 개발하는 탄광에서는 60% 이상인 경우도 있다. 폐석량 산출시 석탄 생산량, 개갱계수(development factor), 생산탄의 폐석 함유량, 보갱율, 배수로 정비 등의 요소를 고려하여야 한다.

(2) 일반광산

국내 일반광산의 폐석발생량은 광종 및 채광방식에 따라 차이가 있다. 노천채광에서 폐석발생량은 표토 제거량, 광맥 중 폐석 함량, 채광법 등에 따라 다르며, 주로 주요시설물 설치, 선광작업, 진입로개설 등의 과정에서 발생한다. 갱내채광에서 폐석발생량은 광물부존 상태, 광물 중 폐석 함량, 채광법, 주요시설물 설치, 선광작업, 광물 품위와 용도 등에 따라 차이가 있다.

1) 금속광산

일반적으로 금속광산은 원광 중에 금속광물은 적고 대부분 불용광물인 맥석으로 석탄광산에 비해 폐석발생량이 많은 편이다. 금·은광산에서 95% 이상이 폐석 또는 광물찌꺼기로 발생되며, 철광산에서 평균 품위 41%를 기준으로 생산량 대비 폐석발생률은 약 25～50% 정도이다.

2) 비금속광산

비금속광산의 폐석발생량은 광종마다 다르며, 동일 광종이라 하더라도 광산마다 다소 차이가 있다. 석회석광산에서 폐석발생량은 부존상태(괴상광체, 층상광체 등)에 따른 채광법 및 광물 품위와 용도 등에 따라 차이가 있으나, 일반적으로 생산량 대비 폐석발생률은 약 20% 정도이다.

2.1.2 폐석 적치 방법 및 폐석적치장 조성

(1) 폐석 적치 방법

광산에서 폐석을 적치하는 방법으로는 수평층상 퇴적법, 계단식 퇴적법, 투하 퇴적법이 있으며, 폐석장의 높이와 구배에 따라 적정 방법을 사용하고 있다. 과거 국내 대부분의 광산은 갱구를 선정하고 갱도굴착 과정에서 발생되는 폐석은 갱구 주변의 경사지나 산골짜기에 쏟아 부어 적치하는 방식을 이용하였다.

1) 수평층상 퇴적법

수평층상 퇴적법은 대규모의 폐석을 계획적으로 조성하기 위한 방법으로, 옹벽 또는 제방 배면부터 폐석을 후퇴하면서 적치하고 폐석장 바닥에서부터 1 m 이하 두께로 연속적으로 다짐을 하면서 적치한다(그림 2-2). 사면 경사는 퇴적 높이가 30 m 이상일 경우 29° 이하로 적치하며(Hutchison & Ellison, 1992), 사면이 안정되어 있어 녹화사업이 용이하다.

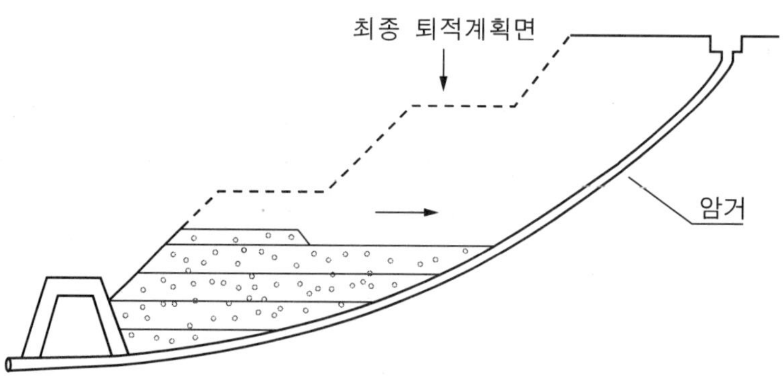

그림 2-2 수평층상 퇴적법

2) 계단식 퇴적법

계단식 퇴적법은 지형을 이용하여 폐석을 위에서부터 아래로 내려가면서 적치하고 퇴적물은 수평을 유지하면서 높이와 경사를 조정하는 방법으로(그림 2-3), 사면 경사는 퇴적 높이가 30 m 이상일 경우 26° 이하로 적치한다(Hutchison & Ellison, 1992). 자연적인 지형을 이용한 적치가 가능하므로 장소에 대해 자유로운 장점이 있으나, 폐석을 위에서 아래로 밀면서 적치하므로 다짐이 불량하여 우기시 사면이 불안정하다는 단점이 있다.

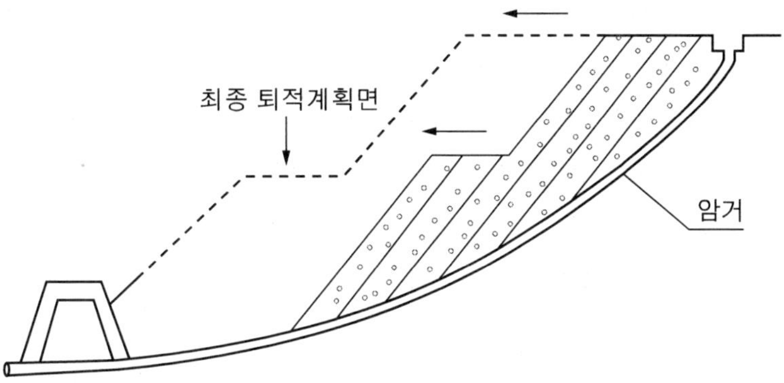

그림 2-3 계단식 퇴적법

3) 투하 퇴적법

투하 퇴적법은 폐석을 쏟아 부어 사면에 쌓이게 하는 방법으로, 폐석을 투하하는 장소에서 옹벽까지 거리가 먼 경우 적용하는 방법이다(그림 2-4). 대부분의 광산에서 적용하는 방법으로 사면이 불안정하여 사면붕괴나 원호파괴 위험이 높다. 사면 경사는 퇴적 높이가 30 m 이상일 경우 21° 이하로 적치하며(Hutchison & Ellison, 1992), 우기에 대비한 배수시설을 고려하여야 한다.

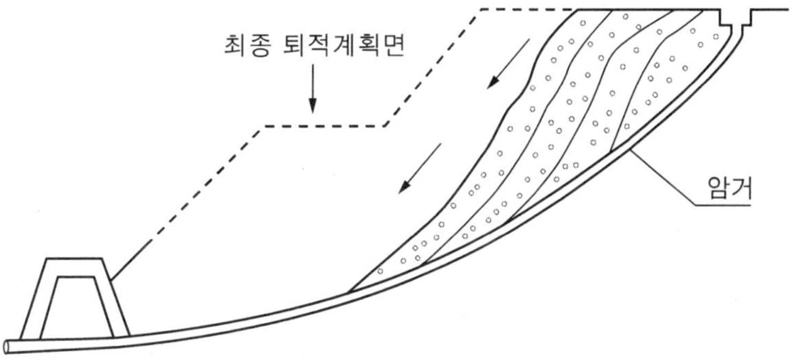

그림 2-4 투하 퇴적법

(2) 폐석적치장(폐석장) 조성

가행하는 동안 폐석은 지속적으로 발생하므로 대부분 광산 주변 계곡이나 구릉지 등에 차수시설 없이 옹벽이나 석축 등을 설치하여 폐석적치장을 조성하고, 트럭 등으로 폐석을 운반하여 적치하고 있다. 폐석적치장 위치 선정시 고려사항은 표 2-1과 같다. 폐석장 사면의 규모는 폐석량, 최대 적치 높이 및 사면의 경사각에 따라 결정되며, 적치 방법에 따라 사면의 형태가 달라진다. 폐석을 좁은 장소에 적치하여 효율적으로 관리하기 위해서는 폐석적치장 하부에 축대와 옹벽은 필수적이며, 우수에 의한 폐석유실방지와 지표수 유입방지 등을 위해 폐석장 일대에 배수시설을 설치한다.

표 2-1 폐석적치장 위치 선정 시 고려사항

• 적치장 붕괴를 고려하여 시설물 매몰이나 파괴 등의 피해가 없는 지역 • 산사태 위험지역이나 우기시 흙이나 돌 등이 배수로를 매몰시킬 우려가 없는 지역 • 적치 용량에 비해 충분한 여유를 가진 지역 • 폐석이나 흙의 운반거리가 짧고 우수면적이 작은 지역 • 옹벽 등의 시설이 가능한 짧고 용수가 없는 지역	 폐석적치장

2.1.3 폐석에 의한 환경적 영향

대부분의 광산에서 별다른 안전조치를 하지 않고 광산 주변 계곡이나 산사면에 다짐작업 없이 쏟아 부어 적치된 폐석사면의 불안정으로 우수기 또는 해빙기에 폐석사면이 붕괴되거나 하부로 유실되어 주변 환경에 심각한 피해가 발생한다(그림 2-5).

폐석에 의한 광해로는 폐석적치로 인한 산림 및 자연경관 훼손, 폐석사면의 유실로 인한 토지의 매몰, 하천 퇴적으로 인한 하천수 범람 및 비산먼지로 인한 피해 등이 발생할 수 있다. 또한 폐석에 포함되어 있는 황화광물이 우수 등과 접촉하여 산화반응으로 중금속이 함유된 산성광산배수를 발생시키고, 침출수 형태로 배출되어 주변 하천이나 토양을 오염시킬 수 있다.

(a) 폐석 적치사면 유실 (b) 폐석적치장 하부 침출수

그림 2-5 폐석에 의한 광해

2.2 폐석사면 안정성 평가 및 해석

불안정한 사면(토사, 암반)에서 다양한 원인으로 사면의 붕괴가 발생하며, 채광사면이나 폐석사면과 같은 암반사면에서 불연속면들이 사면의 안정성에 큰 영향을 미친다. 광산 주변에 불안정하게 적치된 폐석사면은 방향성이 없는 많은 불연속면을 가지고 있으므로, 폐석사면의 유실 및 붕괴를 예방하기 위해 사면안정성을 평가하여 불안정한 사면일대에 대한 보강을 실시한다.

2.2.1 사면안정성 평가

(1) 암반의 공학적 분류

암반사면의 안정성을 평가하기 위해서는 암반의 특성을 공학적으로 판정하는 것이 필요하다. 암반의 공학적 분류는 암반의 조건을 수치로 정량화함으로써 능률적인 굴착과 사면안정에 필요한 자료를 제공한다.

암반의 공학적 분류 방법으로 많은 방법들이 제안되었으나, 일반적으로 암질지수(Rock Quality Designation; RQD), RMR (Rock Mass Rating), Q분류법(Q-system),

SMR (Slope Mass Rating) 등이 주로 사용되고 있다.

1) 암질지수(RQD)에 의한 암반 분류

Deere (1964)에 의하여 제안된 암질지수 분류법은 시추작업에서 획득한 시추코어를 조사하여 정량적으로 현장암반의 암질을 평가하는 방법이다. 암질지수는 코어회수율(Total Core Recovery; TCR)을 발전시킨 개념으로, 채취된 코어 중 10 cm 이상인 코어길이의 합을 총 시추길이로 나누어 백분율로 표시한 값이다. TCR값은 불연속면 사이에 있는 암석의 풍화 정도인 암석자체의 강도를 간접적으로 나타내며, RQD값은 불연속면 사이의 암석자체 강도보다는 암반 전체의 강도를 나타낸다.

RQD와 TCR을 구하는 식은 다음과 같으며 RQD 등급별 암질은 표 2-2와 같다.

$$\text{TCR}(\%) = \frac{\text{회수된 코어길이의 합(cm)}}{\text{총 시추길이(cm)}} \times 100$$

$$\text{RQD}(\%) = \frac{\text{10cm 이상인 코어길이의 합(cm)}}{\text{총 시추길이(cm)}} \times 100$$

표 2-2 RQD 등급별 암질

RQD (%)	25 미만	25～50	50～75	75～90	90～100
암질 평가	매우 불량	불량	보통	양호	매우 양호

예제 시추조사 결과 다음 그림 같이 코어가 회수되었다. TCR과 RQD를 각각 구하시오.

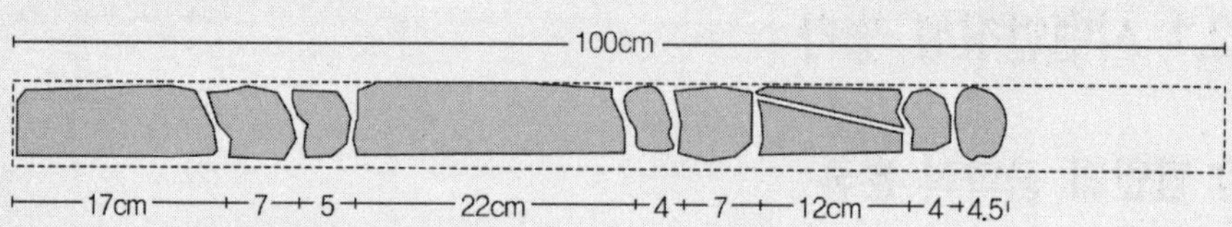

풀이 $\text{TCR} = \frac{\text{회수된 코어길이의 합(cm)}}{\text{총 시추길이(cm)}} \times 100$

$= \frac{(17+7+5+22+4+7+12+4+4.5)}{100} = 82.5\%$

$\text{RQD} = \frac{\text{10cm 이상인 코어길이의 합(cm)}}{\text{총 시추길이(cm)}} \times 100 = \frac{(17+22+12)}{100} = 51\%$

2) RMR에 의한 암반 분류

Bieniawski (1973)에 의하여 제안된 분류법으로, 초기에 터널과 광산에서 갱도의 유지기간 및 보강 여부를 판단하는 목적으로 개발되었지만 다양한 응용을 거쳐 사면 안정성에도 적용되고 있다. RMR은 현장 및 시추자료로서 판단할 수 있는 5개 기본 인자(암석의 일축압축강도 15점, 암질지수 20점, 절리간격 20점, 절리상태 30점, 지하수상태 15점)와 불연속면의 방향(0～−12점)에 따라 보정하여 합산된 점수로 암반

표 2-3 RMR 분류체계

<table>
<tr><th colspan="10">변수의 분류 평점</th></tr>
<tr><th colspan="3">분류 변수</th><th colspan="7">값의 범위</th></tr>
<tr><td rowspan="3">1</td><td rowspan="2">일축 압축 강도</td><td>점하중강도
(MPa)</td><td>>10</td><td>4～10</td><td>2～4</td><td>1～2</td><td colspan="3">일축압축강도
시험 필요</td></tr>
<tr><td>일축압축강도
(MPa)</td><td>>250</td><td>100～250</td><td>50～100</td><td>25～50</td><td>5～25</td><td>1～5</td><td><1</td></tr>
<tr><td colspan="2">평점</td><td>15</td><td>12</td><td>7</td><td>4</td><td>2</td><td>1</td><td>0</td></tr>
<tr><td rowspan="2">2</td><td colspan="2">암질지수(RQD, %)</td><td>90～100</td><td>75～90</td><td>50～75</td><td>25～50</td><td colspan="3"><25</td></tr>
<tr><td colspan="2">평점</td><td>20</td><td>17</td><td>13</td><td>8</td><td colspan="3">3</td></tr>
<tr><td rowspan="2">3</td><td colspan="2">절리간격</td><td>>2 m</td><td>0.6～2 m</td><td>0.2～0.6 m</td><td>6～20 cm</td><td colspan="3"><6 cm</td></tr>
<tr><td colspan="2">평점</td><td>20</td><td>15</td><td>10</td><td>8</td><td colspan="3">5</td></tr>
<tr><td rowspan="2">4</td><td colspan="2">절리상태</td><td>매우 거침
불연속적
이격 없음
모암 견고</td><td>약간 거침
이격<1 mm
약간 풍화</td><td>다소 거침
이격<1 mm
심한 풍화</td><td>매끄럽다
이격<5 mm
연속 절리</td><td colspan="3">연한 충진물>5
이격>5 mm
연속 절리</td></tr>
<tr><td colspan="2">평점</td><td>30</td><td>25</td><td>20</td><td>10</td><td colspan="3">0</td></tr>
<tr><td rowspan="4">5</td><td rowspan="3">지하수 상태</td><td>터널길이
10m당
출수량(L/분)</td><td>없음</td><td><10</td><td>10～25</td><td>25～125</td><td colspan="3">>125</td></tr>
<tr><td>절리수압/
최대주응력</td><td>0</td><td><0.1</td><td>0.1～0.2</td><td>0.2～0.5</td><td colspan="3">>0.5</td></tr>
<tr><td>일반적 조건</td><td>완전 건조</td><td>습기</td><td>젖은 상태</td><td>물방울
떨어짐</td><td colspan="3">흘러내림</td></tr>
<tr><td colspan="2">평점</td><td>15</td><td>10</td><td>7</td><td>4</td><td colspan="3">0</td></tr>
</table>

<table>
<tr><th colspan="7">불연속면의 방향에 따른 평점의 보정</th></tr>
<tr><th colspan="2">절리의 주향과 경사</th><th>매우 유리</th><th>유리</th><th>보통</th><th>불리</th><th>매우 불리</th></tr>
<tr><td rowspan="3">평점</td><td>터널과 광산</td><td>0</td><td>−2</td><td>−5</td><td>−10</td><td>−12</td></tr>
<tr><td>기초</td><td>0</td><td>−2</td><td>−7</td><td>−15</td><td>−25</td></tr>
<tr><td>사면</td><td>0</td><td>−5</td><td>−25</td><td>−50</td><td>−60</td></tr>
</table>

상태를 평가한다(표 2-3).

산출한 암반평가 점수를 표 2-4와 같은 기준에 적용하여 '매우 양호'에서 '매우 불량'까지 5등급으로 암반을 분류한다. 평가된 RMR값을 이용하여 무지보상태에서 갱도 유지기간 및 보강 필요성을 결정할 수 있다.

표 2-4 RMR 분류 평점에 의한 암반 등급

평점	81～100	61～80	41～60	21～40	0～20
암반 등급	I	II	III	IV	V
암반 상태	매우 양호	양호	보통	불량	매우 불량

3) Q분류법(Q-system)에 의한 분류

Q분류법은 암반특성을 평가하여 터널 지보량을 산정하기 위해 Barton (1974)에 의해 제안된 정량적인 분류법이다. 이 방법은 암질지수, 절리면 변질계수, 절리군 계수, 지하수 보정계수, 절리면 거칠기계수, 응력저감계수와 같은 6개 변수를 사용하여 암반을 분류한다. Q값은 1,000 (대단히 좋은 암반)에서 0.001 (가장 연약한 경우)까지 값으로 표시한다.

$$Q = \frac{RQD}{J_n} \times \frac{J_r}{J_a} \times \frac{J_w}{SRF}$$

여기서, RQD : 암질지수

J_a : 절리면 변질계수

J_n : 절리군 계수

J_w : 지하수 보정계수

J_r : 절리면 거칠기계수

SRF : 응력저감계수

Q 산정에 고려된 항목인 (RQD/J_n)은 블록 크기, (J_r/J_a)는 블록 간의 전단강도, (J_w/SRF)는 주동응력으로 현장암반 특성에 대한 척도로 활용한다. 암반평가 결과에 따라 제안된 최대 무지보 폭에 대한 경험적 설계 활용방안은 다음 식과 같다.

식에서 ESR (Equivalent Support Ratio)은 공동지보비이다.

$$최대\ 무지보\ 폭(m) = 2 \times ESR \times Q^{0.4}$$

$$록볼트\ 길이(L) = (2 + 0.15 \times 공동\ 폭)/ESR$$

예제 Q-system 암반분류법에서 RQD가 90%, 절리면 변질계수가 1, 응력저감계수가 1, 절리군 수와 절리면의 거칠기 평점이 각각 3, 지하수 보정계수가 0.5인 공동의 최대 무지보 폭은? (단, 공동지보비(ESR)는 1.3이다.)

풀이 $Q = \frac{RQD}{J_n} \times \frac{J_r}{J_a} \times \frac{J_w}{SRF} = \frac{90}{3} \times \frac{3}{1.0} \times \frac{0.5}{1.0} = 45$

최대 무지보 폭 $= 2 \times ESR \times Q^{0.4} = 2 \times 1.3 \times 45^{0.4} \fallingdotseq 11.9\text{m}$

4) SMR에 의한 분류

사면에 적용하는 암반분류법인 SMR은 Romana (1993)에 의해 제안된 암반사면의 안정성을 평가하는 방법으로, 일반적인 RMR을 근거로 한 분류등급에 따라 예상되는 불안정한 파괴형태와 지보대책을 제시한다. SMR 값은 RMR 값과 SMR 보정요소로 작용하는 불연속면 및 사면과 관련된 인자에 대한 값으로 다음 식과 같이 계산한다.

$$SMR = RMR + (F_1 \times F_2 \times F_3) + F_4$$

여기서, F_1 : 사면 주향과 절리면 주향과 차이각
F_2 : 평면파괴시 절리면 경사각
F_3 : 사면과 절리면 경사간 관계
F_4 : 굴착방법에 대한 조정 값

SMR 분류에 의한 암반사면의 안정성 평가 및 불안전한 사면의 보강방법은 표 2-5와 같다. SMR 점수가 80점 이상이면 별도의 보강 없이 암반사면을 유지할 수 있으나, 80점 이하가 되면 보강을 실시하여 사면안정을 유지한 후 사면녹화를 수행한다. 만일 적절한 보강을 실시하지 않고 사면녹화를 할 경우 사면붕괴를 초래할 수 있다.

표 2-5 SMR 분류법을 이용한 안정성 평가 및 보강방법(정형식, 2004)

분류	SMR	암반상태	안정성	붕괴	보강
I	81～100	매우 양호	매우 안정	없음	필요 없음
II	61～80	양호	안 정	일부 블록	때때로 필요 (국부적 볼팅)
III	41～60	보통	부분적 안정	일부 절리 또는 많은 쐐기파괴	체계적인 보강 (숏크리트, 록볼트)
IV	21～40	불량	불안정	평면파괴 또는 대규모 쐐기파괴	광범위한 보강 (앵커, 옹벽, 숏크리트)
V	0～20	매우 불량	매우 불안정	대규모 쐐기파괴 또는 토층과 유사한 파괴	중력식 옹벽 또는 앵커보강 및 재굴착

예제 RMR은 50, 사면과 불연속면의 주향방향 차에 의한 보정치는 0.3, 사면과 불연속면의 경사각 차에 의한 보정치는 −25, 불연속면의 경사각에 의한 보정치는 0.4, 굴착법에 의한 보정치가 8인 경우 SMR 값은?

풀이

$$\text{SMR} = \text{R} + (\text{F}_1 \times \text{F}_2 \times \text{F}_3) + \text{F}_4$$
$$= 50 + [0.3 \times 0.4 \times (-25)] + 8 = 55$$

(2) 사면파괴(slope failure) 유형

암반사면의 파괴 유형은 불연속면과 굴착면 방향에 따른 붕괴 활동면의 형태에 따라 원호파괴(circule failure), 평면파괴(plane failure), 쐐기파괴(wedge failure), 전도파괴(topping failure)로 분류한다. 사면파괴 유형별 모식도 및 파괴조건은 그림 2-6과 같다.

원호파괴는 불연속면이 불규칙하게 많이 발달되어 뚜렷한 구조적 특징이 없는 토양이나 폐석 등의 사면에서 발생한다. 평면파괴는 불연속면의 주향방향이 사면의 주향방향과 유사한 방향을 유지하면서 내부마찰각보다 불연속면의 경사가 클 때 발생한다. 쐐기파괴는 암반 내 발달된 두 개의 불연속면을 따라 발생한 암석블록의 미끄러짐으로 인한 형태이다. 전도파괴는 급경사 불연속면에 의해 분리된 암반블록이 회전하면서 발생하는 형태이다.

구분	모식도	파괴조건
원호파괴	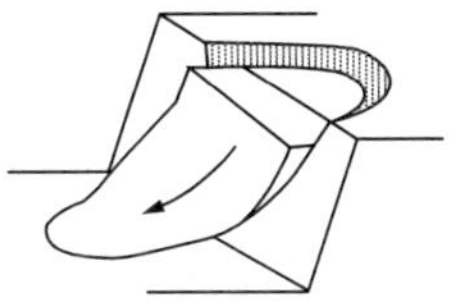	• 불연속면이 많이 발달되어 일정한 지질구조를 보이지 않는 표토, 폐석, 풍화 또는 파쇄가 심한 암반에서 발생 • 암체가 매우 약하거나 절리가 심할 때 발생하며, 토질 비탈면과 유사한 파괴형태를 나타냄
평면파괴	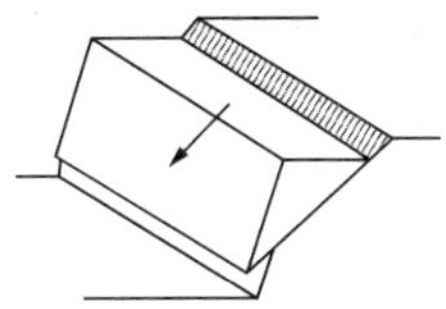	• 불연속면의 주향이 사면의 주향과 평행하거나 ±20° 범위에서 거의 평행 • 불연속면의 경사각이 사면의 경사각보다 작아야 함 • 불연속면의 경사각이 내부마찰각보다 커야 함
쐐기파괴	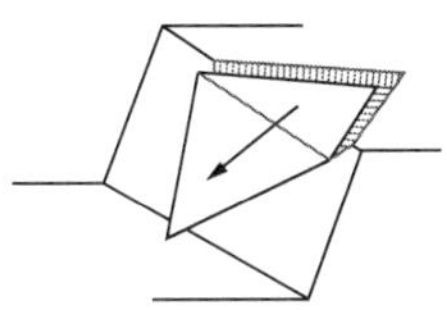	• 불연속면의 교선과 절취면의 경사방향이 같아야 함 • 불연속면의 주향이 절취면의 주향과 비슷해야 함 • 사면의 경사 > 불연속면 교선의 경사 > 불연속면의 내부마찰각
전도파괴	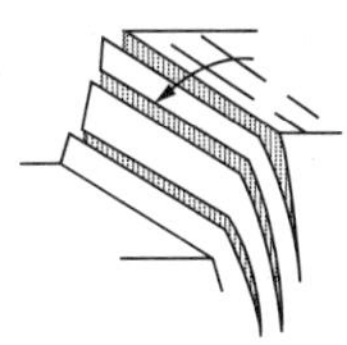	• 절개면과 경사면의 경사방향이 반대이여야 함 • 불연속면의 주향과 절개면의 주향이 ±30° 이내 • 절개면의 경사 > 불연속면의 내부마찰각 > 불연속면 수직선에 대한 경사

그림 2-6 사면파괴 유형별 모식도 및 파괴조건

2.2.2 사면안정성 해석

암반사면의 안정조건은 암반 내 불연속면의 기하학적 형상과 강도특성에 좌우되며, 절취면에 대한 불연속면의 상대적인 방향은 파괴형태를 결정하는 주요 인자이다. 암반사면의 안정성 해석방법에는 평사투영해석, 한계평형해석, 수치해석 등이 있다.

일반적으로 평사투영해석을 실시하여 사면의 전반적인 안정성을 평가하고, 위험지역의 세부적인 사면안정성은 한계평형해석을 실시하여 적정한 사면 안정각 및 사면보강 대책을 수립한다.

(1) 주향(strike) 및 경사(dip)

불연속면의 방향성은 주향과 경사로 나타내며 클리노미터(clinometer) 등으로 측정한다(그림 2-7). 주향은 지층면이 수평면과 만나서 이루는 교선의 방향을 진북을 기준으로 측정한 각이며, 경사는 주향에 직각으로 경사진 방향과 지층면이 수평면과 이루는 각이다. 지층면과 수평면의 교선이 북쪽에서 45° 동쪽으로 기울어져 있으면 주향은 N45E로, 남동쪽으로 35° 경사지면 경사는 35SE로 표기한다.

공학적 목적으로 불연속면의 방향성을 측정하는 경사방향(dip direction)은 주향에서 시계방향으로 90° 더하여 북방향(N)과 이루는 각이며, 경사방향/경사(3자리 숫자/2자리 숫자) 방법으로 표기한다. 여기에서 경사는 그 면의 진경사를 의미하므로 주향측정값 N45E와 경사측정 값 35SE를 경사방향과 경사로 표시하면 135/35이다.

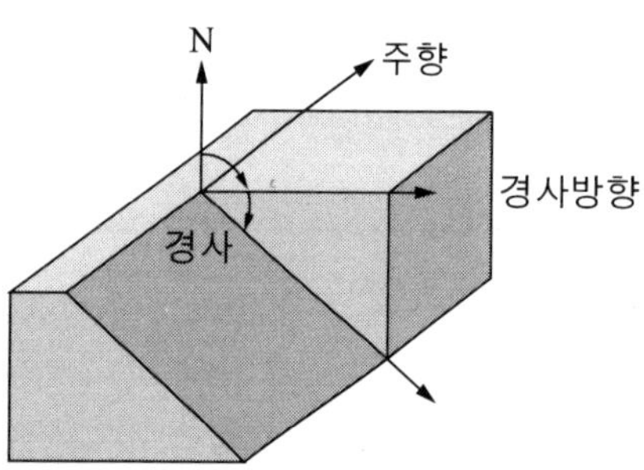

(a) 불연속면의 방향성 측정

부호	주향	경사	경사방향과 경사
35	N45E	35SE	135/35
60	N50W	60SW	220/60
40	EW	40S	180/40
60	NS	60W	270/60
	수평	0	000/00
90	EW	수직	000/90

(b) 주향, 경사 표시 예시

그림 2-7 주향 및 경사 측정

예제 다음 그림으로부터 주향, 경사, 경사방향과 경사를 표기하시오.

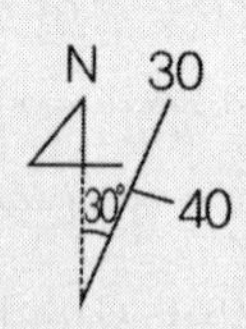

풀이 ① 주향 : N30E
② 경사 : 40SE
③ 경사방향과 경사 : 120/40 (경사방향 = 90° + 30° = 120°)

(2) 평사투영법에 의한 사면안정성 해석

평사투영법은 기하학적으로 구(sphere)면 위에 있는 불연속면이나 절개면과 같은 3차원 공간상의 정보를 2차원적인 평면상에 투영하는 방법이다. 현장지질조사시 얻은 불연속면의 주향과 경사 등을 평사투영망(stereo net)에 도시하여 우세한 불연속면의 방향을 구할 수 있다.

평사투영도 상에 나타낸 극점(pole)들의 분포로부터 상용프로그램(DIPS 등)을 이용하여 대표적인 불연속면 군을 도출하여 사면파괴 유형을 파악한다(그림 2-8). 사면안정성은 극점으로 표시되는 불연속면의 주향 및 경사와 암반의 내부마찰각을 평사투영망에 투영하여 밀도분포로 위험지역을 구분하여 해석한다.

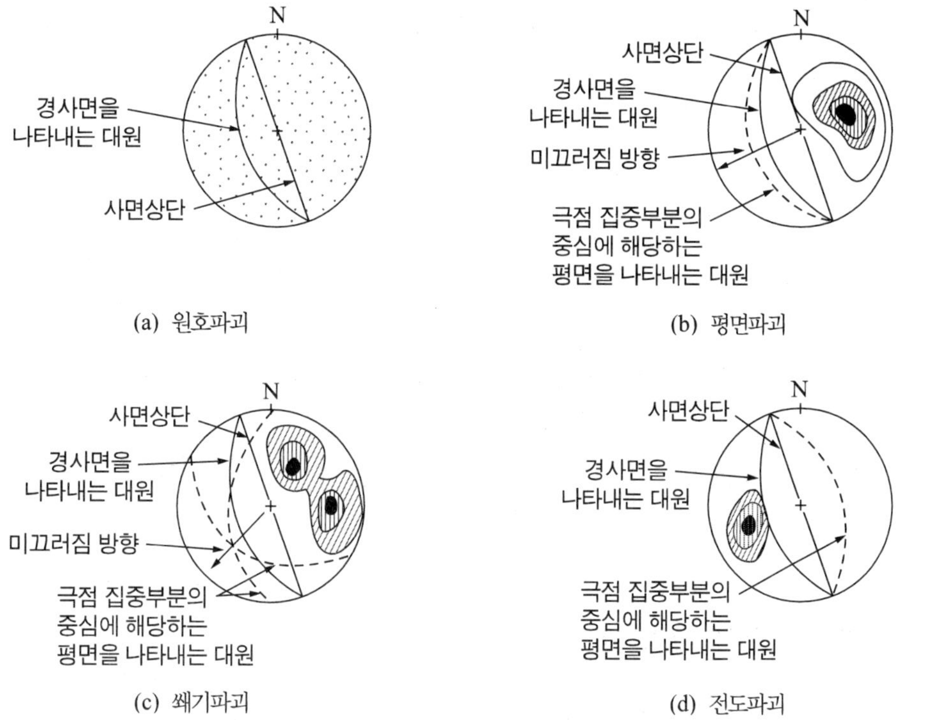

그림 2-8 사면파괴 유형에 대한 평사투영해석

2.2.3 폐석사면 붕괴 메커니즘

(1) 폐석사면의 붕괴 원인

폐석 유실은 사면이 불안정하거나 급경사인 경우, 하부에 설치된 옹벽 및 축대가 안전하게 시공되지 않았을 경우, 폐석사면 일대 배수로가 미흡한 경우, 집중호우 또는 해빙기에 사면이 붕괴되는 경우에 발생한다. 자연상태로 방치된 사면부의 폐석은 유실되기 쉽고 표면침식 문제가 발생하며, 다짐 없이 쌓아 올린 폐석더미는 오랜 기간 침식을 받아 강우 및 절토 등의 외적요인이 가해지면 사면붕괴가 발생되기 쉽다.

폐석사면의 붕괴 원인은 자연적·인위적으로 폐석사면 내부의 전단응력을 증대시키는 작용과 전단저항을 감소시키는 작용이다(표 2-6). 특히 우수기에 폐석사면을 불안정하게 하는 최대 요인인 물(강우) 침투에 의해 폐석중량이 증가되어 사면의 붕괴를 유발한다.

표 2-6 폐석사면의 붕괴 원인

전단응력을 증대시키는 작용	• 퇴적량 증가, 물의 침투에 의한 폐석중량 증가 • 사면장의 증대, 절취, 사면하단 세굴 등에 의한 사면경사 증대 • 침투수에 의한 투수압력 발생 • 지진 또는 발파 등에 의한 수평분력 발생과 토입자구조의 파괴 • 지하채굴에 의한 토지이동
전단저항을 감소시키는 작용	• 폐석 점토화에 의한 내부마찰각 감소 • 폐석의 풍화, 점토화로 단립구조(crumbled structure) 파괴, 골조구조 형성 • 지하수위 상승에 의한 유효응력의 감소

(2) 폐석사면의 파괴 분석

폐석사면의 파괴를 분석하기 위해 폐석적치장 형태에 폐석 적치 조건을 고려하여 폐석사면의 안전도를 분석한다(그림 2-9). 폐석장 내 폐석사면 높이(H)가 30 m를, 폐석 두께(h')가 10 m를, 옹벽 높이(h)가 5 m를 초과할 경우 사면이 불안정할 가능성이 크므로 반드시 안정성을 평가하여야 한다.

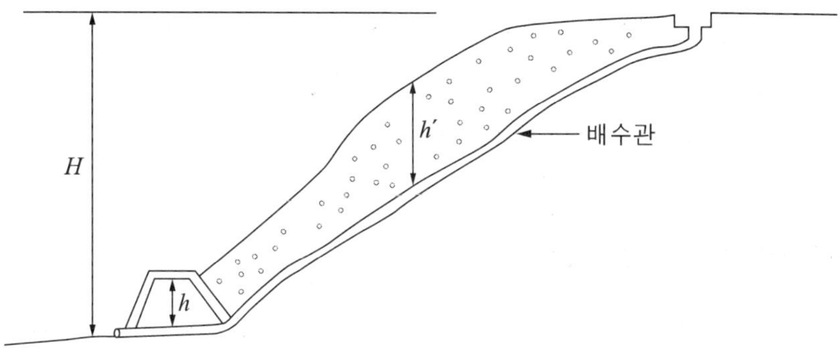

그림 2-9 일반적인 폐석적치장의 형태 및 폐석사면 안정성 평가

1) 파괴 임계면의 위치에 의한 분석

파괴 임계면의 위치에 의한 분석은 주로 폐석적치장 사면부와 바닥의 미끄러짐에 대한 안전도 분석에 이용한다(그림 2-10). 붕괴는 ①구역에서 사면의 붕괴(표면침식)가, ②구역에서 사면 밑 붕괴(표면붕괴)가, ③구역에서 적치장 바닥 붕괴(기초파괴)가 발생한다. 사면 안전도는 H/h로 계산하며, 계산결과 1에 가까우면 불안정하고 4 이상이면 안정하다고 분석한다.

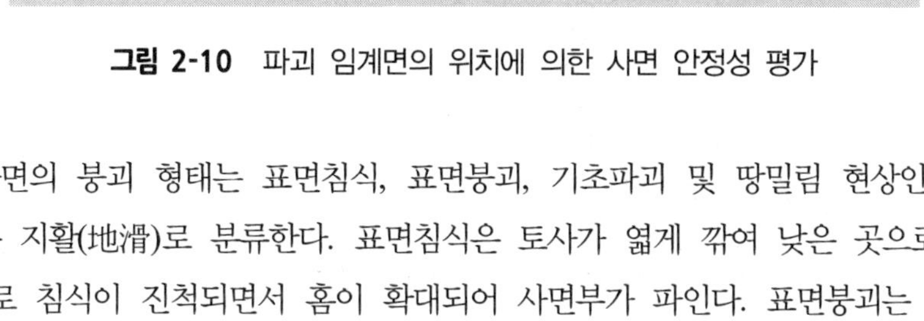

그림 2-10 파괴 임계면의 위치에 의한 사면 안정성 평가

폐석사면의 붕괴 형태는 표면침식, 표면붕괴, 기초파괴 및 땅밀림 현상인 층활(層滑) 또는 지활(地滑)로 분류한다. 표면침식은 토사가 엷게 깎여 낮은 곳으로 이동하는 것으로 침식이 진척되면서 홈이 확대되어 사면부가 파인다. 표면붕괴는 폐석더미 일부가 급격히 사면 지반에서 분리되어 미끄러져 떨어지는 것으로 지반의 변동은 수반하지 않는다.

기초파괴는 기초지반이 폐석의 하중을 견디지 못하여 폐석사면과 함께 미끄러져 떨어지는 것으로, 계속되는 사면붕괴로 사면의 최하부 부근에는 지반 융기와 압몰이 발생한다. 층활 또는 지활은 사면부 지반 위에 미끄러지기 쉬운 연약물질(풍화점토)이 있을 경우 윤활면을 형성하여 폐석더미가 하부로 미끄러지는 것이다.

2) 폐석사면의 안정성 해석

폐석사면의 안정성 해석에 흙 사면의 안정성 해석에 널리 사용되는 한계평형법을 기초로 한 절편법(method of slice)을 활용한다(그림 2-11). 절편법은 토체 내부에서 활동면을 따라 파괴가 발생하는 순간 활동력과 활동에 대한 저항력이 평형을 이룬다는 가정 하에 고안된 방법으로, 사면을 절편으로 나누어 다음 식을 이용하여 안전율(Fs)을 계산한다.

일반적으로 안전율 계산 결과 1 이하는 불안정, 1～1.2는 다소 불안정, 1.3～1.4는 보통의 구조물이나 성토에는 안정하나 저수지 및 댐에는 불안정, 1.5 이상은 안정하다고 해석한다. 폐석사면은 일단 미끄러지면 큰 피해가 발생하므로 안전율은 안전하게 1.5 이상으로 한다.

- 전단저항력(τ)$= c + \sigma \tan\phi = c \times L + \Sigma N \tan\phi$
- 전단응력은 $\Sigma N \tan\phi = \Sigma T$

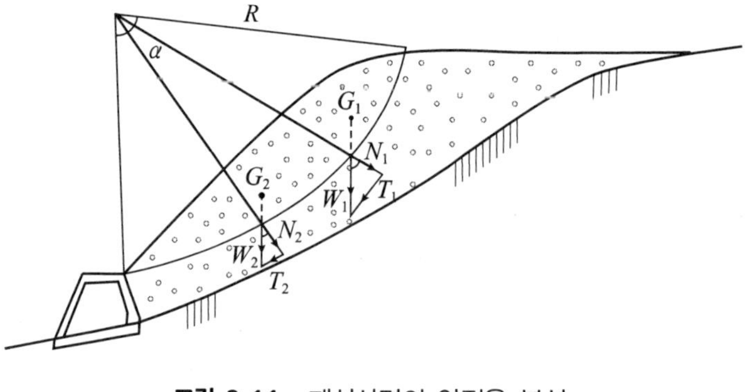

그림 2-11 폐석사면의 안전율 분석

$$Fs\ (\text{안전율}) = \frac{\Sigma N \cdot \tan\phi + c \cdot L}{\Sigma T}$$

여기서, R : 원호 반경

$W_1 W_2$: 구역 중량(면적 × 단위체적 중량)

ϕ : 적치장 활강면 상부 흙의 내부마찰각

σ : $N_1 N_2$ 등 직각 분력의 합

L : 활강면 길이($L = \pi R_{\alpha}/180$)

$G_1 G_2$: 구역 중심

$T_1 T_2$: 접선 분력

$N_1 N_2$: 직각 분력

τ : 활강면 전체 전단저항력

c : 적치장 흙의 점착력

2.3 폐석에 의한 광해 복구

폐석에 의한 광해를 예방하기 위한 최선의 대책은 적정 채광법을 사용하여 폐석발생을 최소화하고, 발생된 폐석에 의한 광해를 복구하기 위해서는 불안정한 폐석사면의 경사를 낮추거나 보강하고 조기에 노출된 사면에 대한 산림복구공사를 실시한다.

2.3.1 폐석사면 경사 변경

불안정 폐석사면에 대해 비탈면다듬기를 실시하여 약 30° 정도로 경사를 낮추고, 사면의 불규칙한 부분을 정리하거나 하중이 크게 작용하는 불안정한 부분을 제거하여 하중을 감소시킨다. 또한 사면안정의 효과를 증대시키고 원활한 성토작업과 식생작업 등을 위해 비탈면다듬기로 일정한 경사도를 유지한 사면에 수평으로 단끊기를 실시한다(그림 2-12).

(a) 폐석사면 비탈면다듬기

(b) 폐석사면 단끊기

그림 2-12 폐석사면 경사 변경

2.3.2 폐석사면 일대 배수처리

폐석사면 일대에 물이 유입되거나 폐석사면에 존재하는 토사가 물을 함유하면 폐석사면의 하중이 증가하고 사면 내의 윤활 역할로 마찰력을 감소시켜 사면붕괴가 발생할 가능성이 높아진다. 이에 폐석사면 일대에 우수의 유입을 차단하고 우수의 원활한 흐름을 위한 배수시설물을 폐석사면 상부나 사면에 설치하여 사면의 안정화를 도모한다(그림 2-13).

폐석장의 배수로는 우수기 붕괴사고를 방지하는 중요한 역할을 하므로 배수로에 영향을 미칠 최대 집수면적, 폐석장 면적과 지형적인 여건, 최대강수량 등을 고려하여 적정 규격의 배수로를 설치하여야 한다. 폐석적치장 상부 인장절리나 크랙 등이 발달한 구역에 우수의 유입을 방지하기 위해 트렌치(trench), 덕트(duct) 등 배수시설을 설치한다. 또한 강우로 인한 사면침식을 방지하기 위해 수로(떼수로, 돌수로, 콘크리트수로 등)를, 유수에 의한 계곡부와 수로변의 침식을 방지하기 위한 바닥막이와 기슭막이 등을 설치한다.

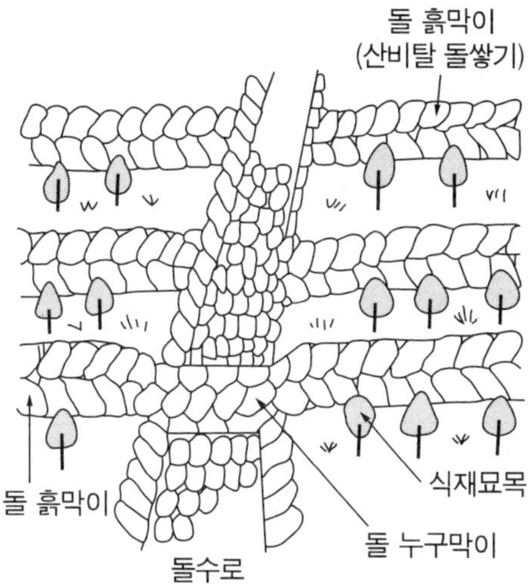

(a) 사면 배수시설 예시

(b) 석축 계단부 수로

그림 2-13 폐석장 일대 배수시설

2.3.3 불안정 폐석사면 구간에 대한 보강

광산 주변에 방치되거나 불안정하게 적치된 폐석사면은 방향성이 없는 많은 불연속면을 가지고 있어 자체 하중과 강우 등으로 사면유실 가능성이 높으므로, 불안정한 폐석사면 구간에 대한 보강이 필요하다. 사면안정공법은 사면보강공법과 사면보호공법으로 분류하며, 채광사면이나 폐석사면에 적용되고 있다(표 2-7).

노천채광 사면에 대한 사면안정 해석 결과 결정된 사면의 기울기와 높이에 대한 사면 안전율이 불안정한 경우 그림 2-14와 같이 파괴규모에 따라 적정 사면안정공법을 선정하여 보강한다. 사면 구간 중 붕괴위험이 있는 구간은 록볼트(rock bolt)나 앵커(anchor) 등 지보재를 설치하여 사면을 보강하며, 우수유입으로 인한 사면 유실 및 풍화 등을 방지하기 위해 사면을 숏크리트로 피복하거나 녹생토 등 식생공법으로 보호한다(그림 2-15).

표 2-7 사면안정공법 분류

구분		공법 개요 및 특징
사면 보강 공법	억지말뚝공법	• 사면의 활동토괴를 관통하여 부동지반까지 말뚝을 설치 → 대규모 사면 활동방지에 효과적
	앵커공법	• 고강도 앵커재를 시추공 내에 삽입하고 그라우팅
	네일링(nailing)공법	• 철근이나 강봉을 가상 파괴면보다 깊게 사면 내에 삽입
	록볼트공법	• 고강도 보강재를 시추공 내에 삽입하고 그라우팅하여 암반에 정착 → 중규모 사면 활동방지에 효과적
사면 보호 공법	식생공법	• 사면을 잔디 등의 식물로 피복 • 우수에 의한 사면의 세굴 및 풍화방지
	숏크리트공법	• 사면을 숏크리트로 피복 • 우수에 의한 사면의 세굴 및 풍화방지
	표층고화처리공법	• 사면에 표층고화제를 주입 • 우수의 침투방지, 사면의 세굴 및 풍화방지

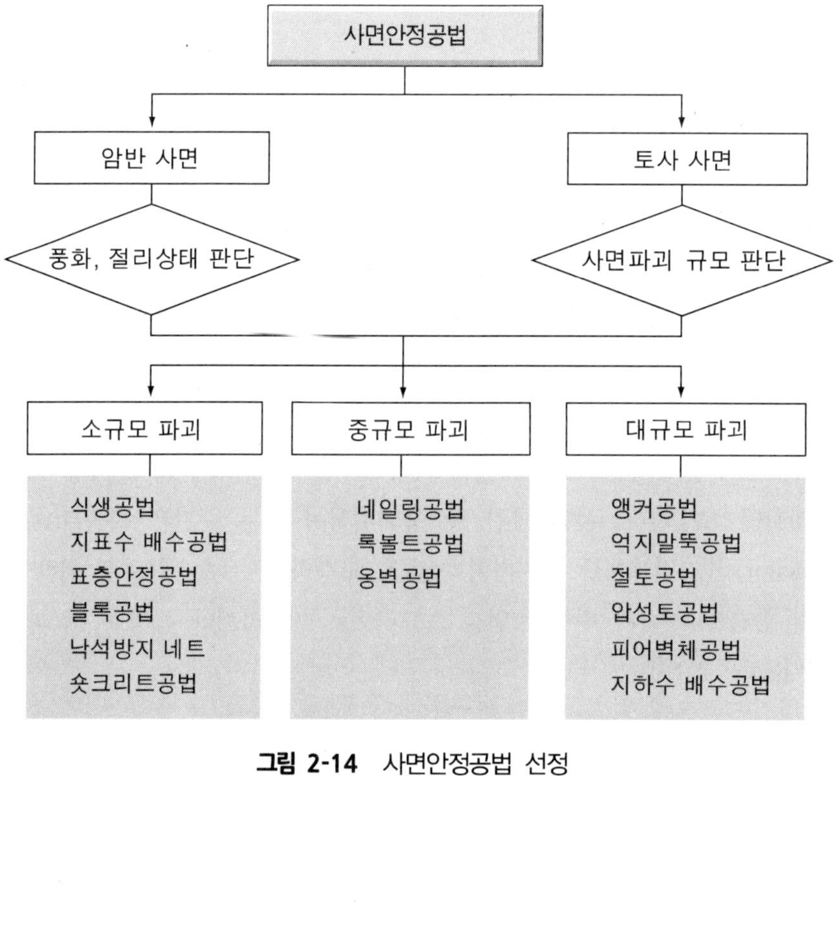

그림 2-14 사면안정공법 선정

(a) 억지말뚝공법 (b) 록볼트공법 (c) 앵커공법 (d) 식생공법

그림 2-15 주요 사면보강공법 및 사면보호공법

2.3.4 하부구축물에 의한 폐석유실방지

일반적으로 폐석은 광산 인근에 적치하고 폐석유실방지를 위해 폐석장 하부에 석축이나 옹벽 등 구축물을 설치한다. 오래전에 폐광된 광산은 대부분 석축이나 무근 콘크리트옹벽을 설치하여 집중호우시에 구축물이 손상되어 폐석유실 사례가 다수 발생하고 있다. 옹벽은 구조에 따라 중력식, 반중력식, 캔틸레버식(cantilever), 부벽식(counterfort)으로 구분하며, 이외에도 특수옹벽인 보강토옹벽, 돌망태(gabion)옹벽 등이 있다(그림 2-16).

중력식옹벽은 지반이 양호하여 콘크리트 자중으로 토압을 지지하는 것으로 높이 4 m 이하에 적용한다. 반중력식옹벽은 중력식옹벽의 벽체에 작용하는 인장응력을 철근으로 보강한 것으로 높이 4 m 이하에 적용한다. 옹벽의 높이가 4 m 이상일 경우 적용하는 철근콘크리트옹벽은 형태에 따라 저판 및 벽체만으로 토압을 받도록 하는 캔틸레버식옹벽(역T형, L형)과, 일정 간격마다 저판을 결합시켜 주는 부벽을 설치하는 부벽식옹벽을 현장여건에 따라 시공한다.

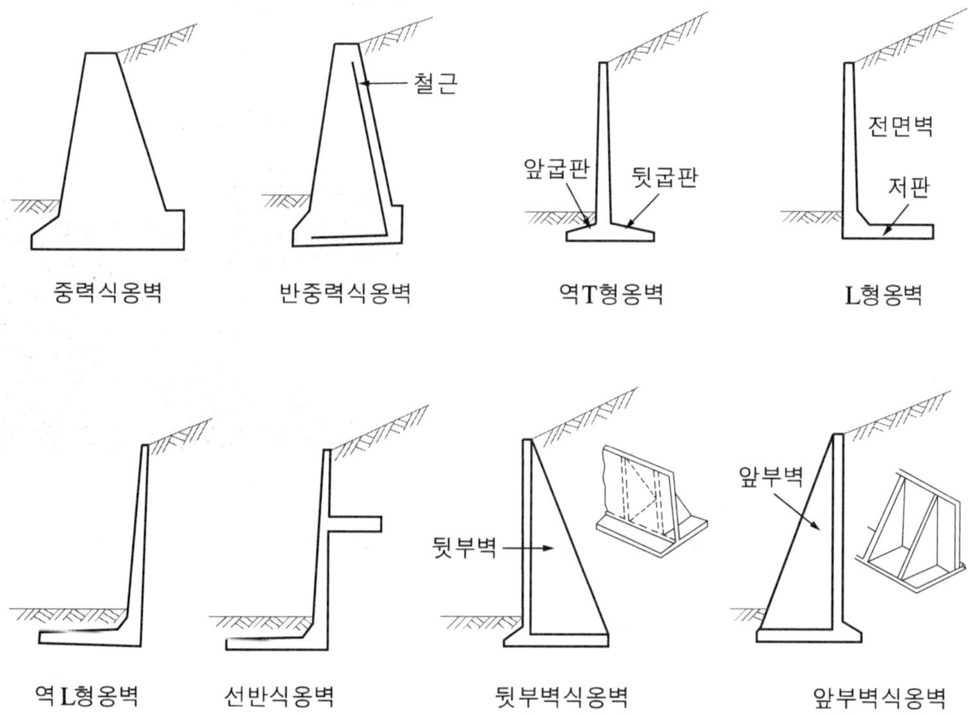

그림 2-16 옹벽의 종류

폐석은 장기간 적치되므로 폐석장의 붕괴사고를 예방하기 위해 하부구축물의 안전 설계와 시공은 매우 중요하다. 특히 옹벽 배면의 침투수에 의한 간극수압의 상승으로 옹벽의 활동(sliding), 전도(overturing), 침하 발생 및 내구성이 저하될 수 있다. 이를 예방하기 위해 옹벽 배면에 배수공을 설치하고 투수성이 좋은 골재를 사용하여 철저한 뒷채움 및 다짐을 실시하여야 한다(그림 2-17).

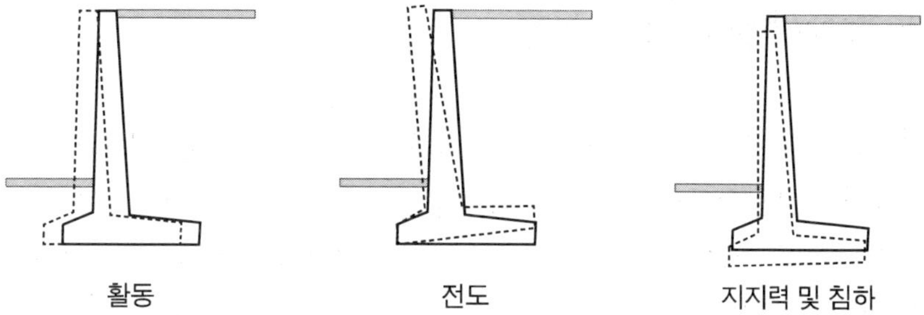

(a) 옹벽의 안정성 검토

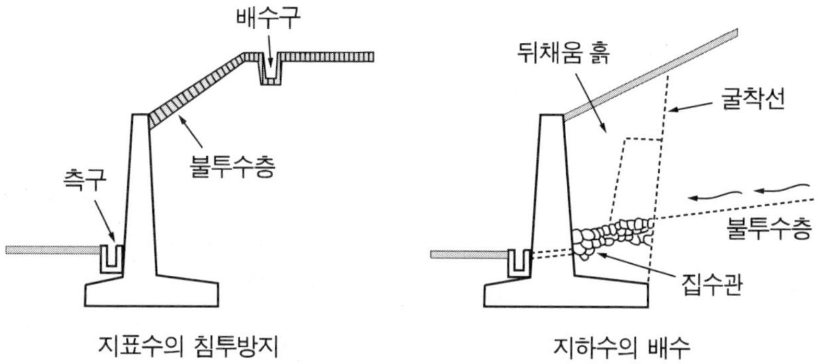

(b) 옹벽의 배수시설

그림 2-17 옹벽의 안정성 검토 및 배수시설(남기천 등, 2012)

옹벽 안전율은 옹벽에 작용하는 전체적인 힘에 대한 안정성을 검토하여 다음 식과 같이 계산한다. 안전율은 1.5 이상 확보되어야 하며, 안전율이 1.5 이하인 경우에는 기초 슬래브의 아래에 돌출부의 깊이를 증가하거나, 기초 슬래브의 밑면을 더 내리거나 말뚝기초로 보강하여 안정성을 확보한다.

$$F_s = \frac{R_v \tan\delta + C_a B}{R_h} \geq 1.5$$

여기서, R_v : 모든 연직력의 합(kN/m)

R_h : 모든 수평력의 합(kN/m)

δ : 옹벽 저판과 지지지반 사이의 마찰각

C_a : 옹벽 저판과 지지지반 사이의 부착력(kN/m^2)

B : 옹벽 저판의 폭(m)

2.3.5 폐석사면에 대한 식생

폐석사면의 저항력을 증가시키고 물 침투를 방지하기 위해 폐석사면 표면에 토양을 복토하고 주변 환경과 어울리는 식생을 하여, 폐석유실방지와 경관적 효과를 도모한다(그림 2-18). 폐석에는 황화광물이 다량 포함되어 폐석더미를 피복하지 않을 경우 산성수가 발생할 수 있으므로, 산성수 발생을 예방하기 위해 토양에 석회석 등과 같은 중화제를 혼합하여 복토한다.

복토 토양은 식재 수종과 연관하여 선정하여야 하며, 복토 두께도 수목이 활착할 수 있도록 토사유실 등을 고려하여 최소 30 cm 이상으로 한다.

(a) 폐석사면 식생(원경)

(b) 폐석사면 식생(근경)

그림 2-18 폐석사면에 대한 식생

2.4 광산지역 폐석유실방지사업 및 산림복구사업

채광 훼손지에 대한 광해방지사업은 1980년대 사업초기에는 폐석유실방지를 목적으로 하였으나, 1990년대 중반부터는 폐석사면을 안전사면으로 정리하고 복토 및 식재하는 산림복구사업으로 광산개발 이전 환경여건을 조성하고 있다.

폐석에 의한 광해를 예방하기 위한 광해방지사업으로 폐석을 계속 적치하는 가행광산은 석축이나 옹벽 설치 등의 폐석유실방지사업을, 폐광산은 폐석적치장에 대한 산림복구사업을 실시하고 있다.

2.4.1 광산지역 산림복구 계획 및 복원목표 수립

(1) 광산지역 산림복구 계획

광산개발에 의한 산림훼손 원인으로는 노천개발 및 채광장 접근로 개설, 채굴적 관련 지반침하에 의한 지표함몰, 광폐석 적치 등이다. 가행광산에서는 채광작업 진행에 따라 산림훼손이 계속 발생하며, 폐광산에서는 방치된 산림훼손지가 오랜기간 변화를 거치면서 산림훼손 범위가 확대되고 있다. 일부 광산은 자체적으로 채광훼손지를 복구하였으나, 대부분의 광산의 폐석사면은 산림이 훼손된 상태로 존재한다.

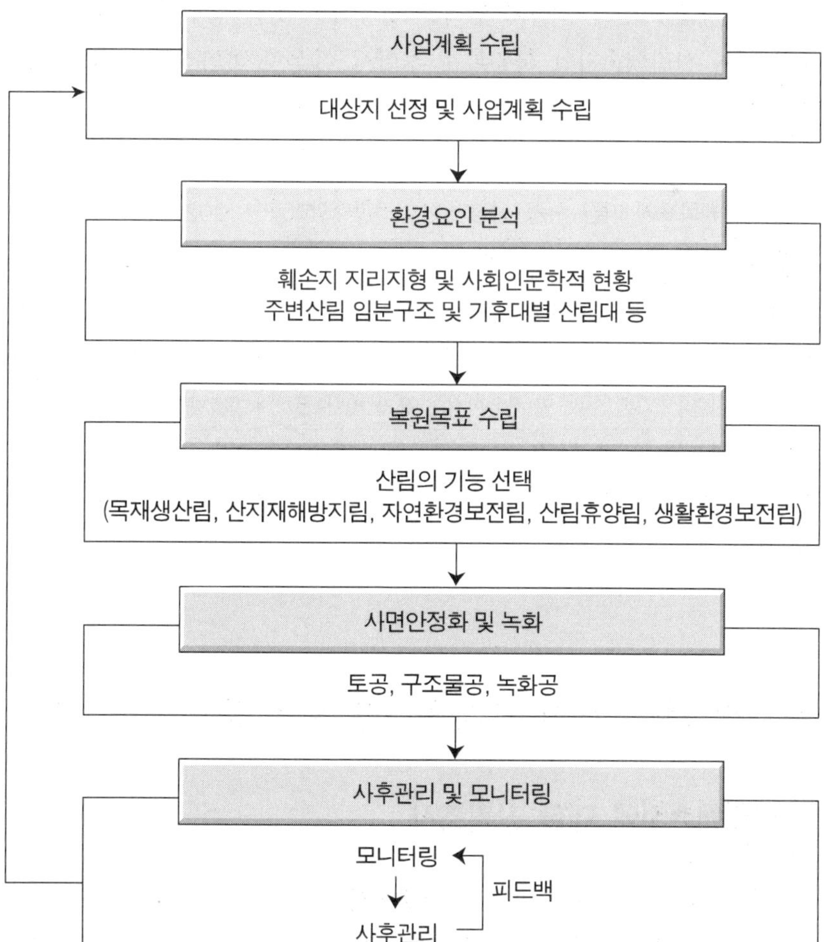

그림 2-19 광산지역 폐석유실방지사업 및 산림복구사업 추진 절차

광산지역에서 실시되는 폐석유실방지사업 및 산림복구사업은 그림 2-19와 같이 훼손지 환경요인에 따라 복원목표를 수립하고 사면안정화 및 녹화, 사후관리 및 모니터링 단계로 사업을 추진한다.

(2) 광산지역 산림훼손지의 복원목표 수립

산림훼손지는 복원목표에 따라 목재생산림, 산지재해방지림, 자연환경보전림, 산림휴양림, 생활환경보전림으로 분류하여 적정 수종을 선정한다(표 2-8). 과거 광산지역 산림복구는 훼손지 환경요인을 고려하지 않고 녹화 위주의 수종 선택으로 주변 식생환경과 조화를 이루지 못하고 임목을 활용하지 못한 경우가 많았다.

광산지역 산림훼손지의 복원목표 수립시 단순 녹화위주의 식생복구보다는 훼손 이전의 산림기능 회복 및 경제림으로 활용할 수 있도록 한다.

표 2-8 복원목표에 따른 수종 선정기준(한국광해관리공단, 2022)

구분	특징	수종 선정기준
목재생산림	• 경제적 목재생산 우선 고려	• 용재수종, 경제수종, 특용수종
산지재해방지림	• 산지 재해방지 우선 고려	• 사방수종, 내화성수종, 내병성수종
자연환경보전림	• 기존 수목 및 생육환경의 유지 및 보전	• 기존지역 분포수종, 보전목표수종
산림휴양림	• 휴양림 기능을 고려한 유지 및 이용 조화	• 경관수종, 화목류, 관목류, 지역특색수종
생활한경보전림	• 생활환경 개선 및 보전	• 경관수종, 화목류, 관목류, 지역특색수종

2.4.2 광산지역 폐석유실방지사업 및 산림복구사업

(1) 산림훼손지에 대한 산림조사

채광활동으로 인한 훼손지의 산림생태계 회복을 위해 표 2-9와 같이 식생복구와 관련된 환경요인과 생태계 및 가시권 여부를 조사한다. 일반적으로 광산지역 토양은 pH가 낮고 식물의 생장에 필요한 영양원소가 부족하며, 낮은 보습력으로 인하여 식물의 성장이 불리하다. pH가 낮은 광산 토양은 중금속 함량이 높으며, 석탄광산 지역의 토양은 Al과 Mg의 함량이 높아 Al은 뿌리, Mg은 줄기 생장을 저해한다. 대부분의 폐석은 2 mm 이상 암석으로 구성되어 표면이 건조되기 쉽고 열 흡수력이 강하므로, 폐석 상부에 식재시 여름에 고사되기 쉽다.

표 2-9 산림훼손지 식생복구와 관련된 환경요인

구분		식생복구시 고려사항
환경요인	기후적 특성 조사	• 강수요인 : 강수량(연평균, 월별, 최대), 강우일수, 강우패턴 등 • 온도요인 : 기온(연평균, 월별), 최고기온, 최저기온 * 지역별 기상 관측자료 및 통계자료 이용
	지형적 특성 조사	• 방위 : 4방위(동, 서, 남, 북), 북동, 북서, 남동, 남서 • 경사 : 완경사지(15° 이하), 경사지(15～20°), 급경사지(20～25°), 험준지(25～30°), 절험지(30° 이상) • 지질 및 지형요인 : 기반 지질, 생육지의 지형, 사면의 방위 및 각도, 표고 등
	토질적 특성 조사	• 생육지 토양의 층위 구조, 토양의 물리적 성질(입자 크기, 경도, 토색), 토양의 화학적 성질(pH, 특정원소의 생장제한 요인, 양분의 결핍), 토양의 생물학적 성질(미생물 등)
생태계 및 가시권 여부		• 주변 동식물상, 자연환경, 훼손여부 및 정도 • 주거 및 근린시설, 도로시설 등을 기준으로 육안조사를 실시하여 가시권 여부 결정

산림조사는 표본조사법을 적용하여 훼손지를 대표하는 조사구를 설치하고, 훼손지와 경계를 기준으로 500 m 이내에서 훼손되지 않은 산림을 대상으로 식생 생육이 활발한 여름철(6～8월)에 실시한다. 광산지역 산림복구시 식생 생육을 원활하게 하기 위해 복토재로 사용될 토양의 토성, pH 등 권장기준은 표 2-10과 같다. 복토재의 토양 이화학적 특성을 조사하여 권장기준에 미달할 경우 시비 등을 실시하며, 토양 내 중금속 함량은 허용기준치를 초과하지 않아야 한다.

표 2-10 산림복구 복토재용 토양 설계인자 권장기준(한국광해관리공단, 2011)

인자	토성	토양 삼상	토양 pH	TOC (Total Organic Carbon)	전 질소
기준	사양토, 양토 (점토 15% 이하)	고상 50% 이내	5.5～6.0	1.2% 이상 (유기물 2%)	0.1% 이상

(2) 폐광산 산림복구공사

일반적으로 광산지역 산림복구공사는 사면안정화를 위한 토공작업과 구조물공을 설치하고, 복토 및 식재하는 녹화공을 실시한다. 폐탄광지역 산림복구공사의 횡단면도는 그림 2-20과 같으며, 폐탄광 산림복구공사에 적용한 주요 공종을 소개하면 다음과 같다.

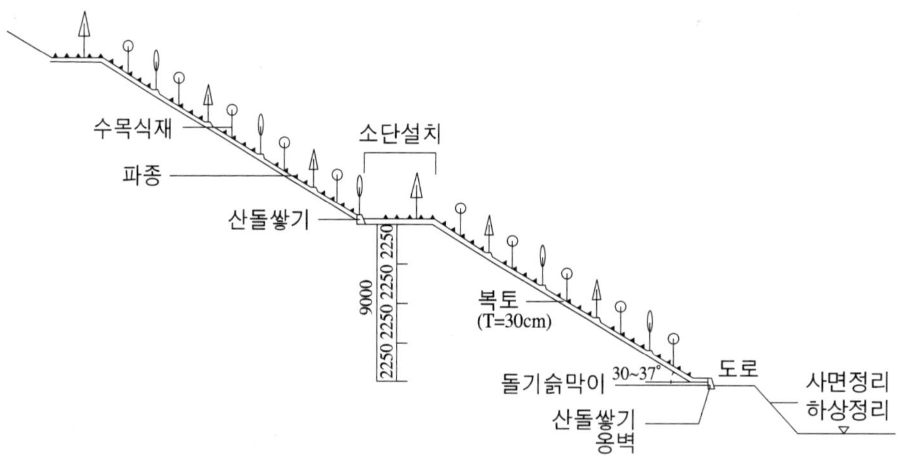

그림 2-20 폐탄광 산림복구공사 표준횡단면도 예시

1) 토공

광산 주변에 불안정하게 적치된 폐석사면의 경사 변경을 위한 토공작업으로, 불안정한 폐석사면을 안식각 이하로 안정화시키고 식생이 조성될 여건을 조성한다.

① 비탈면다듬기(뭉기기, slop grading work)

불안정한 토층의 경사를 완만하게 하여 안정된 비탈면을 조성할 목적으로 시행하며, 침식과 붕괴로 기복이 심한 급경사 비탈면을 일정한 경사가 유지되게 땅깎기(절토)와 흙쌓기(성토)를 실시하는 기초공사이다(그림 2-21). 사면의 경사도는 토질, 암의 종류, 토공 규모 및 입지여건을 고려하여 결정하며, 경사도를 30°(최대 35°)를 기준으로 계획하는 것이 이상적이나 복구 대상지 산지지형에 알맞도록 계획한다.

비탈면다듬기를 하면서 사면의 경사도를 완화시키고 사면의 밀림으로 인한 붕괴방지와 시공 관련 도로확보 등을 위해 비탈면의 중간에 소단(berm)을 설치한다.

그림 2-21 비탈면다듬기

② 단끊기(계단끊기, terracing work)

비탈면다듬기가 끝난 곳을 계단형으로 만들기 위하여 수평으로 단을 끊어서 초목본류를 파식하여 식생을 도입하는 기초공사이다(그림 2-22). 비탈면 길이를 줄이고 수평면을 유지함으로써 침식을 방지하고 식생조성에 필요한 기반을 형성하는 것으로 선떼붙이기, 흙막이 및 파종공을 함께 실시한다.

수평 단은 상부로부터 하부로 시공하며, 단끊기의 계단 폭은 일반적으로 0.5～0.7 m로 하지만 비탈면의 경사가 급할 경우 폭을 좁게 하여 경사를 완만하게 한다.

그림 2-22 단끊기

③ 산돌쌓기

산비탈이나 산각부에 토사의 퇴적이 많고 붕괴토사가 많은 경사지 산비탈면의 보호를 위해 1 m 이내로 돌쌓기를 하는 공종이다(그림 2-23). 복구지의 사면 하단부나 토사의 퇴적이 많은 비탈면에 경사는 1 : 0.3, 높이는 0.5～0.7 m로 시공한다.

돌을 쌓는 방법에 따라 골쌓기, 켜쌓기, 찰쌓기, 메쌓기로 구분한다. 일반적으로 견치석과 같이 크기가 불규칙한 돌은 골쌓기를, 균일한 크기 돌은 켜쌓기를, 유수침식이 우려되는 개소는 돌 사이를 몰타르(mortar)로 접합하는 찰쌓기를, 산비탈 개소는 돌만으로 쌓는 메쌓기를 적용한다.

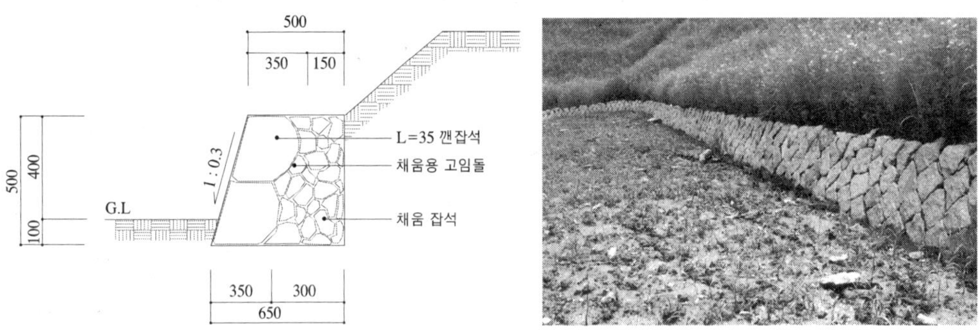

(a) 모식도 (b) 산돌쌓기 시공

그림 2-23 산돌쌓기

④ 토양개량 및 복토

식생 생육에 충분한 토사가 없거나, 토사가 있지만 토양의 이화학특성 및 중금속 오염으로 인해 토양개량에도 불구하고 식생이 생육할 수 없는 경우 양질의 토사를 일정한 두께로 복토하여 식생 생육기반을 조성한다(그림 2-24).

폐석지 사면을 정리하고 충분히 다진 후에 상부에서 아래로 복토용 양토를 동일 두께로 포설한다. 다른 지역에서 운반된 복토는 포설 후 시간이 지남에 따라 점점 다져지므로 원지반이 드러나지 않도록 최소 30 cm 이상 복토하되, 다짐을 고려하여 목표 두께보다 약 30% 이상 두껍게 포설한다.

(a) 복토 운반 및 펴기 (b) 복토 후 면고르기

그림 2-24 토양개량 및 복토

2) 구조물공

훼손지의 위치에 따라 적용 가능한 적정 구조물을 설치하여 사면 유실방지 및 안정화를 도모한다. 일반적으로 산의 아래쪽 부분인 산록부는 물의 침식작용 예방 및 사면의 산각 고정을 위한 야계사방 공종을 적용한다. 산복부(산기슭)는 사면 안정화와 지표수 및 지하수의 배수를 원활하게 하기 위한 비탈사면 안정화 공종을, 산정부(산마루)는 지표수 및 토사의 유입을 예방하고 산정부를 안정화시킬 수 있는 공종을 적용한다.

① 선떼붙이기

비탈면다듬기에서 생산된 교란된 토양인 뜬흙(unconsolidated soil)을 고정하고 파식상(seeding bed)을 설치하는데 필요한 기초 구조물로서, 비탈면에 계단을 끊고 계단 전면에 떼를 쌓거나 붙인 후 뒤에 흙을 채우고 식물을 파식한다(그림 2-25).

수평계단 길이 1 m당 떼의 사용 매수에 따라 1급(고급)부터 9급(저급)으로 구분하며, 일반적으로 산림복구공사시 6～7급(높이 40 cm)을 시공한다. 표토이동과 강수 차단을 목적으로 할 경우 5급 이상으로 하며, 사방지 식재 및 파종을 목적으로 할 때는 6급 이하로 한다.

그림 2-25 선떼붙이기

② 묻히기(땅속흙막이, underground-laying structure)

비탈면다듬기와 단끊기 등으로 생산되는 뜬흙을 땅속에 매설하여 유실을 방지하는 흙막이 구조물이다(그림 2-26). 사용 재료는 돌, 흙, 돌망태, 블록, 콘크리트 등이며, 땅속에 매설하는 구조물로서 외관보다는 강도가 필요하므로 적정 재료를 선택한다.

묻히기는 상부의 토압을 충분히 견딜 수 있도록 안정된 기반 위에 설치하며, 바닥파기를 충분히 하고 높이의 2/3 이상 묻히도록 한다. 상류를 향하여 직각으로 축설하며 돌 묻히기의 비탈면은 1 : 0.3, 흙 묻히기의 바탈면은 1 : 1.0∼1.3으로 한다. 자재 취득이 곤란한 경우는 흙 묻히기를 하고 심벽(core wall)을 넣는다.

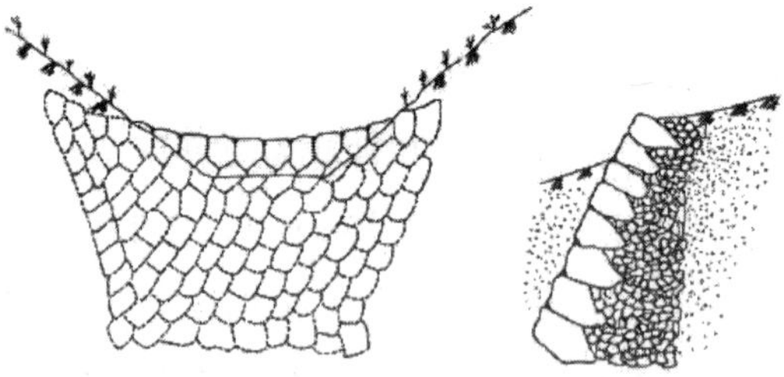

(a) 돌 묻히기(정면도 및 측면도)

(b) 돌 묻히기

그림 2-26 묻히기

③ 바닥막이

계류로 인한 바닥의 침식방지 및 바닥에 퇴적된 토사나 돌 등의 유실을 방지하기 위해 지류가 합류되는 지역의 하류나 침식이 발생되는 지역에 높이 3 m 내외로 설치한다(그림 2-27). 돌이나 콘크리트를 사용하며, 황폐된 계류에서는 바닥막이를 물 흐름 방향과 직각으로 연속해서 설치하는 것이 효과적이다.

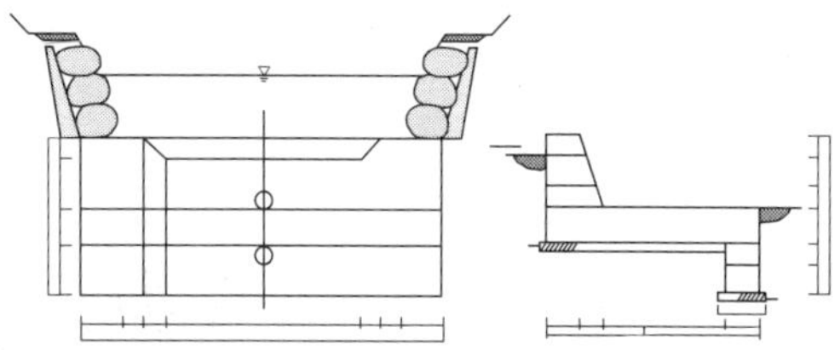

(a) 바닥막이(정면도 및 측면도)

(b) 바닥막이

그림 2-27 바닥막이

④ 누구막이(rill control structure)

산지나 훼손지 비탈면에서 흐르는 물에 의한 누구(rill) 침식을 방지하기 위해 누구를 횡단하여 설치하는 구조물로서, 수로의 경사가 급하여 토사 유출이 많은 지역에 설치한다(그림 2-28). 사용 재료는 돌, 떼, 돌망태, 콘크리트 등이며, 떼 누구막이는 용수가 없고 토양상태가 양호한 지역에 적용한다.

사면적은 3 m^2 이내로 하고 높이는 선떼붙이기 하부와 수평이 되도록 설치하되, 계간이나 수로상의 뜬흙 처리를 감안하여 지상고 60 cm 내외로 한다. 누구막이 비탈면은 1 : 0.3으로 하고 시공시 충분한 바닥파기를 하며 최소 40 cm 뒷채움을 한다.

(a) 돌 누구막이

(b) 떼 누구막이

그림 2-28 누구막이

⑤ 구곡막이(골막이, gully control structure)

골짜기의 바닥과 기슭이 패거나 메워지는 것을 막기 위해 골짜기를 가로질러 막는 구조물로서, 침식이 활발하고 토사유실이 심한 지역에 설치한다(그림 2-29). 구곡막이는 누구보다 더 심하게 침식된 수로를 따라 흐르는 물의 유속을 완화하고, 유수에 의해 발생되는 구곡의 세굴을 방지하며 유실된 토사를 막아 토사가 퇴적되도록 하기 위한 작은 댐의 일종이다.

(a) 돌 구곡막이

(b) 콘크리트 구곡막이

그림 2-29 구곡막이

⑥ 기슭막이

유로의 만곡에 의해 충격을 받는 수충부나 붕괴 위험성이 있는 수로변을 대상으로 계안(산기슭)의 횡침식 및 산복 붕괴 등을 방지하기 위하여 계안을 따라 설치한다(그림 2-30). 일반적으로 침식이 심하고 유수의 충돌이 심한 곳은 돌 또는 콘크리트블록

그림 2-30 기슭막이

기슭막이를 적용한다. 기슭막이 쌓기 경사는 1 : 0.3, 높이는 1~3 m 내외, 높이는 계획홍수위 이상으로 하여 홍수 시에도 넘치지 않도록 하여야 한다.

⑦ 수로공(channel works)

강우에 의한 비탈면 침식을 방지하고 시공구조물이 파괴되지 않도록 일정한 장소에 유수를 집수하고 안전하게 배수시키는 구조물이다(그림 2-31). 사용 재료에 따라 떼수로, 돌수로, 콘크리트수로 등이 있으며, 수로의 모양은 반달꼴, U자형과 사다리꼴이 있다.

경사가 급하고 유량이 많은 곳에는 돌수로를, 경사가 완만하고 유량이 적은 곳에는 떼수로를, 유속이 빠르고 유량이 많은 구간에는 콘크리트수로를 설치한다. 일반적으로 돌수로 시공시 유량이 많은 곳은 돌과 돌 사이에 몰타르를 사용하는 찰쌓기를, 유량이 적고 완경사에는 돌만을 쌓는 메쌓기를 적용한다.

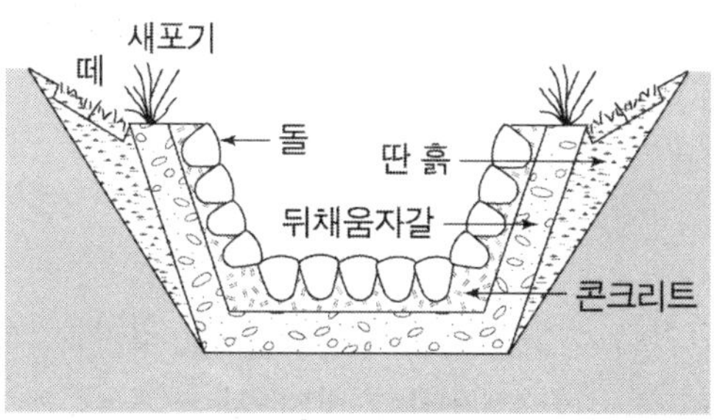

(a) 돌수로(찰쌓기)

(b) 돌수로

그림 2-31 수로공

⑧ 석축 및 옹벽

사면부 토사의 땅밀림과 경사면의 붕괴 또는 토양 유실을 방지하기 위해 사면 하단부에 석축이나 옹벽 구축물을 설치한다(그림 2-32). 이러한 구축물은 자체 중량이나 토사 중량에 의한 토압에 견딜 수 있도록 견고하게 설치하여야 하며, 특히 집중호우 시에도 유실되지 않도록 배면 배수공사가 중요하다. 석축 재료로는 마름돌, 깬돌, 견치석, 호박돌 등이 사용되며, 메쌓기와 찰쌓기를 적용한다.

과거 대부분의 광산에서는 주로 석축을 사용하였으나, 최근에는 콘크리트옹벽과 주변의 폐경석 등을 활용한 돌망태(gabion)옹벽이 주로 사용되고 있다.

(a) 석축

(b) 돌망태옹벽

그림 2-32 석축 및 옹벽

3) 녹화공

훼손지 복구 후 이용 목적에 따른 산림복원 목표를 기준으로 수종을 선정하며, 초본류와 목본류를 혼합하여 녹화하는 것이 바람직하다.

① 파종(씨뿌리기)

인력 또는 기계를 이용하여 종자를 파종하는 방법으로, 초기에 뿌리의 활착을 돕고 생장시켜 토양의 긴박력을 증진시키고 우수로 인한 지표침식 방지 및 조기녹화가 가능하도록 한다(그림 2-33). 파종 방식에 따라 줄파종(줄뿌리기), 산파종(흩어뿌리기), 점파종(점뿌리기)으로 구분한다. 폐광산 복구에는 종자, 비료와 비토를 혼합한 종비토를 비탈면에 파종하고, 종자 유출을 방지하기 위해 짚이나 식생매트로 덮는 방법으로 시공한다.

파종기계(hydroseeder)로 시공하는 방법에는 잔디씨앗을 비료, 양생제 등을 물과 섞어서 분사하는 잔디분사파종(seed-spray)과, 식생기반인 녹생토와 종자를 혼합하여 살포하는 녹생토공법 등이 있다. 최근에는 식생생육이 거의 불가능한 척박한 암반 및 폐석사면의 사면안정화 및 녹화를 위해 방틀을 만들어 내부에 배양토 등의 충전재를 넣어 식물을 배양하는 섬유방틀공(Mine Green Formwork; M.G.F)을 일부 적용하고 있다.

(a) 줄파종(줄뿌리기)

(b) 섬유방틀공

그림 2-33 파종

② 식재(나무심기)

녹화사면에 묘목을 식재하는 공종으로, 식재 본수는 ha당 3,000～5,000본을 기준으로 하고 식재시기는 3～4월, 10～11월이 적합하다(그림 2-34). 훼손지 근처에 묘포장(nursery field)을 설치・운영하고 운반된 묘목을 가식하여 훼손지 환경에 적응하도록 하며, 가식한 묘목은 적절한 관수관리를 통해 식재시까지 고사를 방지한다.

과거에는 조기녹화를 목적으로 아까시나무, 리기다소나무, 오리나무류, 참싸리 등이 식재되었고 최근에는 자작나무, 측백나무, 사철나무, 철쭉 등을 식재하여 녹화와 경관개선 효과를 꾀하고 있다.

(a) 식재

(b) 식재 후 전경

그림 2-34 식재

4) 사후관리 및 모니터링

산림복구공사가 완료된 사업지를 대상으로 정기적인 식생조사 및 토양조사, 구조물 훼손 등을 일정기간(5년) 동안 매년마다 모니터링을 실시하고, 결과에 따라 적기에 보식과 시비, 구조물 보수 등을 실시하여야 한다.

식생조사는 사업 준공 후 조사구(10 × 10 m 내외)를 설치하여 초기 2～3개월 간 월 1회를, 이후 1년 경과시까지 분기 1회를, 2년 이후에는 해빙기인 3월과 생육이 활발한 6～8월 사이 연 2회 이상 실시한다. 현장조사시 조사구 내 초본과 목본류의 개체수와 밀도 등 생육상태, 병충해 및 고사목 발생여부 등을 조사한다. 토양조사는 6～8월 사이 연 1회 조사구의 1 m 이내에서 20 cm 깊이 토양을 채취하여 토양의 이화학적 특성 및 중금속을 분석한다.

아울러 주기적으로 축대 및 옹벽의 변형상태, 사면변형 여부, 배수로 등 구조물 상태를 점검하여 문제점이 발생되면 즉시 보수공사를 실시하여야 한다.

제3장

지반침하에 의한 광해

3.1 광산지역 지반침하 원인 및 유형

3.2 광산지역 지반안정성조사

3.3 광산지역 지반안정성평가

3.4 광산지역 지반보강공사

3.5 광산지역 지반침하 계측조사

3.1 광산지역 지반침하 원인 및 유형

3.1.1 지반침하 원인

지반침하는 광물, 석유·가스 같은 에너지자원의 채굴뿐만 아니라 지질학적 요인, 지하수 유동 등 다양한 원인으로 인해 발생한다(그림 3-1). 광산이 아닌 석회암지대에서 용식공동에 의한 침하가 발생할 수 있으며, 도심지나 농경지 등에서 대규모 양수작업으로 인한 지하수의 유동 등으로 침하가 발생하기도 한다. 또한 도심지 도로 하부 대형관로 등의 매설 관련 작업 시 지반다짐 불량이나 노후관로 누수로 인한 토사유실 등으로 침하가 발생하기도 한다.

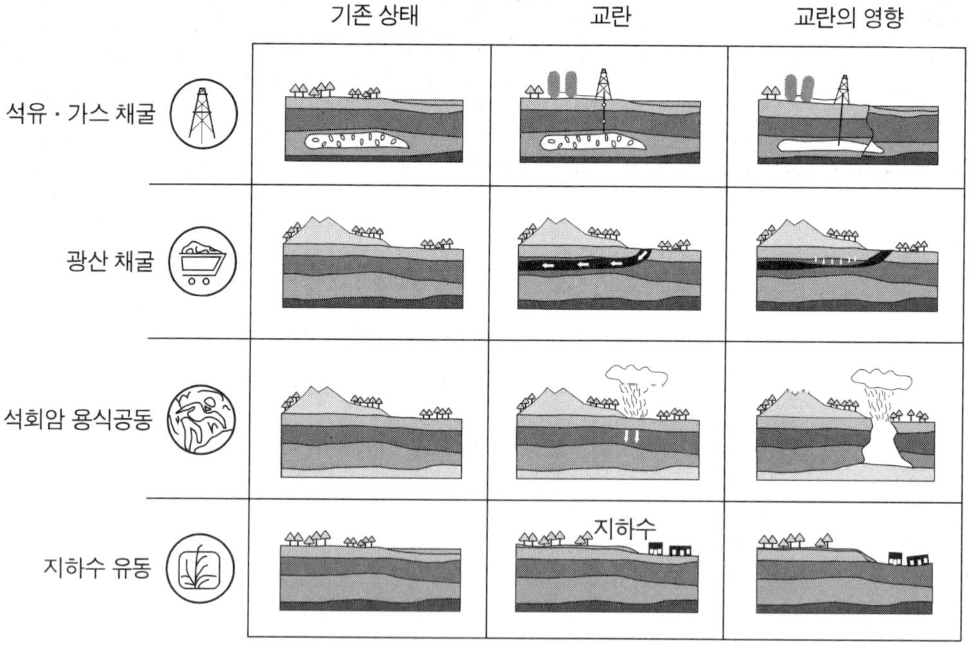

그림 3-1 지반침하 유형

광산지역에서 발생되는 지반침하는 채굴로 인해 형성된 공동의 천반이 붕괴되고 시간이 경과함에 따라 그 붕락이 상부로 발달되면서 지표까지 연결되어 발생하는 지표 붕괴와 지반의 균열 발생으로 확대되어 지반이 가라앉거나 꺼지는 현상이다(그림 3-2).

일반적으로 천반의 파괴 및 붕괴는 광물이 채굴된 채굴공동 주위의 응력상태가 공동의 천정, 바닥, 광주나 파쇄대의 강도를 초과함으로써 발생한다. 상부에서 작용하는 응력이 천반 또는 광주의 지반강도보다 크지 않을 경우 파괴가 일어나지 않는다. 굴착 후 시간의 경과에 따라 지반강도 감소, 지반의 포행(creep), 침투수압에 의한 전이(migration), 지하수에 의한 지반강도 감소 등의 요인으로 파괴가 발생한다.

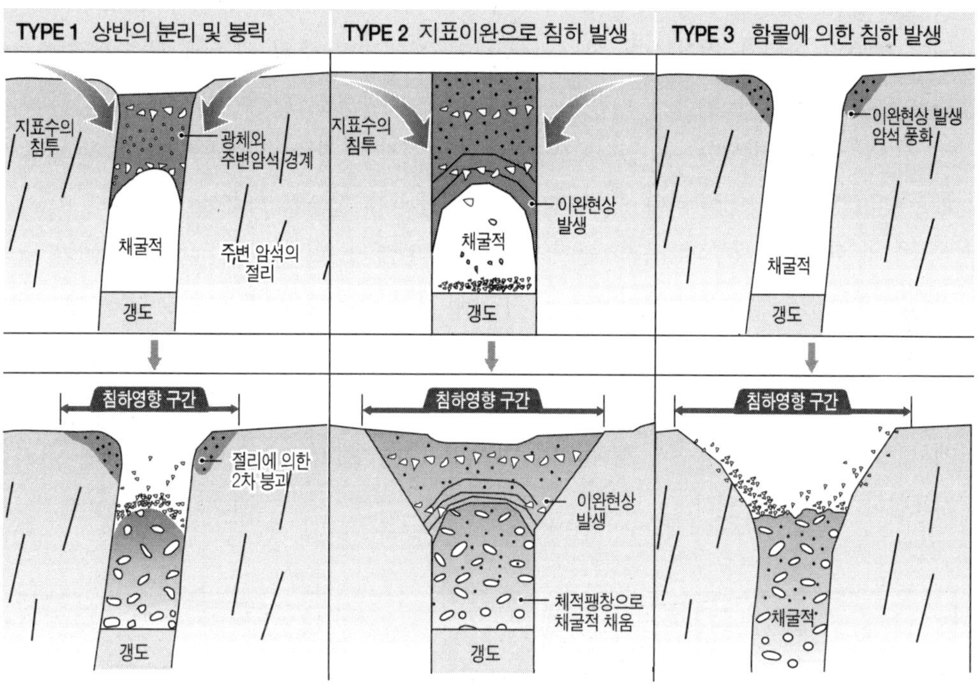

그림 3-2 채굴적에 의한 지반침하 진행 모식도

(1) 지하 공동

지하에 자연적 또는 인공적으로 형성된 공동의 붕괴는 침하의 가장 큰 원인이다. 자연적으로 형성된 천연 공동은 지하수나 강우에 의한 용식작용으로 형성된 석회암 공동과 화산작용으로 형성된 용암 동굴이 있다. 인공적으로 형성된 공동에는 채광으로 형성된 채굴공동과 터널이나 상하수도 등으로, 공동의 규모와 형태에 따라 지표침

하의 양상은 달라진다. 지하 암반 내에 공동을 만들게 되면 압력의 평행상태가 파괴되고 물리적인 변형이 발생하여 갱도나 공동을 수축시켜 붕락현상이 발생한다.

지하갱도를 안전하게 개설하고 이를 유지시키기 위해 지압을 견딜 수 있는 지보를 설치하여 공동의 단면을 유지하고 붕괴를 예방하여야 한다.

(2) 광주(pillar)의 파괴

시간의 경과에 따라 광주의 강도가 작아지거나 지표구조물의 하중이 광주에 가중되어 광주의 파괴가 일어난다. 하나의 광주가 붕괴되면 주위 광주에 하중이 집중하게 되고 이로 인해 연속적인 붕괴현상이 발생하며, 대규모로 광주가 붕괴되면 넓은 지역에 걸쳐 침하가 발생할 수 있다(그림 3-3). 연속적인 광주의 붕괴와 응력 변형은 채굴공동의 상반이 전단파괴나 휨 변형에 의한 붕괴가 발생될 때까지 계속된다.

광주의 파괴는 광주의 폭과 높이와 밀접한 관계가 있다. 폭이 좁고 높이가 높은 광주는 응력집중이나 풍화작용으로 장기간에 걸쳐 쪼개짐이 발생되고 결국 붕괴된다. 풍화작용은 상대습도의 변화, 즉 지하수의 유입과 건조작용 등에 의해 발생하며, 지하수가 유입된 폐광에서는 이러한 현상이 가속화되어 광주의 파괴를 유발한다. 천부에서 장기간 방치된 광주가 붕괴되면 마치 크라운 홀(crown hole)의 형태와 유사한 지표침하 양상을 보인다.

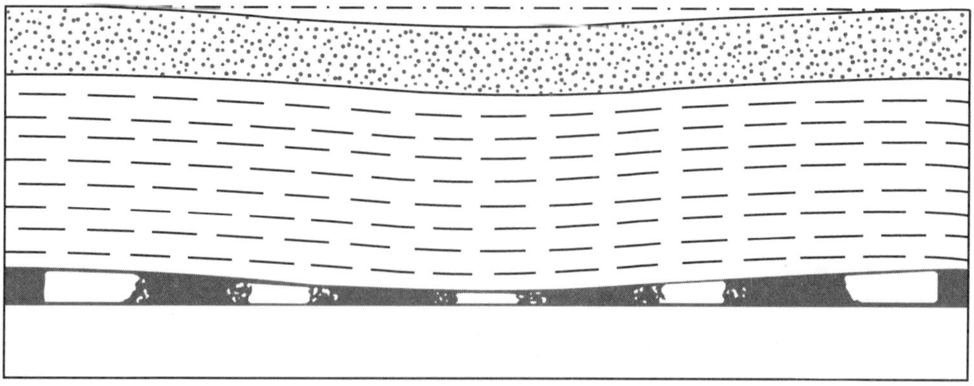

그림 3-3 광주의 파괴에 의한 트러프형침하 모식도

(3) 광주의 펀칭(punching) 현상

펀칭 현상은 채굴적 바닥의 지지력이 상실되어 채굴적 바닥이 광주의 하부로부터 채굴적 내부로 밀려 올라오는 현상으로, 그림 3-4는 광주의 펀칭 현상에 의한 트러프형침하의 모식도이다. 일반적으로 채굴적 바닥이 점토암이나 이암 등으로 구성되고 광주의 큰 응력이 바닥에 작용할 때 발생하며, 지하수의 유입은 암반의 상대적인 강도를 저하시켜 펀칭 현상의 원인이 되기도 한다.

광주의 펀칭 현상은 광주의 붕괴로 발생하는 침하 면적에 비해 상당히 넓은 지역에 걸쳐 침하를 발생시키고 바닥의 연약 정도에 따라서 그 범위가 확장된다.

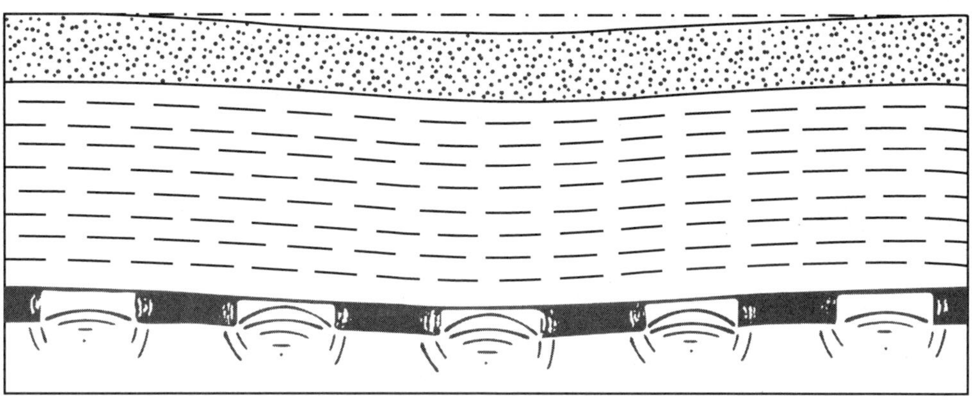

그림 3-4 광주의 펀칭 현상에 의한 트러프형침하 모식도

(4) 천반의 파괴

광주의 파괴나 펀칭 현상이 일어나지 않더라도 채굴적의 천반이나 상반이 파괴되어 침하가 발생할 수 있다(그림 3-5). 채굴적의 천반이나 상반에서 파괴가 발생하면 자체 지지력을 가지는 아치효과가 나타날 때까지 지표면을 향해서 점진적으로 파괴가 진행된다. 침하현상은 파쇄된 암석들이 체적팽창으로 채굴적을 채워 상부의 암석들을 지지할 때까지 붕괴가 계속된다.

채굴적 상반이 층상구조인 경우 휨 변형에 의한 파괴와 전단파괴에 의해 붕괴가 발생하며, 천반이 연속된 빔(beam)과 같은 거동을 한다면 휨에 의한 파괴가 발생한다. 연속된 빔에 큰 수평응력과 수직응력이 작용하고 광주의 강성이 채굴공동 바닥의 강성보다 크거나 천반의 암층이 연약한 경우와 광주측면의 접합부에 발생된 전단응력이 천반의 전단강도를 초과하는 경우에 전단파괴가 발생된다.

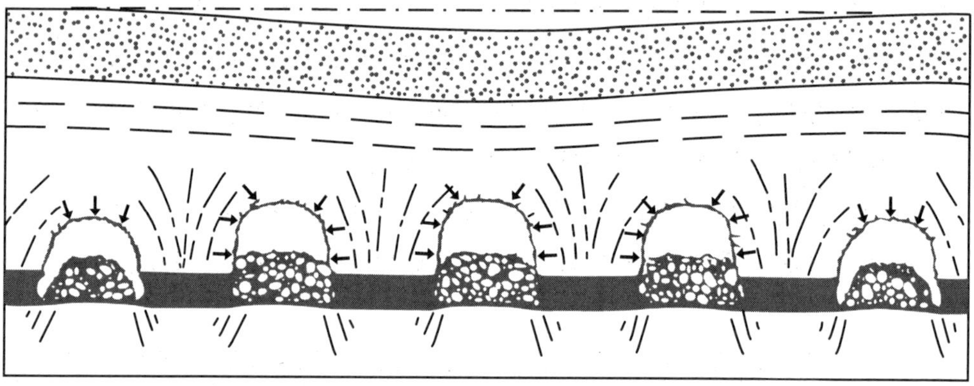

그림 3-5 천반 파괴의 전이에 의한 지반침하

(5) 지질구조

전단강도가 작은 급경사의 지질 구조면을 따라 암석의 자중에 의한 파괴가 발생할 수 있으며, 침하가 돌발적으로 발생할 가능성이 크다. 암반의 깨짐이나 체적팽창 없이 강체거동을 하게 되며, 붕괴시 채굴적 주변에서 생긴 수직변위는 지표면에서 비슷한 크기의 수직변위로 나타난다.

(6) 지하수 유입

지하 공동에서 습기는 단시간 또는 장기간에 걸쳐 암석의 강도와 변형 특성을 변화시키며, 지질구조적 취약부인 단층 파쇄대에서 지하수는 지반의 강도저하를 가져오는 요인이다. 갱도 내에서 습기는 지하수 또는 지표수 침투작용으로 유입되며, 가행 중에는 배수나 통기에 의해서 통제가 가능하지만 폐광 후에는 습도의 증가로 장기적으로 지표의 변형을 유도하여 주요시설물의 안정성을 저하하게 된다.

침하의 정도는 지하수의 경로와 이로 인한 용식공동의 크기에 따라 달라지나, 석회암이나 증발 잔류암(evaporites)인 경우 용식에 의해 생성된 공동으로 인하여 상부의 암반이 파괴되므로 함몰형침하가 발생한다. 카르스트 지형 상부의 압밀되지 않은 지반에서 지하수위 저하는 지하수의 배수 경로를 변화시켜 함몰형침하를 발생시킨다.

3.1.2 지반침하 유형

지반침하 유형은 채굴 방법, 채굴 심도 및 지하 채굴공동 주위의 지질조건 등에 따라 달라진다. 채굴에 따른 지반침하는 발생시기에 따라 활동성침하(active subsidence)와 잔류성침하(residual subsidence)로, 침하형태에 따라 연속형침하(continuous subsidence, 트러프형침하)와 불연속형침하(discontinuous subsidence, 함몰형침하)로 분류한다(표 3-1).

본서에서 서술의 일관성을 유지하고 여러 용어 사용에 의한 혼란을 방지하기 위해 연속형침하는 트러프형침하로, 불연속형침하는 함몰형침하라고 서술한다.

표 3-1 지반침하의 유형 분류

구분	침하 유형	침하 특성	비고
발생시기에 따른 분류	활동성침하 (active subsidence)	• 채굴작업시 침하현상이 발생하는 유형	• 비교적 얕은 심도에서 채굴적이 클 때 발생
	잔류성침하 (residual subsidence)	• 채굴작업 종료 후 일정시간 경과 후에 침하현상 발생 • 부분적인 채굴에서는 수십 년 후에 발생하기도 함	• 채광 회수율이 높은 경우에 침하 가능성 높음
침하형태에 따른 분류	연속형침하 (continuous subsidence, 트러프형침하)	• 대체로 넓은 지역에 걸쳐 완만한 경사로 지표가 전반적으로 기울거나 타원형으로 침하하는 현상	• 침하과정의 초기 또는 오랜 시간에 걸쳐 인지되지 않을 만큼의 침하량을 보이는 경우도 있음
	불연속형침하 (discontinuous subsidence, 함몰형침하)	• 급경사층에서 발생하는 경향이 있으며, 갑자기 지표가 함몰하는 형태로 침하가 발생하는 유형	• 인명이나 지표시설물에 심각한 손상을 초래할 수 있고, 발생시기에 대한 예측이 어려운 침하의 형태

폐광지역의 침하현상은 채광이 끝난 후 지지력을 상실했을 때 발생하므로 복합적

인 진행 과정을 거쳐 발생한다. 국내에서 발생하는 침하는 대부분 침하 발생 위치와 시기를 예측하기 어려운 잔류성침하이며, 본서에서 언급하는 침하는 잔류성침하를 의미한다. 표 3-2는 미국 Pittsburgh 탄광지역의 침하사례 조사결과를 근거로 트러프형 침하와 함몰형침하의 특성을 비교 분석한 결과이다.

표 3-2 지반침하 유형별 특성(Bruhn & Gray, 1978)

구분	트러프형침하	함몰형침하
경사	• 대체로 완만	• 급경사
범위(규모)	• 대체로 넓은 구역(최소 10 m 이상)	• 대체로 작은 규모(3 m 내외)
침하량	• 최대 침하량 1 m 정도	• 수 m~수십 m
발생 속도	• 서서히 발생	• 갑자기 발생
형태	• 타원형, 틸팅(tilting), 접시형태	• 원통형 또는 원추형
발생 시기	• 얕은 심도, 완전 채굴 → 채굴 초기에 발생 • 깊은 심도, 불규칙 채굴 → 장기간에 걸쳐 발생	• 예측 곤란(대체로 채굴 후 10년 이내에 발생하나 100년 경과 후에도 발생)
발생 원인	• 광주의 파괴와 광주의 펀칭 현상에 의함	• 채굴적 천정부의 파괴(채굴 폭, 채굴 심도, 암석의 체적팽창과 전이작용에 의해 발생함)
채굴 심도	• 다양한 심도에서 발생	• 대체로 50 m 미만에서 발생
피해(위험성)	• 지상구조물에 피해 가능	• 인명 및 시설물에 심각한 타격을 줌

(1) 트러프형침하(trough subsidence)

트러프형침하는 상반을 지지하던 광주의 파괴나 펀칭 현상에 의해 발생하며, 침하량은 적으나 넓은 구역에 걸쳐 장기적으로 완만한 형태로 침하가 나타나므로 상부 시설물에 대한 위험성도 작은 수준이다(그림 3-6). 트러프형침하에 영향을 미치는 요인으로는 채굴적의 폭과 심도, 광체의 두께와 경사, 지보의 종류, 시간 등이다.

일반적으로 탄층의 두께가 두꺼울수록 지표침하는 증가하며, 채굴된 탄층의 두께(M)와 침하계수(a)를 곱하면 발생할 수 있는 최대 침하량($S=a\times M$)을 구할 수 있다.

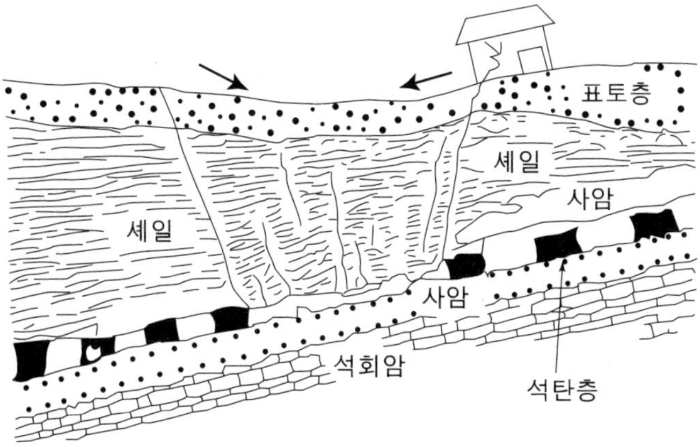

그림 3-6 트러프형침하 발생 모식도

(2) 함몰형침하(sinkhole subsidence)

함몰형침하는 천부에 존재하는 채굴적 천반의 파괴와 함께 붕락이 상부 지층으로 점차 전파되어 갑자기 함몰형태로 침하가 발생하므로, 침하 예측이 어렵고 트러프형 침하보다 피해 정도가 훨씬 크다(그림 3-7).

지하에 채굴공동이 생기면 채굴적 상반은 응력해방 상태에 놓이게 되며 지층이 아래로 처지면서 붕괴가 시작된다. 붕괴는 자립 가능한 응력아치가 형성되면서 중지되거나 붕괴된 지층이 암편으로 파쇄되면서 체적팽창을 일으켜 공동을 채울 때까지 상부로 진행된다. 이 과정에서 응력아치의 높이가 상반의 두께를 초과하거나, 붕락고가

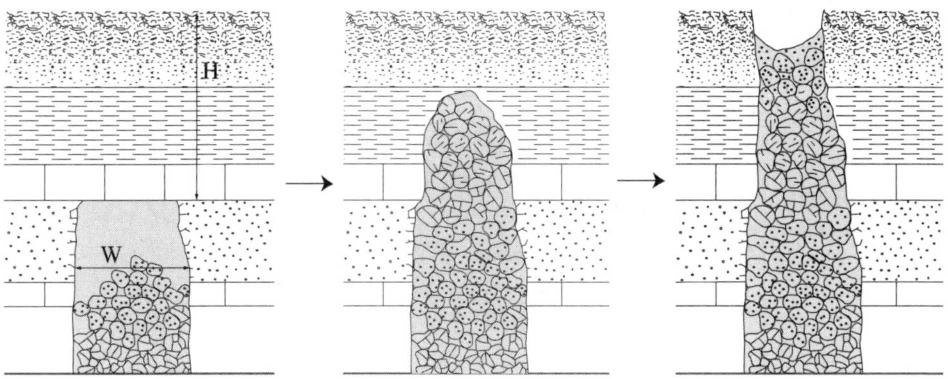

그림 3-7 함몰형침하 발생 모식도(Karfakis, 1993)

안정한 응력아치의 높이를 초과한다면 붕괴는 지표까지 전이되어 침하가 발생된다.

표 3-3 함몰형침하 종류 및 모식도

구분	침하 형태	모식도
왕관형침하 (crown hole subsidence)	• 50 m 이내의 얕은 심도에서 광산의 천반이 붕괴되어 발생하는 침하 형태 • 채굴적 상반의 두께에 의해서 제한을 받음	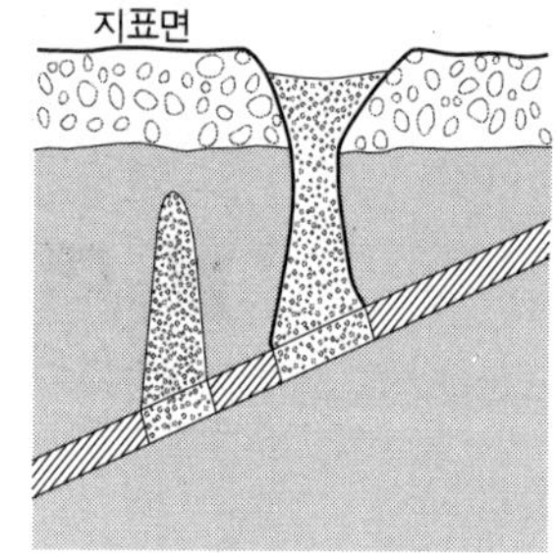
굴뚝형침하 (chimney caving)	• 지보가 설치되지 않은 채굴적의 파괴가 상반을 통해 지표까지 점진적으로 전파되어 나타나는 침하 형태 • 침하의 면적은 적으나, 절리가 연속적으로 상부와 연결된 경우 수백 m까지 침하가 연장되기도 함	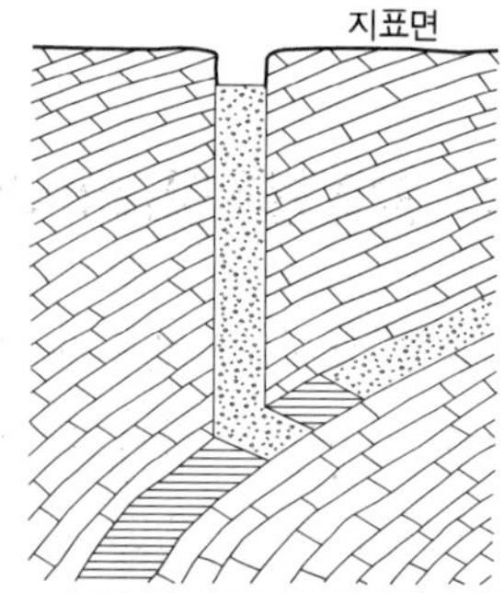
플러그형침하 (plug subsidence)	• 암맥(dyke)이나 단층과 같이 거의 수직인 지질구조에서 전단강도가 약한 면을 따라 자중에 의해 발생하는 침하 형태로, 기존 침하지역에서 재차 발생하기도 함 • 침하에 의한 암석의 체적팽창이 발생하지 않아 붕락고가 매우 크게 발생하며, 지하 공동의 침하량과 지표에서 침하량은 비슷함	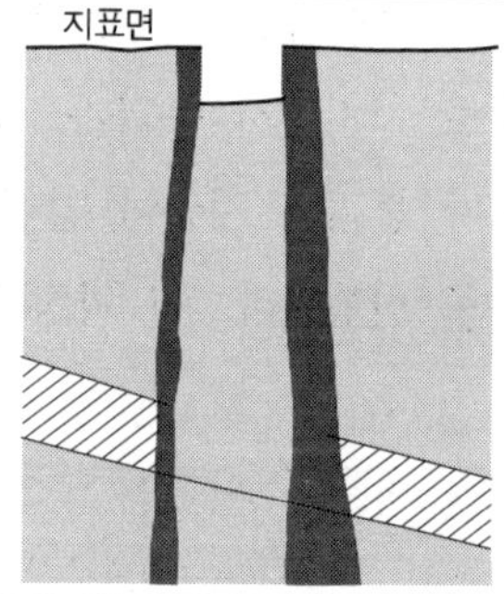
돌리네형침하 (doline caving, solution caving)	• 석회암이나 백운석 지층 지역에서 지하수의 용식작용에 의하여 형성된 용해 공동으로 인해 발생되는 침하 형태 • 공동과 연결된 상반에 풍화가 진행되어 상반이 자체 지지력을 상실하는 경우 지표가 공동 내부로 갑자기 붕락하는 침하가 발생	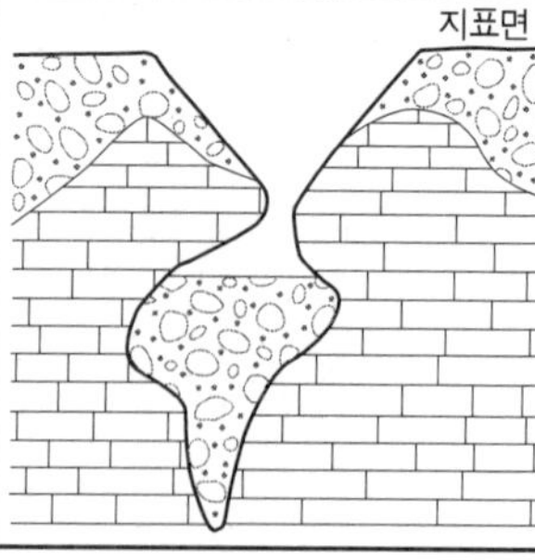

함몰형침하의 종류에는 왕관형침하(crown hole subsidence), 굴뚝형침하(chimney caving), 플러그형침하(plug subsidence), 돌리네형침하(doline caving, solution caving) 등이 있다(표 3-3). Whittaker & Reddish (1989)에 의하면 함몰형침하에 영향을 미치는 요인으로는 채굴적의 폭(W), 채굴적의 깊이(H) 및 천반 조건이며, H가 낮을수록 W가 클수록 연약한 천반 조건일수록 함몰형침하의 발생 가능성이 높다고 보고한 바 있다.

3.1.3 채광법에 의한 지반침하 유형

침하 발생의 가장 큰 요인은 채굴공동의 크기와 모양 및 채굴공동 상반의 상태이다. 채광법에 따라 채굴공동의 크기와 모양은 달라지며, 이들과 채굴적 주변 지질조건과의 상호작용이 침하에 영향을 미치게 된다. 일반적으로 주방식채광법과 같이 낮은 채수율의 구획 채광법을 적용한 경우 침하가 발생되기까지 오랜 시일이 소요되나, 중단붕락법과 같은 채수율이 높은 채광법을 적용한 경우 짧은 기간에 침하가 발생할 가능성이 크다.

석탄광산과 금속광산의 지질 특성은 표 3-4와 같으며, 지질 특성 및 채광법에 차이가 있으므로 이에 따라 발생하는 지반침하의 형태에 영향을 미친다.

표 3-4 석탄광산 및 금속광산의 지질 특성(한국광해관리공단, 2017)

구분	금속광산	석탄광산
지표조사	• 광맥은 맥상의 형태로 불규칙하게 발달되어 지표의 노두를 확인하기 어려움 • 주향과 경사가 일정하지 않아 광맥의 발달예상 추정이 매우 어려움	• 가행탄층은 지표에서 노두가 일정한 주향과 경사를 가지고 발달하므로 노두의 확인 및 추적이 대체적으로 용이
지질	• 광맥은 주로 화성기원의 열수변성 작용으로 형성되며, 주변 암석들은 주로 화성암 및 화성변성암으로 이루어져 있음. • 상·하반의 강도가 높으며, 주로 수직절리가 발달	• 탄층은 퇴적 후 변성되어 형성되므로 인근 암석들과 변성퇴적암으로 이루어져 있음. • 상·하반의 강도가 낮으며, 주로 수평절리가 발달하나 단층 및 습곡작용으로 인해 파쇄형태로 발달

(1) 장벽식채광법(longwall mining method)

장벽식채광법은 광체가 평탄하며 두께가 일정한 경우 주로 적용하는 채광법으로, 상반이 강하고 강성이 클 때 광체를 채굴하면 상반이 서서히 균일하게 침하가 발생한다(그림 3-8). 장벽식채광법 적용시 주로 채굴적 상반의 휨 작용에 의한 인장균열으로 트러프형침하가 발생하며, 채광으로 인한 침하의 규모와 발생시기는 어느 정도 예측할 수 있다.

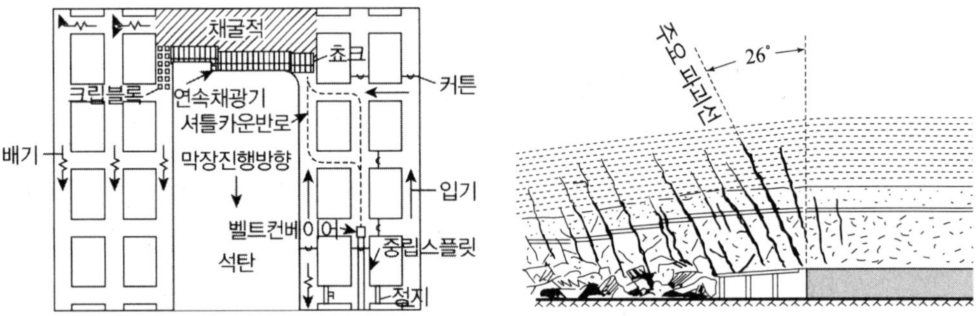

(a) 장벽식채탄법(Schroeder, 1973) (b) 장벽식채탄 광산에서 트러프형침하 발생

그림 3-8 장벽식채광법에 의한 지반침하

(2) 주방식채광법(room and pillar mining method)

주방식채광법은 광체의 주향 또는 경사방향으로 채굴작업을 진행하면서 정방형 또는 장방형 광주를 규칙적으로 남겨 상반을 지지하는 채광법으로, 침하는 붕괴의 원인에 따라 트러프형침하와 함몰형침하가 발생한다(그림 3-9).

광주의 강도가 약화되어 전체 또는 일부 붕괴가 발생하거나, 광주와 접하는 천정부나 바닥부에서 파괴가 발생하면 지표의 넓은 지역에 걸쳐 트러프형침하가 발생한다. 광주가 붕괴되지 않고 방(room)과 방 사이의 십자형 교차지점에서 파괴가 발생하여 지표까지 진행되면 함몰형침하가 발생한다.

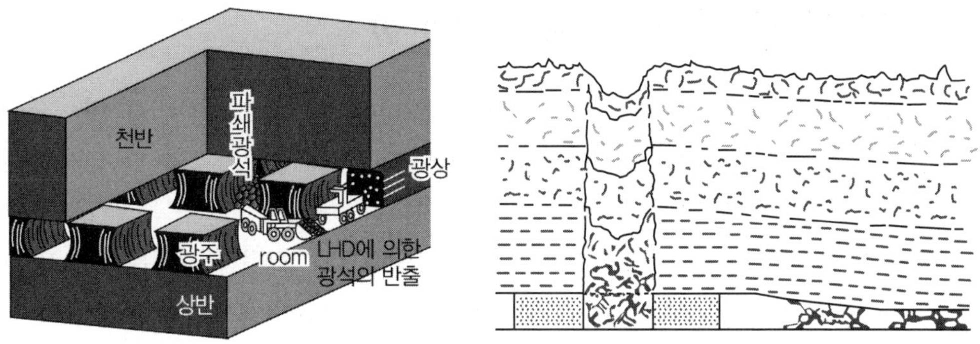

(a) 주방식채광법 모식도 (b) 주방식채광 광산에서 침하 발생

그림 3-9 주방식채광법에 의한 지반침하

(3) 중단붕락식채광법(sublevel caving mining method)

중단붕락식채광법은 상・하반이 비교적 연약한 급경사 광체의 붕괴를 유발시키는 채광법으로, 중단채광법과 유사하나 채굴 후 채굴적 상반이 붕락되게 한다. 상반의 강도가 클 경우 지표에 계단식함몰이 발생되며, 보안광주의 붕괴나 지하수 및 지표수의 유입으로 인하여 함몰형침하가 발생한다(그림 3-10).

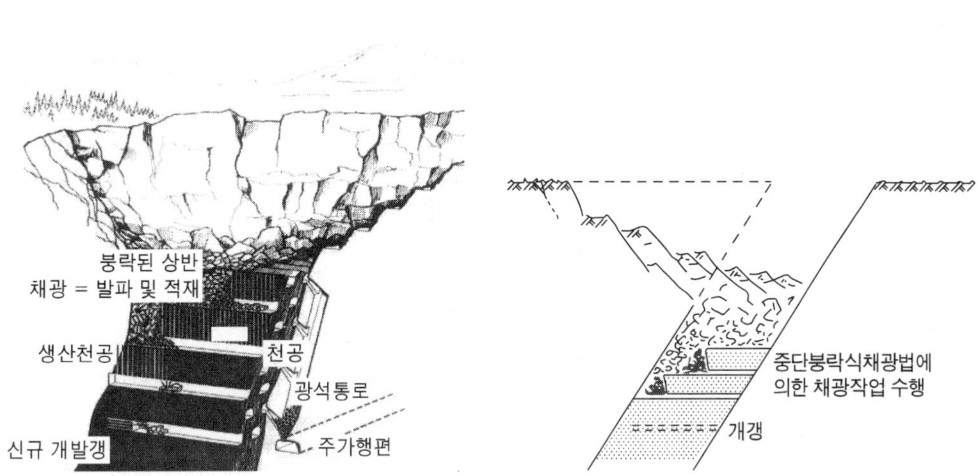

(a) 중단붕락식채광법 모식도 (b) 중단붕락식채광 광산에서 침하 발생

그림 3-10 중단붕락식채광법에 의한 지반침하

(4) 슈린케이지채광법(shrinkage stoping)

슈린케이지채광법은 한 개의 광획이 채굴 완료될 때까지 채굴적에 파쇄광석을 쌓아두어 다음 작업을 위한 작업발판으로 활용하거나 광체나 암반을 지지하면서 상부로 채굴면을 상향으로 확대시켜 채광하는 방법이다(그림 3-11).

과거 국내 대부분의 금속광산에서 적용된 채광법으로, 급경사 광체를 채광하므로 하부 채굴적의 붕괴가 상부로 급격하게 전이되어 함몰형침하가 발생한다.

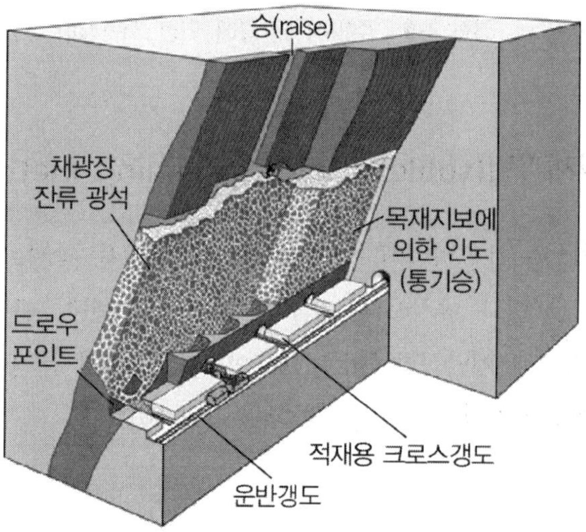

그림 3-11 드로우포인트 및 로더를 이용한 슈린케이지채광법(Hamrin, 1982)

(5) 위경사승채탄법(slant chute mining method)

국내 탄층은 심한 습곡 등의 지질작용에 의해 탄폭이 불규칙하고 연속성이 부족하며 급경사 탄층을 이루고 있는 특징으로, 과거 대부분의 탄광에서 붕락식채광법의 변형인 위경사승채탄법을 적용하였다(그림 3-12).

채탄작업은 상하부 운반갱도를 굴진하고 하부 운반갱도에서 약 35° 경사의 암석승(raise)을 개설하여 착탄시킨 후, 착탄지점에서 탄중으로 30° 내외의 위경사승을 채준계획선(상부채굴적)까지 굴착하고 상부에서부터 3~6 m 간격으로 sub-branch를 개설한다. 채준계획선까지 채탄작업이 완료되어 채굴적이 형성된 구역은 후퇴하면서 상부를 인위적으로 붕락(caving)시켜 석탄을 생산한다.

후퇴 붕락시 탄의 강도 또는 파쇄된 암석의 영향으로 붕락작업을 할 수 없어 탄을 남기게 됨에 따라 채수율이 저하되므로 채수율 향상을 위해 재채굴을 실시한다. 일반적으로 1차 채탄만으로는 채수율이 30~40%이며, 재채굴할 경우 채수율은 약 70% 정도이다. 채굴적은 불규칙하고 급경사 탄층의 경우 보안탄주나 천반 등이 장기간에 걸쳐 풍화 또는 크립(creep)현상 등에 의해 강도가 저하되면 함몰형침하가 발생한다.

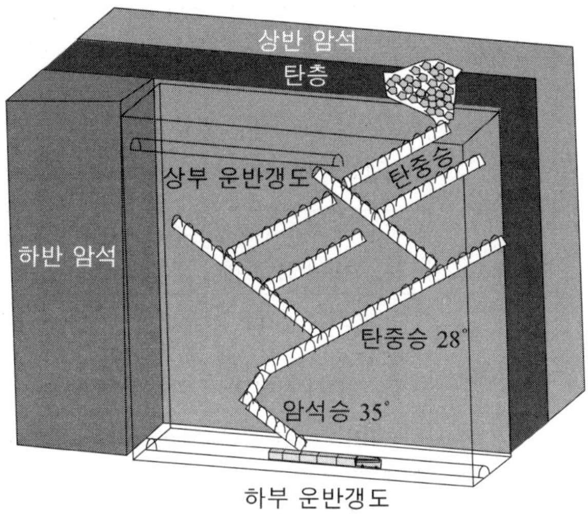

그림 3-12 위경사승채탄법 모식도

3.1.4 광산개발에 의한 지반침하 피해 사례

(1) 지반침하에 의한 피해

지하 채굴로 인하여 지표면에 발생되는 토지운동의 요소는 침하(subsidence), 신축(strain), 만곡(彎曲, curvature), 경사(slope), 수평이동(horizontal displacement)이며, 이로 인하여 여러 가지 피해발생의 원인이 되고 있다. 이러한 지반침하의 5가지 요소 중 신축이나 경사가 지상구조물에 가장 큰 피해를 주어 구조물의 변형으로 인한 균열 발생 및 구조물의 파괴 등을 유발한다. 특히 지하 천부 채굴인 경우 좁은 지역에 국한되어 갑자기 함몰형태로 침하가 발생하므로 침하 예측이 어렵고 구조물의 순간적인 붕괴로 인한 인명피해가 발생한다. 침하 곡선은 sine 곡선과 유사하고, 지표상 최대 침하는 일반적으로 채굴적 직상부에서 발생한다.

참고로 영국 NCB (National Coal Board)의 연구 결과에서 제시된 침하에 따른 구조물의 변위, 피해에 대한 손상 등급 및 손상 상태에 대한 기준은 표 3-5와 같다.

표 3-5 침하에 따른 구조물의 변위와 손상 분류(NCB, 1975)

구조물의 수평 변위량	손상 등급	구조물의 손상 상태
< 3 cm	I (매우 경미하거나 무시할 만한 정도)	• 벽체에 미세균열(hair crack) 발생 • 외관상 보이지 않으나 독립적인 미세한 균열이 구조물에 발생
3～6 cm	II (경미한 정도)	• 여러 개의 미세균열이 구조물 내부에서 관찰됨 • 문, 창문이 틀에 끼어 열리지 않고, 일부 외관보수 필요
6～12 cm	III (상당한 정도)	• 여러 개의 미세균열 또는 한 개의 큰 균열이 구조물 외부에서 관찰됨 • 문, 창문이 틀에 끼어 열리지 않고, 가스・상하수도관 등 파열
12～18 cm	IV (심한 정도)	• 보수가 필요한 열린균열(open crack) 발생 • 가스・상하수도관 등 교란 • 문, 창문의 틀이 비틀어지고, 바닥이 경사짐 • 압축에 의한 손상일 경우, 천장 조인트가 서로 겹쳐지거나 벽돌 구조물에 수평균열 발생
> 18 cm	V (매우 심한 정도)	• IV와 같거나 더 심각 • 부분적 또는 전반적인 재건축 필요 • 창문이 부서지고 바닥이 심하게 기울어지는 등 변형 발생 • 압축에 의한 손상일 경우, 천장과 벽이 심각하게 휘어짐

(2) 광산개발에 의한 국내외 지반침하 사례

1) 국내 지반침하 사례

광산지역 일대에서 폐광 이후 상당기간이 지난 후에 채굴적에 의한 침하가 지속적으로 발생하여 인명과 철도, 도로, 주거지 등 주요시설물에 피해가 발생하였다. 최근에는 가행중인 광산 일대에서 지반침하가 발생하여 침하피해 및 안전사고 발생 등

사회적인 문제로 대두되고 있다.

① 석탄광산 침하

국내 폐탄광은 불규칙한 급경사 탄층을 대상으로 대부분 위경사승채탄법을 적용하여 지표상에 함몰형침하가 다수 발생하였다. 대표적으로 화전탄광(1994년 폐광) 일대 초등학교 건물에 트러프형침하가, 가은탄광(1991년 폐광) 일대 철도 플랫홈에 함몰형침하가 발생하였다(그림 3-13).

또한 지질적으로 함탄층 인근에 석회암층이 존재하는 문경시 일대에서 채굴적과 석회암 용식공동으로 인한 복합적인 함몰형침하가 발생한 사례도 있다.

(a) 초등학교 일대 트러프형침하(균열, 뒤틀림) (b) 철도 플랫홈 일대 함몰형침하

그림 3-13 국내 폐석탄광산 일대에 발생한 지반침하

② 금속광산 침하

1993년 휴광 중인 인천시 소재 부평광산(1998년 폐광)의 채굴적 붕괴로 공설묘지 약 500평이 함몰하고 묘 154기가 매몰되는 사고가 발생하였고, 이를 계기로 정부 차원에서 폐광산에 대한 조사를 실시하게 되었다.

대표적으로 무극광산(2004년 폐광)과 금좌광산(2004년 폐광) 일대 주거지와 농경지에서 수차례 함몰형침하가 발생하였고, 2009년 토현광산(1976년 폐광)의 수갱 일대에 함몰형침하가 발생되어 광물찌꺼기적치장의 일부 구간이 유실되는 피해가 발생하였다(그림 3-14).

(a) 인천 부평광산(은) 공설묘지 침하

(b) 음성군 무극광산(금, 은) 주거지 침하

(c) 예천군 금좌광산(금, 은) 농경지 침하

(d) 의성시 토현광산(구리) 적치장 내 침하

그림 3-14 국내 폐금속광산 일대에 발생한 지반침하

2) 국외 지반침하 사례

세계 각국에서도 폐광 후 상당기간이 지난 후에 침하가 다수 발생한 사례가 보고되고 있으며(그림 3-15), 미국과 일본의 침하사례를 분석한 결과는 다음과 같다. 미국 펜실베이니아의 피츠버그에서 주로 탄층의 노두를 따라 크고 작은 침하가 발생하였다. 침하사례(약 350여건)의 70% 이상이 노두로부터 150 m 이내에서, 상반의 두께가 50 m 이하에서 침하가 발생하였다. 침하의 발생시기는 폐광 후 100년이 지난 후에도 발생하기도 하나, 대부분 10년 이내에 발생하였고 50년 이내에 약 60% 이상이 발생하였다.

일본 규슈지역에서 침하사례의 약 90%가 채굴공동의 심도가 5~20 m에서, 약 70%가 우기에 발생하였다. 침하발생 시기는 폐광 이후 50년이 지난 후에도 발생하기도 하나, 대부분 10년 이내에 약 44%가 발생하였고 50년 이내에 약 90%가 발생하였다.

(a) 폐석탄광산 일대 트러프형침하(미국) (b) 구리광산 인근 함몰형침하(칠레)

그림 3-15 국외 광산 일대에 발생한 지반침하

3.2 광산지역 지반안정성조사

광산지역 지반침하방지사업은 그림 3-16과 같이 채굴적으로 인한 지반침하 우려지역에 대해 지반안정성조사 및 지반안정성평가를 실시하여 보강공사가 필요한 경우 보강공법 선정을 위한 보강설계 후 지반보강공사를 수행한다.

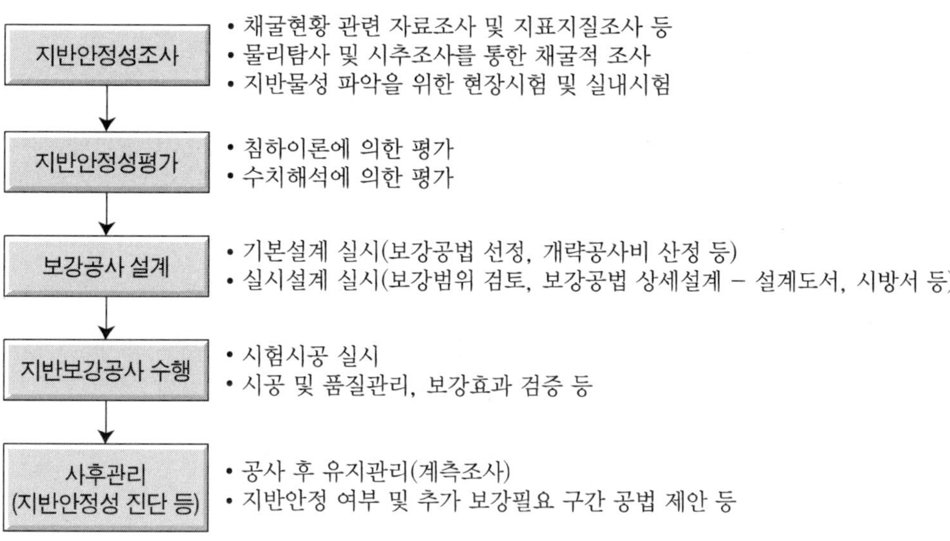

그림 3-16 광산지역 지반침하방지사업 추진 절차

광산지역 지반안정성조사는 채굴적 존재구간 일대에 대한 보강공사 필요 여부를 판단하기 위하여 그림 3-17과 같은 추진 절차에 따라 지반안정성 기본조사와 지반안정성 정밀조사를 실시한다. 일반적으로 지반안정성 기본조사를 실시한 후 지반안정성 정밀조사를 실시하나, 조사의 시급성을 요하거나 오래전에 폐광되어 갱내도 등 채굴자료가 부족한 경우에는 기본조사와 정밀조사를 병행하여 수행하기도 한다.

지반안정성 기본조사는 과업지역에 대한 광역조사 및 상세조사를 실시하여 지질구

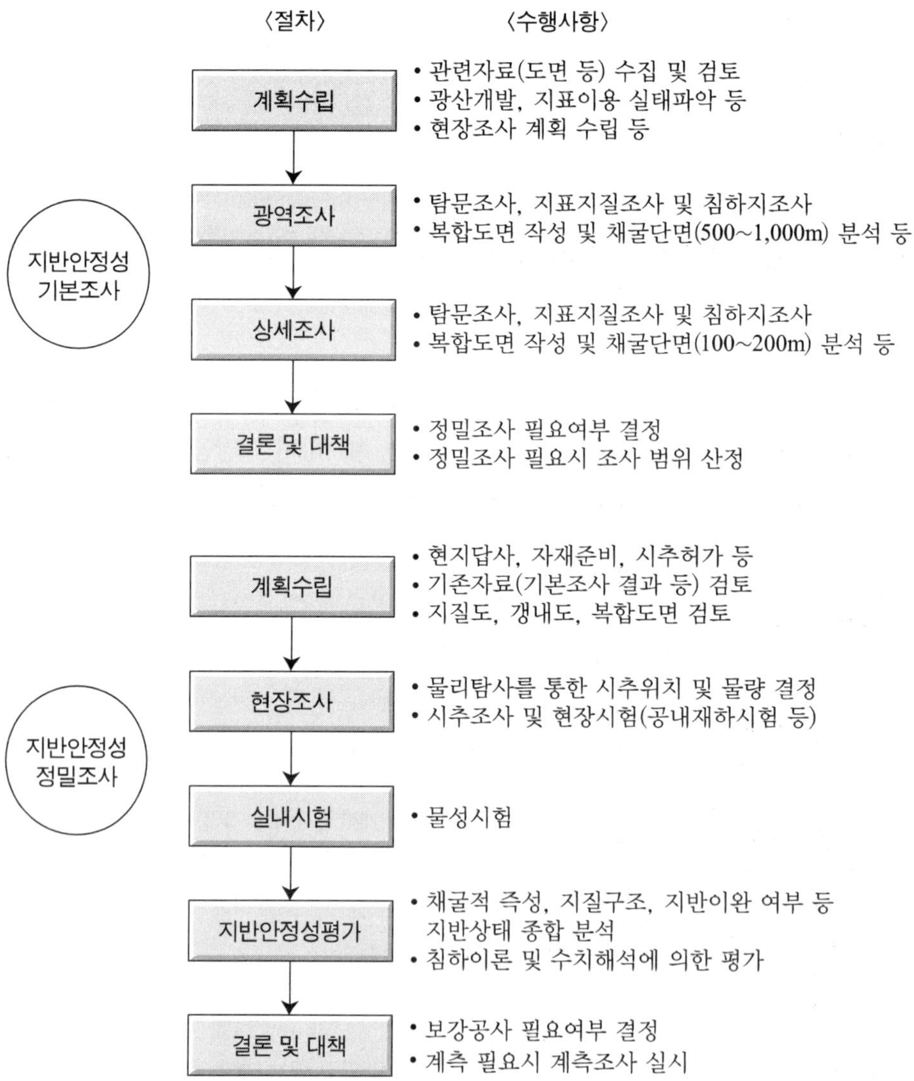

그림 3-17 광산지역 지반안정성조사 추진 절차

조, 광맥의 발달상태, 채굴 현황, 지반침하 징후 및 발생지 등을 조사·분석하여 정밀조사 필요여부를 판단한다. 기본조사는 갱내도상 갱도가 존재하는 지역에 대해 광역조사를 실시하고, 광역조사 구역 중 지반침하가 발생하였거나 지반침하로 인한 보수지역이나 채굴적 상부에 토지 이용도가 높은 시설물이 위치하는 지역을 대상으로 상세조사를 실시한다. 정밀조사는 기본조사 결과에서 도출된 조사범위 구간에 대해 물리탐사, 시추조사 및 지반안정성평가 등으로 보강공사 필요 여부를 결정한다.

3.2.1 자료조사 및 지표지질조사

(1) 자료조사 및 탐문조사

지반안정성조사를 위한 주요 자료조사 내용은 지질도 및 지질문헌, 갱내실측도 및 채굴 현황, 기 발생된 침하 현황, 조사지역의 토지이용실태 등이다(표 3-6). 이러한 자료는 정부(지자체), 광산 및 광업유관기관(광산안전사무소, 한국광해광업공단, 한국지질자원연구원 등)의 보유 자료나 발간된 보고서 등을 수집한다.

오래 전에 폐광된 광산은 갱내도나 채굴관련 자료들은 수집이 불가능한 경우가 많다. 또한 광산개발과 관련하여 도로나 건물 등에 발생한 침하(균열)피해는 단기간에 복구되므로 침하 현황에 대한 파악이 곤란하다. 이러한 경우 광산에 종사했던 근무자

표 3-6 지반안정성조사 관련 주요 자료조사 내용

구분	주요 조사내용
광산개발 조사	• 광산 일반사항(광종, 광업지적, 광업권 존속기간 등) 자료 : 광업원부 발급 • 지질도 및 지질문헌 자료 : 한국지질자원연구원 발간 지질도 • 갱내도 자료 : 가행 중 또는 폐광시 관계기관이나 광산안전사무소에 제출된 자료 • 광산의 지질 및 광상, 시추주상도 및 채굴현황 자료 : 광업유관기관 조사보고서 (한국광물공사 발간 한국의 석탄광 또는 일반광 보고서 등) • 광산개발의 규모 및 현황 파악 자료 : 국토지리정보원 항공사진 자료(연도별 항공사진 비교 분석)
기타조사	• 토지이용실태(지번, 지목, 소유주 등) • 조사지역 일대 주요구조물 및 개발계획 파악 등

나 광산 인근에 장기간 거주했던 주민을 대상으로 탐문조사를 실시하여 개발 현황, 갱구 및 침하지 위치 등에 대한 정보를 얻을 수 있다.

(2) 지표지질조사

지표지질조사는 조사지역의 암석 종류, 지층 분포, 지질상태 및 지질경계선 조사, 지질구조의 발달상태, 노두 확인, 암반 내 절리 및 단층 등 불연속면의 발달 상태(경사, 방향, 연장성 등), 광체의 발달 상태 및 채굴 여부 추정 등을 파악하기 위해 실시한다. 조사는 지질도와 주향과 경사를 측정하는 측정기[클로노미터(clinometer), 브런턴컴퍼스(brunton compass), 클리노컴퍼스(clinocompass)], 지질해머, 슈미트햄머 등을 이용한다.

지표지질조사와 병행하여 조사구역 내 지형 특성, 현장의 지반상태, 갱구 존재, 침하지조사 및 주요구조물의 피해 발생 여부 등을 조사한다(그림 3-18).

(a) 지표지질조사　　(b) 침하지조사

그림 3-18 지표지질조사 및 침하지조사

현장에서 수행하는 지표지질조사 항목 및 조사결과 예시는 표 3-7과 같다. 침하지 조사시에는 침하지 현황 파악(규모 및 개수 등) 및 침하원인 조사, 주요 지상구조물의 균열상태 및 주변 침하징후 구역 조사, 암반 및 구조물의 균열과 채굴적의 상관 관계 등을 파악한다. 암반의 상태를 파악하기 위한 암반의 공학적 특성에 가장 큰 영향변수는 암반의 강도특성과 절리면의 구조적 특성이며, 안정성평가시 우선적으로 절리면의 구조적 특성을 고려하여야 한다.

표 3-7 지표지질조사 항목 및 조사결과 예시

지표지질조사 항목			
암석	지질구조선	불연속면	
• 암석의 종류 및 구조 • 암맥의 종류 및 관입 방향 • 탄층이나 광맥의 발달 특성 • 풍화정도, 암석의 색 등	• 단층 • 파쇄대 • 절리 • 층리, 벽개	• 방향, 간격, 연속성 • 불연속면의 거칠기 • 충전물질, 누수 • 절리면의 강도 등	
조사결과 예시			
암석명	편마암	암반의 강도	매우 약함~약함
불연속면의 특성	절리	간격(m)	0.1~0.2
방향(dip/dip direction)	63/220	연장성(m)	5.0
풍화도	완전~심한 풍화	틈새(cm)	0.3~1.0

불연속면은 지질구조에 대한 이해와 지반의 안정성에 영향을 미치는 주요 인자로 지표지질조사시 불연속면의 발달 상태와 방향 등을 조사한다. 불연속면의 방향은 암반의 안정성과 지하구조물의 거동양상에 영향을 미치는 요소로서, 절리군의 수와 대표 방향성이 중요한 영향을 미친다.

불연속면의 방향은 주향과 경사 측정자료를 각 불연속면군의 평균값과 함께 극점이나 면으로 표시되는 평사투영망(stereonet)이나 많은 개수의 방향성 측정값을 나타낼 수 있는 로즈도표(rose diagram)로 도시한다(그림 3-19).

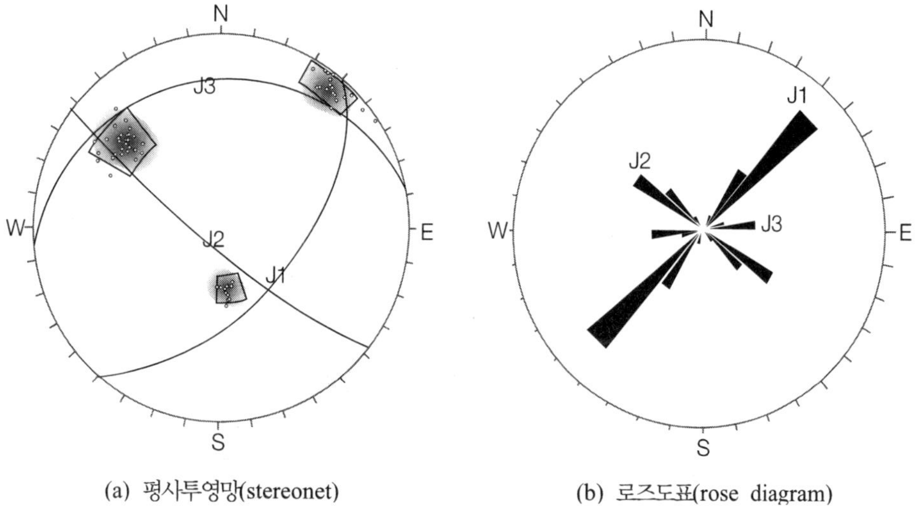

(a) 평사투영망(stereonet) (b) 로즈도표(rose diagram)

그림 3-19 불연속면의 방향 도시결과 예시

3.2.2 복합도면 작성 및 채굴단면 분석

(1) 복합도면 작성

조사구역 내 채굴현황 분석을 위해 수집된 각종 자료를 합성하여 하나의 종합도면으로 작성한 복합도면(갱내도+지형도+지질도)은 필수적이다(그림 3-20). 갱내도면에 측량좌표가 표기되거나 수치화(CAD 파일)되어 있는 경우 국립지리원의 수치지형도(축척 1 : 1,000, 1 : 5,000)와 합성이 가능하나, 대부분의 폐광산은 실측도면이 아닌 보안도 수준으로 경위도가 표시되어 있지 않아 갱도의 위치정보가 부정확한 실정이다.

일부 폐광산은 광산안전법상 규정을 무시하고 주요시설물 하부를 채광하기도 하였으나, 광업유관기관에 제출된 도면에는 이러한 사실을 표기하지 않은 경우가 다수 발견되고 있다.

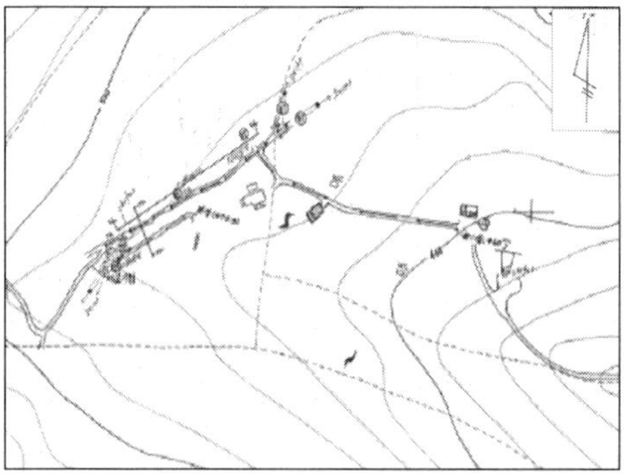

(a) 보안도 예시

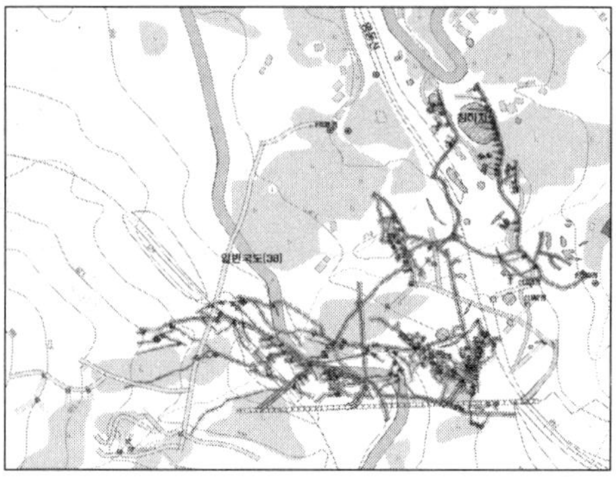

(b) 복합도면 예시

그림 3-20 보안도 및 복합도면

정확하고 신뢰도 높은 복합도면 작성요령은 그림 3-21과 같다. 광업유관기관의 보유 자료(지질도, 갱내도 등)를 기본으로 갱구 위치 및 레벨(level), 침하지 위치, 구조물 등에 대한 현장조사 및 GPS 측량을 실시한다. 갱내도, 지질도, 지형도를 CAD 도면화하고 갱내도 및 지질도를 동일 축척으로 지형도에 정치한 복합도면에 지표지질조사 결과 및 침하지 등을 표기한다.

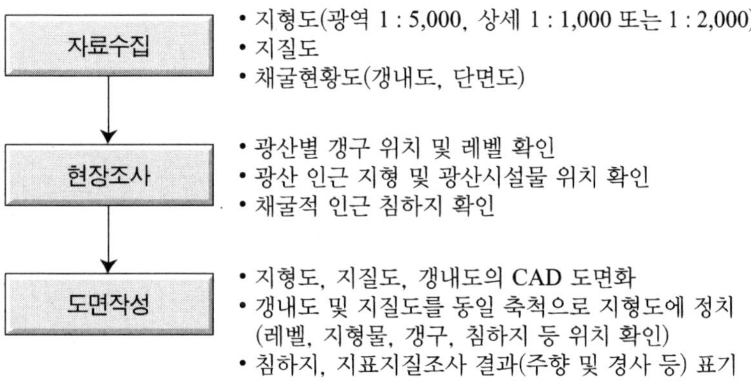

그림 3-21 복합도면 작성요령

(2) 채굴단면 분석

채굴단면 분석은 복합도면에서 지질 및 채광 현황을 명확히 표현할 수 있는 대표적인 위치에서 단면도를 작성하여 채굴적과 지상구조물의 상관관계를 분석한다(그림 3-22). 채굴단면 분석으로 대상구역 내 채굴적 분포범위, 심도, 규모, 침하지 등 채굴적과 관련한 자료를 얻을 수 있다.

일반적으로 지반안정성 기본조사시 광역조사 구역은 500～1,000 m 간격으로, 상세조사 구역은 100～200 m 간격으로 단면도를 작성한다. 단면도에 지상구조물의 위치와 갱구, 갱도, 침하지 범위 등을 기재하며, 조사된 광체폭(탄폭)은 실선으로, 예상 광체폭(탄폭)은 점선으로 표기한다.

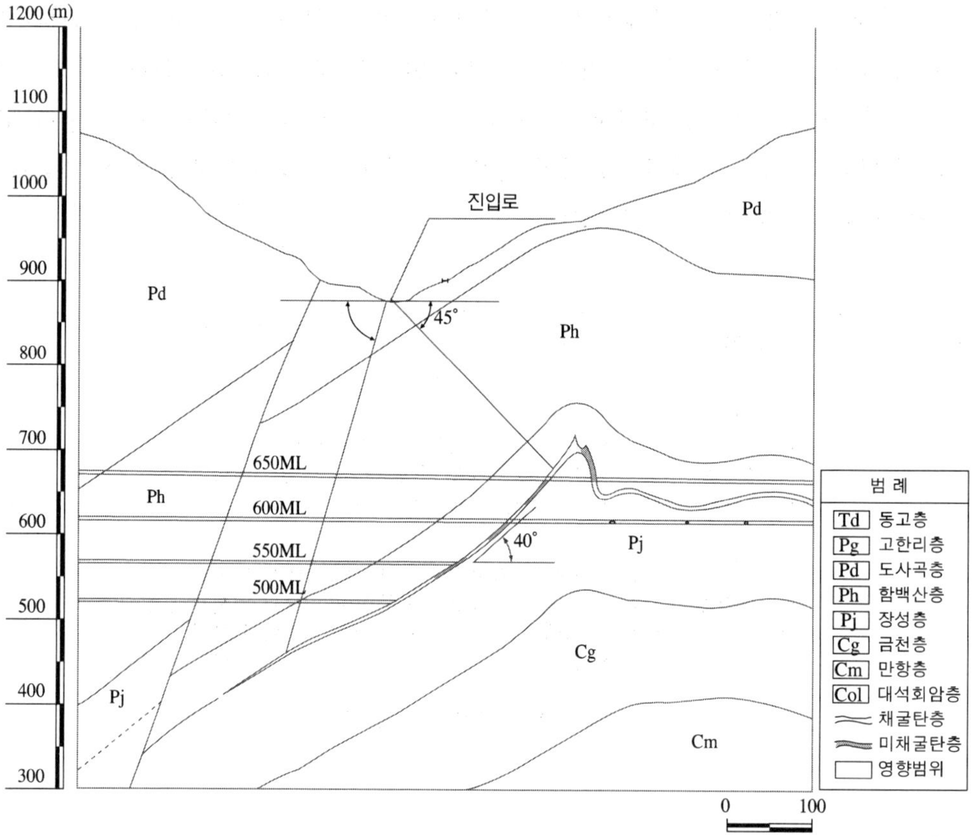

그림 3-22 채굴단면도 분석 예시

3.2.3 물리탐사를 통한 채굴적 조사

광산지역에서 채굴적 조사를 위한 물리탐사는 조사구역 내 지층 분포, 채굴공동으로 추정되는 이상대의 분포 현황을 파악하기 위해 실시하며, 시추조사 위치 선정과 현장조사 및 보강설계 기초자료로 활용한다. 물리탐사 방법 중 광산지역 지반안정성 조사에 일반적으로 전기비저항탐사, 탄성파반사법탐사, 탄성파토모그래피탐사가 사용되고 있다.

(1) 전기비저항탐사(electrical resistivity survey)

전기비저항탐사는 전류를 흘려보내고 두 지점 사이의 전위차를 측정하여 지하 매질의 전기적 물성 차이로 인한 전기비저항 분포를 파악하여 지하구조를 해석하는 방법이다(그림 3-23). 암석 및 광물이 가지고 있는 전기전도성의 척도인 전기비저항은 전기전도도의 역수로서 기본단위는 Ωm를 사용한다.

암석의 전기비저항은 주로 전도성광물의 함유량, 암석의 공극률, 공극수의 전기비저항 등에 의하여 달라진다. 일반적으로 흑연과 황화광물의 전기비저항은 낮게 나타나며, 공극률이 높은 토양이나 암석에 공극수가 채워져 있는 대수층이 존재하면 낮은 전기비저항을 나타낸다.

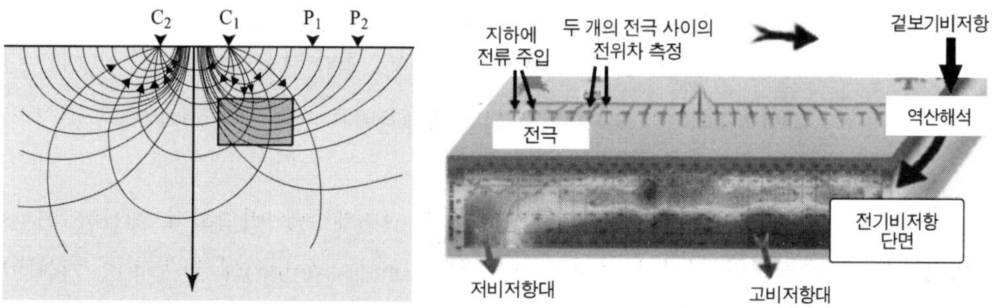

(a) 전기비저항 탐사 전류 및 등전위선 분포도

(b) 전기비저항탐사 개념도

그림 3-23 전기비저항탐사

전기비저항탐사는 1개 혹은 2개의 전류전극을 사용하여 지하에 전류를 주입하고 2개의 전위전극에서 전위차를 측정한다. 전극의 배열방법에 따라 웨너(Wenner)배열, 슐럼버저(Schlumberger)배열, 쌍극자(dipole-dipole)배열 등이 있으며, 주로 수직적으로 분포하는 채굴공동의 탐사에 분해능이 우수한 쌍극자배열을 적용하고 있다(그림 3-24).

일반적으로 최대 탐사심도는 탐사대상 심도의 1.5～2배 정도로 설정하고, 측선 길이는 최대 탐사심도의 3～4배를 목표로 설정하고 있다.

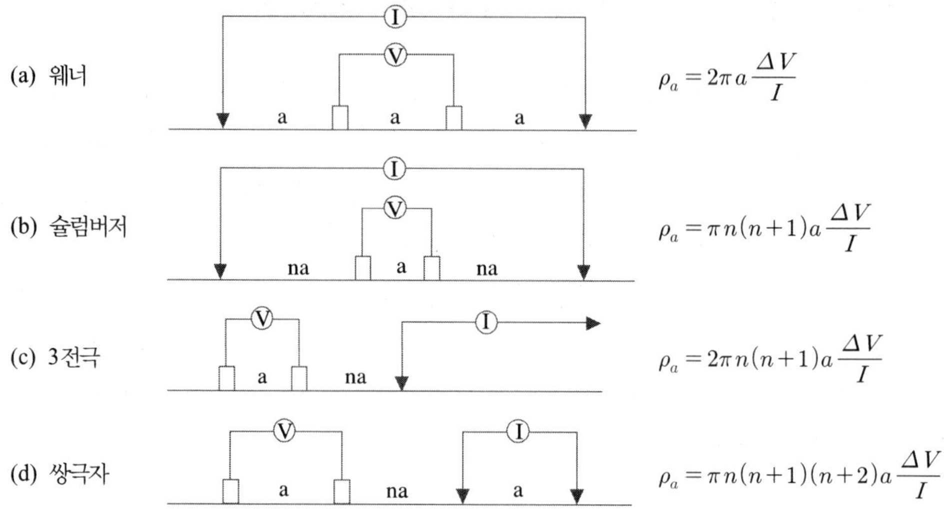

여기서, ρ_a : 겉보기비저항(Ωm) a : 전극 간격(m)
I : 사용 전류(A) V : 전위차(V)

그림 3-24 전기비저항탐사 전극 배열(현병구 · 서정희, 1997)

탐사자료 해석은 각 전극으로부터 얻은 값에 거리계수를 반영하여 계산한 겉보기비저항 값을 수평적인 전기적 구조인 가단면도(pseudo-section)에 반영하고, 가단면도 자료를 겉보기비저항 단면으로 전환하는 컴퓨터 역산을 통해 지하구조를 해석한다(그

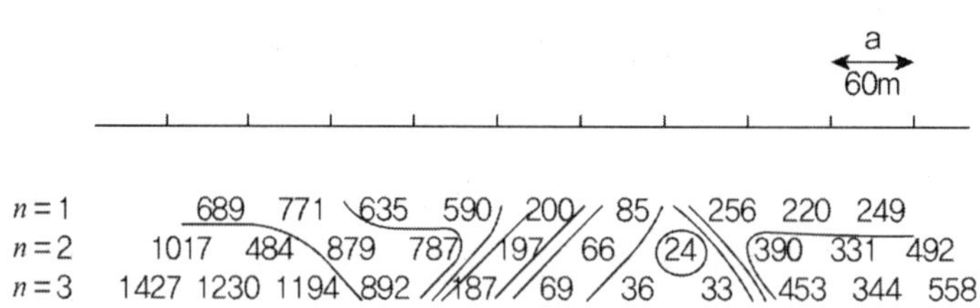

(a) 전기비저항탐사 가단면도 예시

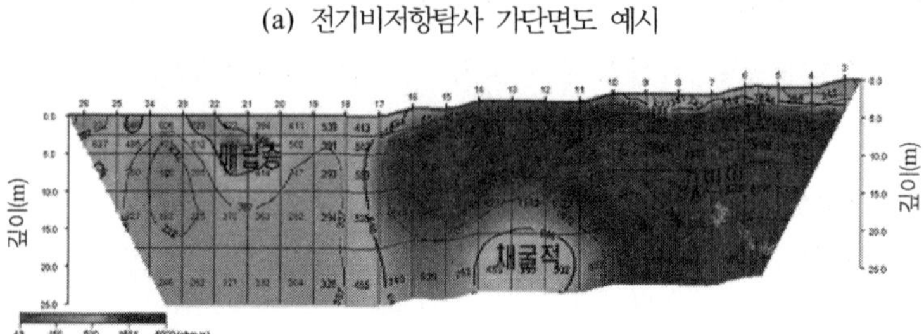

(b) 전기비저항탐사 해석결과 예시

그림 3-25 전기비저항탐사 해석

림 3-25). 탐사 결과 이상대인 저비저항대의 분포 심도와 채굴단면상의 채굴적 분포 심도가 유사할 경우 채굴적의 존재 가능성이 높다고 판단할 수 있다. 또한 저비저항대에 대한 시추 결과 지하수가 존재하고 절리가 발달한 절리면 사이에 점토질 토사가 협재하는 경우 탐사결과의 신뢰도가 높다고 할 수 있다.

예제 웨너 전극배열법으로 전극 간격은 20 m, 사용 전류는 2A로 200 mV의 전위차를 측정하였다. 겉보기비저항은 얼마인가?

풀이 $\rho_a = 2\pi a \dfrac{\Delta V}{I} = 2\pi \times 20 \times \dfrac{0.2}{2} \fallingdotseq 12.56\,(\Omega\,\mathrm{m})$

(2) 탄성파반사법탐사(reflection seismic survey)

탄성파반사법탐사는 인공적으로 발생시킨 탄성파가 지하 매질을 전파하는 과정에서 탄성파속도가 다른 지층의 경계면에서 반사되어 되돌아오는 모든 파를 기록하여 컴퓨터 자료처리를 거쳐 지질구조에 대한 정보를 얻는 방법이다.

광산지역에서 채굴적과 단층 등에서 반사되는 파를 분석하여 공동의 위치를 파악할 수 있으며, 탐사 결과 반사파가 없는 부분은 형성된 채굴공동이라고 해석할 수 있다. 매립 충전지에서 과거 채굴적으로 인한 함몰지 위치를 파악하기 위한 탐사 결과 해석단면도상에 표시된 부분이 기반암에 대한 반사파가 미약한 구간으로 함몰지로 추정할 수 있다(그림 3-26).

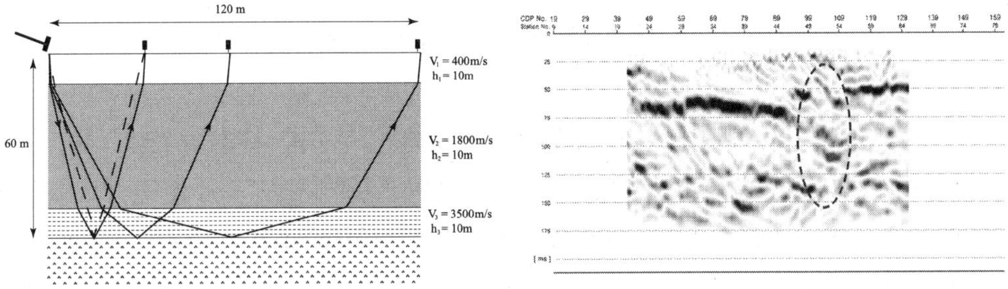

(a) 탄성파반사법탐사 모식도 (b) 매립 충전지에서 채굴적 탐사 예시

그림 3-26 탄성파반사법탐사

(3) 탄성파토모그래피탐사(seismic tomography survey)

의료용 CT (Computerized Tomography)기법의 원리를 응용한 방법으로 탄성파속도 분석을 통해 기반암 및 채굴공동의 분포양상을 파악하기 위하여 실시한다(그림 3-27). 시추공 사이를 단면으로 한 시추공에는 탄성파 발생원 장치를, 다른 시추공에는 수진기 장치를 삽입하여 발생원에서 발생된 탄성파를 수신원에서 측정하여 지질단면을 해석한다.

일반적으로 시추공 간격은 탄성파 에너지의 도달을 고려하여 가능한 최대 35 m를 넘지 않도록 하며, 시추공 내에서의 각 발생원 및 수진기 간격은 1 m를 넘지 않도록 한다.

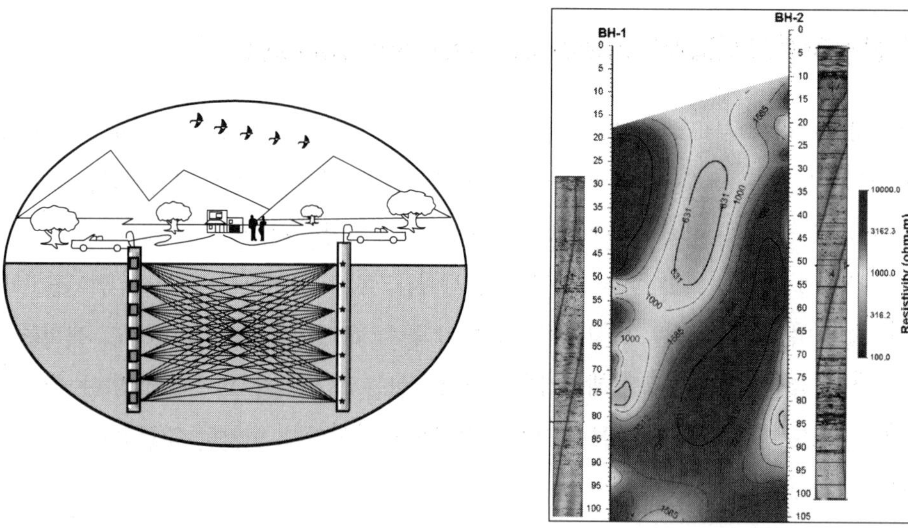

(a) 탄성파토모그래피탐사 모식도 (b) 탄성파토모그래피탐사 해석 결과 예시

그림 3-27 탄성파토모그래피탐사

전기비저항탐사로 개략조사 후 이상대로 추정되는 구간의 공동 분포에 대한 검증에 탄성파토모그래피탐사를 활용할 수 있다. 폐탄광지역에서는 주거지 밀집지역에 채굴적이 분포하는 가은탄광에서 시추조사가 곤란한 구역에 대해 두 개의 시추공을 활용하여 채굴적 규모 및 지반상태를 확인한 사례가 있다. 폐금속광산에서는 부평광산과 무극광산에서 함몰지 주변의 채굴적 규모 및 갱도 등을 파악하기 위해 실시한 사례가 있다(그림 3-28).

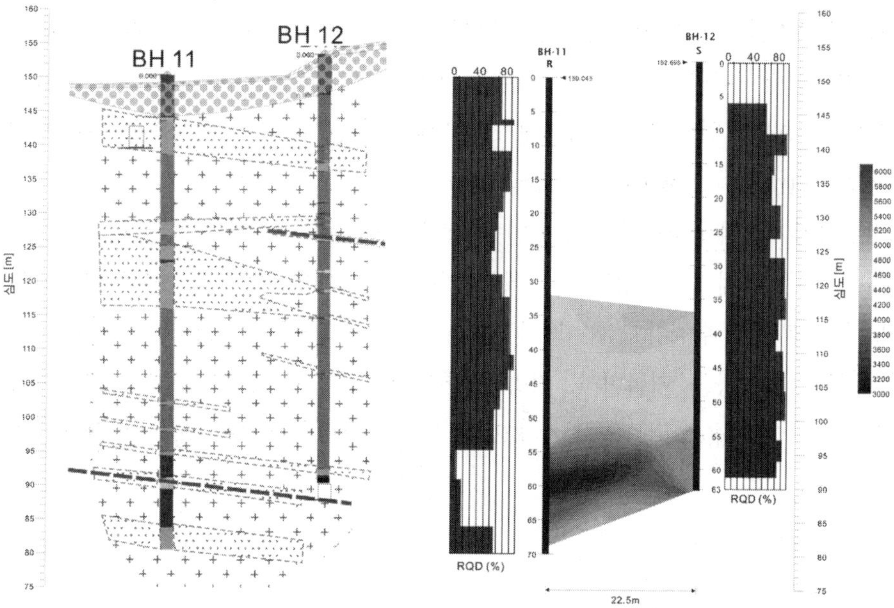

그림 3-28 폐금속광산 탄성파토모그래피탐사 지질단면 및 해석 예시

3.2.4 시추조사를 통한 채굴적 조사

물리탐사 결과 파악된 이상대 구간과 복합도면 등의 분석자료를 바탕으로 시추 위치를 선정한 후 시추조사를 실시한다. 시추조사는 채굴공동의 위치 및 규모, 채굴적 분포지역의 지반상태와 채굴적에 인접하여 분포하는 기반암의 상태 파악을 위해 실시한다. 회수된 시추코어로 심도별 암질상태를 분석하고 시추공을 활용한 각종 현장시험 및 코어의 실내시험 등으로 획득한 자료를 수치해석 입력치로 활용함으로써 지반 안정성을 평가할 수 있다.

(1) 시추조사

1) 시추작업

시추조사는 일정한 압력 및 회전속도를 유지할 수 있는 회전수세식(rotary wash

type) 시추기를 사용하며, 일반적으로 NX (ϕ76 mm) 규격으로 굴진하여 시추코어를 회수한다(그림 3-29). 암반층의 시추는 다이아몬드비트를 사용하며, 지반강도가 낮은 풍화토, 풍화암, 연암 또는 파쇄대가 나타나는 경우는 코어회수율을 높이기 위하여 메탈크라운(metal crown)비트로 굴삭한다.

시추작업 중 채굴공동이 확인되면 작업을 중지하고 추가 시추 필요성을 검토하며, 광체나 탄층 등에 대한 정보는 상세히 기록한다. 또한 암반층 굴진시 불규칙한 굴진속도나 순환수의 수위가 갑자기 저하될 경우에는 채굴적일 가능성이 있으므로 그 상태의 굴진심도 등을 기록한다. 각종 시험이 완료된 시추공의 붕괴를 방지하기 위해 시추공벽에 케이싱(casing)을 설치하고, 시추공 위치를 표시하여 향후 필요시 활용한다.

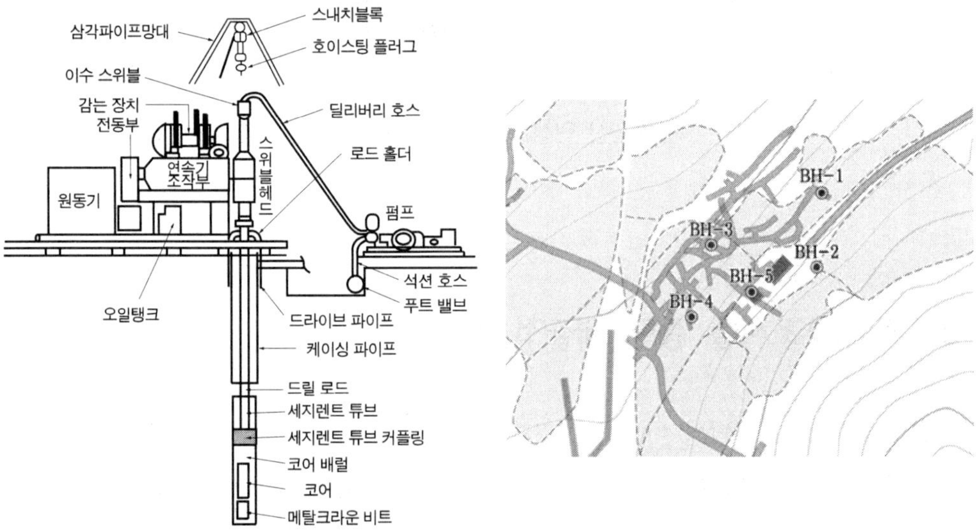

(a) 회전수세식 시추기 모식도 (b) 복합도면에 시추위치 표기 예시

그림 3-29 시추조사

2) 시추코어 분석

시추코어 분석으로 암반분류, 채굴 여부 및 광맥의 발달상태, 채굴공동의 분포 현황 및 채굴적 상부구간의 채굴영향에 의한 암반 이완상태 등을 파악할 수 있다. 국내 지반조사 표준품셈에 따른 암반분류는 표 3-8과 같으며 시추상황, 풍화도 및 코어상태(암질지수, 코어회수율), 햄머 타격 등을 종합 분석하여 암반을 분류한다.

표 3-8 지반조사 표준품셈에 따른 암반 분류

암반 분류	시추상황 (비트 기준)	대표암종 (신선암 기준)	풍화도 (광물 변질도)	암질지수 (RQD)	코어 회수율 (TCR)	햄머 타격
풍화암	메탈크라운비트로 굴삭, 무수보링 가능	-	암 내부까지 풍화, 광물 대부분 변질	20 이하	-	-
연암	메탈크라운비트로 굴삭 가능, 코어회수율 낮음	미고결 퇴적암	암 내부까지 풍화, 광물 부분 변질	10~50	40 이상	둔탁음, 타격 시 쉽게 파괴
보통암	다이아몬드비트로 굴삭, 메탈크라운비트로 굴삭 시 비효율	사암, 사질셰일, 편암류, 화산쇄설암	불연속면을 따라 다소 풍화 진행, 광물 일부 변색	30~75	70 이상	탁음, 2~3회 타격 시 파괴
경암	다이아몬드비트로만 굴삭	역암, 편마암류, 화성암류	불연속면을 따라 약간 풍화 변질, 암 내부는 신선	50~100	90 이상	금속음, 수회 타격에도 잘 부서지지 않고 햄머가 튕김
극경암	다이아몬드비트의 마모율이 높음	규질암류, 혼펠스, 처트	대단히 신선, 광물 변질 없음	90 이상	100	
파쇄대	그라우팅이나 2중 케이싱 설치가 필요한 붕괴암반	단층, 관입, 물의 작용 등에 기인한 파쇄대	-	20 이하	-	-

주) 표의 지수는 암반분류의 참고사항이며 절대 기준은 아님

그림 3-30 폐금속광산 시추코어 분석 예시(정영국, 2015)

그림 3-30은 폐금속광산에 대한 시추코어 분석 결과로서, 하1갱과 하2갱의 채굴 관련 갱목과 채굴공동 구간(4개소 : 하1갱 15.8~17.4 m, 22.1~25 m, 27.3~29.5 m, 하2갱 32.6~35.2 m)을 확인하였다. 또한 채굴적 상부구간의 지반상태 분석 결과 풍화토 구간은 느슨한 상대밀도를, 기반암 구간은 심한 균열상태로 인장균열 및 파쇄대가 발달하였다.

(2) 시추주상도 및 시추단면도 작성

시추코어 분석 및 현장시험 결과를 종합하여 심도별 암층의 상태, 지하수위, 코어회수율(TCR), 암질지수(RQD), 절리면 내의 충진물, 절리면의 변질정도 및 표준관입시험 결과 등을 상세하게 기재한 시추주상도를 작성한다(그림 3-31). 아울러 조사구역내에서 실시한 각종 시추자료(시추코어, 시추주상도 등)를 활용하여 시추공 간의 지층과 광맥이나 탄층을 연결하는 시추단면도를 작성하여 채굴적 현황을 분석할 수 있다(그림 3-32).

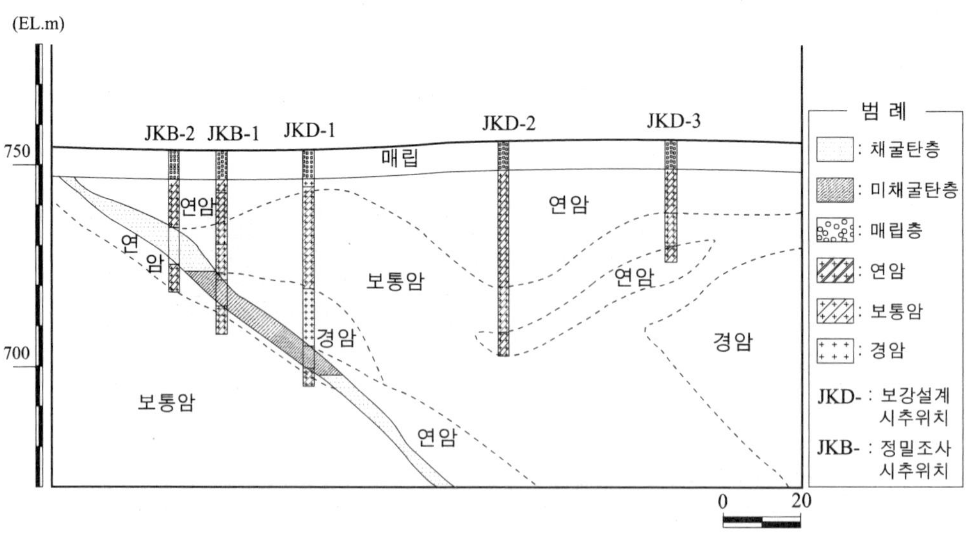

그림 3-32 폐탄광 시추단면도 예시

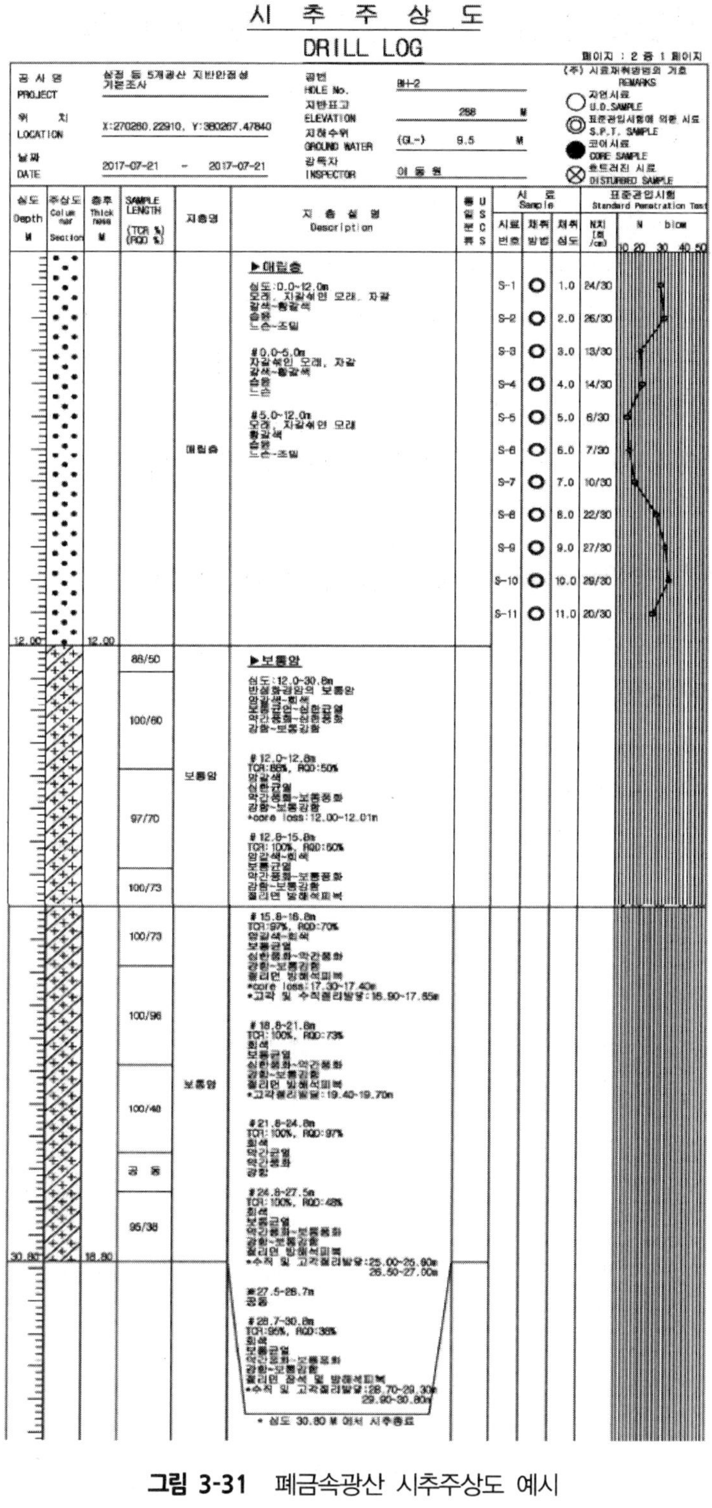

그림 3-31 폐금속광산 시추주상도 예시

3.2.5 지반물성 파악을 위한 현장시험 및 실내시험

(1) 현장시험

암반 또는 암석의 변형, 강도 및 파괴 등과 관련된 역학적 상수는 지반안정성평가에서 수행되는 수치해석의 입력요소이며, 시추공을 활용한 다양한 현장시험을 수행하여 지반물성값을 구한다. 지반안정성조사시 암반의 변형 및 수리적 특성, 불연속면 상태 등의 자료를 획득하기 위해 주로 실시하는 현장시험은 다음과 같다. 아울러 조사지역의 지하수위 분포를 파악하기 위해 지하수위 측정을 실시하며, 시추작업 완료 후 48시간 경과 후 안정된 지하수위를 cm 단위로 기록한다.

1) 표준관입시험(Standard Penetration Test; SPT)

표준관입시험은 토사층의 경연, 다짐의 상대값을 알기 위해 관입저항인 N값을 측정하고 교란시료를 채취하여 물성시험 시료로 활용하기 위해 시행한다(그림 3-33). N값은 중량 63.5 kg 햄머를 76 cm 높이에서 자유낙하시켜 표준관입시험용 샘플러를 30 cm 관입시키는데 필요한 타격횟수이다. 15 cm씩 3단계로 총 45 cm를 타입하되 첫 단계는 예비타격, 2 · 3단계가 본타격으로서 2 · 3 단계의 타격횟수를 합산하여 N값을 산정한다.

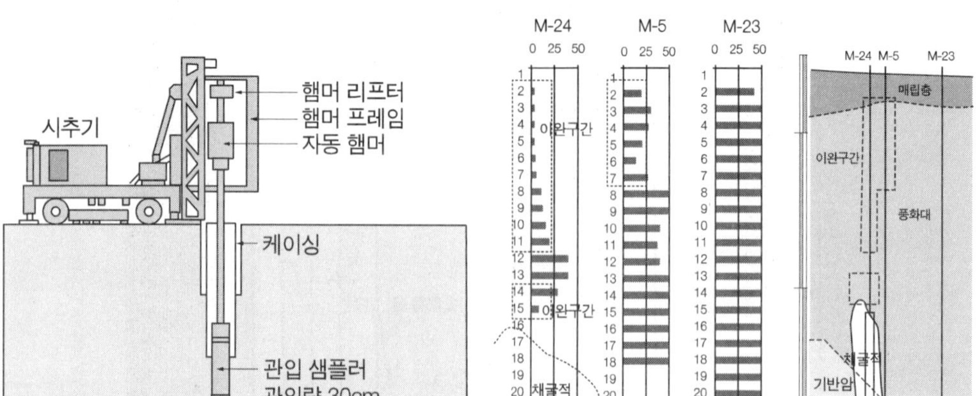

(a) 표준관입시험 모식도 (b) 표준관입시험 결과 예시

그림 3-33 표준관입시험

일반적인 풍화대의 N값은 치밀하거나 아주 치밀한 상태이나, 채굴적 직상부 구간 풍화대는 지반이 이완되어 N값은 아주 느슨한 상태로 확연한 차이가 있음을 알 수 있다(그림 3-33).

2) 공내재하시험

공내재하시험은 시추공의 벽면에 압력을 가하여 그때의 공벽면 변형량을 측정하여 암반의 응력－변형 관계로부터 현지암반의 강도 및 변형 특성을 조사하는 시험이다(그림 3-34). 압력조건은 다단계로 하여 반복 시험하며, 각 압력단계에서의 creep 변형을 파악하기 위하여 15, 30, 50, 120초 간격으로 측정한다.

공벽에 가한 압력과 지반의 변위량에 따라 압력－변형곡선(P-R curve)을 작성하여 지반의 탄성계수와 변형계수를 산출한다.

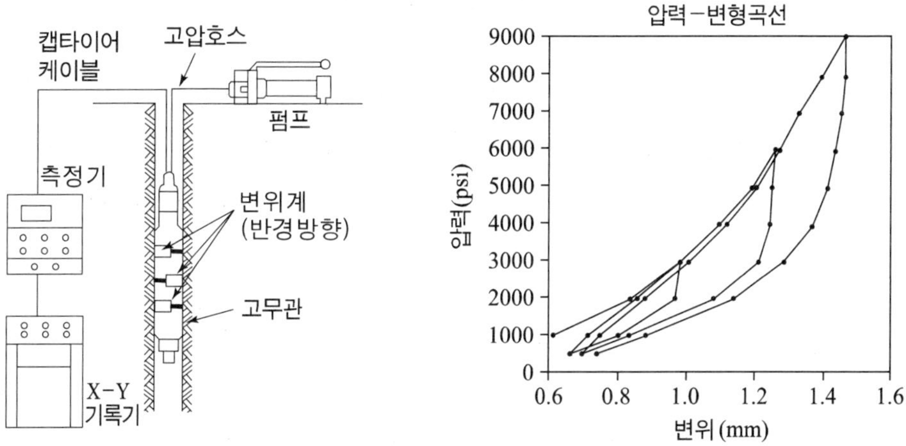

(a) 공내재하시험 모식도 (b) 공내재하시험 결과 예시

그림 3-34 공내재하시험

3) 투수시험

암반의 투수 특성을 분석하기 위한 투수시험은 주로 정압시험인 루전(Lugeon)시험을 실시하여 투수계수를 구하며, 지반안정성평가 및 보강공법 효과검증 등에 활용한다(그림 3-35). 루전시험은 시추공 내 일정 구간을 패커로 고립시킨 후 시험구간 내에 일정압력으로 주수하고 압력과 주입수량으로부터 암반 투수율을 구하는 시험이다.

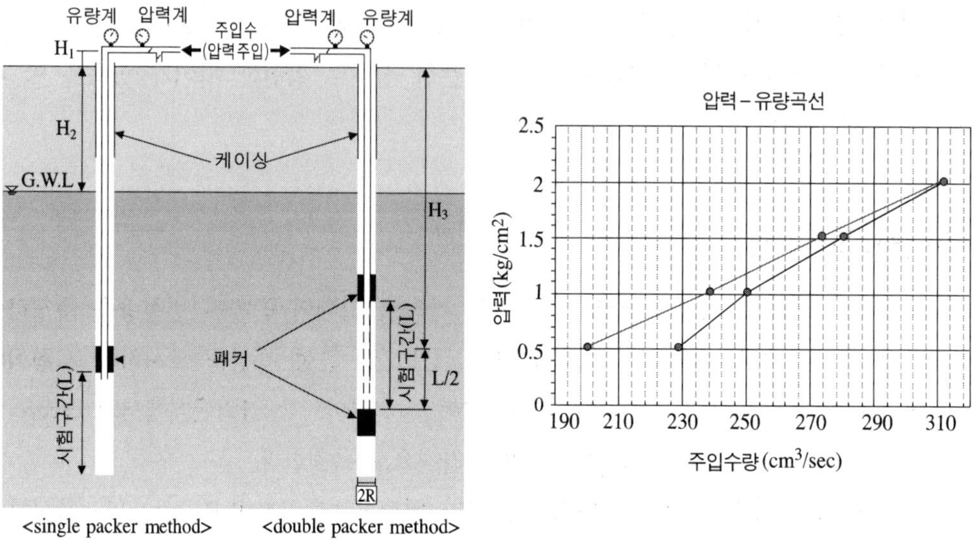

(a) 투수시험 모식도　　　(b) 투수시험 결과 예시

그림 3-35 투수시험

Lugeon값(Lu)은 시험구간에 약 10 kg/cm^{2}의 수압을 가했을 때, 주입길이 1 m에서 단위시간(1분) 당 주입량을 리터 단위로 나타낸 값이다. 압력－유량곡선에서 임계압력－유량에 해당하는 조건을 구한 다음 이 조건에서 투수계수를 계산한다.

- 투수계수 산출식

$$K = \left(\frac{2.3Q}{2\pi HL}\right) \times \log\frac{L}{r}$$

여기서, K : 투수계수(cm/sec)　　Q : 주입수량(cm^3/sec)
L : 시험구간(cm)　　γ : 공 반경(cm)
H : 총 수두(cm) : 수위수두＋기계수두

- Lugeon값(치) 산출식

$$Lu = \frac{10 \cdot Q}{P \cdot L}$$

여기서, Lu: Lugeon값　　P : 주입압력(kgf/cm^2)
Q : 주입수량(liter/min)　　L : 시험구간 길이(m)

4) 속도검층 및 밀도검측

지반안정성조사시 다양한 물리검층 방법 중 주로 속도검층(PS검층)과 밀도검층($\gamma-\gamma$ 검층)을 실시한다(그림 3-36). 속도검층은 송신기와 수신기가 하나로 연결된 측정기(sonde)를 공에 삽입하여 시추공 주변지반의 심도별 P파 및 S파 속도를 측정하여 동적지반정수 산정에 필요한 동포아송비, 동탄성계수, 동전단계수, 동체적계수를 파악한다.

밀도검층은 공 내에 방사성물질(γ선)과 측정기를 삽입하여, 공벽 주변지층에 의한 방사선 산란으로부터 밀도를 측정하여 암반의 파쇄정도, 지층의 구분 등에 활용된다. 2개 공에 대한 밀도검층 시험 결과 채굴적 및 채굴적 상부 이완구간은 기반암과 확연한 밀도변화 양상을 보이며, 밀도 값의 변화가 크고 불규칙하게 나타난다.

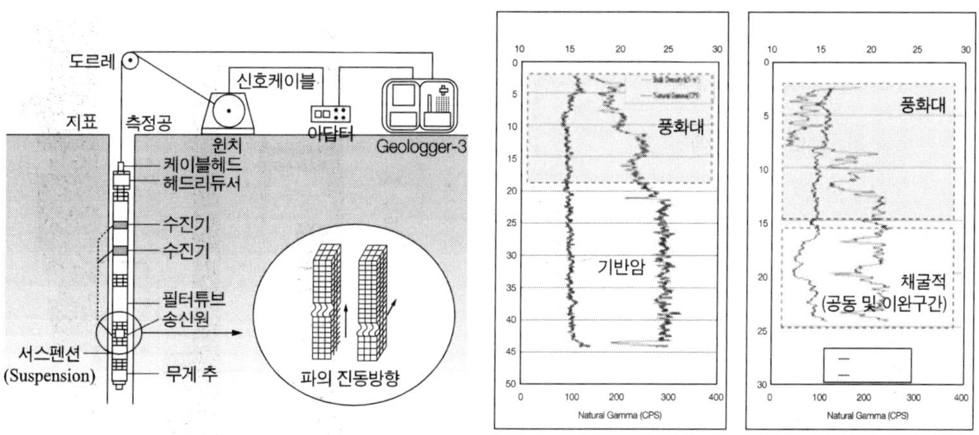

(a) 물리검층 모식도 (b) 밀도검층 결과 예시

그림 3-36 물리검층

5) 시추공 영상촬영시험

시추공 내에 카메라 등을 이용하는 영상촬영으로 불연속면의 위치, 형상, 틈새 폭, 주향 및 절리의 방향을 촬영·해석하여 지반상태를 판단하고 수치해석의 입력요소로도 활용되고 있다. 절리의 방향성 등에 대한 자료를 불연속체 해석자료와 채굴적과 채굴적 상부 파쇄대와의 연계성을 분석하는 자료로 활용할 수 있다.

① 텔레뷰어탐사(televiewer survey)

텔레뷰어는 초음파빔을 시추공 내벽에 방사시켜 얻게 되는 반사파의 에너지 및 도달시간을 분석하여 절리 및 단층의 크기, 방향, 경사, 암질의 변화나 암석의 역학적 상태를 파악하는 방법이다(그림 3-37). 텔레뷰어 이미지 정보로부터 획득한 절리군의 경사방향 및 경사각, 절리틈새 크기, 절리 거칠기 등 절리발달 상태에 대한 정보를 바탕으로 암석 강도, 수평 주응력 방향 등을 추정할 수 있다.

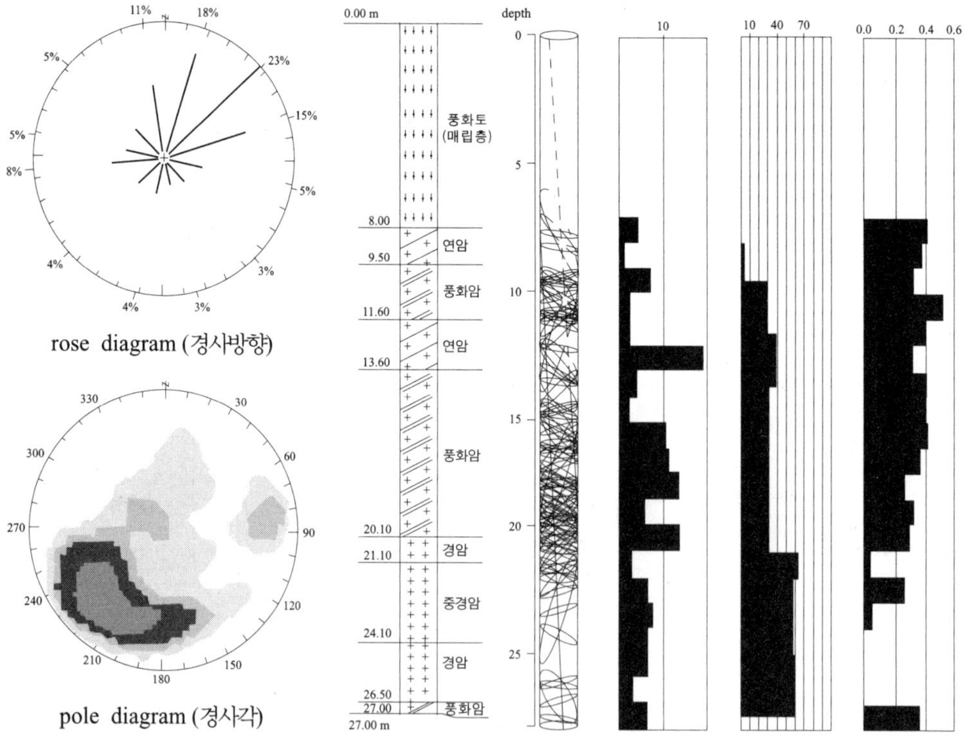

그림 3-37 폐탄광 텔레뷰어탐사 예시

② BIPS (Borehole Image Processing System)탐사

BIPS는 암반 내에 존재하는 균열 및 공동 등의 지반상태를 직접영상으로 확인하고 불연속면의 방향성 및 절리분포 특성을 파악하기 위해 실시한다(그림 3-38). 광원과 카메라가 부착된 센서를 시추공 내에 삽입하여 시추공벽을 연속적으로 360° 촬영하여 불연속면에 대한 정보를 분석한다. 측정된 심도별 불연속면의 주향 및 경사 등은 평사투영망에 표시하고 불연속면, 파쇄대, 단층대 등에 대한 정보를 해석한다.

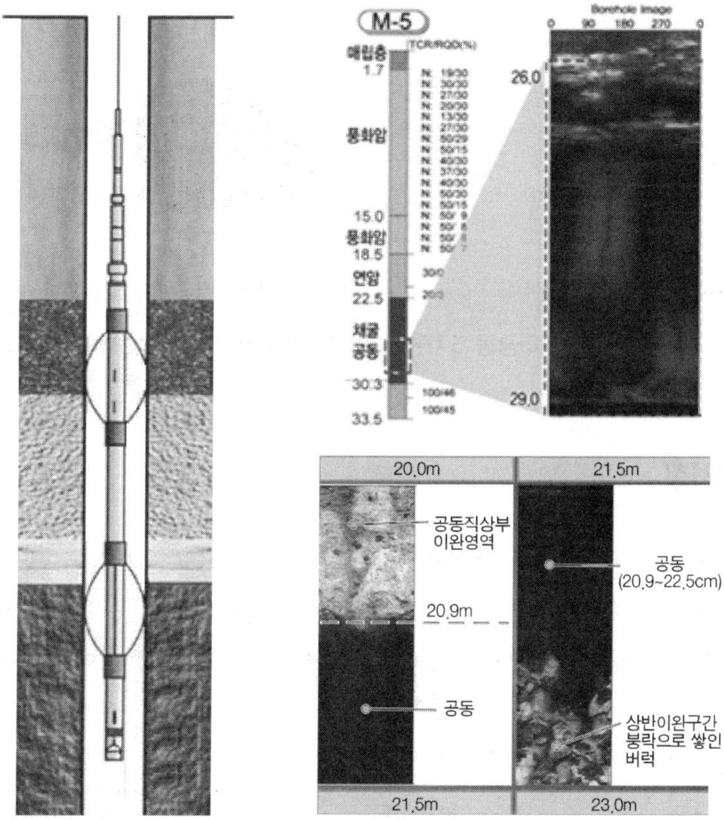

(a) BIPS탐사 모식도 (b) BIPS탐사 결과 예시

그림 3-38 BIPS탐사

③ 지하공동 3차원 수치화 및 형상화 탐사(상업적 명칭 KOMIR-Eye)

한국광해광업공단에서 개발한 탐사장비로서, 시추공을 활용하여 공동 내 장비를 넣어 측정한 센싱(레이저, 소나)정보 및 영상정보를 활용하여 지하공동의 형상을 실측하는 기술이다(그림 3-39). 일제 강점기 및 국내 광산 활황기(1960～1970년대)에 개발된 광산은 갱내도면이 없거나 자료가 불명확하여 채굴공동의 규모와 형상에 대한 정보를 취득하기 곤란하다. 도면이 없는 폐광산의 채굴공동에 대한 3차원 형상화 정보를 활용하여 적절한 보강대책을 수립할 수 있으며, 채굴공동뿐만 아니라 지하공동이 존재하는 타 산업분야의 조사에 활용되고 있다.

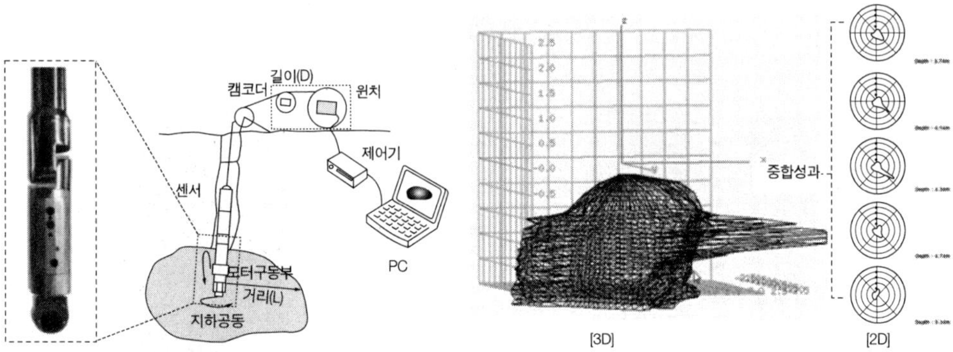

(a) KOMIR-Eye 모식도 (b) 채굴공동의 3차원 형상화 예시

그림 3-39 지하공동 3차원 수치화 및 형상화 탐사(KOMIR-Eye)

(2) 실내시험

실내시험은 암석의 역학적 특성과 강도정수를 산정하고 암반분류 및 안정성해석을 위한 수치해석 자료로 활용하기 위해 수행한다. 일반적으로 공인된 시험기관에 의뢰하여 실시하여야 하며, 실내시험 분석항목별 결과는 표 3-9와 같이 활용한다.

표 3-9 실내시험 분석항목 및 결과 활용

구분	분석항목	결과 활용
일축압축시험	비중	• 암석의 물성 특성
	공극률(흡수율)	• 암석의 투수성
	탄성파속도	• 암반의 균열도 및 암반분류
	탄성계수	• 암석의 변형 특성
	포아송비	• 암석의 횡방향 변형 특성
	일축압축강도	• 암석의 파괴강도 및 역학적 특성
압열인장시험	인장강도	• 현지 암반의 인장파괴 특성
삼축압축시험	점착력, 내부마찰각	• 현지 암반의 변형파괴 특성

1) 비중(specific gravity)

밀도(density)는 단위 체적당 질량으로 단위는 kg/m^3 또는 g/cm^3을 사용한다. 비중은 암석의 밀도와 물의 밀도 비율이므로 밀도와는 달리 단위를 가지지 않는다. 암석의 밀도는 조암광물의 밀도, 암석의 공극률, 암석의 공극 내 존재하는 유체에 의한 영향 등에 따라 좌우된다.

$$\rho = \frac{M}{V}$$

$$G = \frac{\rho}{\rho_w}$$

여기서, ρ : 암석의 밀도(kg/m^3 또는 g/cm^3)
ρ_w : 물의 밀도(1,000 kg/m^3 또는 1 g/cm^3)
G : 암석의 비중
V : 암석의 부피(m^3)
M : 암석의 질량(kg)

예제 20 cm, 50 cm, 100 cm인 암석블록이 500 kg의 질량을 가지고 있다. 이 암석의 비중은?

풀이 $밀도(\rho) = \frac{M}{V} = \frac{500\,kg}{(0.2\,m \times 0.5\,m \times 1\,m)} = \frac{500kg}{0.1m^3} = 5{,}000kg/m^3 = 5g/cm^3$

$비중 = 5$

2) 공극률(porosity)

공극률은 암석의 전체 부피에 대한 암석 내 공극의 부피비이며, 일반적으로 퇴적암보다 화성암이 작은 크기의 공극률을 가진다. 암석 내 공극의 부피는 보통 간편한 침수방법을 사용하며, 공극률은 건조된 시료의 무게와 물로 포화된 시료의 무게 차이를 시료의 부피로 나눈 값이다.

$$n = \frac{\left(\dfrac{M_s - M_d}{\rho_w}\right)}{V} \times 100$$

여기서, n : 공극률(%)

V : 시료의 부피(m^3)

M_s : 포화된 시료의 무게(kg)

M_d : 건조된 시료의 무게(kg)

ρ_w : 물의 밀도(1,000 kg/m^3 또는 1 g/cm^3)

예제 현장에서 채취한 암석시편의 질량이 303kg이고 부피가 0.25 m^3이다. 암석시편의 건조질량이 300kg이고 완전포화질량이 305 kg인 경우 공극률은? (단, 물의 밀도는 1,000 kg/m^3)

풀이 $$\text{공극률}(n) = \frac{\left(\frac{M_s - M_d}{\rho_w}\right)}{V} \times 100 = \frac{\left(\frac{305\,\text{kg} - 300\,\text{kg}}{1{,}000\,\text{kg/m}^3}\right)}{0.25\,\text{m}^3} \times 100 = 2\%$$

3) 강도

강도는 암석이 파괴될 때까지 견딜 수 있는 응력으로서 암석에 가해지는 힘인 압축력, 인장력, 전단력에 따라 압축강도, 인장강도, 전단강도로 달라진다. 암석은 일반적으로 압축력에 가장 강하고 전단력, 인장력의 순으로 취약성을 보이며 암석의 인장강도는 압축강도의 약 1/10～1/20 정도이다.

한 방향으로 압축하여 측정하는 일축압축시험은 가장 일반적으로 수행되는 강도시험법으로 시험을 통해 일축압축강도, 영률(Young's modulus), 포아송비(Poisson's ratio)와 같은 탄성상수를 얻을 수 있다. 시험방법은 암석코어를 원주형으로 시험편을 성형하여 시험기에 설치한 후 파괴될 때까지 가압하며 시료가 파괴되면 최대하중을 기록한다. 일축압축강도는 다음 식을 이용하여 계산할 수 있다.

$$\sigma_c = \frac{P}{A}$$

여기서, σ_c : 일축압축강도(kgf/cm^2)

P : 파괴하중(kgf)

A : 시험편의 단면적(cm^2) → $A = \frac{\pi}{4}d^2$, d= 시험편의 직경(cm)

암석의 인장강도를 측정하는 방법에는 직접시험방법과 간접시험방법이 있으며, 시료 성형이 어렵고 시험과정이 까다로운 직접시험방법보다는 간접시험방법을 주로 활용한다. 대표적인 간접시험방법으로는 압열인장시험(brazilian tension test)으로, 수직방향의 하중에 의해 압축력을 받고 있는 디스크형태의 암석시료를 가로지르는 방향으로 인장력을 발생시켜 인장강도를 측정한다(그림 3-40).

$$\sigma_t = \frac{2P}{\pi dt}$$

여기서, σ_t : 압열인장강도(kgf/cm^2)

P : 파괴하중(kgf)

d : 시험편의 직경(cm)

t : 시험편의 두께(cm)

그림 3-40 압열인장강도 시험

예제 시험편의 직경이 10 cm인 시험편의 파괴하중이 500 kgf이었다. 일축압축강도는?

풀이 $\sigma_c = \frac{P}{A} = \frac{(500\,\text{kgf})}{\frac{\pi}{4}\times(10\,\text{cm})^2} \fallingdotseq \frac{500}{78.5} \fallingdotseq 6.37\,\text{kgf/cm}^2$

예제 직경 5 cm, 두께가 3 cm인 시험편의 압열인장시험을 실시한 결과 파괴하중이 120 kgf였다. 이 암석의 인장강도는?

풀이 $\sigma_t = \dfrac{2P}{\pi dt} = \dfrac{2 \times 120\,\text{kgf}}{\pi \times 5\,\text{cm} \times 3\,\text{cm}} \fallingdotseq 5\,\text{kgf/cm}^2$

4) 탄성상수

암석에 하중을 가한 후 얻어진 응력과 변형률의 관계로부터 구할 수 있는 탄성상수에는 영률(탄성계수), 포아송비, 강성률(modulus of rigidity, 전단탄성계수) 및 체적탄성계수(bulk modulus)가 있다. 탄성상수는 암석의 변형 거동을 지배하는 주요 요인으로 안정성해석 및 암반 구조물 설계에 중요한 변수이다. 탄성상수를 구하기 위

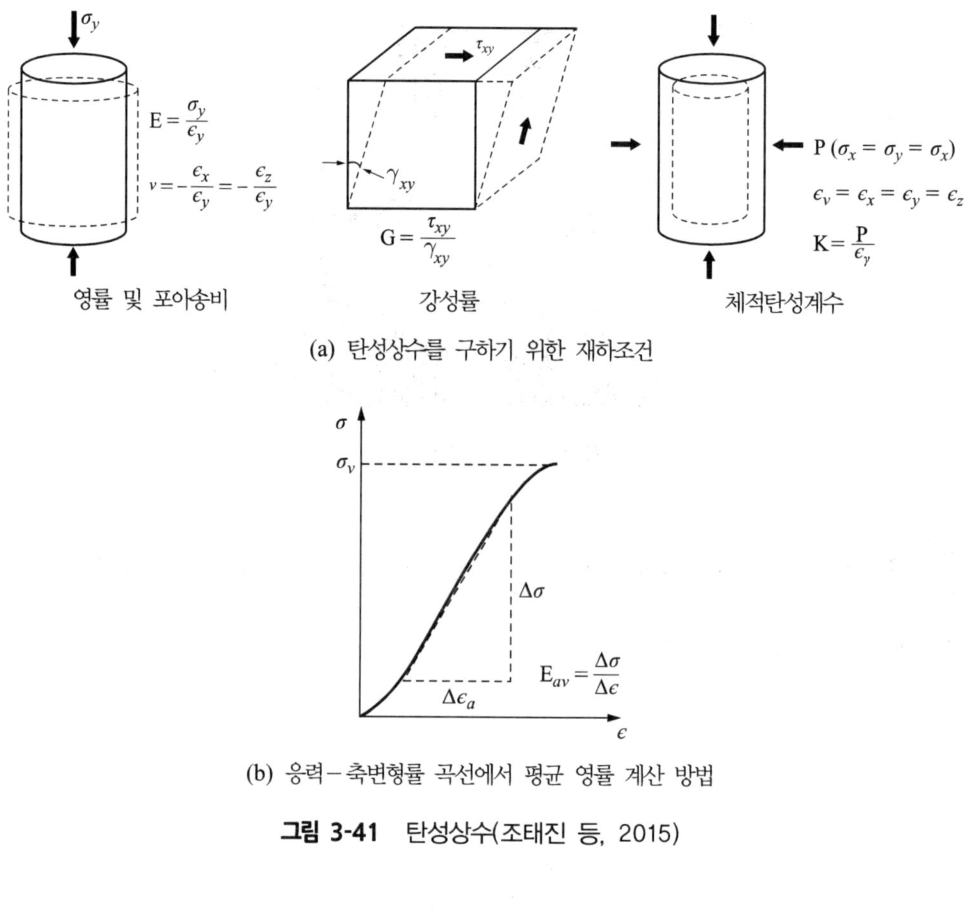

(a) 탄성상수를 구하기 위한 재하조건

(b) 응력-축변형률 곡선에서 평균 영률 계산 방법

그림 3-41 탄성상수(조태진 등, 2015)

한 재하조건 및 응력－축변형률 곡선에서 평균 영률을 계산하는 방법은 그림 3-41과 같다.

영률은 암석시료에 축압력을 가하여 발생하는 축방향의 변형량과 압력의 비이며, 응력－축변형률 곡선의 기울기로부터 구한다. 포아송비는 암석시료의 축변형률과 횡변형률의 비이며, 응력－축변형률 곡선의 기울기로부터 구한다. 일반적으로 취성(brittle)과 높은 강도를 가진 암석이 연성(ductile)이고 연약한 암석보다 영률이 크고 포아송비가 낮다(조태진 등, 2015).

강성률은 시험편에 발생하는 전단변형률에 대한 전단응력의 크기에 대한 비로서 전단변형의 저항성 정도를 나타내는 상수인 전단탄성계수이다. 체적탄성계수는 일정한 체적변형률을 발생시키기 위하여 요구되는 정수압의 비이며, 정수압에 대한 물체의 저항성을 나타낸다. 강성률(G)과 체적탄성계수(K)는 일축압축시험으로 구한 영률(E)과 포아송비(ν)를 이용하여 다음 식과 같이 계산할 수 있다.

$$G=\frac{E}{2(1+\nu)},\ K=\frac{E}{3(1-2\nu)}$$

예제 일축압축시험 결과 영률은 6, 포아송비가 2인 경우 강성률과 체적탄성계수는?

풀이 $G=\frac{E}{2(1+\nu)}=\frac{6}{2(1+2)}=1$

$K=\frac{E}{3(1-2\nu)}=\frac{6}{2(1-2\times 2)}=-1$

3.3 광산지역 지반안정성평가

지반안정성평가는 채광작업으로 발생되는 지반거동에 대하여 침하이론 적용 및 수치해석을 실시하여 채굴적 붕괴에 따른 주변 지반의 변형 및 침하발생 가능성을 예측하고, 지반보강 대상지역을 선정하기 위해 수행한다.

3.3.1 침하이론에 의한 지반안정성평가

침하이론은 탄폭이 일정하고 채탄이 규칙적인 영국 등 수평 탄층지역에서 트러프형침하 현상을 분석하기 위해 연구되었다. 맥폭의 변화가 심한 급경사 지층에 국부적으로 발생하는 함몰형침하에 침하이론을 적용하는 데는 한계가 있으나, 지반안정성을 평가하고 보강범위의 선정을 위한 기초적인 검토단계에서 활용되고 있다.

광산지역 지반침하를 예측하기 위한 침하이론에는 도식법, 응력아치–체적팽창이론, 한계평행이론, 확률이론 등이 있다. 일반적으로 트러프형침하 예측에 도식법을 적용하며, 함몰형침하 예측에는 응력아치–체적팽창이론, 한계평행이론을 적용하고 있다.

침하예측의 이론적 해석에 필요한 입력자료로는 채굴적과 관련하여 경사, 폭, 두께, 분포 심도, 한계각(critical angle, limit angle) 등이며, 주변 지반과 관련하여 체적팽창률이 있다(표 3-10).

표 3-10 채굴적 관련 입력 물성치 선정(석탄산업합리화사업단, 1997)

항목	선정 기준	적용
경사	• 단면도에서 측정한 광층(탄층)의 평균 경사	단면 측정치
폭	• 대표 단면도에서 측정한 채굴적의 경사방향 연장	단면 측정치
두께	• 기존 광업유관기관 자료에서 발췌	자료 인용치
심도	• 대표 단면도에서 측정한 채굴적의 최대 깊이	단면 측정치
한계각	• Rom, Ren 등의 한계각 적용	광층(탄층) 경사에 따라 적용

(1) 도식법

도식법은 장벽식채탄법을 적용하였던 영국의 탄전지역에서 발생한 침하현상을 경험적으로 분석한 결과를 기반으로 제안된 침하이론이다. 채굴적 상부지층에 발생하는 지반 거동의 영향범위는 채굴면적보다 더 넓은 범위에 걸쳐 나타나며, 이 범위는 광층(탄층) 경사와 한계각 사이의 관계를 도식적으로 표현하여 침하영향 범위를 예측할 수 있다. 한계각(γ)은 채굴단과 지표침하단을 잇는 면이 수평면과 이루는 각으로, 수평층에서 한계각은 약 40～75° 범위로 넓게 나타난다.

한계각은 광체의 경사에 따라 변하므로, 경사진 판상의 광체를 넓은 범위로 채굴한 경우 상부 지층에 발생하는 지반거동의 영향범위는 채굴면적보다 넓은 범위로 나타난다. 침하량은 경사의 영향이 가장 크며, 최대침하량(S)은 탄층 경사(α)와 채굴고(M), 침하계수(a)로부터 계산할 수 있다.

$$S = a \cdot M \cdot \cos\alpha$$

1) 지표상의 한 점 P에 대한 영향범위의 예측

지표상에 위치하는 특정한 시설물에 대하여 지반침하 영향을 줄 수 있는 지하채굴적의 분포범위 한계를 설정할 때 적용한다. Rom (1964), SEH (Subsidence Engineers Handbook, 1975), Ren 등(1988)은 현장 자료를 근거로 탄층 경사와 한계각과의 관계를 제시하였다(그림 3-42).

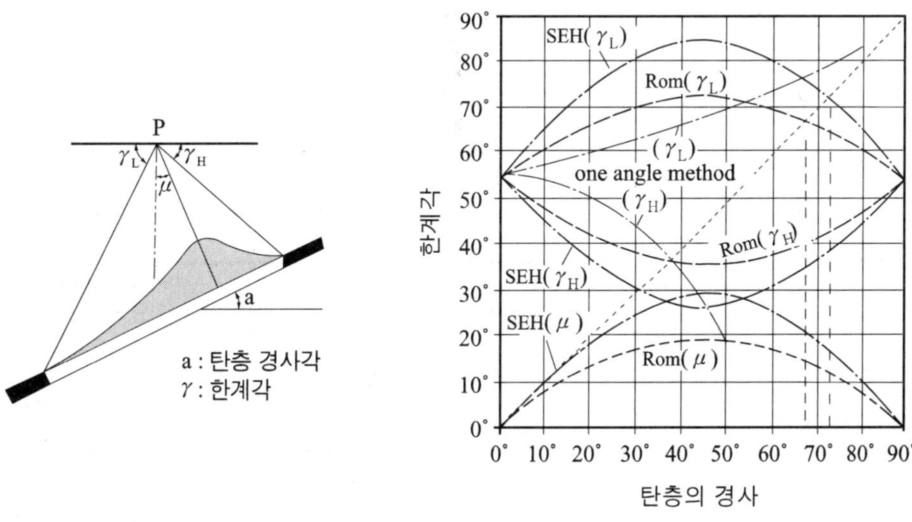

(a) 모식도 (b) 탄층 경사와 한계각과의 관계 (Whittaker et al., 1989)

그림 3-42 도식법에 의한 채굴적 분포범위 설정

2) 채굴적을 기준으로 한 지표침하 범위의 예측

지하채굴적의 분포범위를 파악하여 지표상에 지반침하 영향범위의 한계를 설정할

때 적용한다. 일반적으로 도식법을 적용하여 정밀조사 구역을 선정하는데 기초자료로 활용한다.

그림 3-43은 도식법에 의한 침하영향 범위를 분석한 사례로서 채굴적 경사는 시추조사로 확인된 채굴공동의 단면분석 경사를 적용한다. Rom과 Ren 등이 제시한 도표에서 확인된 채굴적 상·하단의 한계각을 적용한 결과 침하영향 범위 내에 채굴적이 분포하며, 침하영향 범위는 40.7～52 m 정도로 분석되었다.

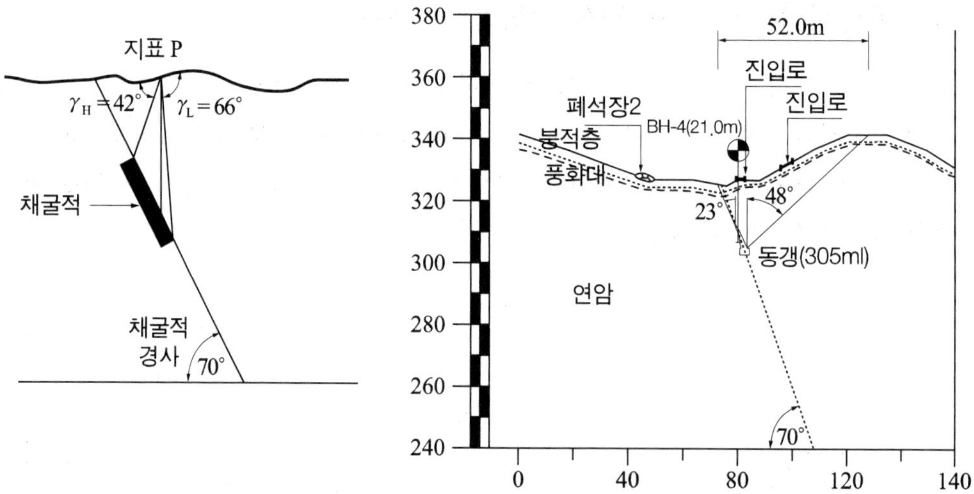

(a) 모식도　　(b) 침하영향 범위 검토 예시

구분	채굴적 경사 (θ)	채굴적 상단	채굴적 하단	침하영향 범위	
				결과	적용
Rom	70°	23°	48°	52.0 m	52.0 m
Ren et. al		22°	42°	40.7 m	

(c) 침하영향 범위 산정

그림 3-43 도식법에 의한 침하영향 범위 분석

(2) 응력아치 - 체적팽창이론

Karfakis의 응력아치이론을 1977년 Piggott & Eynon이 침하이론에 적용한 것으로, 채굴적 상반 지층이 암반으로 구성되어 있을 때 붕락대의 형상과 암층의 체적팽

창률(bulking factor)로부터 붕락고를 예측하여 지반안정성을 평가한다.

1) 체적팽창과 붕락고의 관계

자연상태의 암석이 파쇄되면 원래의 체적보다 부피가 증가된 체적의 비를 체적팽창률이라 한다. 채굴공동의 상반이 파쇄될 때 파쇄암의 체적팽창률은 함몰침하의 전이와 중단 및 붕괴로 인한 지표로의 영향을 결정하는 중요한 요소이다.

암반의 아치 효과를 배제하고 체적팽창만을 고려하면 다음 식과 같이 체적팽창률로부터 채굴고와 붕락고와의 관계를 유도할 수 있다(그림 3-44). 식에서 B는 체적팽창계수, V_f는 붕락 후 부피, V_i는 붕락 전 부피, V_v는 채굴적의 부피, V_s는 붕락될 상반의 부피이다.

$$B = \frac{V_f - V_i}{V_i} = \frac{(V_s + V_v) - V_s}{V_s} = \frac{V_v}{V_s}$$

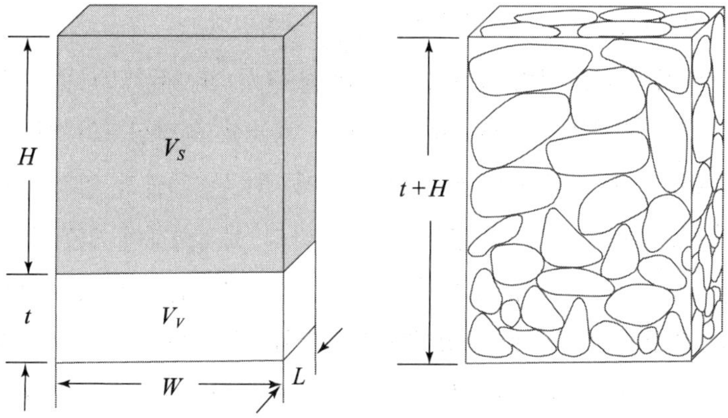

그림 3-44 천반의 붕락에 따른 체적팽창

국내에서 사용되는 체적팽창률은 화약발파에 의해 붕락된 암반의 체적증가율로 채굴적의 폭과 경사 등을 고려시 값은 달라지므로, 현장측정과 실내시험을 통해 적합한 값을 적용하여야 한다. 표 3-11은 폐탄광 지반안정성평가시 적용되고 있는 파쇄 암석의 체적팽창률 예시이다.

표 3-11 파쇄 암석의 체적팽창률(석탄산업합리화사업단, 1997)

대한석탄공사			건설표준품셈		
암종별	체적팽창률		암분류	암종별	체적팽창률
	범위	평균			
사암	1.0~1.5	1.2	극경암	규암, 각석 등의 석영질 경암	1.0
사질 셰일	0.5~1.0	0.7	경암	화강암, 안산암	0.7
셰일	0.4~0.5	0.4	보통암	석회석, 다공질 안산암	0.6
석탄층	0.4~0.5	0.4	연암	혈암, 사암	0.4

2) 붕락대의 형상에 따른 붕락고 및 지표 침하량

파쇄암석들이 붕락될 때 붕락대의 기하학적 형상은 일정하지 않고 직각기둥형(직사각형), 타원형, 쐐기형, 원뿔형 등 다양한 형상으로 나타난다. 일반적으로 붕락대의 형상이 원뿔형인 경우 다른 형상보다 큰 붕락고를 나타낸다. 채굴고에 대해 체적팽창률이 작아지면 붕락고가 증가하여 지표침하 위험성이 커지며, 반대로 체적팽창률이 커지면 붕락고는 감소하여 지표침하 위험성이 낮아진다.

형상에 따른 붕락대의 붕락고(H)는 체적팽창률(B)과 채굴고(t)를 이용하여 계산할 수 있으며, 체적팽창률과 붕락고/채굴고 비로 채굴적 영향심도의 한계를 설정할 수 있다(그림 3-45). 적용 수식에서 θ는 채굴 경사, W는 채굴적 연장이다.

예를 들어, 붕락대의 형상이 원뿔형이고 40%의 체적팽창이 일어났다고 하면 붕락고/채굴고의 값은 약 7.5이며, 침하가능 심도는 7.5 × (채굴고)로 추정할 수 있다. 채굴적과 붕락대의 형상이 직각기둥형이라고 가정할 경우 채굴적 상반의 붕락이 지표까지 발전하여 지표침하가 발생하였을 때 지표 침하량은 다음 식과 같다.

$$S = t - H\left(\frac{n}{1-n}\right)$$

여기서, S : 지표 침하량(m)

t : 채굴고(m)

H : 지표에서 채굴적까지의 심도(m)

n : 암석의 팽창공극률(bulking porosity)

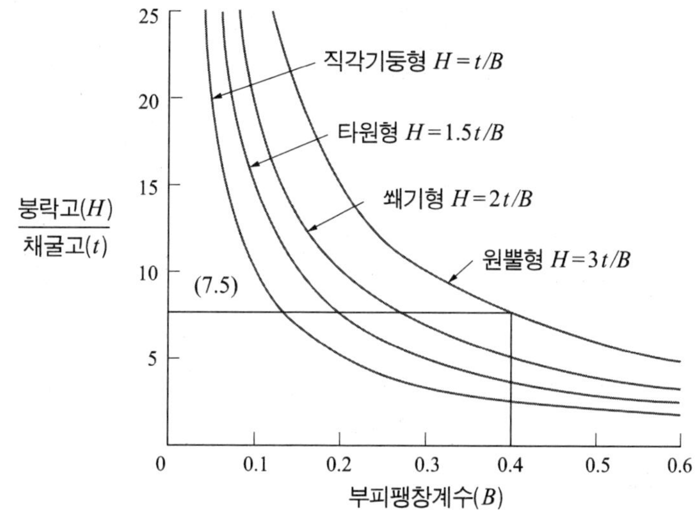

(a) 붕락대 형상에 따른 붕락고

기하학적 형상	추정 수식	간편 수식
직각기둥형	$\frac{H}{t} = \frac{1}{B\cot\theta} + \frac{W}{t}\frac{\sin\theta}{2}$	$H = \frac{t}{B}$
타원형	$\frac{H}{t} = \frac{3}{2B\cot\theta} + \frac{W}{t}\frac{3\sin\theta}{4}$	$H = \frac{1.5t}{B}$
쐐기형	$\frac{H}{t} = \frac{2}{B\cot\theta} + \frac{W}{t}\sin\theta$	$H = \frac{2t}{B}$
원뿔형	$\frac{H}{t} = \frac{3}{B\cot\theta} + \frac{W}{t}\frac{3\sin\theta}{2}$	$H = \frac{3t}{B}$

(b) 붕락대 형상에 따른 붕락고/채굴고 추정 수식

그림 3-45 붕락대의 형상에 따른 붕락고 및 붕락고/채굴고 추정 수식(Piggot & Eynon, 1977)

표 3-12는 응력아치-체적팽창이론을 적용하여 붕락고를 분석한 사례로서 채굴적 경사는 광체 경사의 각도로, 채굴적 두께는 광산개발 현황자료 및 시추조사 결과 자료로, 채굴 심도는 지표와의 거리로 선정하였다. 채굴고는 검토구역 중 최대 채굴고를 적용하고, 지반의 체적팽창률 값은 시추조사 결과를 반영하여 연암 및 보통암 수준으로 적용하였다. 붕락대의 형상에 따른 추정 수식으로 분석한 결과 타원형, 쐐기형, 원뿔형인 경우 불안정하며, 특히 원뿔형인 경우 최대 붕락고는 -27.8 m로 나타나 지반침하가 우려되는 것으로 평가할 수 있다.

표 3-12 응력아치-체적팽창이론에 의한 붕락고 분석 사례

입력자료	적용	채굴심도(D)	최대붕락고(H)		$D-H$(m)	평가
체적팽창율(B)	0.4	25.0	직각기둥형	17.6	7.4	안정
채굴적 두께(t, m)	1.8		타원형	26.4	−1.4	불안정
채굴적 경사(θ, °)	70		쐐기형	35.2	−10.2	불안정
채굴적 길이(w, m)	9.5		원뿔형	52.8	−27.8	불안정

예제 두께 4 m의 수평 광체를 채광한 후 상반 붕괴에 의한 붕락대의 형상이 원뿔형이라고 가정할 때 예상되는 붕락고는? (단, 상반 암석의 체적팽창계수는 0.4)

풀이 원뿔형 붕락대일 경우 붕락고 $H=3t/B=3\times 4/0.4=30\,\text{m}$

예제 지표에서 20 m 하부에 존재하는 직사각형 채굴적의 높이가 3 m인 경우 지표 침하량은? (단, 파쇄암석의 팽창공극률은 0.1)

풀이 $S=t-H\left(\frac{n}{1-n}\right)=3-20\left(\frac{0.1}{1-0.1}\right)\fallingdotseq 0.78\text{m}$

(3) 한계평형이론

Atkinson의 한계평형이론을 1985년 Brady & Brown이 침하이론에 적용한 것으로, 지반을 강체 거동하는 블록모델로 가정하여 채굴적 상반에 작용하는 응력과 강도와의 관계에서 침하에 대한 안전율을 결정할 수 있다(그림 3-46). 붕락대의 자중이 붕락대의 경계에 작용하는 전단저항력보다 클 경우 붕락대가 하부로 미끄러지면서 침하가 발생하므로 한계평행이론을 적용하여 안전율을 구할 수 있다. 고경사 절리가 발달한 지반조건에 적용되며, 절리면을 따라 지반이 채굴적으로 함몰하는 것으로 가정하여 모델을 구성하고 이에 대한 안정성 평가를 수행한다.

안정성 평가는 기둥 모형인 경우 지반을 강제 거동하는 블록으로 가정하여 채굴적 상반의 경사가 α, 블록의 최대 높이가 h일 때, 지하수면은 깊이 d인 위치에 있다고 가정하면 블록의 침하에 대한 안전율은 지하수 조건을 고려하여 다음과 같이 3가지 경우로 계산한다. 식에 의한 안전율의 해석은 일반적으로 채굴적 규모가 커질수

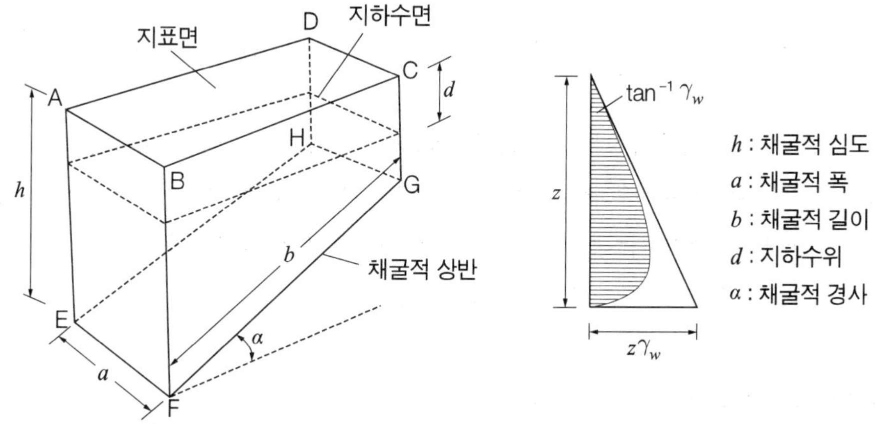

(a) 사각기둥 모형 (b) 수압분포

그림 3-46 한계평형이론 적용 개념도

록, 채굴공동 심도가 깊을수록, 암반의 상태가 불량할수록, 주변 모암의 강도가 감소할수록, 상부지반의 단위중량이 증가할수록 침하의 우려가 있는 것으로 판단한다.

식에서, h는 채굴적까지의 최대 심도, d는 지표로부터 지하수면까지 심도, a는 채굴적의 길이, b는 채굴적의 폭, ϕ는 내부마찰각, α는 채굴적(또는 탄층)의 경사각, γ_w는 지하수의 단위중량, γ는 암석의 단위중량이다.

① 지하수위가 채굴공동의 하부에 위치할 경우($d \geq h$)

$$F = F_1 = \frac{2c(a+b\cos\alpha)}{\gamma\, ab\cos\alpha} + \frac{k\tan\phi}{(2h-b\sin\alpha)} \times \left\{\left(\frac{h^2+(h-b\sin\alpha)^2}{b\cos\alpha}\right) + \frac{2}{a}\left(h(h-b\sin\alpha) + \frac{b^2\sin^2\alpha}{3}\right)\right\}$$

② 지하수위가 채굴공동에 위치할 경우($h \geq d \geq h - b\sin\alpha$)

$$F = F_1 - \left(\frac{2\gamma_w(h-d)^2\tan\phi}{3\gamma b(2h-b\sin\alpha)}\right)\left(\sec\alpha + \frac{2(h-d)}{3a\sin\alpha}\right)$$

③ 지하수위가 채굴공동 상부에 위치할 경우($h - b\sin\alpha \geq d \geq 0$)

$$F = F_1 - \left(\frac{2\gamma_w\tan\phi}{3\gamma(2h-b\sin\alpha)}\right) \times \left\{\left(\frac{h^2+(h-b\sin\alpha)^2-2d(2h-b\sin\alpha-d)}{b\cos\alpha}\right)\right.$$

$$+\frac{2}{3a}\left[3h(h-b\sin\alpha)+b^2\sin^2\alpha-3d(2h-b\sin\alpha-d)\right]\Bigg\}$$

표 3-13은 폐탄광지역 내 채굴적이 55 m에 존재하는 경우 지하수위를 고려하여 한계평행이론 수식으로 해석한 예이다. 일반적으로 안전율이 2 이하는 불안전, 2보다 크면 안전하다고 평가하는데, 해석 결과 건기와 우기의 안전율이 모두 2보다 작으므로 지반침하가 우려되는 것으로 평가할 수 있다.

표 3-13 한계평형이론에 의한 안전율 분석 사례

입력자료	단위중량(t/m^3)	2.6	채굴적 폭(m)	100
	점착력(t/m^3)	0	채굴적 연장(m)	60
	마찰각(°)	22	채굴적 심도(m)	55
	측압계수	2.0	채굴적 경사(°)	45
결과	건기시 안전율 : 1.41, 우기시 안전율 : 1.26			

(4) 확률이론

1982년 Goel & Page가 제안한 이론으로 침하발생 지역의 침하자료를 이용하여 유사한 지역에서의 침하발생 가능성을 평가하는 방법으로 채굴적 높이, 붕락고, 채굴적 면적 등과 같은 변수들의 상관관계를 이용한다(그림 3-47).

함몰침하의 붕락고는 채굴적의 높이와 비례하고, 함몰침하의 발생 횟수도 채굴적의 평면적에 비례하는 상관관계를 나타낸다. 동일한 채굴적의 면적에 침하발생 횟수가 많을수록, 채굴고와 채굴적 심도의 비가 작을수록 침하발생 가능성이 크다고 평가할 수 있다. 침하 발생지역의 침하사례로부터 변수간의 관계식을 찾아낸다면 유사한 지역에서 침하발생 가능성을 예측할 수 있다.

$$\frac{\text{함몰침하의 발생 횟수}}{\text{채굴적의 평면적}}=f\left(\frac{\text{채굴적 심도}}{\text{채굴고}}\right)$$

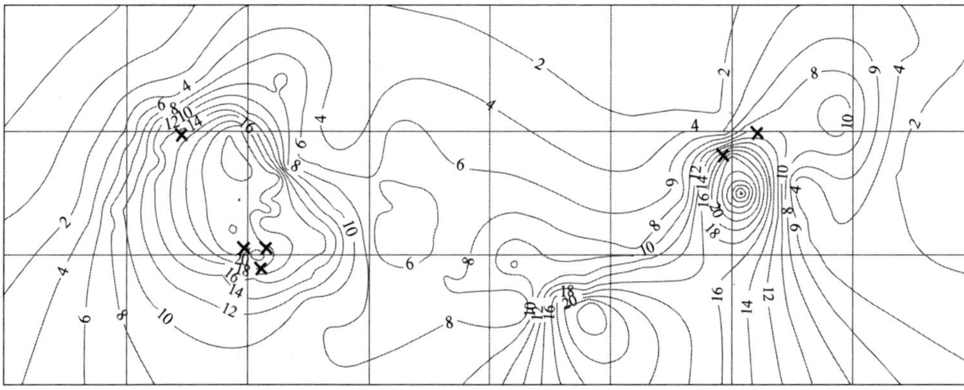

그림 3-47 확률이론 적용 사례(X 표시 : 침하발생 지점)

3.3.2 수치해석에 의한 지반안정성평가

침하이론은 일정한 규칙성을 전제하므로 불규칙한 채굴공동으로 인한 지반침하를 해석하는데 한계가 있다. 이에 채굴적의 상황, 지질구조 및 지층 분포, 지반물성치 등의 입력인자와 현재 침하진행 정도를 고려한 현장조건과 가장 근접하게 구현하기 위하여 수치해석을 적용한다.

(1) 수치해석법

수치해석법은 그림 3-48과 같이 지반을 연속체 모델과 불연속체 모델로 분류하여 해석한다. 광산지역 지반안정성평가에 수치해석법 중 주로 지반을 연속체로 모델링하는 FLAC (Fast Lagrangian Analysis of Continum) 등과 암반의 불연속면을 고려하여 지반을 불연속체로 모델링하는 UDEC (Universal Distinct Element Code) 등의 프로그램을 이용한다.

수치해석은 입력물성치에 따라 해석결과가 달라지므로 신뢰도를 높이기 위해 과거 유사지역의 수행자료나 지반안정성조사 결과 등을 종합 분석하여 합리적인 자료를 물성치로 선정하여야 한다.

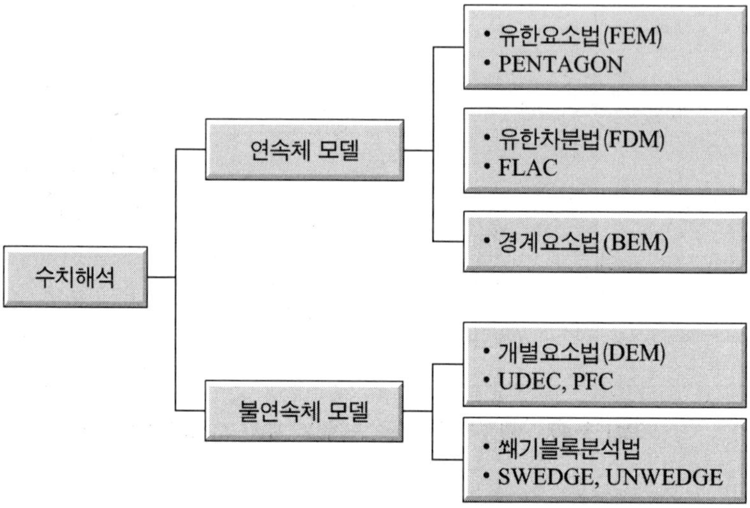

그림 3-48 수치해석법 분류(윤지선 · 박종만, 2002)

FLAC은 탄소성이론을 근거로 유한차분법을 사용하여 지반 및 구조물의 변형특성을 해석한다. 주요 입력물성치는 암반의 단위중량, 변형계수, 포아송비, 점착력, 내부마찰각, 측압계수 등이며, 현장시험과 시추코어의 실내시험 자료를 사용한다. UDEC은 개별요소법을 사용하여 지반을 연속체가 아닌 개별 블록으로 하여 불연속면에서 블록의 거동을 해석한다. 주요 입력물성치는 불연속면 전단강도, 점착력, 내부마찰각, 수직강성, 전단강성 등이며, 불연속면의 분포 특성은 지표지질조사 및 BIPS탐사 자료를 사용한다.

(2) 수치해석 결과 분석

수치해석 결과는 상부 지반의 변위를 기준으로 지반침하의 정도를 판단하며, 보강하였을 경우 상부 지반의 변위 및 보강재에 작용하는 응력 등을 같이 검토하여 전체적인 안정성을 평가한다. 채굴적에 의한 구조물의 변형거동과 채굴적을 충전(보강)하였을 경우 구조물의 변형거동을 해석하여 침하성 변위의 발생 및 감소 여부를 분석한다(그림 3-49). 해석 결과 예상되는 최대 침하량과 주요구조물의 허용 침하량을 비교하여 예상 침하량이 허용 침하량을 초과할 경우 보강대책을 검토하여야 한다.

수치해석은 채굴적 상황과 해석에 사용한 입력물성치에 따라 차이가 발생하므로 침하현상을 우선적으로 고려하고 수치해석 결과는 참고자료로 활용하는 것이 바람직하다. 따라서 조사구역 내 지반안정성조사, 침하이론 적용 및 수치해석 결과를 종합 분석하여 보강 여부를 판단하는 것이 합리적이다.

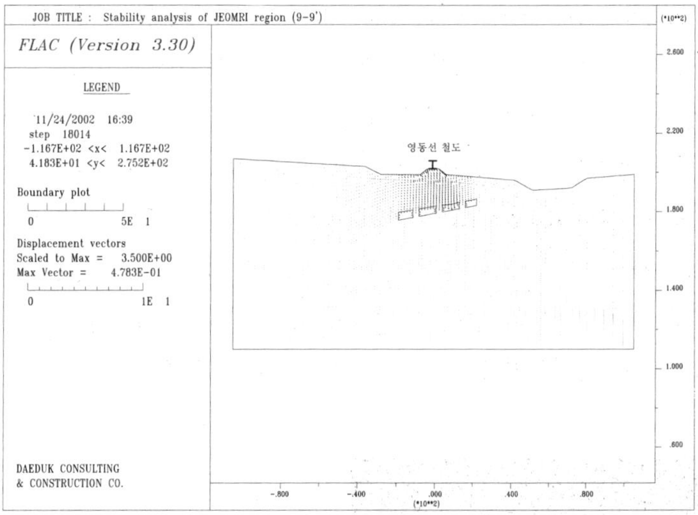

(a) FLAC 해석 예시

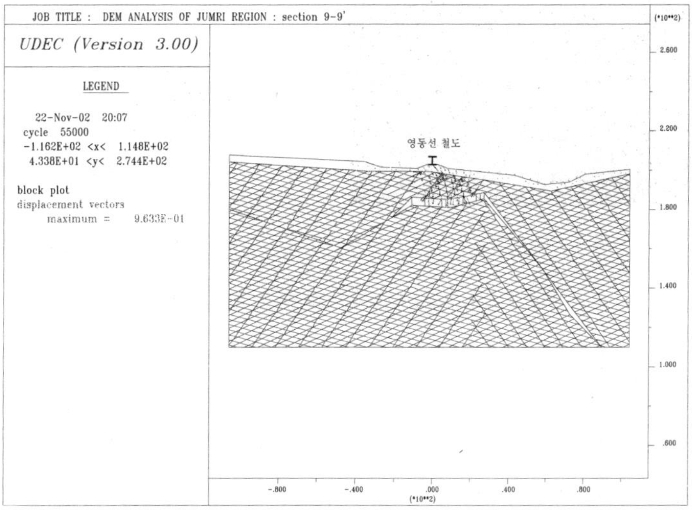

(b) UDEC 해석 예시

그림 3-49 폐탄광지역 수치해석에 의한 지반안정성평가

3.3.3 광산GIS 및 소프트웨어를 활용한 지반안정성평가

(1) 광산GIS를 활용한 지반안정성평가

GIS (Geographic Information System, 지리정보시스템)는 각종 지리정보들을 데이터베이스화하고 컴퓨터로 분석하여 생활에 활용할 수 있도록 만든 시스템이다. 한국광해광업공단에서는 정부로부터 이관 받은 폐광산의 갱내도를 스캐닝하고 Arc GIS 소프트웨어를 사용하여 갱구 위치, 광산 및 광해 DB자료 등을 수치화하고 있다.

GIS를 응용한 광산GIS는 갱도의 심도별 위치 정보 등을 수치화한 자료로서 갱도 분포 현황을 3차원으로 구현하여 지반침하 분석에 활용할 수 있다(그림 3-50). 광산GIS로 구축된 수치갱내도와 단면 분석자료 등은 갱도의 심도별 분포 정보를 제공하므로 개략적인 지반안정성평가와 위험도 분석에 활용할 수 있다.

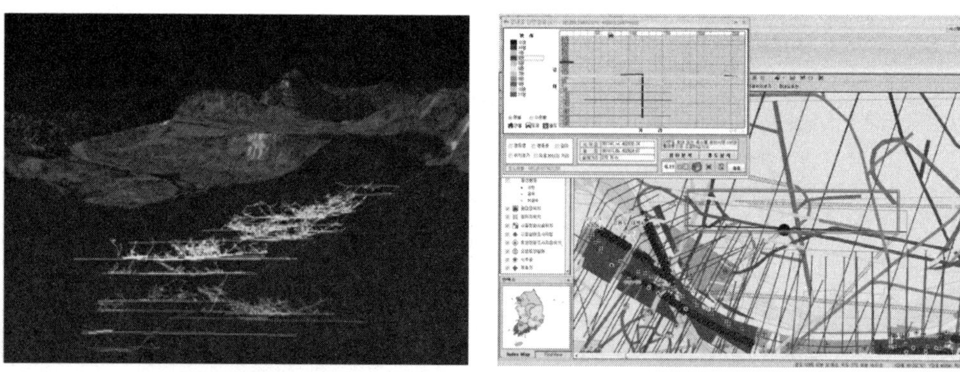

(a) 3차원 수치갱내도　　(b) 수치갱내도를 활용한 단면 분석

그림 3-50 광산GIS를 활용한 지반안정성평가

광산GIS는 광산지역의 지반침하 등 광해관리뿐만 아니라 사회간접시설(SOC) 의사결정에 활용되고 있다. 과거에는 광산지역 개발시 개발지역 하부에 분포하는 갱도 등에 대한 자료와 조사 부족으로 잦은 설계변경(사례 : 경부고속전철 상리터널 구간 하부 갱도 존재) 요인이 발생하였다. 광산GIS를 활용하여 주요 사회간접시설(철도 및 도로 예정 노선 등) 하부의 갱도 존재 유무에 대해 수치갱내도를 이용한 단면 분석으로 침하 위험도를 파악할 수 있어 신속한 의사결정을 지원할 수 있다(그림 3-51).

(a) 수치갱내도 DB

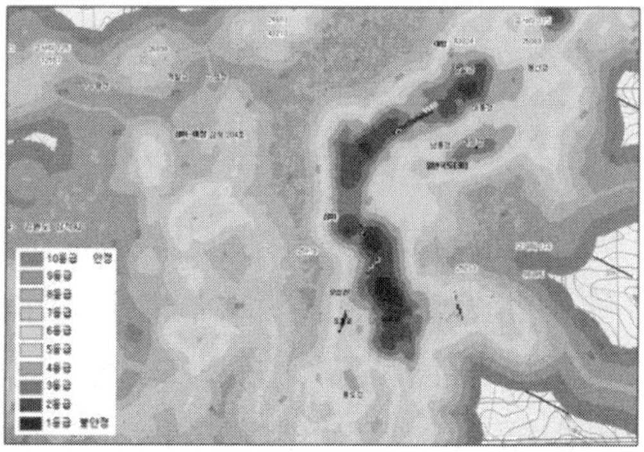

(b) 수치갱내도를 활용한 단면 분석
(음영이 진할수록 침하 위험도 증가)

그림 3-51 광산GIS를 활용한 침하 위험도 분석

(2) 소프트웨어를 활용한 지반안정성평가

국내 침하사례를 통계분석하고 인자별 전산해석으로 개발된 지반안정성평가 소프트웨어를 이용한 침하 위험도지수 분석으로 지반안정성을 평가하는 방법이다(그림 3-52). 주요 위험도평가 인자로는 채굴적의 심도, 폭, 높이, 경사 및 암반조건 등이며, 이러한 평가인자별로 가중치를 부여하여 침하위험도를 산정한다.

위험도평가 결과를 광산GIS에 구현하여 작성된 위험도평가 지도를 바탕으로 다른 조사결과와 종합하여 침하위험지역 및 안정성을 평가하는데 활용할 수 있다.

No.	Coordinates		Depth (m)	Width (m)	Height (m)	Hazard (%)
	X	Y				
1	282411	388900	70	10	20	66.16
2	282604	389012	60	20	5	62.27
3	282615	388768	70	3	5	45.32
4	282655	388900	40	10	10	65.39
5	282889	389012	50	5	5	52.57
6	282889	388758	53	6	7	56.01
7	283052	388921	50	2	2	38.32
8	283103	388849	60	2	2	36.66

(a) 위험도평가 결과 예시

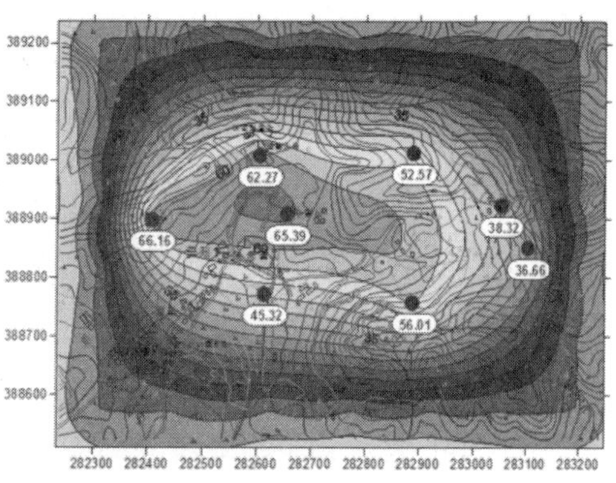

(b) 위험도평가 지도 예시

그림 3-52 지반안정성평가 소프트웨어를 이용한 위험도평가(한국광해관리공단, 2017)

3.4 광산지역 지반보강공사

지반안정성조사 및 지반안정성평가 결과 지반보강 필요구간에 대해 유사보강 사례와 적합성 및 적용성 도표에 의한 최적의 보강공법을 선정하고, 보강대상 구조물별 시공성, 경제성, 환경성 등을 고려한 상세공법을 설계한다. 공사 전 보강구간에 대한 시험시공으로 채굴적 상태를 파악하고 배합비 등을 조정하여 시방서에 따라 시공관리하며, 보강구간에 대한 보강효과 검증을 실시한다.

3.4.1 지반침하방지공법 분류

채굴적에 의한 지표침하 억제를 위한 지반침하방지공법은 채굴공동을 충전하는 충전법과 공동 내 지보재를 시공하여 채굴적을 선택적으로 보강하는 국부보강법이 있다(Peng, 1993). 보강공법 중 채굴현황과 지반조건 등을 고려하여 시공이 용이하고 경제적인 공법을 선택한다.

(1) 충전법

지하공동을 충전재로 채워 침하를 방지하는 공법으로, 충전재는 환경적으로 안전하고 쉽게 공동 내에 주입되어 효과적인 지지를 할 수 있는 내구성이 강한 재료를 사용한다. 일반적으로 충전재료는 골재 파쇄석, 광산폐기물(폐석, 광물찌꺼기), 비산회, 골재 등으로 현장여건과 경제성, 시공성 등을 고려하여 가장 적합한 재료를 사용한다.

충전법은 채굴적 경사가 45도 이상에서도 적용이 용이하며, 다른 공법에 비해 채굴적에 의한 응력상태를 쉽게 안정화시킬 수 있고 광산폐기물을 사용할 수 있다는 장점이 있다. 그러나 다른 공법에 비해 비용의 편차가 클 수 있으며, 광산폐기물을 충전재로 사용하는 경우 환경에 미치는 영향을 사전에 검토하여야 한다.

1) 수압식 충전법(hydraulic filling)

수압식 충전은 입자형 재료를 물을 이용하여 슬러리 형태로 이송시켜 공동을 충전하는 공법이다(그림 3-53). 충전재료는 골재, 모래, 광산폐기물 등이 사용되며, 이들 재료는 단독 또는 혼합하여 사용된다. 이러한 재료의 특성은 충전에 영향을 주므로 충전 전에 충분한 실내시험으로 공학적 특성을 파악한 후 적용하여야 한다.

이 공법은 많은 양의 재료를 단기간에 충전 가능하나, 경사가 심한 곳에서는 충전재의 유출을 방지하기 위해 차단벽이 필요하고, 유입되는 물로 인하여 공동 주변 모암이 물을 흡수하여 붕괴에 취약해지므로 배수처리를 해야 하는 단점이 있다.

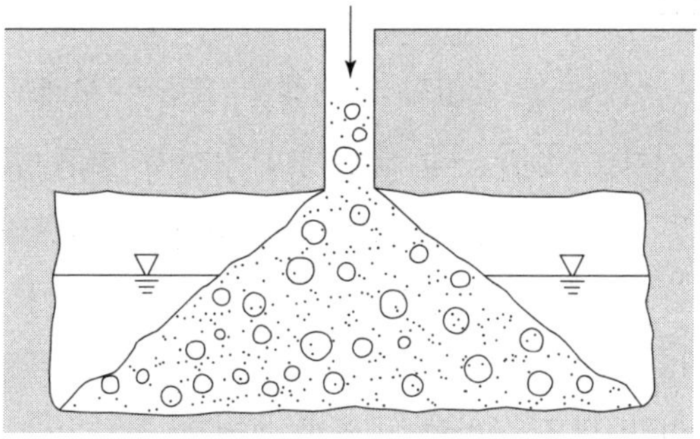

그림 3-53 수압식 충전법 모식도

2) 공압식 충전법(pneumatic filling)

공압식 충전은 공기압에 의해 충전물을 이송시켜 충전하는 공법이다(그림 3-54). 수압식에 비해 배수처리 문제가 없으나, 주입공으로부터 장거리 이송이 불가능하여 대규모 공동에 적용하기 곤란하며 충전에 많은 장비가 요구된다. 또한 파이프라인, 노즐 등의 마멸이 쉽게 일어나므로 파이프라인은 강관을 사용하고 규칙적으로 교체하여야 한다.

공압식 충전 시스템은 수압식에 비해 공기압축기, 주입기구, 특수 노즐 등 추가장비가 필요하므로 소규모 시공에서는 비용이 더 많이 든다. 장비에 대한 추가 비용이 수압식 충전에서 발생하는 물 조절과 차단벽에 의한 추가 비용에 비해 작을 경우 공압식 충전법이 더 유리할 수 있다.

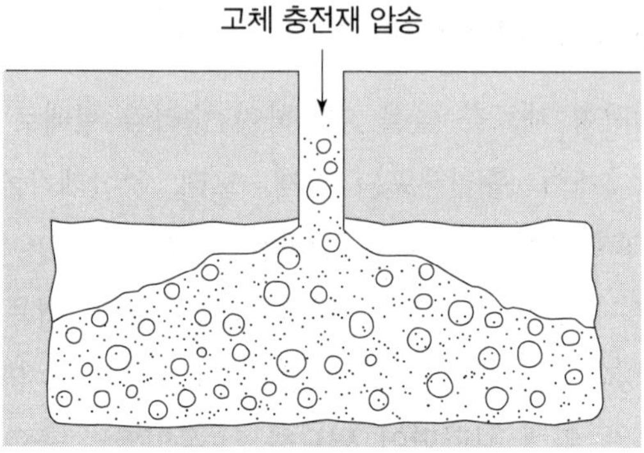

그림 3-54 공압식 충전법 모식도

3) 그라우트 충전법

그라우트 충전법은 시멘트를 혼합한 충전재를 슬러리 형태로 이송시켜 공동 및 암석층의 절리를 충전시키는 공법으로, 충전재의 강성이 좋고 충전효과가 좋으나 공사비가 비싼 단점이 있다(그림 3-55). 주입방식에 따라 중력과 압력 그라우팅으로 분류하며, 지하공동이 많이 분포하고 상부 암석의 절리로 침투가 요구되는 경우 압력을 주어 주입한다. 그러나 주택이나 구조물 하부 보강일 경우 주입으로 인한 지표면 상승이나 구조물의 균열 발생을 예방하기 위해 압력을 주지 않고 중력 주입한다.

충전효과를 높이고 경제적인 시공을 위해서는 정확한 채굴공동의 위치 선정과 충전재의 유출을 방지하는 것이 중요하므로 그라우트재의 겔(gel) 타임 조절, 골재의 안식각, 점성과 유동시의 내수성 등을 고려하여 적절한 충전 재료를 사용한다.

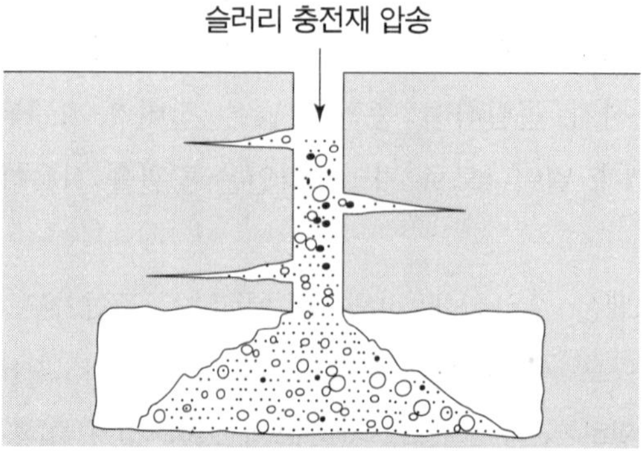

그림 3-55 그라우트 충전법 모식도

4) 복개(완전 굴착) 및 재충전

상반을 발파하거나 장비를 이용하여 완전히 함몰시키거나 완전 굴착 후 공동 하부까지 충전을 다시 실시하는 공법이다(그림 3-56). 공동 심도가 얕은 경우 굴착으로 공동을 노출시켜 충전하는 공법으로, 대규모 작업을 할 수 있는 중장비 접근이 가능한 지역에 적용할 수 있다. 그러나 상부에 구조물이 있거나 공동 심도가 깊거나 지하수위 하부인 경우 적용이 불가능하다.

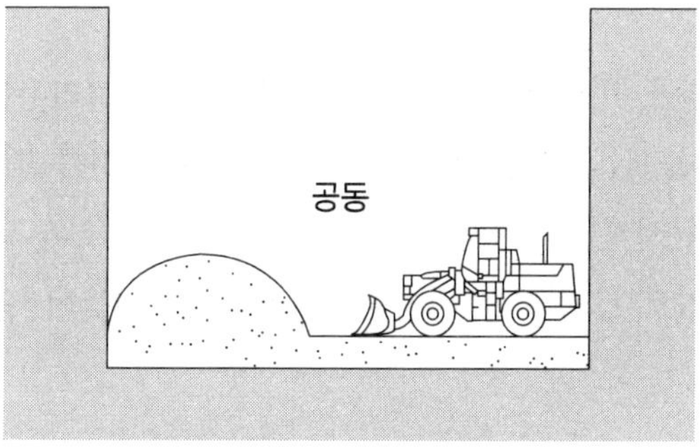

그림 3-56 복개 및 재충전 모식도

5) 동적압밀법

공동 상부 지반에 타격을 가하여 지반을 강제로 함몰시키고 함몰부는 성토하는 공법이다(그림 3-57). 공동의 심도가 얕고 공동 상부 지반이 약한 경우 효과적이고 경제적이나, 지상 및 주변에 진동에 영향을 받는 구조물이 없어야 하며 함몰된 부분에 추가 보강이 필요하다.

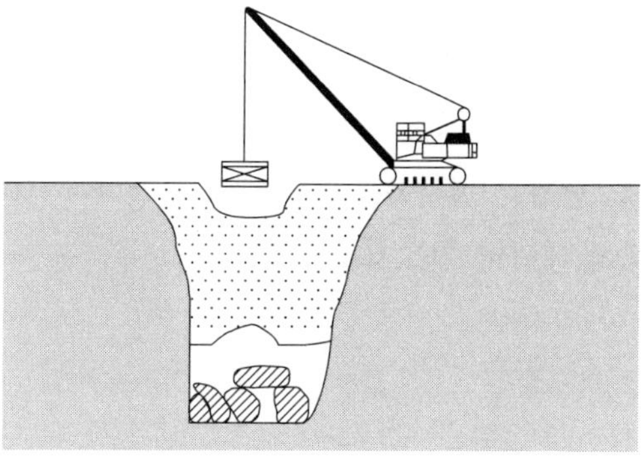

그림 3-57 동적압밀법 모식도

(2) 국부보강법

국부보강법은 채굴공동을 충전하는 것보다 공동 내 지보재를 사용하여 보강하는 방법이 경제적일 경우 적용하는 공법이다. 국내에서는 폐광산의 수갱 입구부나 소규모 채굴공동 상부의 지표부에 슬라브 구조물을 설치하는 공법을 적용한 사례도 있다(한국광해광업공단, 2022).

1) 상부보강법

채굴공동 상부지반을 하나의 강성체처럼 거동하도록 그라우팅하거나 공 내에 마이크로파일(micropile)을 삽입하여 침하 및 과도한 부등침하를 감소시키고, 붕괴의 전파에 의한 함몰을 차단시키는 공법이다. 시공이 간편하고 부분적인 지반보강시 경제성이 좋다는 장점이 있으나, 침하를 완전히 억제하기는 힘들며 공사비가 비싸다는 단점이 있다.

① 그라우팅공법

채굴적 상부 지반의 불투수화 및 강도증진을 목적으로 시멘트계나 고분자계 물유리 약액 주입재를 주입하여 채굴적 상부 지반의 공극 및 균열 등을 충전하는 공법이다. 지반보강에 적용할 수 있는 그라우팅공법은 시멘트몰탈(cement mortar), CGS (Compaction Grouting System), JSP (Jumbo Special Pile) 등으로, 보강대상 지반의 특성에 따라 적정 공법을 선정한다(표 3-14).

일반적으로 사용하는 물유리계 약액은 차수효과가 크고 환경오염 우려가 적고 경제적이나, 지반의 강도와 내구성이 저하되는 단점이 있다. 시멘트계 약액은 내구성이 좋으므로 물유리에 시멘트를 혼합 사용하여 차수효과 및 강도와 내구성 증대효과를 도모할 수 있다. 공법에 따라 주입방법, 주입재의 배합비 및 주입압 등이 설계 시방서에 명시되지만, 시공 전에 시험시공을 실시하여 조정해야 하며 그라우트 재료의 품질관리를 위해 주입재에 대하여 강도시험을 실시한다.

표 3-14 그라우팅공법 종류(석탄산업합리화사업단, 2002)

구분	시멘트몰탈	CGS	JSP
공법 개요	• 채굴적에는 시멘트몰탈을, 채굴적 상부의 공극은 시멘트 밀크를 주입하여 지반을 충전 보강	• 저유동성 몰탈을 주입하여 고결체 기둥 형성	• 초고압 Jet류를 이용하여 시멘트 페이스트를 고압 분사시켜 원주형의 시멘트 고결체를 형성
주재료	• 시멘트, 모래, 규산소다	• 시멘트, 골재, 점토	• 시멘트
장점	• 큰 공극과 작은 공극을 모두 충전시키므로 충전효과 우수 • 주입관으로 강관을 사용하므로 충전뿐만 아니라 지반 봉합 및 보강효과 발휘	• 저유동성 재료이므로 계획된 위치에 고결체 형성 가능 • 주입재가 주변 지반을 압축 강화	• 절삭 범위를 확실하게 보강 가능 • 비교적 다양한 지반에 적용 가능
단점	• 주입 및 시공 관리에 다소 유의	• 저유동성 재료이므로 채굴적이 일부 붕락된 구간에서는 고결체 기둥 형성 곤란	• 고압 주입으로 인한 채굴적 붕괴 가능성 • 주변 지반의 융기현상이 발생할 가능성
모식도	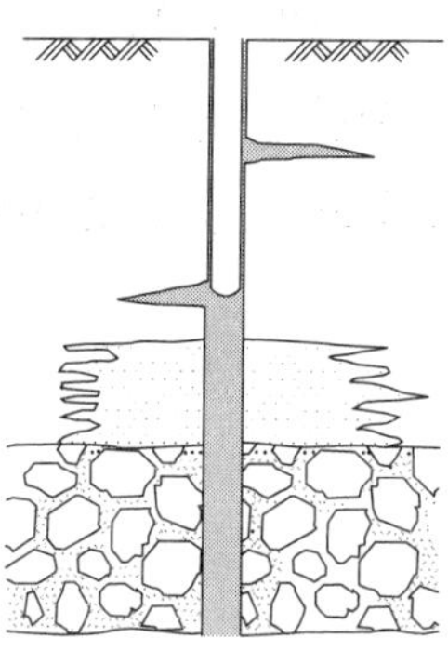	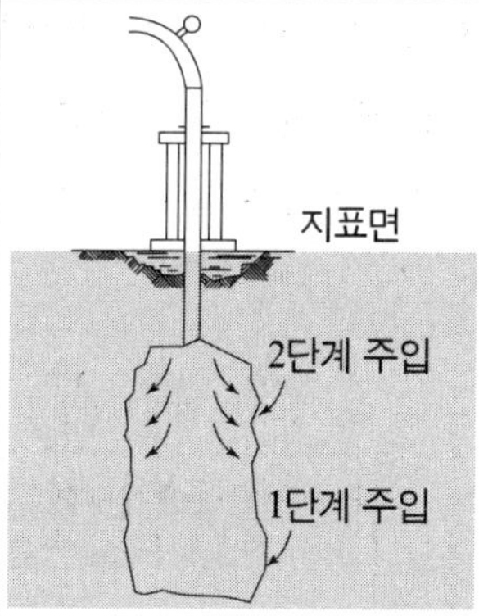	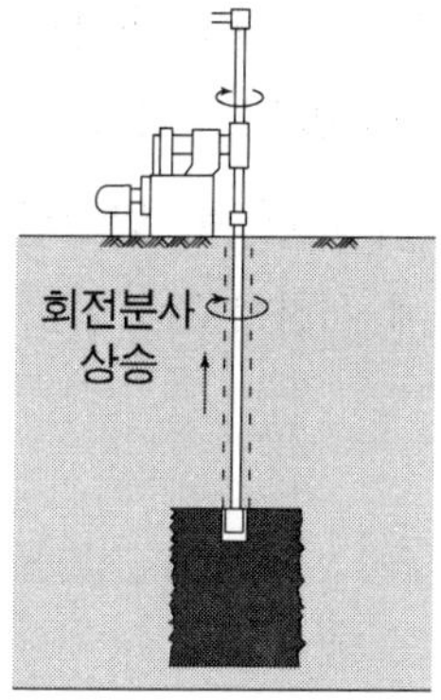

② 마이크로파일(micropile)공법

천공 후 공 내에 철근 또는 강관을 삽입하고 시멘트를 주입하는 공법으로 뿌리효과에 의한 지반보강과 기존 구조물의 보강효과를 얻기 위해 사용한다. 시공순서는 천공, 파일체 제작과 설치, 중력 주입, 패커(packer)를 이용한 단계별 압력 주입, 두부 정리 등의 단계로 실시한다(그림 3-58).

시공순서가 단순하고 경사시공이 가능하며 시공경험이 많은 장점이 있으나, 보강효과를 위해 1 m 간격 정도로 배열해야 지반보강 효과를 발휘하므로 공사비가 비싸다는 단점이 있다.

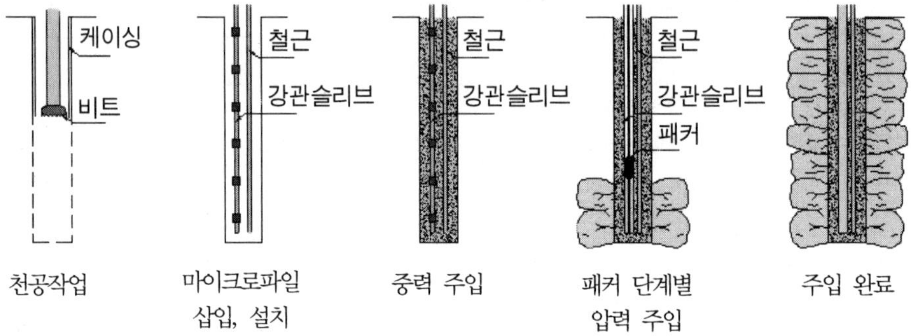

그림 3-58 마이크로파일공법 시공순서도

2) 발파법

지표 천부에 채굴적이 존재할 경우 상부 지반을 발파 함몰시켜 파쇄석의 자중에 의해 공동을 충전하는 공법이다(그림 3-59). 현장 특성에 맞는 기폭방식 및 발파시스템을 적용하고 발파로 인한 소음·진동과 먼지날림 발생 등에 대비하여야 한다.

발파법은 효과를 고려하여 제발발파를 권장하나 현장여건에 따라 제어발파를 실시할 수 있으며, 발파진동 평가 시 진동속도, 주파수, 건축물 특성을 종합하여 제어기준에 적합하도록 관리한다.

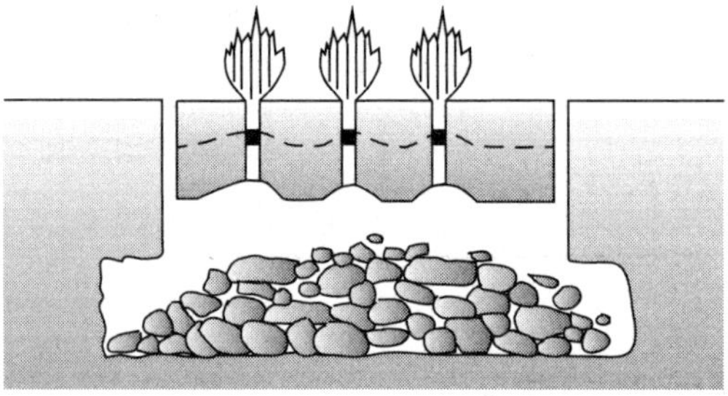

그림 3-59 발파법 모식도

3) 그라우트 기둥(grout column)

시추공을 통해 골재를 투입한 후 그라우트재를 주입하여 공동 내에 기둥을 형성시키는 공법으로, 그라우트 기둥이나 골재 피어를 사용하는 보조적인 지보 시스템이다(그림 3-60). 일반적으로는 채굴적의 깊이가 9∼50 m 사이에 위치할 경우 경제성이 있다.

광주 이상의 강도를 갖도록 대부분 시멘트 등과 혼합되어 채굴적 내에 투입된 그라우트 혼합재는 기 투입된 자갈과 상반의 파쇄암을 하나의 구조물로 만들어 그라우트 기둥을 형성한다. 시공이 간편하다는 장점이 있으나, 주입재의 주입상황 파악이 곤란하고 상반과의 접촉이 불량한 단점이 있다.

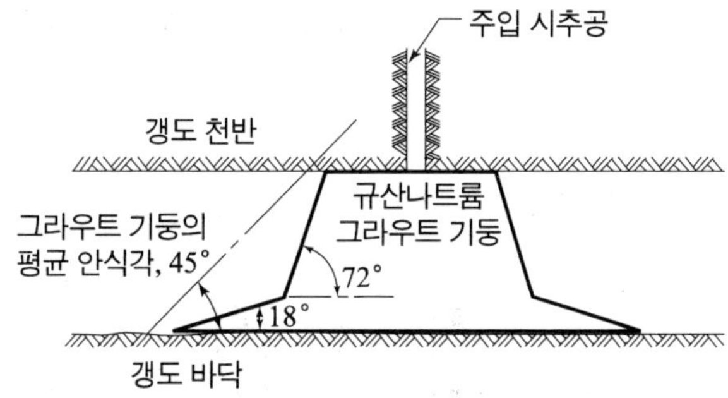

그림 3-60 규산나트륨(sodium silicate)을 사용한 그라우트 기둥 모식도

4) 그라우트 케이스

공동 하부로부터 공동 상반의 일정 부분까지 강관을 설치하고 콘크리트를 타설하여 기둥을 형성시키는 공법으로, 공동의 크기가 큰 경우 임시적인 방편으로 활용된다(그림 3-61). 채굴적 높이가 높을 경우 상반을 지지하는 그라우트 기둥은 많은 재료가 소요되어 비경제적이므로, 이러한 경우 그라우트 케이스가 대안으로 고려할 수 있다.

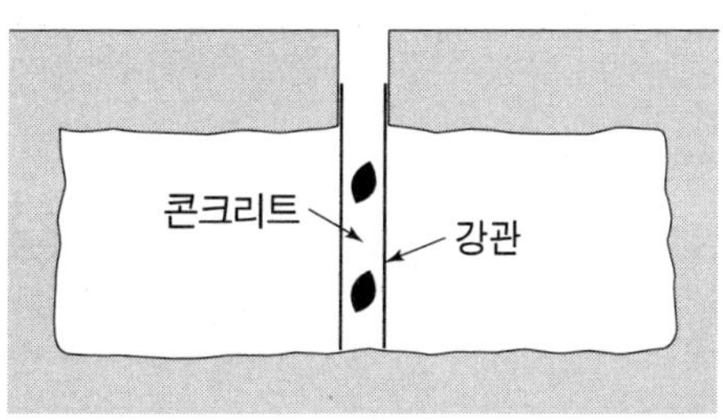

그림 3-61 그라우트 케이스 모식도

5) 광산 내 피어(pier)

광산 내에 존재하는 공동 내에 기둥을 설치하여 공동 상부암반을 지지시키는 공법

으로, 채굴적 내로 대구경 시추를 하거나 갱구를 통해 접근한다(그림 3-62). 이 공법은 보강을 실시하고자 하는 채굴적 주위에 비교적 강한 암반이 존재하고 채굴적이 지하수면 상부에 있을 경우에 적용이 가능하다. 또한 광산이 침수된 지역에서도 공동 내부의 배수가 가능한 지역에서는 이 공법을 적용할 수 있다.

공동의 상태를 확인하면서 작업이 가능하다는 장점이 있으나, 일시적인 함몰 방지를 위한 공동 내 작업이므로 작업이 제한적이고 위험하며 상부암반의 자립이 가능해야 하는 단점이 있다.

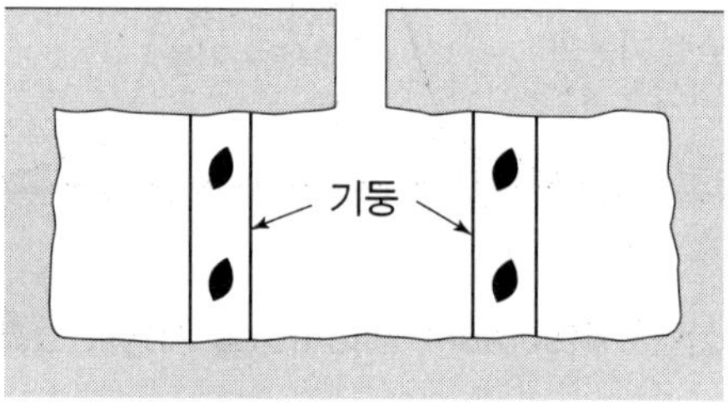

그림 3-62 광산 내 피어 모식도

6) 깊은 기초(deep foundation)

파일을 공동 하반의 안정층까지 설치하여 상부구조물을 직접 지지하는 공법으로, 공동의 깊이가 약 30 m 내의 얕은 심도인 경우 경제적이다(그림 3-63). 구조물 지지 효과는 확실하나, 공동 심도가 깊을 경우나 또 다른 공동이 보강대상 채굴적 하부에 존재할 경우에는 적용이 곤란하다. 깊은 기초는 대구경 공(3～10 cm)을 공동 하반까

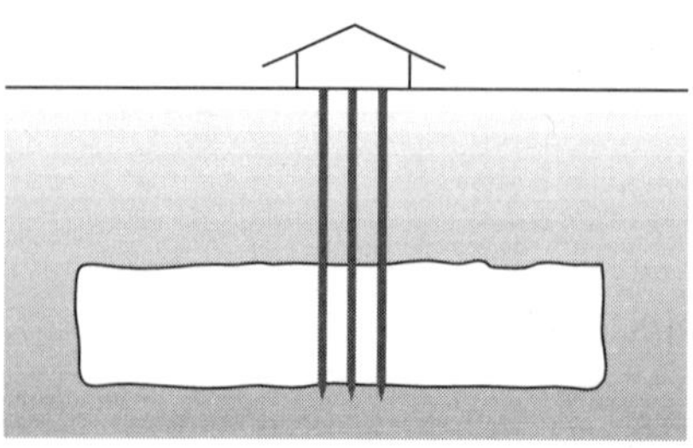

(a) 깊은 기초 모식도

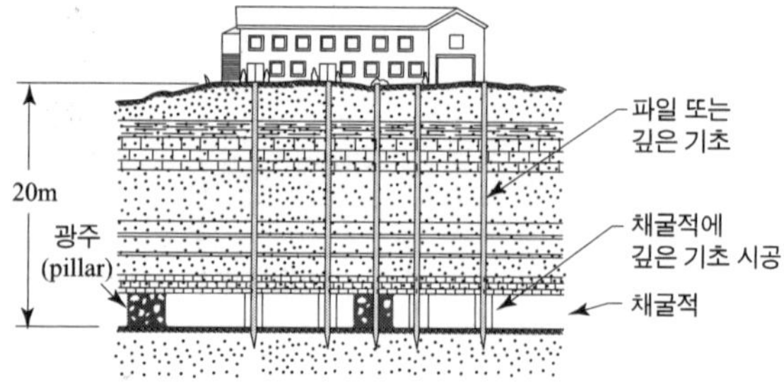

(b) 깊은 기초에 의한 상부구조물의 보강

그림 3-63 깊은 기초

지 시추하여 피어 기초를 시공하거나 파일을 타입하여 시공한다.

3.4.2 지반침하방지공법 선정

지반침하방지공법은 현장여건과 지반 및 채굴적 상태를 종합분석하여 가장 적합한 한 가지 또는 여러 가지 공법을 선정하는 것이 바람직하다. 체계적이고 합리적인 공법을 선정하기 위하여 Gray & Robert (1983년)이 제시한 적합성 및 적용성 도표를 검토한 후 시공성, 경제성, 환경성 등을 고려하여 세부 공법을 선정한다.

일반적으로 광산지역에서 적합성 및 적용성 도표에 의한 지반침하방지공법 선정 추진체계는 그림 3-64와 같다.

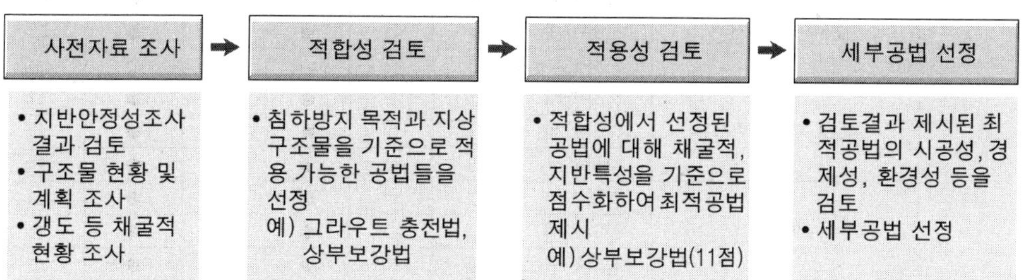

그림 3-64 적합성 및 적용성 도표에 의한 지반침하방지공법 선정 추진체계

(1) 적합성 도표

적합성 도표는 공법 적용 목적과 침하지역의 상태에 따라 적합한 공법을 선정하기 위해 실시한다. 공법 적용 목적은 침하방지, 침하억제(현상태 유지), 침하복구(원상태로 복구)이며, 침하지역의 상태는 표 3-15와 같이 지상구조물 현황 및 향후 계획, 채굴된 탄층 조건(단층, 다층) 항목의 해당 여부를 평가한다.

평가 항목별로 침하방지, 침하억제, 침하복구 목적에 따라 거의 모든 조건에 적합(●), 특별한 경우에 적합(◎), 거의 모든 조건에 부적합(○)으로 구분하여 평가한다.

표 3-15 적합성 도표(석탄산업합리화사업단, 1997)

지반침하방지공법			목적	지상구조물 존재		향후 구조물 존재 가능		향후 구조물 존재 가능성 없음	
				단층	다층	단층	다층	단층	다층
충전법	수압식 충전법	조절	침하방지	●	●	●	●	●	●
			침하억제	○	○	○	○	○	○
			침하복구	○	○	○	○	○	○
		비조절	침하방지	●	◎	●	◎	●	◎
			침하억제	●	◎	●	◎	●	◎
			침하복구	○	○	○	○	○	○
		고압식	침하방지	●	●	●	◎	●	◎
			침하억제	●	●	●	◎	●	◎
			침하복구	○	○	○	○	○	○
	공압식 충전법	조절	침하방지	●	●	●	●	●	●
			침하억제	○	○	○	○	○	○
			침하복구	○	○	○	○	○	○
		비조절	침하방지	●	◎	●	◎	●	◎
			침하억제	●	◎	●	◎	●	◎
			침하복구	○	○	○	○	○	○
	그라우트 충전법		침하방지	●	◎	●	◎	●	◎
			침하억제	●	◎	●	◎	●	◎
			침하복구	○	○	○	○	○	○
	복개 및 재충전		침하방지	○	○	●	◎	●	◎
			침하억제	○	○	●	◎	●	◎
			침하복구	○	○	●	◎	●	◎
	동적압밀법		침하방지	○	○	●	○	●	○
			침하억제	○	○	●	○	●	○
			침하복구	○	○	●	○	●	○
국부 보강법	상부보강법		침하방지	◎	◎	◎	◎	●	●
			침하억제	◎	◎	◎	◎	◎	◎
			침하복구	○	○	○	○	○	○
	발파법		침하방지	○	○	◎	○	●	○
			침하억제	○	○	○	○	○	○
			침하복구	○	○	○	○	○	○
	그라우트 기둥		침하방지	◎	◎	●	◎	●	◎
			침하억제	○	○	◎	○	◎	○
			침하복구	○	○	○	○	○	○
	그라우트 케이스		침하방지	◎	◎	●	○	●	○
			침하억제	○	○	◎	○	◎	○
			침하복구	○	○	○	○	○	○
	광산 내 피어		침하방지	●	●	●	●	●	●
			침하억제	○	○	○	○	○	○
			침하복구	○	○	○	○	○	○
	깊은 기초		침하방지	◎	○	●	○	○	○
			침하억제	○	○	○	○	○	○
			침하복구	○	○	○	○	○	○

● : 거의 모든 조건에 적합, ◎ : 특별한 경우에 적합, ○ : 거의 모든 조건에 부적합

(2) 적용성 도표

적용성 도표는 보강지역의 현장조건에 적용 가능한 공법을 선정하기 위해 표 3-16과 같이 채굴적 현황, 지층 지반상태, 지하수 상태, 대상지역의 접근성 등 항목의 해당 여부를 점수화하여 평가한다. 평가 항목별로 문제점 없이 시행 가능(●, 1점), 시행 가능하나 약간의 문제점 있음(◎, 0점), 사용 배제(×)로 구분하여 평가하며, ×가 1개라도 있는 경우에는 원칙적으로 적용이 불가하다.

또한 부가적 고려요소로 천공, 접근도로 등의 물리적 방해인자, 먼지·소음과 산성 광산배수 등의 환경적 문제, 공사기간 및 비용과 같은 경제적 문제 등을 검토한다.

표 3-16 적용성 도표(석탄산업합리화사업단, 1997)

검토 사항			충전법								국부보강법					
			수압식 충전법			공압식 충전법		그라우트 충전법	복개 및 재충전	동적 압밀법	상부 보강법	발파법	그라우트 기둥	그라우트 케이스	광산내 피어	깊은 기초
			조절	비조절	고압식	조절	비조절									
광산	공동에의 접근성	접근 용이	●	●	●	●	●	●	●	●	●	●	●	●	●	●
		다소 제한적	×	●	●	×	●	●	●	●	●	●	●	●	×	●
		접근 어려움	×	●	●	×	●	●	●	●	●	●	●	●	×	●
	탄층 수	한 개	●	●	●	●	●	●	●	●	●	●	●	●	●	●
		> 한 개	●	×	●	●	×	×	×	×	●	×	×	×	●	×
	공동깊이	< 15.2 m	●	●	●	●	●	●	●	●	●	●	●	●	●	●
		15.2~30.5 m	●	●	●	●	●	●	◎	×	●	●	●	●	●	◎
		> 30.5 m	●	◎	●	●	×	×	×	×	●	×	◎	◎	●	×
	공동높이	< 0.9 m	◎	●	●	×	×	×	●	●	●	●	●	●	◎	●
		0.9~1.8 m	●	●	●	●	●	●	●	●	●	●	●	●	●	●
		> 1.8 m	●	●	●	●	●	●	●	●	●	●	●	●	●	●
	붕괴지역	< 25%	●	●	●	●	●	●	●	●	●	●	●	●	●	●
		25~75%	●	●	●	●	●	●	●	●	●	●	●	●	●	●
		> 75%	●	●	◎	●	●	●	●	●	●	●	●	●	●	●
	경사	< 10%	●	●	●	●	●	●	●	●	●	●	●	●	●	●
		10~50%	×	×	×	×	×	●	●	●	●	●	●	●	●	●
		> 50%	×	×	×	×	×	×	●	●	●	●	◎	×	×	●
	화재	가능	×	●	●	×	●	●	●	×	●	×	×	×	×	×
		불가능	●	●	●	●	●	●	●	●	●	●	●	●	●	●

지층상태	지층구조	견고함	●	●	●	●	●	●	◎	◎	●	●	●	●	●	●
		혼합	●	●	●	●	●	●	●	●	●	●	●	●	●	●
		얇은 층상	●	●	●	●	●	●	●	●	●	●	●	●	●	●
	암반의 습윤저항	크다	●	●	●	●	●	●	●	●	●	●	●	●	●	●
		보통	×	×	×	●	●	●	●	●	●	●	●	●	●	●
		작다	×	×	×	●	●	○	●	●	●	●	●	●	●	●
	상하반의 견고성	상하반 모두	●	●	●	●	●	●	●	●	●	●	●	●	●	●
		하반만	●	●	●	●	●	●	●	●	●	●	●	●	×	●
		상반만	●	●	●	●	●	●	●	●	●	●	●	×	×	×
		견고하지 않음	●	●	●	●	●	●	●	●	●	●	●	×	×	×
	공동 내로 붕괴된 암석높이	제한됨	●	●	●	●	●	●	●	●	●	●	●	●	●	●
		비교적 큼	×	×	×	×	×	◎	●	●	×	◎	×	×	×	●
지하수상태	침수 여부	침수되었으나 배수 가능	×	●	●	×	◎	●	×	×	×	×	×	×	×	×
		침수되었고 배수 불가능	◎	●	●	◎	◎	●	×	×	×	×	×	×	×	×
		침수되지 않고 공사 중 침수 가능	◎	●	●	◎	◎	●	×	×	×	×	×	×	×	×
		침수되지 않고 공사 중 침수 불가능	●	●	●	●	●	●	●	●	●	●	●	●	●	●
대상지역	접근성	거의 무제한	●	●	●	●	●	●	●	●	●	●	●	●	●	●
		다소 제한적	◎	◎	●	●	×	×	×	×	×	×	×	×	●	×
		매우 제한적	●	×	●	●	×	×	×	×	×	×	×	×	●	×

● : 특별한 문제점 없이 시행 가능(1점)
◎ : 시행 가능하나 약간의 문제점 있음(0점)
× : 이 방법의 사용 배제

부가적 고려사항 key : ■ 관련 적음, ◆ 중간, □ 관련 깊음

대상지역의 중요한 물리적 방해인자 (천공, 접근도로 등)	■	◆	◆	■	◆	◆	□	□	◆	□	◆	◆	■	◆
대상지역의 성가신 방해인자 (소음, 이물질, 먼지)	◆	◆	◆	◆	◆	◆	□	□	◆	□	◆	◆	■	◆
대상지역의 시공 역효과 (배수, 산성광산배수 등)	◆	◆	◆	◆	◆	◆	◆	◆	■	◆	◆	■	■	■
시간 및 경비평가의 경제적 문제	□	□	□	□	□	□	□	◆	■	◆	◆	◆	■	■

3.4.3 지반보강공사 시공

지반안정성조사 및 지반안정성평가 결과 보강이 필요하다고 판단되면 설계를 실시하여 보강범위와 보강공법, 배합비, 공사비 등에 대한 세부 시공도면과 시방서를 작성한다. 본 공사 전에 시험시공을 실시하여 본 공사에 필요한 자료를 확보하고, 보강공사 구간에 대한 보강효과 검증과 시공관리 등을 위하여 확인시추와 계측조사를 실시한다.

(1) 시험시공

본 공사 전에 설계서에서 제시한 지반조건의 일치 여부, 주입재 배합비의 현장 적용성 및 시공성 확인을 위하여 선진천공과 시험주입을 하는 시험시공을 실시한다. 선진천공으로 설계상의 시추 위치 및 심도, 채굴공동 및 공동 상부 지반상태 등을, 시험주입으로 설계상의 주입량, 주입압, 주입속도, 주입재의 확산범위, 배합비 등을 점검한다. 시험시공 결과가 설계와 다를 경우 시험시공 결과를 반영하여 시방서 내용 등을 조정한다.

시멘트를 이용한 그라우트 충전법의 시험시공 개념도는 그림 3-65와 같다. 공사구간 중 대표적인 채굴적 상부 위치에 삼각형 형태로 3개 공을 천공하고 시멘트몰탈을 주입한 후, 주입구간의 중앙부에 확인시추를 실시하여 주입재 혼입 여부 등으로 보강효과를 확인한다.

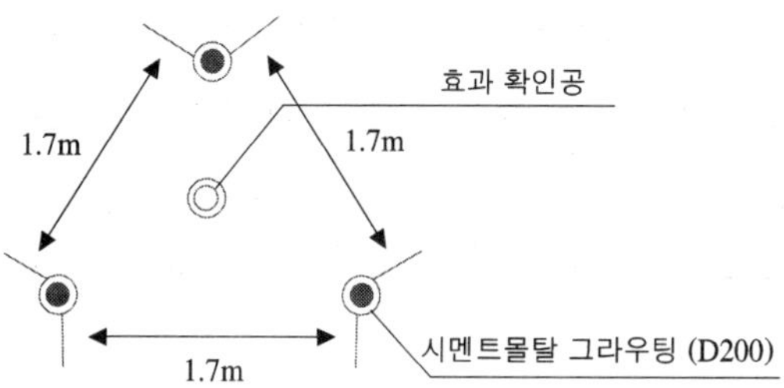

(a) 평면도

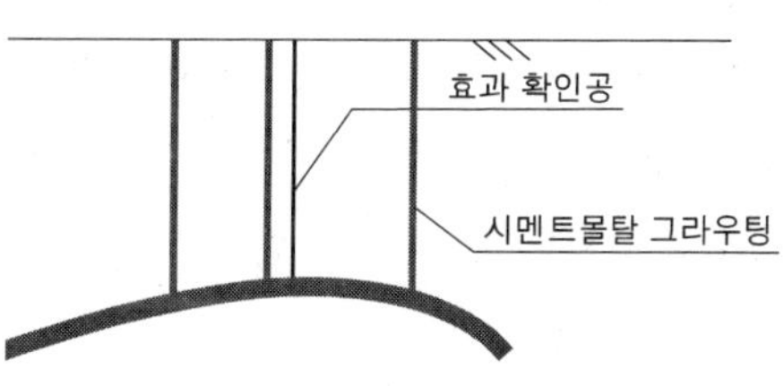

(b) 단면도

그림 3-65 시험시공 개념도

(2) 국내외 폐광산 지반보강공사

1) 국내 폐탄광 지반보강공사

① 보강공법

1995년 강원도 태백시 철암지역에서 철도 하부에 대한 보강공사를 실시한 이후 삼척, 정선, 문경 등 탄전지역에서 채굴적 상부의 주요구조물(철도, 도로, 주거지 등)에 대한 보강공사를 실시하였다(표 3-17). 보강공법으로 주로 시멘트를 이용한 그라우트 충전법을 적용하여 채굴공동 구간은 유동성이 없는 시멘트몰탈을 충전하고, 채굴공동의 상부 지반 이완대는 시멘트밀크를 주입하고 있다.

보조적 공법으로 채굴적 상부 구조물과 지하 암반을 일체화하기 위해 공 내에 마이크로파일을 삽입하거나 강관슬리브(sleeve)에 이형철근을 부착하기도 한다. 또한 산악지 등 험지에 위치한 등산로 인근 채굴적 상부 함몰지의 응급조치를 위한 보강공사로 함몰지에 경량의 폴리우레탄 폼(polyurethane foam)을 뿜어 붙이는 공법을 적용한 사례도 있다.

② 지반보강공사

폐탄광지역에서 일반적으로 적용되는 시멘트를 이용한 그라우트 충전법의 시공순서도 및 주요 공정 사진은 그림 3-66과 같다. 그라우트재 주입을 위한 천공작업은 주로 공기압을 이용한 타격형태의 공압식천공기를 사용하나, 주거지 일대는 천공작업으로 인한 소음·진동 피해를 예방하기 위해 지반조사시 사용하는 회전수세식 시추기를 사용하고 있다.

천공(공압식 ϕ200 mm) 후 주입을 위해 철근 4개를 부착한 강관슬리브(ϕ80 mm)에 0.5 m 간격으로 직경 20 mm의 구멍을 양방향으로 뚫고 구멍을 테이프로 capping한 강관슬리브를 삽입한다. 그라우트재 압력 주입 중 주입재의 누출방지와 시추공벽의 무너짐을 방지하기 위해 시추공과 주입공 사이에 벤토나이트 등을 사용한 seal재를 주입한다.

표 3-17 국내 폐탄광 지반보강공사 시공 사례

구분	침하유형 (채굴심도)	보강 대상	적용 공법	시공 단면
강원 태백 철암지역	트러프형 함몰형 (20～70 m)	철도, 도로 및 교량	• 상부보강 → micropile 공법(보강재 : D19, 5EA) • 그라우트 충전 → 시멘트몰탈, 조골재+시멘트 밀크 충전(보강재 : 강관 D50)	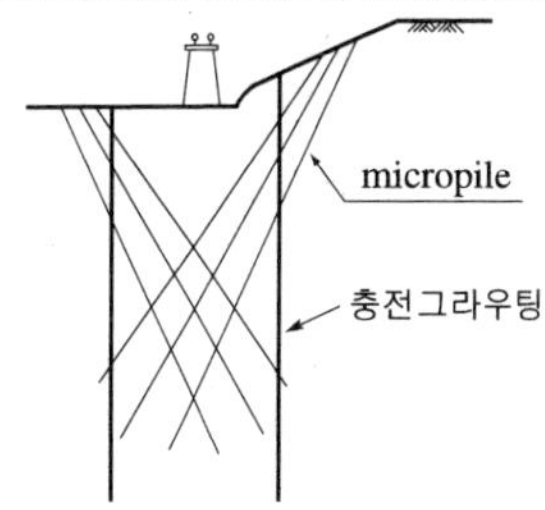
강원 태백 화전지역	트러프형 함몰형 (20～98 m)	철도, 도로 및 터널	• 상부보강 → TAM 공법 • 그라우트 충전 → 저유동성 몰탈 그라우팅 공법	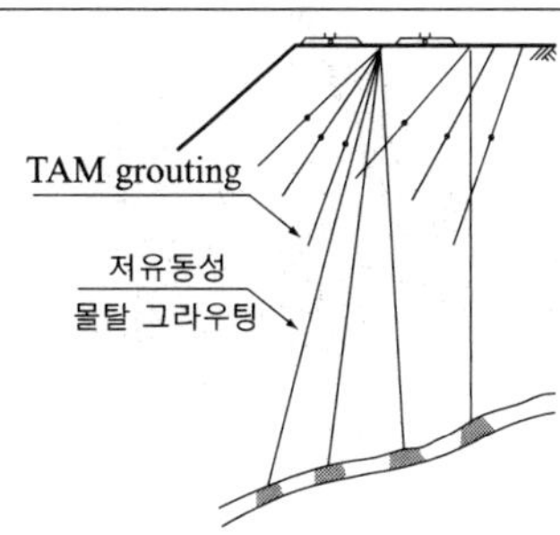
강원 삼척 심포리지역	트러프형 함몰형 (5～40 m)	철도, 도로 및 주택	• 상부보강 및 그라우트 충전 → 시멘트몰탈 그라우팅 공법(보강재 : 강관 D80, 철근 D19 4EA)	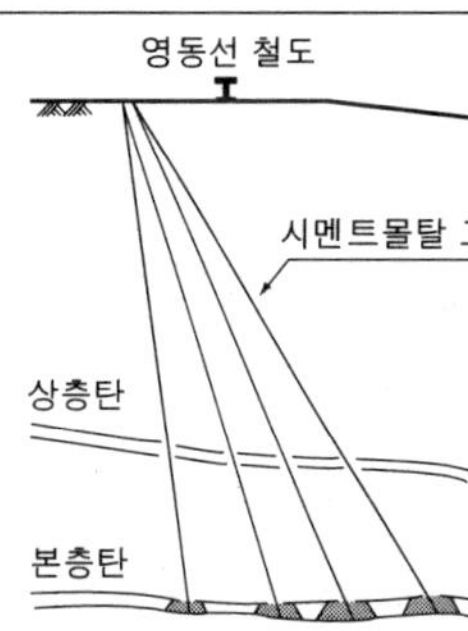
경북 문경 가은지역	함몰형 (5～30 m)	철도 및 시가지	• 철도지역 : 상부보강 및 그라우트 충전 → 시멘트밀크 그라우팅 공법(보강재 : 강관 D50) • 시가지역 : 그라우트 충전 → 시멘트밀크 그라우팅 공법(보강재 : 없음)	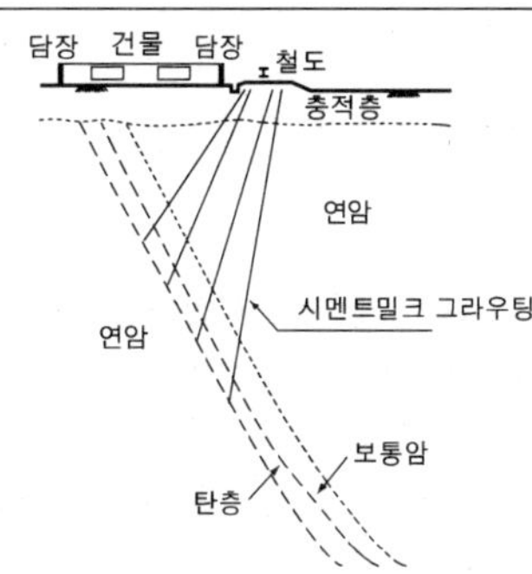

1) TAM (Tube A Menchette) 공법 : 천공 후 공내에 주입 슬리브(Menchette tube)를 삽입 설치하고 패커를 이용하여 시멘트, 벤토나이트 등의 주입재를 분사 고결시키는 공법
2) 몰탈 그라우팅 공법 : 저유동성의 주입재료를 지반내에 압입하여 균일한 고결체를 형성하고 주변 지반을 압축 강화시키는 공법

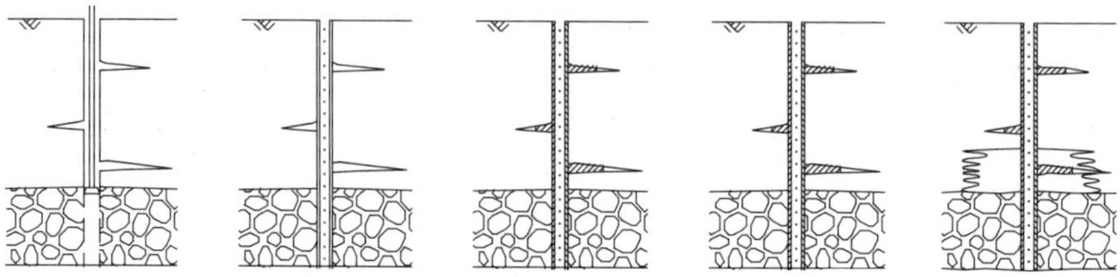

(a) 시멘트를 이용한 그라우트 충전법 시공순서도

(b) 주요 공정 및 주입공 단면도

그림 3-66 폐탄광 지반보강공사

주입재료인 시멘트몰탈과 시멘트밀크의 배합비 적용 사례는 표 3-18과 같으며, 시험시공을 통해 설계시방서를 기준으로 다양한 배합비 및 주입압 등을 적용하여 가장 적절한 조건을 선정한다. 시멘트몰탈은 재료를 혼합하여 1액 1계통 주입시스템으로 주입관을 통해 채굴공동에 주입하고, 시멘트몰탈 주입 후 채굴적 상부 지반 이완대에 시멘트밀크를 상향식 스트레이너 주입방식으로 패커를 상향하면서 주입재가 지표에 overflow시까지 주입한다.

표 3-18 폐탄광 지반보강공사 1 m^3 당 배합비 적용 사례

구분	배합비	비고
seal재	• 시멘트 150 kg, 벤토나이트 150 kg, 물 875 L	
시멘트몰탈	• 시멘트 780 kg, 모래 900 kg, 혼화제 9.8kg, 물 400 L	시험실강도(7일강도) = 150 kg/cm^2 이상
시멘트밀크	• A액 : 물유리3호 200 L, 물 300 L • B액 : 시멘트 360 kg, 물 386 L	시험실강도(7일강도) = 40 kg/cm^2 이상

주입압과 주입속도는 유사지역 시공사례와 댐 그라우팅 설계 및 시공 실무지침서를 참고하여 적용한다. 일반적으로 토사층은 중력 주입하고 지중 심도에 따라 압력 주입하며, 주입압이 15 kgf/cm^2 이상일 경우 주입을 중지한다. 주입속도는 주입압이 15 kgf/cm^2 이하일 경우 28 L/10분 이하로 설정하며, 주입펌프 토출구의 막힘현상을 방지하기 위해 주입 후 수시로 펌프청소를 실시한다.

주입플랜트는 배합재료의 저장설비, 물과 그라우트재를 혼합하는 혼합기(mixer), 그라우트재의 침전을 방지하는 교반기(agitator), 주입공으로 압송하기 위한 주입펌프 등으로 구성된다(그림 3-67). 주입펌프는 재료의 주입량 및 주입압을 자동 측정할 수 있는 자동유량계가 부착된 것을 사용한다.

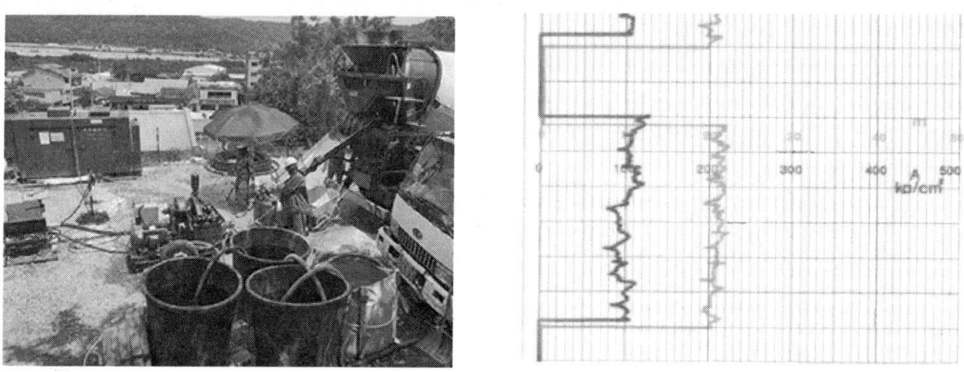

(a) 주입플랜트 (b) 유량계 주입 기록지(압력, 주입속도 등 기록)

그림 3-67 폐광산 지반보강공사 주입플랜트 및 유량계

작업이 지중에서 실시되므로 감독자는 주요 공종별로 입회하여 검측하고, 일정 주입시마다 강도시험을 위한 공시체를 제작하여 시방서상의 강도기준을 충족하는지를 점검한다. 천공작업 시에는 천공 위치, 직경, 각도, 심도, 강관슬리브 규격, 암질상태, 채굴공동 등을 검측한다. 주입작업 시에는 재료 배합비, 주입관 규격, 주입압, 주입속도, 주입관 인발, 유량계 등을 검측하고 주입펌프 등 주입플랜트에 대한 관리상태를 확인한다.

2) 국내 폐금속광산 지반보강공사

석탄광산에 비해 지반상태가 양호한 국내 폐금속광산은 주로 모래와 물을 혼합한 수압식 충전법으로 채굴적을 충전하고, 필요에 따라 폐탄광 보강공법과 같이 잔여 채굴공동과 상부 이완대에 대해 시멘트몰탈과 시멘트밀크를 주입하여 보강하고 있다.

국내 폐금속광산에 대해 지반보강공사를 시공한 사례는 표 3-19와 같다.

표 3-19 국내 폐금속광산 지반보강공사 시공 사례

구분	침하유형 (채굴심도)	보강 대상	적용 공법	시공 단면
충남 청양 청양지역	함몰형 (5～30 m)	돈사 및 도로	• 돈사지역 : 수압식 충전(모래) 및 시멘트밀크 그라우팅 • 도로지역 : 시멘트몰탈 및 시멘트밀크 그라우팅	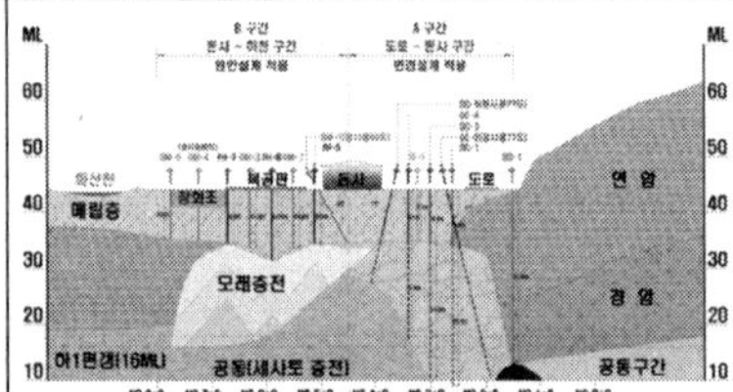
경남 양산 양산지역	함몰형 (10～50 m)	도로	• 수압식 충전(모래) 및 시멘트밀크 그라우팅	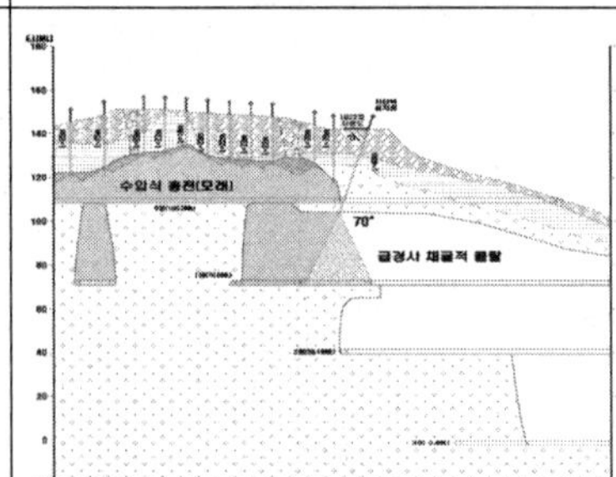
충북 충주 이류지역	함몰형 (20～50 m)	주거지	• 수압식 충전(모래) 및 시멘트몰탈·밀크 그라우팅 (보강재 : 강관, 철근)	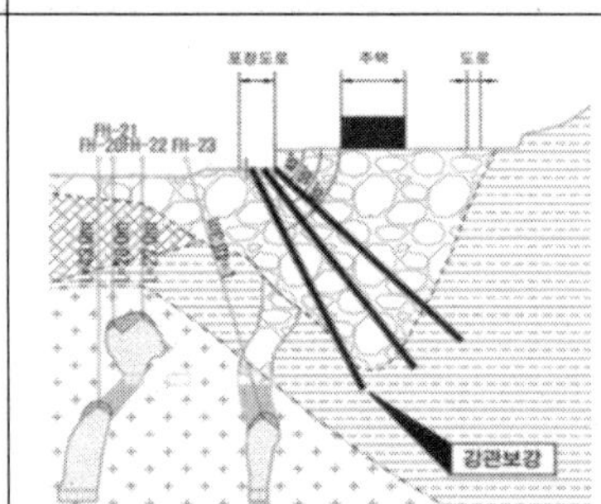
충북 음성 금왕지역	함몰형 (12～40 m)	주택 및 도로	• 수압식 충전(모래) 및 시멘트밀크 그라우팅	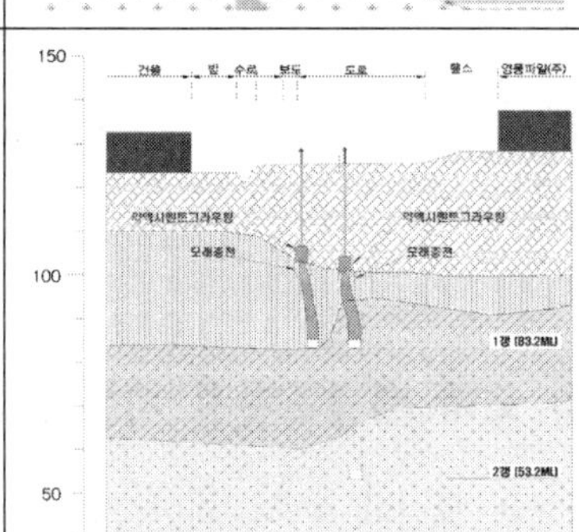

충전재는 재료 구입이 용이하고 비교적 저가이며 환경에도 영향이 없는 모래를 주로 사용하나, 현장여건에 따라 자갈, 쇄석, 인공골재 등을 사용할 수 있다. 보강작업

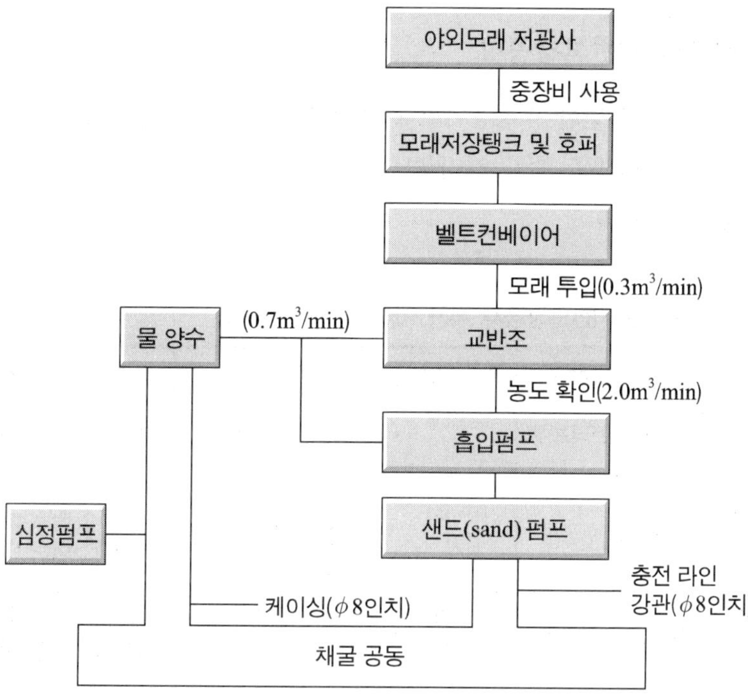

(a) 수입식충전 계통도

(b) 수압식충전 플랜트

그림 3-68 폐금속광산 수압식충전

은 일반적으로 천공(ϕ200 mm) 후 중장비와 벨트컨베이어를 이용하여 호퍼에 모래를 투입하고 적정 농도로 물과 혼합하여 압송펌프로 채굴공동을 충전한다(그림 3-68).

3) 국외 폐광산 지반보강공사

외국 석탄광산은 완만한 수평층이고 탄폭이 두꺼워 장벽식채탄법을 적용하므로, 폐광산의 지반보강공법으로 주로 그라우트 충전법, 수압식 충전법, 그라우트 기둥법을 적용하고 있다(표 3-20).

표 3-20 해외 폐광산 지반보강공사 시공 사례

구분	대상	침하유형	보강대상	적용 공법	비고
Superior (미국)	석탄광	트러프형	초등학교 부지	• 그라우트 충전법	• 사암층 공동 상부 그라우팅
Sheffield (미국)	석탄광	함몰형	건물하부 보강	• 그라우트 충전법 → 자갈 투하, 시멘트 밀크 주입	• 공동 상부는 시멘트 밀크주입(fly ash + 시멘트)
Glenrock (미국)	석탄광	함몰형	도심지 보강	• 수압식 충전법(모래)	• 충전은 도로지역과 상업지역으로 구분하여 실시
Rock Spring (미국)	석탄광	함몰형	도시 지반	• 수압식 충전법 → 넓은 지역 보강 • 그라우트 기둥법 → 도심지 보강	• 채굴적 심도가 36 m 이내로 침하 관련 건물 손괴 발생지역에 대해 그라우팅 실시
Pittsburgh (미국)	석탄광	트러프형 함몰형	지반 보강	• 그라우트 기둥법 → 자갈충전 그라우트	• 대형 구조물 하부에 완충대 설치하여 침하 영향 최소화
Monarch (미국)	석탄광	트러프형 함몰형	도로 보강	• 지상 되메움	• 물을 투입하여 침하를 촉진시킨 후 지상에서 되메움
Hanna (미국)	석탄광	트러프형 함몰형	도시 주변 지반	• 수압식 충전법	• 대부분의 공동이 침수되어 있어 그라우팅은 비효율적
Heffield (영국)	석탄광	트러프형 함몰형	종합 운동장 부지	• 그라우트 충전법 → fly ash, 시멘트 충전	• 지표 부근 공동은 콘크리트 충전
Johannesburg (남아공)	금광	트러프형 함몰형	건물 예정지	• 그라우트 충전법	• 보강 후 빌딩 건설

그림 3-69는 미국 폐탄광의 지반보강에 시멘트와 자갈을 이용한 그라우트 충전법을 적용한 시공사례이다.

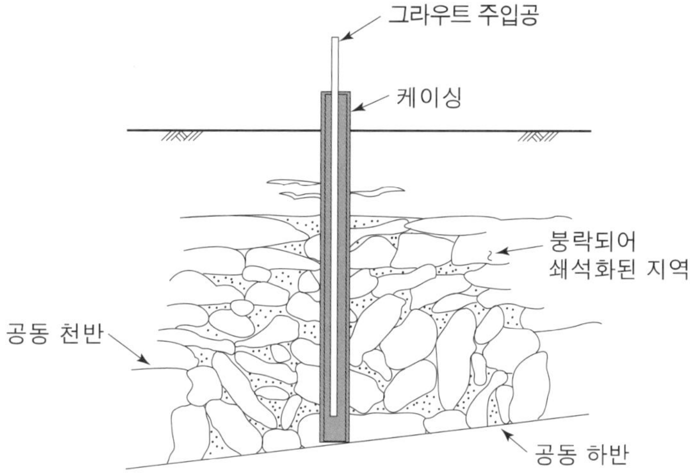

(a) 그라우트 충전법 모식도

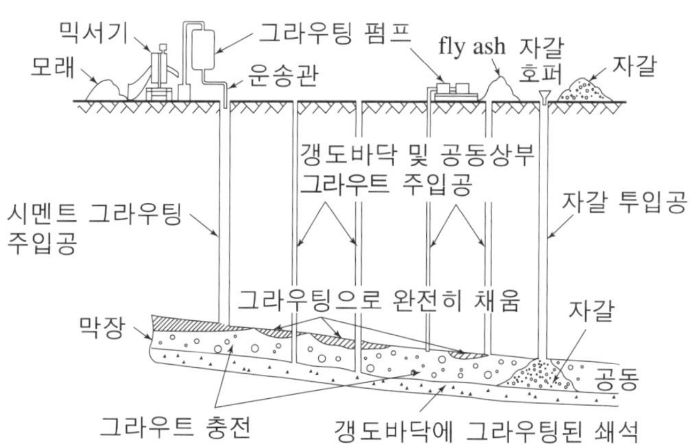

(b) 그라우트 충전법 시공 사례

그림 3-69 미국 폐탄광 그라우트 충전법 시공 사례

(3) 보강효과 확인

채굴적 보강구간에 대한 보강효과 확인은 주로 주입재의 육안 확인방법(코어 상태, 페놀프탈레인 반응시험, 시추공 영상촬영)과 간접적인 방법(투수시험)을 병행하여 실

시하고 있다(그림 3-70). 보강효과 확인 결과에 따라 보완시공 여부를 결정한다.

시멘트를 이용한 그라우트 충전법 적용구간의 보강효과 확인은 확인시추로 채굴적 구간에 주입되어 굳어진 시멘트를 코어 상태로 채취하는 방법을 사용한다. 시멘트몰탈 주입구간은 일정구간 시멘트기둥 형태로 쉽게 육안 확인이 가능하나, 시멘트밀크 주입구간은 절리의 틈이 매우 작아 코어 상태로 시멘트의 혼입여부를 확인하기 쉽지 않다. 이에 따라 회수된 시추코어에 페놀프탈레인 용액을 뿌려 코어 표면이 핑크색으로 변색하는 여부를 관찰하는 페놀프탈레인 반응시험을 실시한다.

또한 간접적인 방법으로 시추공을 활용한 시공 전후의 투수계수를 비교하는 투수시험 결과를 분석하여 보강효과를 확인하기도 한다.

(a) 시추코어에 대한 페놀프탈레인 반응시험

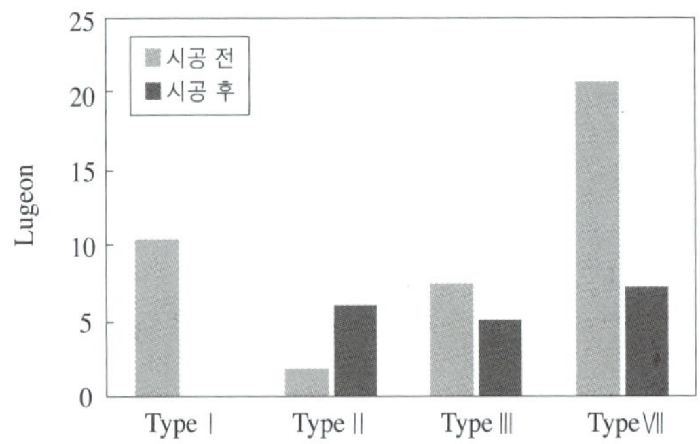

(b) 투수시험을 통한 보강효과 확인

그림 3-70 보강효과 확인

규모가 큰 채굴공동 내 충전재를 주입한 구간의 보강효과 확인은 시추공 내에 영상카메라(BIPS, KOMIR-Eye 등)를 삽입하여 충전율을 확인하고, 확인 결과 공동이 발견될 경우 충전재 주입 등 추가 보강을 실시한다(그림 3-71).

아울러 보강구간 일대에 대해 시공 전후 계측조사를 실시하여 공사 후 지반변위 수렴 여부로 보강효과를 확인하기도 한다. 계측분석 결과 공사 후 변위가 일정하게 수렴할 경우 보강공사로 지반이 안정화되었다고 판단할 수 있다.

구 분	채굴적 분 포	공 동	이완구간
M-5	7.8m	4.0m (51%)	3.8m (49%)
M-15	14.5m	6.7m (46%)	7.8m (54%)
M-24	14.6m	7.1m (49%)	7.5m (51%)
평 균		48%	52%

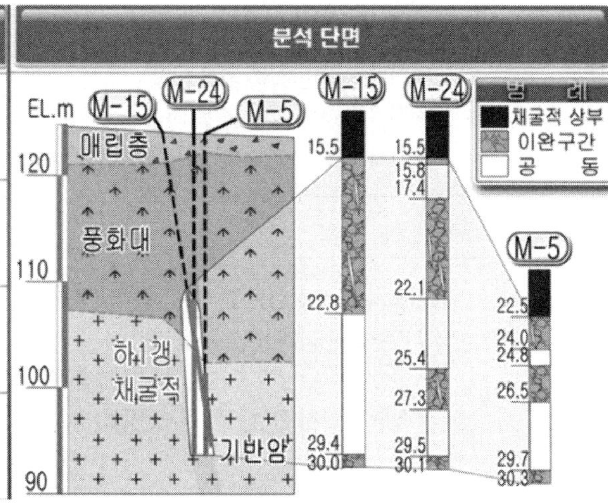

그림 3-71 채굴공동 내 충전율 분석 예시

3.5 광산지역 지반침하 계측조사

3.5.1 광산지역 지반침하 계측조사 절차

광산지역에서 지반침하 계측조사는 채굴적 존재구간 일대에 대한 지반변위 계측으로 침하를 사전에 예측하여 재해를 예방하기 위해 실시한다. 또한 공사 중 주기적인 계측조사로 공사로 인한 구조물 피해발생 등의 시공관리와 공사 전후 지반변위를 비교하여 보강효과를 검증하기 위해 실시한다. 채굴심도가 깊거나 구조물의 균열현상이 침하영향인지를 판단하기 곤란할 경우 즉각적인 보강대책보다는 일정기간 계측을 실시하여 지반변위를 분석하는 것이 효율적이다.

일반적인 광산지역 지반침하 계측조사 절차는 그림 3-72와 같으며 계측 목적, 현장여건 등을 검토하여 적합한 계측기 및 계측방법을 선정한다.

기본자료 조사
- 광산 및 지반침하 자료 분석
- 주변 지형 및 구조물 등 파악
- 침하특성 파악(트러프형/함몰형, 침하이력 등)

↓

현장조사 및 침하현황 파악
- 지반침하 위치 및 규모 등 파악
- 지반침하 발생지 주변 침하 관련 변화양상(물 빠짐, 건물 균열 등) 파악
- 계측기 설치 가능위치 후보 선정

↓

현장여건 및 침하특성을 고려한 계측방법 선정
- 지반침하의 심각성 및 향후 발생 가능성 등 분석
- 계측기 설치 제약사항(인허가, 지형 등) 검토
- 현장여건 및 침하특성에 적합한 계측방법(수동/자동계측) 선정

↓

계측 설계 및 계측기 설치
- 현장여건 및 침하특성을 고려한 계측기 설치 설계
- 계측기 설치
  - 설치장소 측량 및 인허가 실시, 소유주 동의 후 시추작업 실시
  - 계측기 설치 및 정상작동 여부 확인, 보호박스 및 안내판 설치

↓

주기적인 계측조사 및 관리
- 현장조사 및 관리 주기 설정
- 설정 주기에 따른 현장조사 및 계측기 관리

그림 3-72 광산지역 지반침하 계측조사 절차

3.5.2 광산지역 적용 계측기

광산지역에 적용하는 계측기는 광종에 따른 침하 특성, 침하발생 이력 및 현장여건 등을 고려하여 선정한다. 채굴적으로 인한 지반침하 및 구조물의 안정성을 판단하기 위하여 실시한 폐광산지역의 계측기 적용 사례는 표 3-21과 같다.

표 3-21 폐광산지역의 계측기 적용 사례

계측지역 계측항목	화전 · 철암지역 (폐탄광)	심포리지역 (폐탄광)	물금지역 (폐금속광)	무극지역 (폐금속광)
지표침하	지표침하계	지표침하계	지표침하계	–
지중침하	지중침하계 TDR	지중침하계	광섬유계측기 TLS 지중침하계	미소진동계측기 TLS
지중수평변위	경사계	–	–	–
주변 구조물	터널 : 내공변위계 가옥 : 균열측정기, 표면경사계	가옥 : 균열측정기 표면경사계	–	–

(1) 지표침하 계측

지표침하 계측은 지표면에서 지반의 수직 침하량을 측정하기 위해 실시하며, 주로 지표침하계(지표침하판, 지표침하핀)를 사용한다(그림 3-73). 채굴적으로 인한 침하가 예상되는 지역에 지표침하판(핀)을 고르게 설치하여 조사지역의 전반적인 지표침하 양상을 계측한다.

계측은 현장 부근에 부동점을 설치하고 각 지표침하판(핀)의 최상부를 정기적으로 측량하며, 각 지점별로 발생하는 침하량을 분석하여 지반거동을 판단한다. 지표침하계는 동절기시 동상융기의 영향에 의한 침하량의 오류를 예방하기 위해 동결심도보다 깊이 설치하여야 한다.

(a) 지표침하판(핀) 설치 및 계측

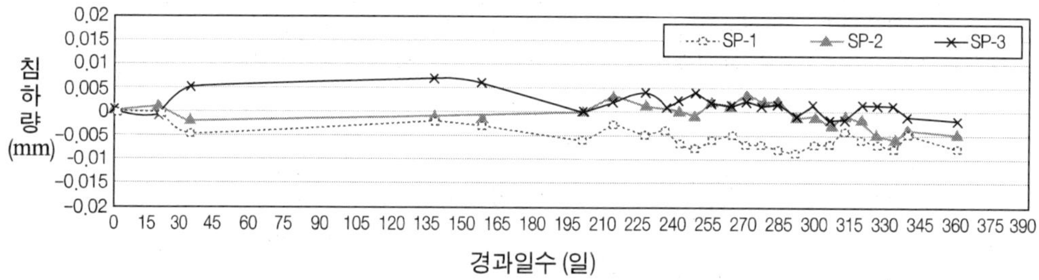

(b) 계측 결과 예시

그림 3-73 지표침하판(핀) 계측

(2) 지중침하 계측

지중침하 계측은 시추공 내에 지중침하계나 지중경사계 등을 설치한 후 시간경과에 따른 지중 변위나 경사 변화를 측정하는 방법이다.

1) 지중침하계

지중침하계는 시추공 내 측정하고자 하는 심도에 침하봉을 설치하고 지반과 일체화시킨 후 지표면과 지중 측정점 사이의 상대적인 변위를 측정하는 방법이다. 지중침하계는 rod type과 magnetic type으로 구분되며, 광산지역에서는 정밀성이 요구되는 rod type을 사용한다(표 3-22).

광산지역 계측에 rod type의 한 종류로 심도별 여러 지점의 지중침하량을 계측하는 다점지중침하계(Multi Point Borehole eXtensometer; MPBX)를 사용하고 있다.

표 3-22 지중침하계 종류별 비교(석탄산업합리화사업단, 2004)

구분	rod type	magnetic type
계측원리	• 측정하고자 하는 심도에 침하봉을 설치하고 지반과 일체화시킨 후, 침하봉의 침하량을 측정	• 측정하고자 하는 심도에 자석을 설치하고 지반과 일체화시킨 후, 센서를 이용하여 침하량을 측정
장점	• 정밀성이 높음 • 자동화 계측 가능	• 침하량이 큰 경우에도 적용 가능 • 측정심도에 제한이 적음
단점	• 비교적 고가임 • 측점 수에 제한이 있음	• 침하량이 큰 지반에 유리 • 센서와 연결된 줄자로 침하량을 측정하므로 정밀성이 떨어짐
모식도	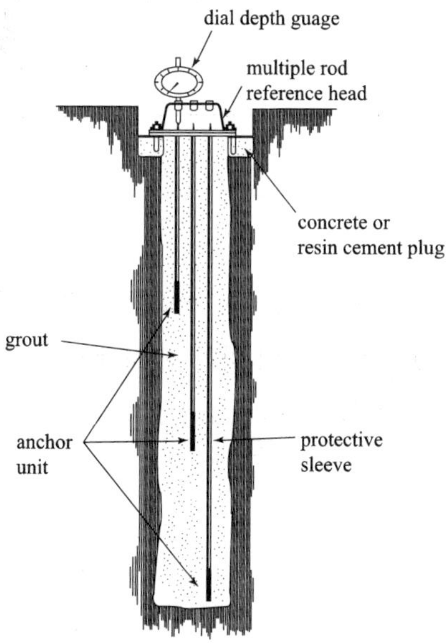	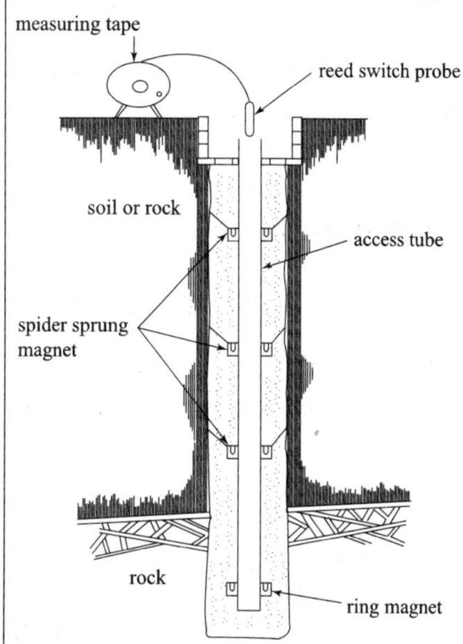

MPBX의 설치과정 및 측정방법은 표 3-23과 같다. MPBX의 계측원리는 변위를 알고자 하는 심도에 앵커(anchor)를 장착하여 지중침하가 발생하면 상부까지 연결된 로드(rod)가 침하량만큼 수직 이동하게 되고, 이를 버니어캘리퍼스 등으로 측정하여 특정 심도의 지중침하량을 계측한다.

MPBX는 수직으로는 10 m 이하 간격으로 설치하며, 상단의 헤드부가 지표에 고정되어 침하와 융기시 함께 움직이기 때문에 소정의 심도에 설치한 각 측점들의 상대적인 변위를 분석할 수 있다.

표 3-23 MPBX 설치과정 및 측정방법

구분	수행 내용	비고
설치 과정	• 측량기로 설치지점을 측량하고, 시추기로 매설 심도까지 천공한다. • 계측기를 검사(길이와 작동 이상 여부)하고, 공 내에 삽입한다. • 공 내를 그라우팅 후에 로드를 지지하는 고정볼트를 푼다. • 파손을 방지하기 위해 보호관과 안내 표지판을 설치하고, 침하 영향권에 속하지 않는 곳에 계측 기준점을 설치한다.	
측정 방법	• 버니어캘리퍼스를 헤드의 측정 홀에 삽입하여 눈금을 읽는다. • 측정값에서 초기값을 빼서 지중변화량(총 침하량=측정 침하량+head 침하량)을 계산한다. • 3회 이상 측정하여 평균값을 최종 측정값으로 한다.	

2) 지중경사계

시추공 내에 경사계를 설치하여 시추공 기울기의 경사변화를 측정함으로써 지반의 가로방향 움직임을 계측한다. 지중경사계에는 매 측정마다 경사계를 시추공에 삽입해서 측정하는 삽입식과 지중에 매설하는 고정식이 있다(그림 3-74).

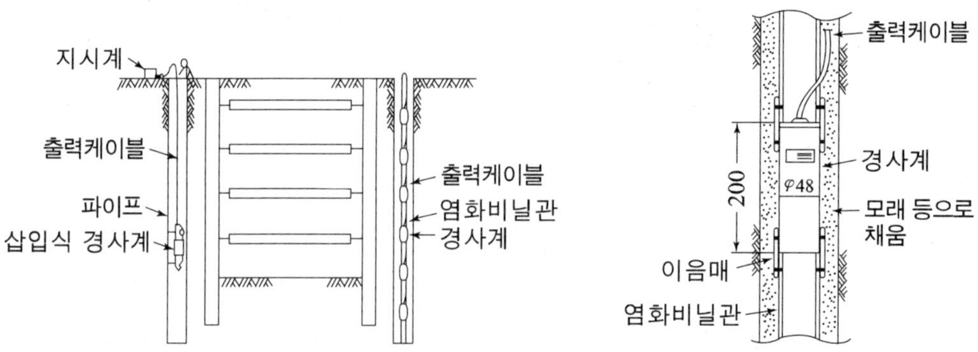

(a) 삽입식 경사계 모식도 (b) 고정식 경사계 모식도

그림 3-74 지중경사계(윤지선 · 박종만, 2002)

3) TDR계측

TDR (Time Domain Reflectometry, 시간영역반사법)은 레이더와 유사한 원리를 이용하여 통신케이블 등의 손상 위치를 파악하기 위해 개발된 전기파형 분석기술이다. 만일 붕락이나 층간 분리가 발생하여 동축케이블이 손상되는 경우 전기적신호는 손상지점에서 반사되므로 이러한 신호를 분석하여 손상 위치를 파악한다. 동축케이블의 손상이나 변형에 의한 반사신호는 인장변형 및 전단변형에 따라 파형이 달라지므로 이러한 파형을 분석하여 변위 발생 여부를 평가한다(그림 3-75).

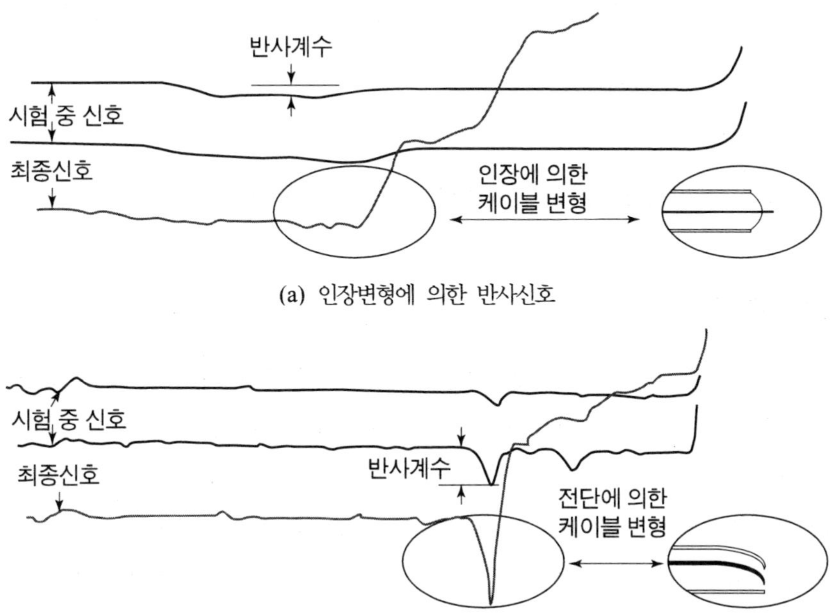

(a) 인장변형에 의한 반사신호

(b) 전단변형에 의한 반사신호

그림 3-75 TDR계측

TDR계측은 광산지역 지반침하 계측뿐만 아니라 산사태나 암반사면의 변형 파악 등 주요시설물 안전진단에 활용되고 있다(그림 3-76). 동축케이블의 손상이 어느 심도에서 발생하였는지를 파악하기 위해 동축케이블에 일정한 간격으로 홈(crimp)을 파서 만든 후 시추공에 TDR케이블을 설치하고 그라우팅한다. 실시간 발생 변위를 계속 측정하기 위해서는 자동계측 방법을 선택하는 것이 효율적이다.

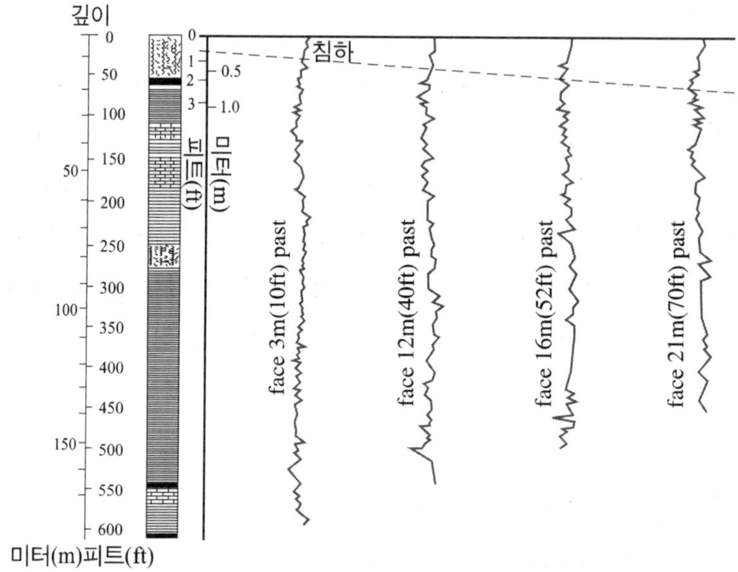

그림 3-76 미국 장벽식채탄법 적용 탄광에서 TDR계측

4) 광섬유계측

광섬유계측은 채굴적 또는 공동 상부 시추공에 광섬유케이블(optical cable)을 설치하여 지반 거동의 정량적 변화량을 계측하는 방법이다(그림 3-77). 계측원리는 광케이블 내에 레이저를 발사한 후 반사되어 오는 산란광의 주파수와 진폭변화를 측정하여 광케이블의 변위량 및 온도를 계측한다. 별도의 센서를 부착하지 않고 광케이블 자체가 센서로 작용하는 라인(line) 센싱 개념이므로, 지표 또는 사면이나 갱도 내에 광케이블을 포설하거나 시추공 내에 설치하여 계측자료를 얻을 수 있다.

광섬유계측은 상당거리(약 10 km) 구간을 1개의 라인으로 단시간에 계측 가능하며, 광섬유케이블의 0.5 m 단위로 변형률을 계측할 수 있어 변형률 발생지점의 위치와 변위량 파악이 용이하다. 지표와 지중의 온도 차이로 시추공 내 온도는 여름철에는 낮고 겨울철에는 높게 나타나므로, 시추공 내 광섬유케이블 설치 후 정기적인 온도측정 결과를 분석함으로써 지표수 유입으로 인한 지반거동을 효과적으로 파악하는데 활용할 수 있다(그림 3-78).

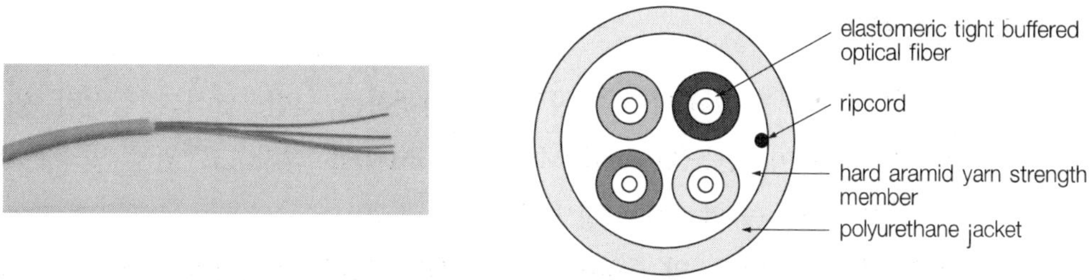

(a) 광섬유케이블 모식도

(b) 광섬유케이블 포설 및 시추공 내 광섬유케이블 설치

그림 3-77 광섬유계측

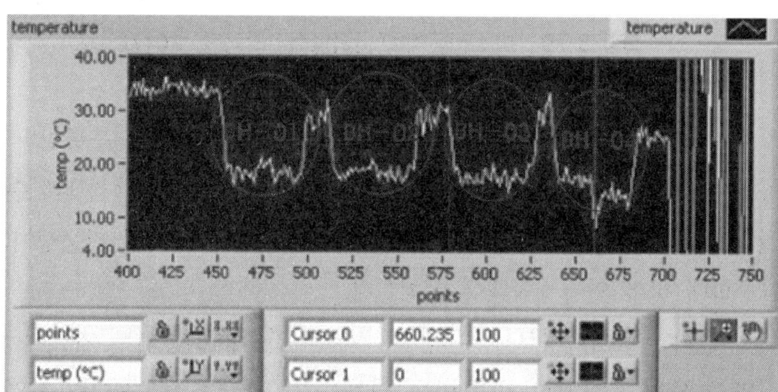

그림 3-78 시추공 내 광섬유케이블 설치 후 온도측정 계측 결과 사례

5) 미소진동계측

미소진동계측은 센서를 이용하여 채굴적에서 발생하는 낙반, 낙석의 점진적 붕괴 등에 의해 발생되는 미소진동(Ground MOtion; GMO)을 감지하고 위치 및 강도를 분석하여 지반침하 징후를 계측하는 방법이다(그림 3-79).

미소진동의 주파수 대역은 약 0.001～10,000 Hz로 넓은 범위이며, 측정된 주파수 대역을 분석하여 지진, 발파, 지반거동 등으로 구분한다. 채굴적 주변의 미소진동을 정확하게 계측하기 위해 많은 3성분 수진기(P/S파 수신용)를 설치하는 것이 좋으나, 비용과 안정적 운영 등을 고려하여 6개 정도 시추공에 수진기를 설치하고 있다.

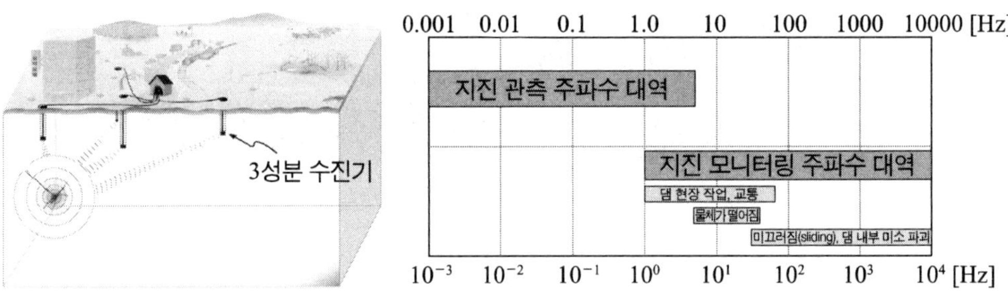

(a) 미소진동계측 개념도　　(b) 미소진동 주파수 대역

그림 3-79 미소진동계측(한국광해관리공단, 2017)

시추공 내 원하는 심도에 수진기를 고정하고 진동이 잘 전달되도록 빈 공간이 없게 시추공 전 구간을 그라우팅하여 수진기를 암반과 일체화시켜야 한다. 수진기가 풍화대에 설치될 경우 진동이 제대로 전달되지 않고 신호가 왜곡될 가능성이 있으므로, 수진기는 풍화대 하부 연・경암대에 설치한다.

미소진동 이벤트(event) 자료를 분석하여 계측구간 내 집중되는 자료에 대한 초동주시 역산과 분석을 통해 진앙지의 발생 위치와 강도를 추정한다(그림 3-80). 미소진동의 발생 위치가 채굴적 직상부에서 시작하여 점점 지표쪽으로 이동하고 발생 횟수가 증가하면 지반침하가 발생할 가능성이 높으므로 이러한 특성을 정량화하여 계측관리를 수행한다. 미소진동의 발생 위치 및 횟수의 변화에 대한 분석을 통해 침하 가능성이 있는 지역에 대한 사전 안전조치를 할 수 있다.

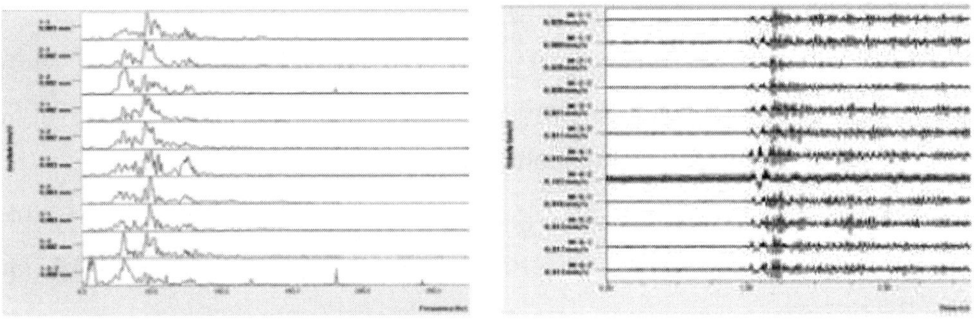

(a) 발파신호 파형 (b) 지진신호 파형

그림 3-80 미소진동계측 결과 분석

6) 온도 및 지하수위(TLS/WL)계측

온도 및 지하수위(Thermal Line Sensing/Water Level; TLS/WL)계측은 지중의 온도 및 지하수위 변화를 분석하여 지중의 암반거동을 예측하는 방법이다(그림 3-81). 계측원리는 시추공 내에 일정한 간격(보통 1 m)으로 배열된 다점 온도센서와 지하수위계를 설치하고 온도와 지하수위 변화를 계측하여 지반침하를 예측한다.

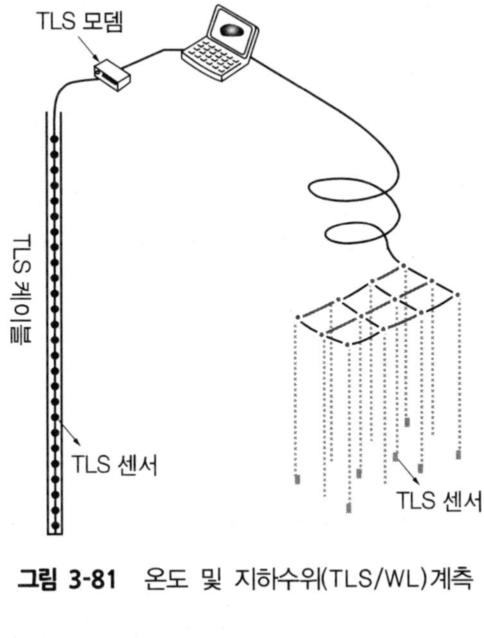

그림 3-81 온도 및 지하수위(TLS/WL)계측

일반적으로 지하의 온도는 기후에 크게 영향을 받지 않으므로, 만약 지하 어느 지점의 온도가 크게 차이가 나거나 지상 온도와 유사하다면 지표수 유입으로 판단할 수 있다. 온도변화가 있을 경우 심도별 온도변화 자료와 일일 강우량 자료를 비교하여 지표수 유입 원인을 분석하여야 한다.

계측 결과 급격한 온도변화 현상이 주기적으로 계측된다면 절리 등의 불연속면을 통한 지표수 유입으로 암반의 파괴 등이 유발되어 침하발생 가능성이 높아짐을 의미한다(그림 3-82).

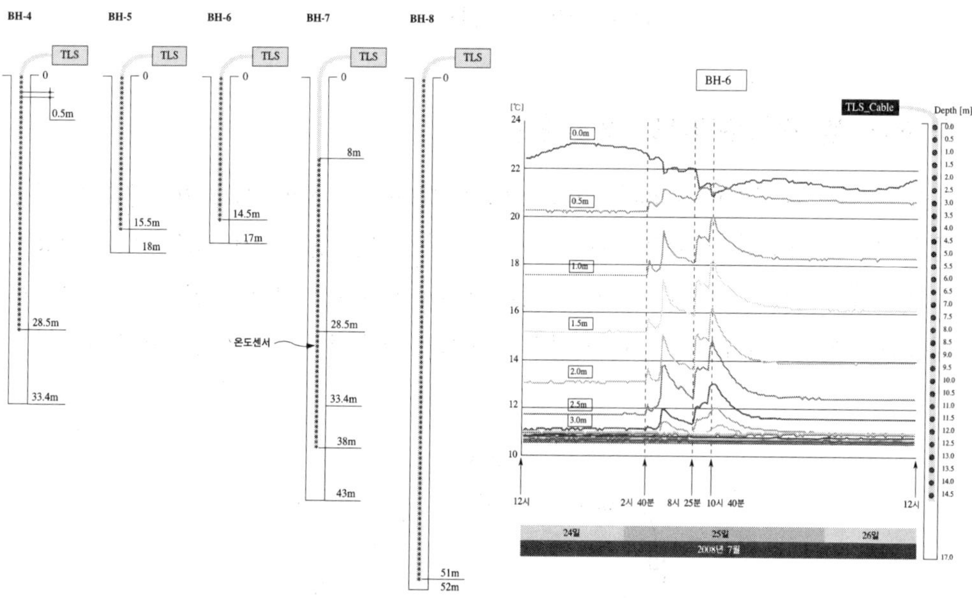

(a) 온도센서 케이블 설치 모식도 (b) 심도별 온도 계측 결과 예시

그림 3-82 TLS를 이용한 지반침하 계측

(3) 구조물 계측

1) 구조물경사계

구조물경사계는 건물이나 옹벽 등의 구조물 표면에 설치하고 측정지점의 표면경사를 측정하여 구조물의 안정성을 판단한다(그림 3-83). 일반적으로 표면경사계(tiltmeter)를 주로 사용하며, 상하방향의 경사 변화와 좌우방향의 기울기를 측정한다.

설치시에는 부착표면의 이물질을 제거하고 평탄화한 후 플레이트(tilt-plate)를 부착하며, 계측 시에는 표면경사계의 지시계에 나타난 수치를 기록한다. 정기적으로 측정되는 값과 초기치와의 차이로 변형량과 변형속도를 분석하여 침하영향이나 침하진행 여부를 판단한다.

(a) 표면경사계 설치 및 측정

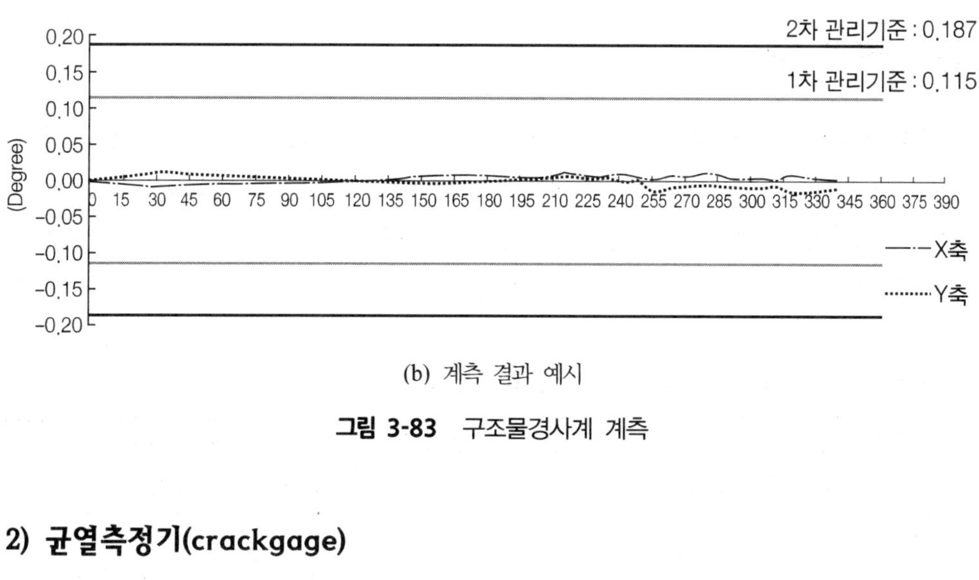

(b) 계측 결과 예시

그림 3-83 구조물경사계 계측

2) 균열측정기(crackgage)

균열측정기는 구조물의 표면 균열부에 설치하고 균열 폭을 측정하여 침하의 진행 여부를 판단한다(그림 3-84). 측정하고자 하는 균열지점을 고른 후 양단면에 측정기를 부착하며, 접착제를 사용할 경우 접착제가 완전히 굳은 후 초기치를 기록하고 정기적으로 측정되는 값과 초기치와의 비교로 침하영향이나 침하진행 여부를 판단한다.

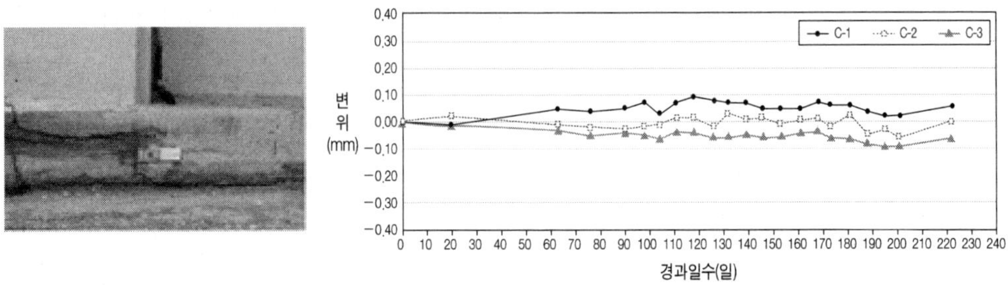

(a) 균열측정기 설치 (b) 계측 결과 예시

그림 3-84 균열측정기 계측

3.5.3 계측기 및 계측방법 선정

(1) 계측기 선정

광산지역에 적용할 계측기는 광종에 따른 침하 특성, 계측 목적, 계측기간, 구조물 현황 등 현장여건을 고려하여 계측항목에 적합한 계측기를 선정한다(표 3-24). 일반적으로 침하가 서서히 발생하는 트러프형침하 지역은 지표침하를 계측할 수 있는 계측기를 적용한다. 급격한 침하가 발생하는 함몰형침하 지역은 지표면에서는 특별한

표 3-24 현장 적용 계측기별 특성(한국광해관리공단, 2017)

계측기 종류	측정 요소	단위	설치 위치	필요 장비
지표침하계	침하량	mm	지표	침하판(핀), 광파기 등
광섬유센서	변형률	$\mu\epsilon$	지표/지중	측정장비, 케이블 등
지중침하계	침하량	mm	지중	지중침하계, 버니어캘리퍼스 등
지중경사계	경사도	도(°)	지중	경사계, 측정장비 등
미소진동	진동 위치, 규모	리터 규모	지중	지오폰, 케이블, 측정장비, 분석 S/W
TLS/WL	온도, 지하수위	℃, m	지중	케이블, 측정장비, 분석 S/W
구조물경사계	경사도	도(°)	구조물	경사계, 측정장비 등
균열측정기	균열량	mm	구조물	균열측정기, 측정장비 등

주) $\mu\epsilon$: 1$\mu\epsilon$은 1 m의 길이에서 0.001 mm의 길이 변화량 발생을 의미(1,000$\mu\epsilon$ = 1 mm/1 m 변화량)

침하징후가 나타나지 않을 수 있으므로, 지중에서의 침하 양상을 계측하여야 지표침하가 발생하기 전에 피해를 예방할 수 있다.

(2) 계측기설치 위치, 간격 및 심도

채굴적 천반의 파괴로 인한 함몰형침하가 발생되는 침하특성을 고려하여 계측기는 채굴적 직상부 및 침하발생지의 구조물 인접한 곳에 지반거동을 대표하고 원활한 계측이 가능한 위치에 설치한다. 계측기준점은 침하의 영향을 전혀 받지 않는 계측구역 주변 견고한 지점에 설치하며, 계측현황도에 계측기준점과 계측기설치 위치 등을 표기한다(그림 3-85).

일반적으로 계측기설치시 수평간격은 20 m 정도이며, 만약 토피가 채굴적 높이의 2배 이하일 경우에는 10 m 정도로 간격을 좁혀 설치한다(국토교통부, 2015, 터널 천단침하 계측기준). 참고로 김병렬 등(2013)은 폐광지역에 발생한 함몰형침하 분석 결과 대부분 채굴적 반경 25 m 내에서 침하가 발생한다고 보고하였다.

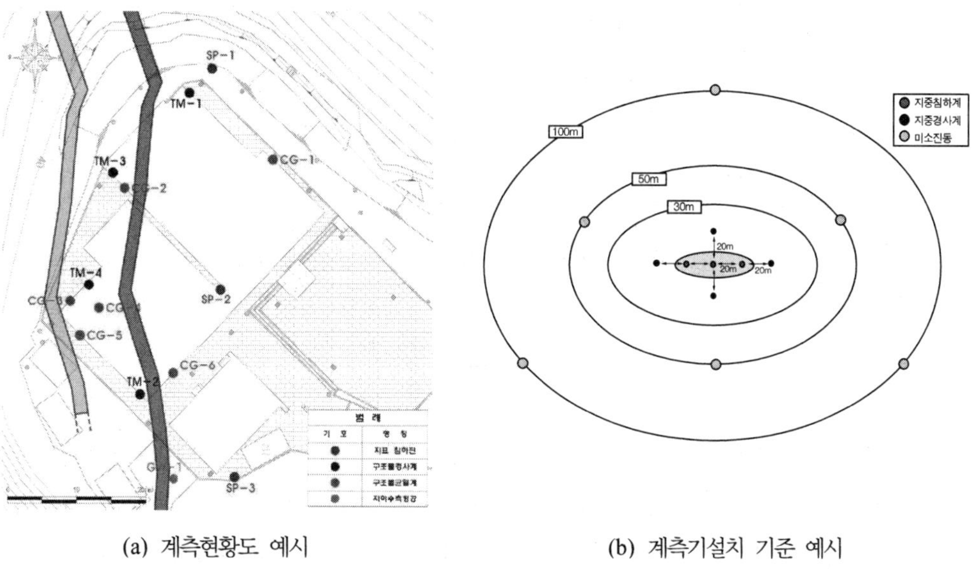

(a) 계측현황도 예시 (b) 계측기설치 기준 예시

그림 3-85 계측현황도 및 계측기설치(한국광해관리공단, 2017)

수평간격은 현장 표토의 지반상태에 따라, 수직간격은 상부 풍화대의 풍화정도 등에 따라 간격을 조정할 수 있다. 수직간격은 보통 TLS/WL는 1 m 간격으로, MPBX는 10 m 이하 간격으로 설치한다. 지반침하는 채굴적 천반의 붕괴가 시작되면 균열이 점차 발달되어 지표부근으로 침하의 진행이 빨라진다. 이에 따라 채굴적 천단부가 붕괴되는 초기에 징후를 인지하는 것이 중요하므로 지중침하계, 지중경사계 및 TLS는 가급적 채굴적 심도의 80% 정도까지는 위치하도록 한다.

(3) 계측방법 및 계측주기

계측대상 범위가 선정되면 현장여건 등을 반영하여 효율적인 계측방법 및 계측주기를 검토하여야 한다. 계측방법은 수동계측과 자동계측으로 분류하며, 계측목적 및 현장여건 등을 고려하여 계측방법을 결정한다(표 3-25). 실시간으로 계측자료를 수집·활용할 수 있는 자동계측을 사용하는 추세이며, 공사 중 시공관리나 보강효과 검증은 현장계측으로 자료를 획득하는 수동계측을 사용하고 있다.

표 3-25 계측방법별 장단점

구분	자동계측	수동계측
장점	• 정밀도가 상대적으로 높음 • 다수의 동시계측 가능 • 실시간 위험대응 가능 • 인력소모 적음	• 초기 투자비용 적음 • 유지관리 용이 • 특이사항 발생시 즉각 현장조사 가능
단점	• 초기 투자비용 높음 • 위험신호 발생 시 별도 현장조사 필요	• 인력소모 과다 • 실시간 위험대응 불가
비고	• 장기계측 시 유리 • 계측효율 높음	• 장기계측 시 불리 • 계측효율 낮음

계측주기는 수동계측은 월 1회 이상 계측을 원칙으로 하며, 지반침하 발생빈도가 높은 해빙기, 강우기에는 현장여건 등을 고려하여 계측주기를 조정할 수 있다. 일반적으로 계측결과 이상 징후가 발생할 경우 계측주기를 주 2회 정도로 짧게 조정하여 수시계측을 한다. 자동계측은 계측기에 따라 최소 측정 소요시간이 상이하나, 지반변위 발생 유무를 효율적으로 계측하기 위해서는 1일 1회 이상 계측 데이터를 점검하여 현장의 이상 유무를 확인하여야 한다. 특히 지반침하 우려가 높은 지역은 1일 4

회 정도로 계측 데이터를 점검하는 것이 바람직하다.

자동계측 시스템은 센서부, 제어/계측부, 데이터 전송부, 표시부 등으로 구성한다(그림 3-86). 효율적인 계측 모니터링을 위해 사무실(관제센터)의 PC나 모니터에는 실시간 계측자료 조회 및 계측관리기준 초과시 자동경보발신 기능이 필요하다.

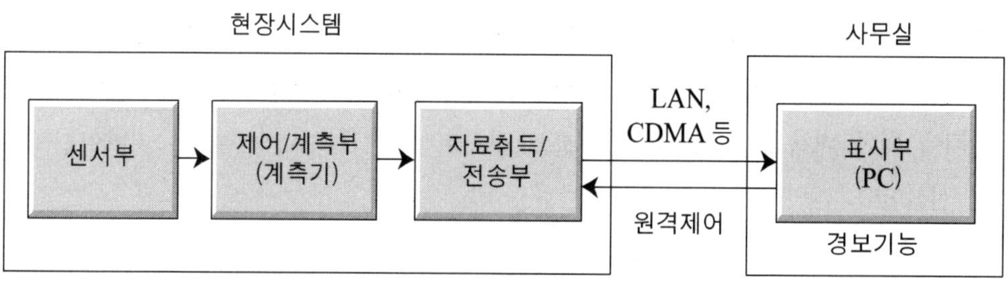

그림 3-86 자동계측 시스템 구성

3.5.4 계측관리기준 및 관리방안

채굴적으로 인한 지반침하 우려가 높을 경우에는 계측기별 측정치에 대한 계측관리기준을 설정하여 변위 발생 경향에 따른 계측관리를 하여야 한다. 계측기별 측정치에 대한 계측관리기준은 표 3-26과 같다. 계측기간 동안 계측기별 계측관리기준을 초

표 3-26 계측기별 측정치에 대한 계측관리기준(한국광해관리공단, 2017)

<table>
<tr><th>계측관리</th><th>지표침하계</th><th>구조물경사계</th><th>광섬유계측기</th><th>비고</th></tr>
<tr><td>1차
(안정)</td><td>30 mm 미만</td><td>1/500 미만</td><td>2,500 με 미만</td><td rowspan="3"><미소진동계측기 계측관리기준>
• 주의 : −2리터(뇌관 환산 1 g) 미만
(지표 하부 60 m 초과)
• 경고 : −2리터(1g)∼−1리터(10 g)
(지표 하부 20∼60 m)
• 위험 : −1리터(1 g) 이상
(지표 하부 20 m 이하)</td></tr>
<tr><td>2차
(주의)</td><td>30∼100 mm</td><td>1/500∼1/300</td><td>2,500∼5,000 με</td></tr>
<tr><td>3차
(경고/위험)</td><td>100 mm 이상</td><td>1/300 초과</td><td>5,000 με 이상</td></tr>
</table>

주) 구조물별 허용 침하량 : 구조물 기초 30 mm (국토교통부, 2008)
도로 100 mm (한국도로공사, 2009)
철도 7 mm/10 m (한국철도공사, 궤도의 비틀림 정비기준)

과할 경우 원인을 분석하여 침하로 인한 영향이라고 판단되면 추가적인 계측과 지반조사를 실시하고 보강공사 등의 대책을 수립하여야 한다.

계측기별 계측관리기준을 설정하고 지반변위 수렴도 및 변형발생 양상에 따라 계측관리를 3단계(안정, 주의, 경고/위험)로 구분하여 관리방안을 수립한다(그림 3-87). 지반변위가 1차 creep 영역에 수렴하는 경우 안정 단계이며, 2차 creep 영역으로 변위가 이동하는 경우 주의 단계로 계측결과를 주의 관찰하고 계측빈도의 증가 여부를 확인한다. 지반변위가 3차 creep 영역에 해당하면 경고/위험 단계로, 즉각 침하 및 붕괴에 대한 대책을 강구하고 안전펜스 설치로 주민/교통 출입통제와 지반안정성조사를 실시한다.

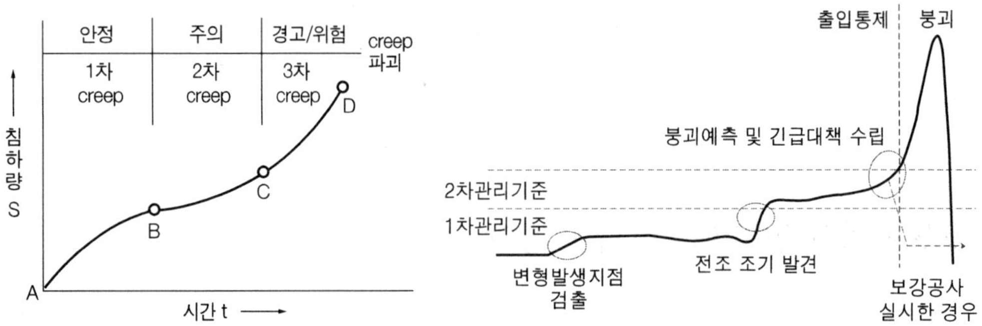

(a) 지반변위 수렴도

(b) 변형발생 양상에 따른 계측관리 (한국광해관리공단, 2011)

그림 3-87 지반변위 수렴도 및 변형발생 양상에 따른 계측관리

특정 지점에 대해 지표침하계, 지중침하계 등을 사용하는 점 센싱(point sensing) 개념의 계측자료로는 채굴적이 존재하는 광범위한 지역의 지반침하를 사전 예측하기에는 한계가 있다. 최근에는 채굴적 존재지역 일대에 대한 광역적인 침하관리를 위하여 광섬유, 미소진동, TLS 등을 활용한 원격감시 시스템을 구축하여 실시간으로 변위에 대한 모니터링을 실시하고 있다(그림 3-88).

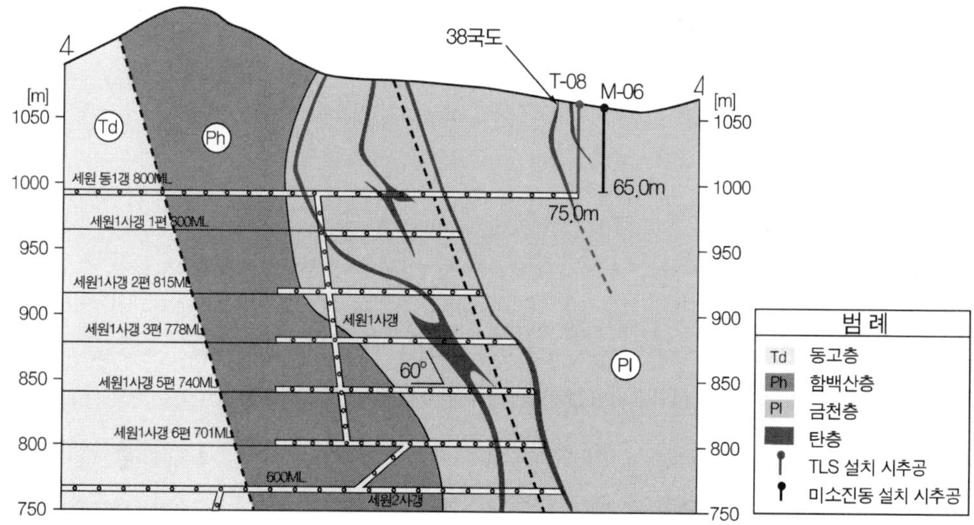

(a) 채굴적 존재지역에 대한 원격감시 시스템 개요도

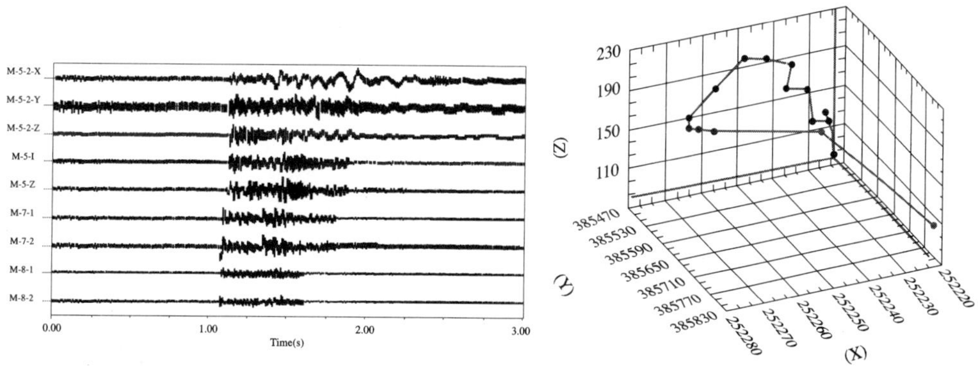

(b) 자동계측을 통한 실시간 모니터링 예시

그림 3-88 원격감시 시스템을 통한 실시간 모니터링

제 4 장

광산배수에 의한 광해

4.1 산성광산배수 발생원 및 환경적 영향

4.1.1 산성광산배수 발생 및 형성과정

(1) 광산배수 및 산성광산배수

일반적으로 광산에서 배출되는 물을 광산배수(mine drainage)라 하나, 학자들에 따라 현장에서 다양한 용어로 표현하고 있다. 본서에서 광산배수는 노천광산의 유출수, 갱구에서 유출되는 갱내수, 폐석장 및 광물찌꺼기적치장 침출수를 의미하며, 광산 내 세탁장 · 목욕탕 등 인간활동에 의한 폐수와 자연수계를 흐르는 비오염수는 광산배수에서 제외한다.

지질학적으로 안정한 환경상태에 있던 광체를 채굴하면 굴착한 암반과 광체 내에 포함되어 있던 황화광물의 표면이 지표에 노출되어 공기나 지표수와 접촉하면 황화광물이 용해 · 산화되어 철분이 많은 산성수가 발생한다. 황화광물의 산화작용으로 pH가 낮거나 산도가 높은 광산배수를 산성광산배수(Acid Mine Drainage; AMD)라 하며, AMD가 발생할 수 있는 장소는 그림 4-1과 같다.

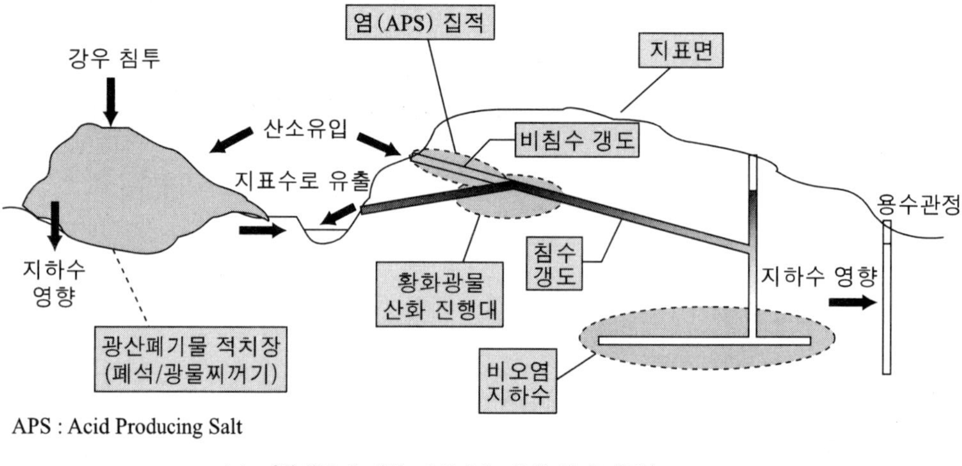

(a) 지하채굴에 의한 광산배수 발생 환경(정영욱, 2006)

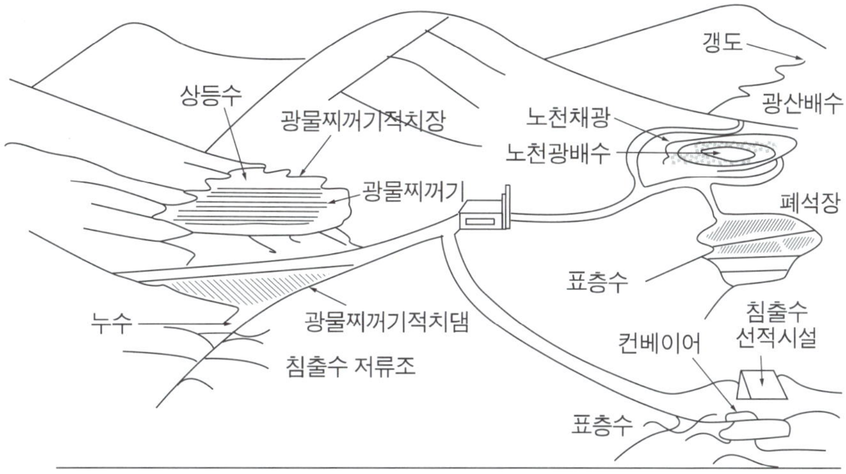

(b) 산성광산배수가 발생할 수 있는 장소(Lottermoser, 2007)

그림 4-1 광산배수 발생 환경 및 산성광산배수(AMD)가 발생할 수 있는 장소

황화광물의 산화는 광산지역은 물론 어느 장소에서나 발생할 수 있다. 광산지역이 아닌 지역에서 암석 내에 황화광물이 존재할 경우 산성암석배수(Acid Rock Drainage; ARD)가 발생할 수 있으며, 산성광산배수는 산성암석배수의 일종이다. 광산개발이 아니더라도 황화광물을 함유한 암석들이 다량 분포하는 지역에서 토목공사가 수행될 경우 ARD가 발생하여 유출된 흔적인 붉은 녹물 등을 발견할 수 있다(그림 4-2).

(a) 절개지 사면 산성암석배수 유출

(b) 고속도로 사면부 산성암석배수 유출 흔적

그림 4-2 광산개발이 아닌 장소에서 산성암석배수(ARD) 발생

(2) 산성광산배수 발생에 관여하는 요인

AMD 또는 ARD를 발생시킬 수 있는 황화광물은 표 4-1과 같으며, 황화광물 중 광산배수의 산성화에 가장 기여하는 광물은 황철석(pyrite, FeS_2)과 백철석(marcasite, FeS_2)이다. 두 광물은 동질이상이나 자연계에는 황철석이 많이 존재하므로 산성수의 생성은 대부분 황철석의 산화과정에서 발생한다.

황철석은 대부분의 금속광산에 분포하며, 석탄광산에서는 함탄층 상하부의 탄질셰일에 많이 분포하고 있다. 참고로 황이 1% 함유된 석탄 폐석 1톤에 포함되어 있는 황철석의 양은 약 18.75 kg 정도이다.

표 4-1 AMD 또는 ARD를 발생시킬 수 있는 황화광물

광물명	화학식	광물명	화학식
황철석(pyrite)	FeS_2	방연석(galena)	PbS
백철석(marcasite)	FeS_2	침상니켈석(millerite)	NiS
황동석(chalcopyrite)	$CuFeS_2$	자류철석(pyrrhotite)	$Fe_{1-x}S$ ($0 < x < 0.2$)
휘동석(chalcocite)	Cu_2S	유비철석(arsenopyrite)	FeAsS
섬아연석(sphalerite)	ZnS	진사(cinnabar)	HgS

AMD 발생에 관여하는 요인은 그림 4-3과 같이 산소, 물, 박테리아이다. 철 또는 황을 에너지원으로 하는 철산화박테리아(Acidithiobacillus thiooxidans, A. ferrooxidans, Leptospirillum ferrooxidans 등)는 철을 산화시키면서 수소이온을 생성하여 AMD의 반응속도를 촉진시킨다.

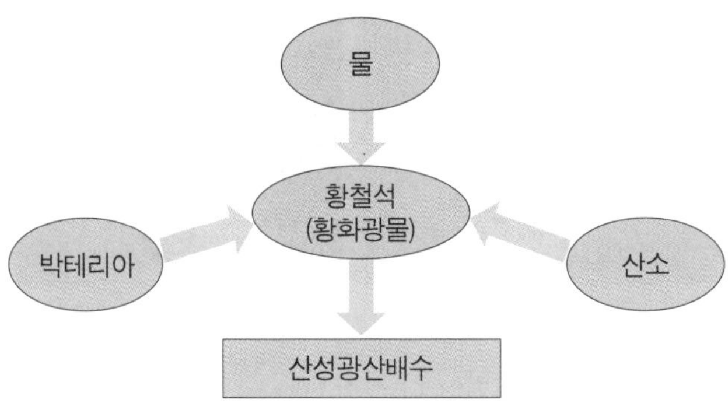

그림 4-3 산성광산배수 발생에 관여하는 요인

(3) 산성광산배수 형성과정

AMD 또는 ARD의 형성과정은 지구화학적으로 다음과 같이 (1)부터 (4)로 표현할 수 있다. (1)과 같이 황철석이 공기 중에 노출되거나 물과 접촉하면 화학반응에 의해서 2가철과 황산이온 및 수소이온이 발생한다. 용존된 2가철 이온은 다시 (2)에 따라 3가철로 산화되면서 (3)과 같이 철산화물로 침전되고 동시에 pH를 추가로 낮추게 된다. 이때 생성된 철수산화물은 광산배수의 유로에 흔히 yellow boy 현상이라고 하는 노란색 또는 적색이나 갈색의 퇴적물을 생성한다.

$$2FeS_2 + 2H_2O + 7O_2 \rightarrow 2FeSO_4 + 2H_2SO_4 \quad (1)$$

$$4FeSO_4 + 2H_2SO_4 + O_2 \rightarrow 2Fe_2(SO_4)_3 + 2H_2O \quad (2)$$

$$Fe_2(SO_4)_3 + 6H_2O \rightarrow 2Fe(OH)_3\downarrow + 3H_2SO_4 \quad (3)$$

$$7Fe_2(SO_4)_3 + FeS_2 + 8H_2O \rightarrow 15FeSO_4 + 8H_2SO_4 \quad (4)$$

철의 형태는 pH와 용존산소의 영향을 받으며 pH가 4.5 이상이면 미생물의 매개 없이도 화학적으로 산화가 일어나나, pH가 4.5 이하이면 2가철의 화학적 산화속도는 매우 느리므로 철산화박테리아가 2가철을 3가철로 산화를 촉진시킨다. 3가철은 그 자체가 산화제이므로 (4)와 같이 황철석을 추가로 산화시킬 수 있다(그림 4-4).

3가철에 의한 황철석의 산화는 산소에 의한 산화반응보다 훨씬 빠르므로 반응 초기에는 산소가 주된 산화제이지만, 3가철이 생성되면서 3가철이 주된 산화제로 작용한다. 따라서 일단 AMD가 발생하면 수몰된 채굴적 등과 같이 산소가 없는 곳에서도 황철석의 산화가 가능하다.

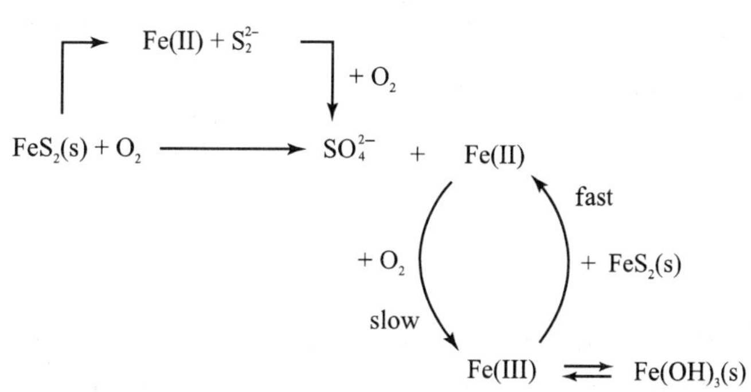

그림 4-4 황철석의 산화 모형(Stumm & Morgan, 1996)

반응하는 황화광물에 따라 광산배수에 Cd, Cu, Pb, Zn 등의 다양한 금속성분이 포함되므로, 황화광물의 산화가 진행되는 개소는 중금속 등으로 오염될 수 있다(표 4-2). 산화반응이 일어나면 용존성분의 농도가 높아 수중의 전기전도도와 총용존고형물(Total Dissolved Solids; TDS)의 수치가 증가하므로, 이러한 수치를 측정하여 광산배수의 오염정도와 수계의 영향 범위를 예측할 수 있다.

황화광물의 산화작용에 의해 형성된 산물은 불포화대인 광산폐기물 적치장, 채굴적이나 갱도 주변에서 고체상태로 집적된다.

표 4-2 AMD에서 금속성분의 기원 광물

황화광물	산화반응
섬아연석	• $ZnS(s) + 2O_2(aq) \rightarrow Zn^{2+} + SO_4^{2-}$
방연석	• $PbS(s) + 2O_2(aq) \rightarrow Pb^{2+} + SO_4^{2-}$
황동석	• $CuFeS_2(s) + 4O_2(aq) \rightarrow Cu^{2+} + Fe^{2+} + 2SO_4^{2-}$
침상니켈석	• $NiS(s) + 2O_2(aq) \rightarrow Ni^{2+} + SO_4^{2-}$
그리노카이트	• $CdS(s) + 2O_2(aq) \rightarrow Cd^{2+} + SO_4^{2}$
코벨라이트	• $CuS(s) + 2O_2(aq) \rightarrow Cu^{2+} + SO_4^{2-}$

4.1.2 산성광산배수 발생원

산성광산배수 발생원은 발생장소에 따라 지하 채굴적에서 용출하여 지표로 통하는 갱도에서 유출되는 갱내수와, 폐석이나 광물찌꺼기를 지표에 적치시킨 곳에서 스며나오는 침출수로 분류한다(그림 4-5).

(1) 갱내수

지하수면 하부에 존재하는 채굴적 주위에 다량의 황화광물이 있더라도, 광산이 개발될 때까지는 지하수면의 아래에서 움직임이 느린 지하수에 접하면서 산소의 공급도 없어 황화광물이 산화되지 않는다. 그러나 광산개발로 지표로부터 갱도가 굴착되고

(a) 갱내수 유출(갱구)　　　(b) 침출수 유출(폐석적치장)

그림 4-5 산성광산배수 발생원

공기가 유입되면 지하수에 산소가 녹아든다. 또한 암석의 공극을 채우고 있던 지하수가 빠져나가면서 지하수면이 낮아져 비워진 공극으로 주위에서 새로운 지하수가 모이게 되어 황화광물을 포함한 암석은 지하수와 접촉한다. 그 결과 황화광물이 산화하고 금속이온과 수소이온이 용출되어 주위의 지하수는 산성을 나타내며 금속이온을 함유하게 된다.

광산에서 펌프를 이용한 지하 채굴적의 지하수에 대한 강제배수로 노출된 채굴적은 지표를 통해 새로운 지하수가 계속해서 공급되며, 산화와 용출 과정이 반복되어 오염된 갱내수가 계속해서 유출된다(그림 4-6). 채굴로 인해 AMD가 발생하는 개념도는 그림 4-7과 같다.

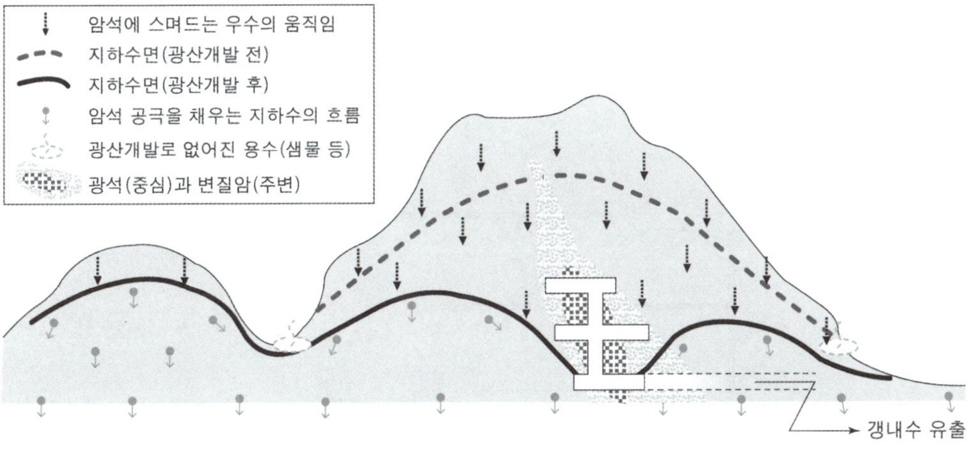

그림 4-6 지하 채굴적에서 갱내수 유출

일반적으로 황화광물을 다량 함유하고 있는 금속광물의 갱내수는 산성을 나타내고 많은 양의 철을 녹이게 된다. 황화광물 이외에 탄산염광물이나 산화광물을 채광한 금속광산의 갱내수는 보통 산성화되지 않는다. 또한 황화광물의 주변에 석회암이 존재하는 광산에서는 발생한 산성수가 알칼리물질인 석회암과 반응하여 중화되므로 갱내수 내 철의 농도가 낮고, 높은 pH의 물에도 녹는 Pb, Zn, Cd을 함유하는 경우도 있다.

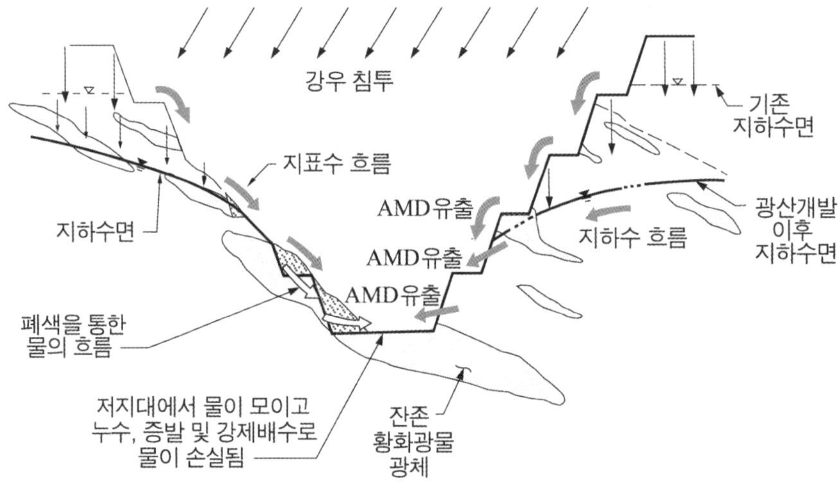

(a) 노천채굴적에서 황화광물 노출로 인한 산성광산배수 발생

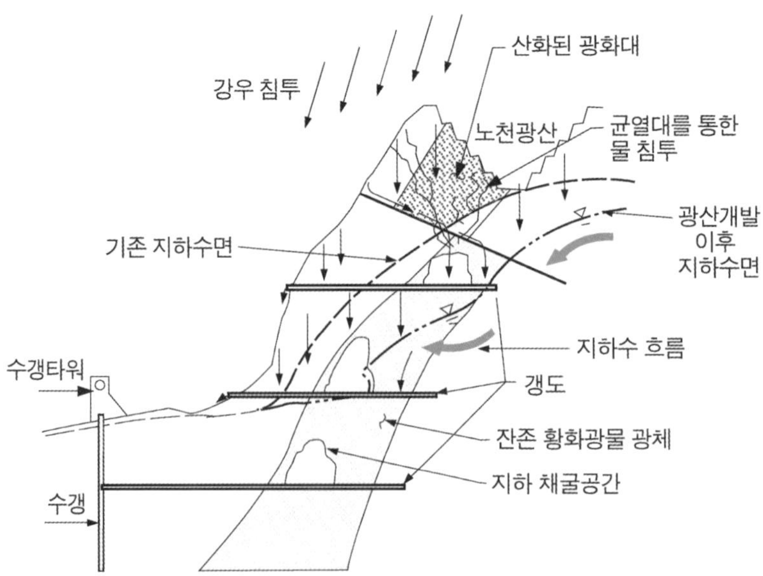

(b) 지하채굴로 인한 황화광물 노출과 물 및 공기의 접촉으로 산성광산배수 발생

그림 4-7 노천 및 갱내채굴로 인한 산성광산배수 발생(Hutchison & Ellison, 1992)

(2) 침출수

폐석이나 광물찌꺼기와 같은 광산폐기물의 적치장에서 스며 나오는 물을 침출수라 한다. 적치장에는 황화광물이 다량 존재하므로 강우시 지표수가 유입하면 잔존하는 황화광물의 산화가 이루어져 산성수가 발생한다(그림 4-8).

AMD 문제는 대부분 황화광물이 함유된 금속광산과 석탄광산에서 발생한다. 일반적으로 비금속광산은 혼탁수가 문제로서 AMD는 발생하지 않지만, 일부 납석광산에서 납석 광화작용에 의해 황화광물의 농집으로 AMD가 발생하여 폐석적치장 하부에 산성 침출수가 발생하고 있다.

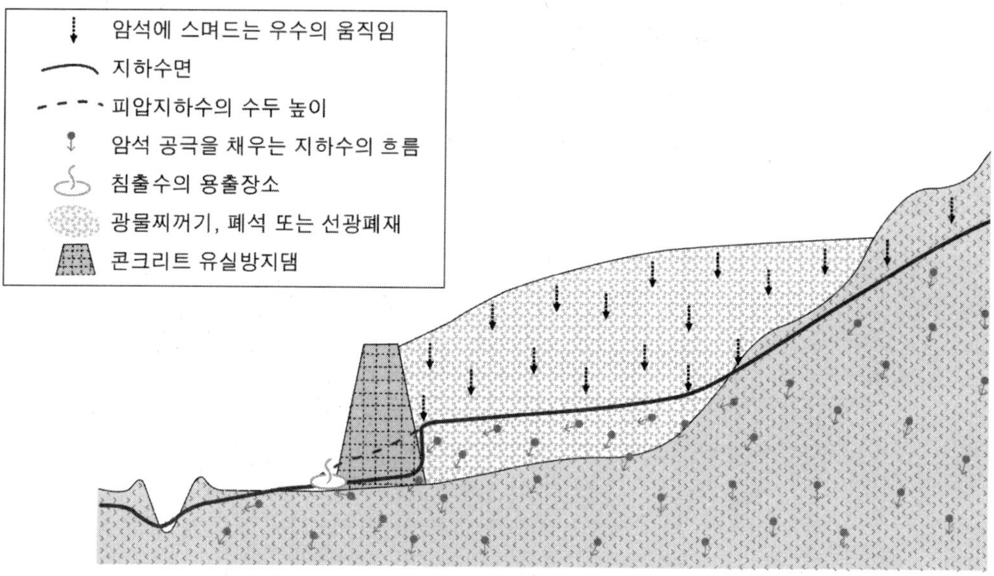

그림 4-8 광산폐기물 적치장에서 침출수 발생

폐석과 광물찌꺼기는 조립질과 세립질의 형태로 내부에 공극이 많고 통기성과 통수성이 좋아 황화광물이 산화되기 쉬워서 적치장 내를 통과하는 지하수는 짧은 시간에 산성화되며, 금속성분을 지속적으로 용출시켜 수질이 악화된다(그림 4-9). 특히 적치장이 지표수가 모이는 계곡 내에 위치한 경우에는 강우 후 짧은 시간에 주위의 지표수와 지하수가 침투하여 적치장의 하단에서 유출되는 침출수의 양도 많아진다.

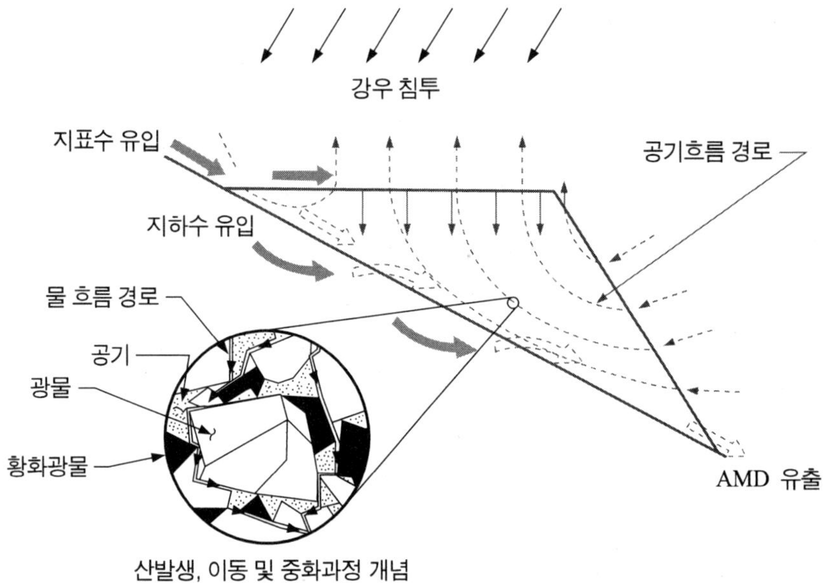

(a) 폐석적치장에서 AMD 발생 및 이동

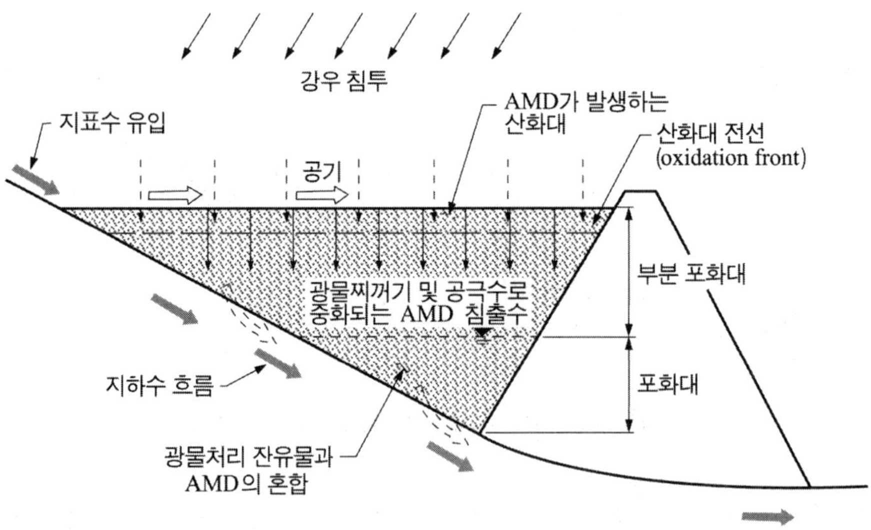

(b) 광물찌꺼기적치장에서 AMD 발생 및 이동

그림 4-9 광산폐기물 적치장에서 AMD 발생 및 이동(Hutchison & Ellison, 1992)

4.1.3 산성광산배수에 의한 환경적 영향

산업활동에 의한 단기적인 수질오염과는 다르게 광산개발 중은 물론 폐광 이후에도 AMD에 의한 수질오염이 장기적으로 지속된다. AMD는 자연수보다 pH가 낮고 산도와 Fe 및 황산(SO_4^{2-}) 이온 함량이 높으며, 반응하는 황화광물들에 따라 Al, Mn, Cu, Zn 등 금속성분이 포함될 수 있다. 이러한 금속성분으로 광산 주변 수계와 토양이 중금속으로 오염되며, 용존 금속성분의 산화과정에 의한 수중 용존산소의 감소로 수서생물의 서식환경을 파괴한다.

또한 금속수산화물의 침전으로 인한 탁도 증가와 하천 유로상에 수산화물(철수산화물 – 노란색이나 갈색 또는 적색, 알루미늄수산화물 – 백색, 망간수산화물 – 검은색)이 침전되어 하천경관을 훼손한다(그림 4-10). 아울러 AMD는 금속 용존성분의 농도가 높아 용수사용이 제한되며, pH가 낮고 산도가 높아 콘크리트구조물 등에 부식피해를 줄 수 있다.

(a) 철수산화물(적갈색 황화현상)

(b) 알루미늄수산화물(백색 백화현상)

그림 4-10 금속수산화물의 침전으로 인한 하천수로 오염

4.2 광산배수 특성조사 및 평가

4.2.1 광산배수 특성조사

광산배수 특성조사는 광산배수의 발생 원인과 수계에 미치는 영향 등을 조사하여 광산배수를 저감하거나 처리할 수 있는 방안 수립을 위해 실시한다. 이를 위해 현장 조사시 수질 및 유량을 측정하고, 이러한 자료를 DB화하여 정화시설 설계자료로 활용한다. 광산배수 수질특성 평가를 위한 항목은 표 4-3과 같으며, 이러한 항목은 정화시설 설치 등을 위한 기초자료로 유용하게 활용된다.

표 4-3 광산배수 수질특성 평가 항목(정영욱, 2006)

항목	측정단위	이유
pH	–	a, b
총산도	mg/L $CaCO_3$	b
총알칼리도	mg/L $CaCO_3$	a, b
전기전도도	μS/cm	d, f
부유물질(Suspended Solids; SS)	mg/L	c
황산염(SO_4^{2-}), 염소(Cl^-)	mg/L	d, e
칼슘, 나트륨	mg/L	c, e
마그네슘, 칼륨	mg/L	e
총철(Fe), 2가철(Fe^{2+})	mg/L	a, b, d, e
망간	mg/L	a, b, d
알루미늄	mg/L	b, d, e
아연, 구리, 니켈, 납, 크롬, 비소, 시안	mg/L	c, g
a, b, c	• 설계변수	
d	• 광산배수가 상수원으로 유입될 때 기본 설계변수	
e	• 분석의 품질관리를 위한 양이온–음이온 균형 평가 • 지구화학 모델링 수행	
f	• 광산배수의 전반적인 염도를 지시하며 10,000 μS/cm 이상에서는 식물이 성장하기 어려움. 소택지 적용시 활용	
g	• 광산배수에 mg/L 수준으로 존재 가능	

(1) 수질조사

1) 채수

광산배수는 가행 또는 폐광 등 조업 여부 및 우수기와 갈수기 등 계절에 따라 수질과 유량이 다르므로 수질 변동을 파악하기 위해 채수빈도를 정하여 정기적으로 채수(보통 2～5 L)를 한다. 주요 채수지점은 갱도, 광산배수 처리시설 방류구, 폐석 또는 광물찌꺼기적치장의 수로, 노천채굴적 등이며, 현장조사 현황도에 채수지점들을 표기한다.

광산배수가 방류되는 지점에서 하부 수계방향을 따라 흐르는 물의 대표성을 나타낼 수 있는 지점에서 일정간격으로 채수한다. 광산배수가 주변 수계로 합류될 경우 합류 후 수질은 변화하므로, 이런 경우 합류 전의 하천수 및 광산배수와 합류 후 물을 각각 채수한다(그림 4-11). 채수시에는 공기유입이 최소화되도록 채수용기의 벽을 따라 흐르도록 채우고 밀봉하여야 하며, 채수용기에 시료명, 채수위치, 채수일시 등을 기재한다.

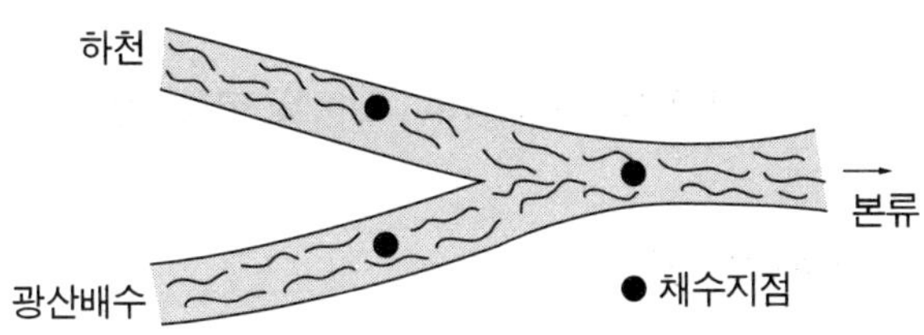

그림 4-11 광산배수 채수지점

2) 현장 수질측정

일반적으로 광산지역 현장에서 수행하고 있는 수질측정, 채수 및 분석과정은 그림 4-12와 같다. 물의 이동 또는 저장 중에 그 특성이 변화되는 수질항목은 현장에서 측정하는 것이 바람직하며, 용존 중금속 함량을 측정하기 위해 0.45 μm 멤브레인 여과지로 여과를 실시한다.

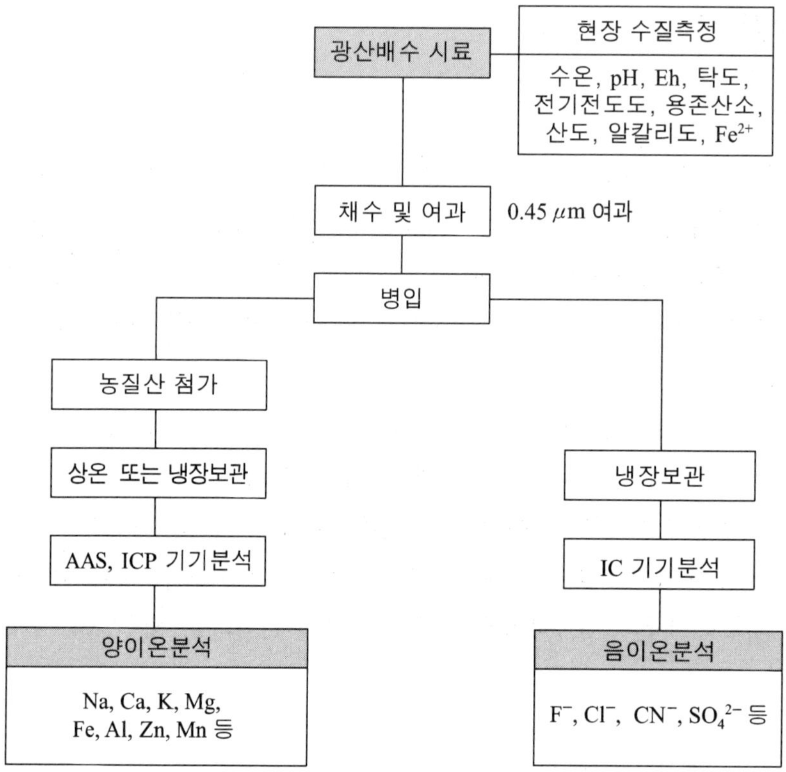

그림 4-12 수질측정, 채수 및 분석과정

① 대표적인 현장 수질측정 항목

(가) 수소이온농도(pH)

pH는 용액의 산성 또는 염기성 여부를 나타내는 값으로, 0에서 14까지 값의 범위를 갖는다. pH는 아래 식과 같이 수소이온농도 역수의 상용 로그함수이기 때문에 pH 1 차이는 실질적으로 10배의 농도 차이를 나타낸다. pH가 7이면 중성이고 이하인 경우는 산성, 이상인 경우는 염기성(알칼리성)이라 한다.

pH 측정은 일반적으로 유리전극 pH 측정기를 이용하여 현장에서 채수 직후에 측정한다(그림 4-13). 자연하천의 pH 범위는 5.5~8.5 사이이며, 식초는 약 3, 토마토 주스는 약 4.5, 정상적인 빗물은 약 5.6, 암모니아는 약 11 정도이다.

$$pH = -\log[H^+]$$

여기서, $[H^+]$: 수소이온농도(mol/L)

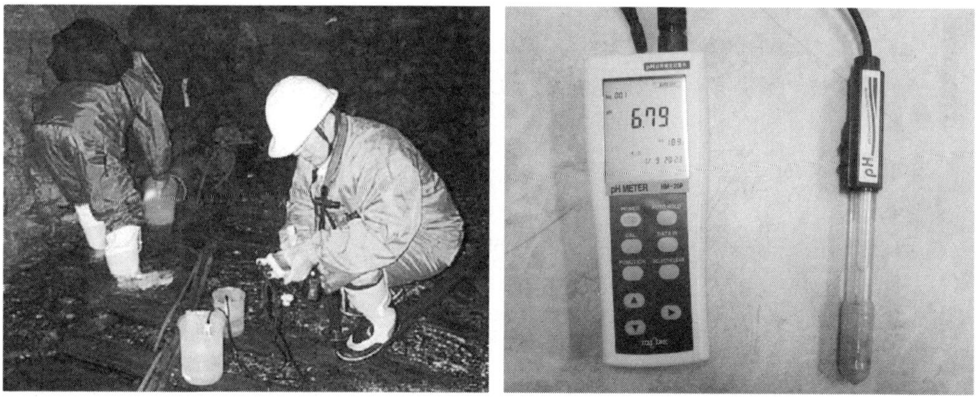

그림 4-13 현장용 pH 측정기를 이용한 갱내수 pH 측정

pH는 광산배수의 특징을 나타내는 대표적인 수질항목으로, pH 수준에 따라 금속이온이 침전 또는 용해한다. pH에 따른 금속이온의 용해도는 그림 4-14와 같으며, 광산배수 중의 금속수산화물들은 pH가 낮아짐에 따라서 용해도가 증가하는 경향을 보인다. 중화제를 사용하여 pH를 조정하면 AMD 중의 금속성분을 효과적으로 제거할 수 있다. 이와 같이 pH는 수질오염도 평가와 광산배수처리 설계에 중요한 수질항목이다.

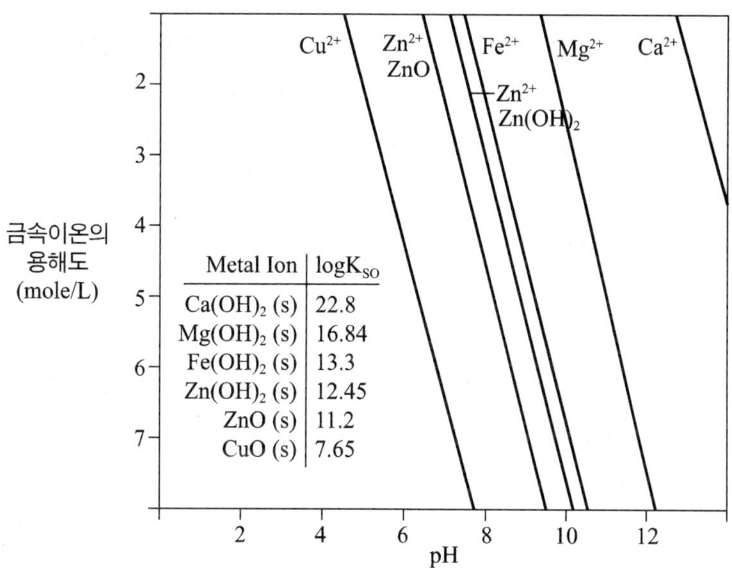

그림 4-14 pH에 따른 금속이온의 용해도(정영욱, 2006)

> **예제** 어느 석탄광산에서 두 개 지점의 갱내수를 채취하여 pH를 측정한 결과 2와 3이었다. 완전 혼합을 가정할 경우 각각의 갱내수를 2 L씩 혼합한 pH는 얼마인가?

풀이 $\mathrm{pH} = \log \dfrac{1}{[\mathrm{H}^+]}$

$$[\mathrm{H}^+] = \frac{10^{-2}\times 2 + 10^{-3}\times 2}{(2+2)} = 0.0055\,\mathrm{mol/L}$$

$$\mathrm{pH} = \log \frac{1}{[0.0055]} \fallingdotseq 2.26$$

(나) 산도(acidity) 및 알칼리도(alkalinity)

산도와 알칼리도는 광산배수의 수질 특성과 수처리시설의 설계 및 성능 평가시 활용할 수 있는 중요한 수질항목이다. 산도는 염기를 중화시킬 수 있는 능력으로, 산도가 크다는 것은 산 농도가 크기 때문에 이를 중화하기 위해 다량의 중화물질이 필요하다는 것을 의미한다. 산도에 영향을 주는 물질로는 이산화탄소와 무기산도(mineral acidity) 물질이다. 무기산도는 산업폐수에서 주로 발생하는데 황산 등과 같은 무기산들이 호기성 조건에서 황산화박테리아에 의해 황산이나 황화물이 되는 과정에서 산도를 높인다.

일반적으로 이산화탄소 등에 의해 형성되는 자연수의 산도는 작으나, AMD는 철과 알루미늄 등의 금속이온들이 물속에서 가수분해되면서 발생하는 무기산(H^+)에 의해 산도가 높게 나타나므로 다량의 알칼리 물질을 투여해야 산도를 제거할 수 있다. 산도는 다음 식과 같이 pH 측정값과 용존금속 농도로부터 계산할 수 있다.

$$\text{총산도}_{\text{계산}} = 50\left[1000\times 10^{(-\mathrm{pH})} + \frac{2C_{\mathrm{Fe}^{2+}} + 3C_{\mathrm{Fe}^{3+}}}{55.85} + \frac{3C_{\mathrm{Al}^{3+}}}{26.98} + \frac{2C_{\mathrm{Mn}^{2+}}}{54.94} + \frac{2C_{\mathrm{Zn}^{2+}}}{64.94}\right]$$

알칼리도는 산을 중화시키거나 완충할 수 있는 능력으로, 물에 존재하는 수소이온(H^+)을 흡수할 수 있는 능력이다. 수소이온을 흡수하는 알칼리도 유발성분은 탄산염(CO_3^-), 중탄산염(HCO_3^-), 수산이온(OH^-) 등이며, 알칼리도 단위는 물 1 L 당 탄산칼슘($CaCO_3$)인 mg $CaCO_3$/L이다.

신선한 물의 알칼리도는 약 20～200 mg $CaCO_3$/L이며, 알칼리도가 10 mg $CaCO_3$/L보다 작은 경우에는 pH의 변화에 대응하는 능력이 미약하여 약간의 수소이온의 증가에도 쉽게 pH가 변할 수 있다. 알칼리도가 높을 경우 수소이온을 흡수할 수 있는 능력이 크므로 외부에서 수소이온이 유입되더라도 pH 변화가 크지 않다. 알칼리도가 작은 물에 pH가 큰 산성광산배수가 유입되면 쉽게 pH가 변한다. 알칼리도는 다음 식과 같이 총알칼리도로 pH 4.5까지 주입된 산의 양을 $CaCO_3$로 표시한 것이다.

$$\text{알칼리도} = \frac{50 \times (N \times V)_{\text{산}}}{V_{\text{시료}}} \times 100$$

여기서, 알칼리도 : mg $CaCO_3$/L

$(N \times V)_{\text{산}}$: 부가한 산의 노르말 농도와 부피(mL)

$V_{\text{시료}}$: 시료 부피(mL)

(다) 용존산소(Dissolved Oxygen; DO)

용존산소는 물속에 용해되어 있는 산소의 양(mg/L 또는 %)으로, 물고기나 수생식물의 생존에 필수적인 요소로서 건강한 수서생태를 유지하기 위해서 필요한 수질항목이다. DO량은 주로 격막산소전극법으로 자동 측정한다(그림 4-15). DO량은 보통 수온이 증가하면서 감소하며, 수서생태계를 보호하기 위해서 DO가 6 mg/L 또는 80~90% 이하로 저하되어서는 안 된다고 제안하고 있다(AMIC, 1989)

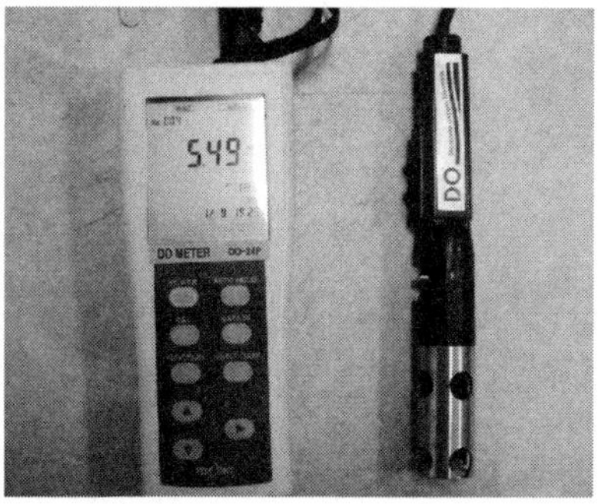

그림 4-15 용존산소 측정기

물속에 유입된 유기물이 호기성세균에 의해 분해되거나 광산배수 중에 존재하는 2가철의 산화과정에서 DO가 감소하며, DO가 일정수준 이하로 낮아지면 수중생물의 떼죽음이 발생한다. DO는 2가철의 산화속도에 관계되므로 광산배수 중화처리공정의 설계 요소로 활용한다. 이론적으로 DO 8 mg/L은 2가철 56 mg/L를 산화시킬 수 있으므로, 광산배수에 2가철의 농도가 3가철보다 높으면 폭기(aeration) 등을 통한 산소 공급으로 단시간에 2가철을 산화시켜 철을 제거할 수 있다.

(라) 전기전도도(Electrical Conductivity; EC)

전기전도도는 물이 전류를 전도할 수 있는 능력으로 1/저항이므로 저항을 측정함으로써 EC를 알 수 있으며, 단위는 mS/m (milliSiemens per meter, 1 mS/m = 10 μ mhos/cm)나 μS/cm를 사용한다. 황산염 농도는 광산영향의 좋은 지시요소이며, 광산지역에서 EC와 황산염은 상관관계를 가진다.

일반적으로 황산염과 용존이온의 농도가 높으면 EC가 높게 측정되므로, EC값으로 개략적인 광산배수의 오염도를 평가할 수 있다.

(마) 탁도(turbidity)

탁도는 수중의 부유물질(Suspended Solids; SS)에 의하여 물의 탁한 정도를 나타내는 수질지표로서, 빛을 입사시켜 부유물질에 의해 산란된 정도를 광학적으로 측정한다. 탁도의 단위는 NTU (Nephelometric Turbidity Unit)이며, 국내 음용수의 수질기준은 1 NTU 이하이다.

일반적으로 금속이온의 농도가 높은 광산배수가 유입되면 이들 금속성분이 침전물로 변해가는 과정에서 부유물질이 증가하여 물이 탁해진다. 탁도 측정자료는 광산배수가 인접 하천에 미치는 영향과 정화시설의 모니터링 등에 활용할 수 있다.

② 여과

수질기준에 철과 망간 등은 용존상태의 함량을 측정하도록 되어 있으므로, 채수시료의 용존 중금속 함량을 측정하기 위해서는 현장에서 여과를 실시한다. 용존성분 측정용 물 시료는 현장에서 일반적으로 0.45 μm 멤브레인 여과지 또는 주사기에 실린지 필터(Syringe filter)를 부착·여과하여 부유고체를 제거하며, 여과수는 양이온 및 음이온 분석용으로 분리하여 용기에 담는다.

3) 채수시료 보존처리

채수 후 즉시 수질측정을 하여야 하나, 부득이하게 현장에서 바로 측정하지 못할 경우 측정 항목별 보존방법에 따라 전처리하고 최대 보존기간 이내에 측정한다(표

4-4). 광산배수 현장 수질조사 및 보존처리하는 과정은 그림 4-16과 같다.

수중에 미량 존재하는 중금속이온이 시간 경과에 따라 용기벽에 흡착되거나 침전물 생성 또는 공침 등으로 농도가 감소되는 것을 방지하기 위하여 채수 즉시 소량의 농질산(HNO_3)이나 염산을 첨가해서 물의 pH를 약 1로 한다. 또한 6가크롬과 시안화물이온 측정용 시료는 소량의 수산화나트륨을 첨가하여 6가크롬 시료는 pH 7~9로, 시안화물이온 시료는 pH 12 이상으로 조정하여 4℃의 저온으로 보존한다.

표 4-4 측정 항목별 보존방법 및 보존기간

측정 항목	시료용기	보존방법	최대 보존기간 (권장 보존기간)
pH, 용존산소	폴리에틸렌용기, 유리병	–	즉시 측정
온도	–	–	즉시 측정
Fe, Ni, As, Mn, Pb, Cd, Cu, Zn, Cr	폴리에틸렌용기, 유리병	HNO_3 2 mℓ/L	6개월
Hg	폴리에틸렌용기, 유리병	HNO_3 2 mℓ/L	1개월
전기전도도, 6가크롬	폴리에틸렌용기, 유리병	4℃ 보관	24시간
시안	폴리에틸렌용기, 유리병	4℃ 보관, NaOH로 pH 12 이상	14일 (24시간)

(a) 현장 수질조사

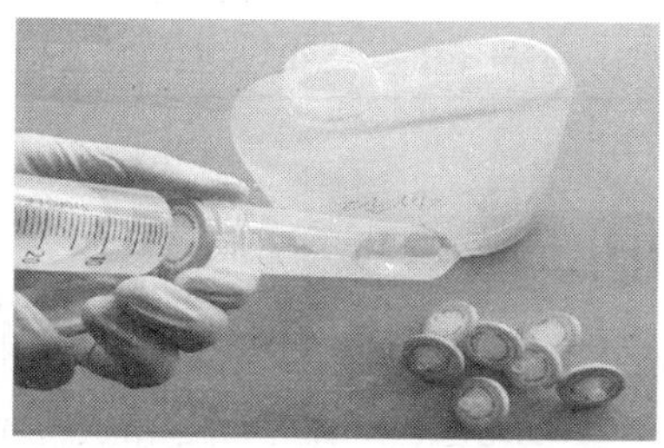

(b) 채수시료 여과(실린지 필터)

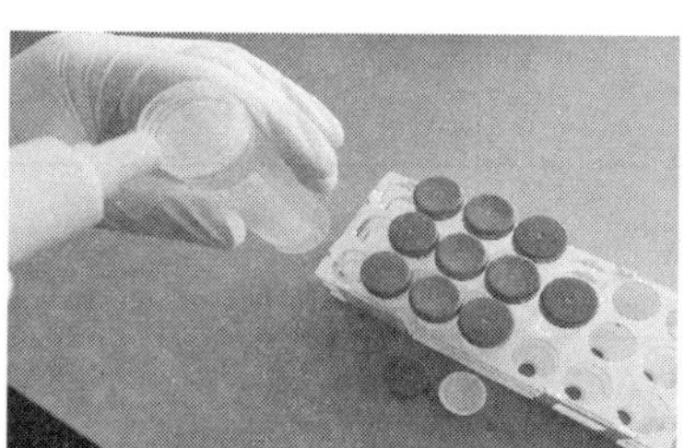

(c) 농질산 투입

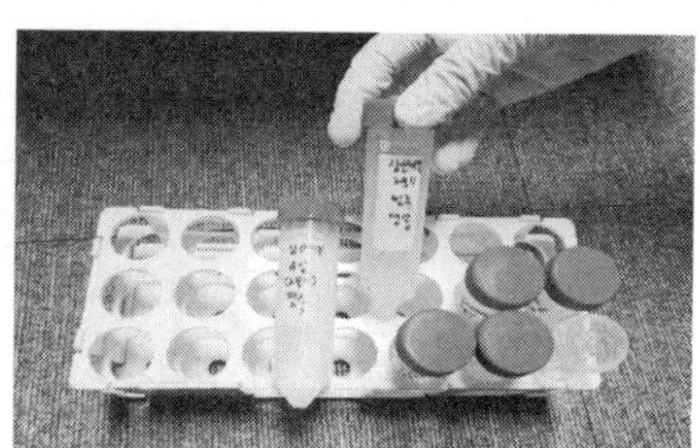

(d) 보존처리 시료

그림 4-16 광산배수 현장 수질조사 및 보존처리

4) 광산배수 시료분석

① 분석항목

광산배수는 광상 및 광종별 특성을 반영하여 양이온과 음이온의 분석항목을 결정한다. 광산배수에서 주로 분석하는 양이온은 Fe^{2+}, Fe^{3+}, Al^{3+}, Mn^{2+}이며, 광종에 따라 Cd^{2+}, Zn^{2+}, Cu^{2+} 등도 분석한다. 음이온은 SO_4^{2-}, HCO_3^-, CO_3^{2-}, Cl^- 등이며, 이중 광산배수에서 중요한 음이온은 황화광물의 산화작용으로부터 유래하는 SO_4^{2-}이다.

일반적으로 석탄광산 배수는 Fe, Mn, Al, SO_4^{2-}를 중심으로 필요시 항목을 추가하며, 금속광산 배수는 광종별 특성에 따라 위 항목 외에 As, Cu, Ni, Cd, Zn, Pb, Hg, Co 등의 필요항목을 추가 분석한다(표 4-5).

표 4-5 광종별 분석항목(한국광해관리공단, 2017)

구분	분석항목
금속광산	• 양이온 : Fe, Al, Mn, As, Cu, Zn, Pb, Cr, Cd, Ni, Co, Hg, Ca, Mg, Na, K, S, Si * 희토류, 우라늄 광종 : Th, U 추가 분석항목 • 음이온 : SO_4^{2-}, HCO_3^-, CO_3^{2-}, CN^-, Cl^-, F^-
석탄 또는 비금속광산	• 양이온 : Fe, Al, Mn, As, Ca, Mg, Na, K, S, Si • 음이온 : SO_4^{2-}, HCO_3^-, CO_3^{2-}, Cl^-, F^-

② 분석기기

광산배수의 시료분석은 일반적으로 양이온은 원자흡광 광도계와 유도결합 플라스마 발광광도계를, 음이온은 이온 크로마토그래피를 이용하여 분석한다(표 4-6).

표 4-6 분석기기별 분석대상 항목

구분	분석기기	분석항목
양이온	원자흡광 광도계(AAS)	• Cu, Zn, Pb, Ni, Cd 등
	유도결합 플라스마 발광광도계(ICP-AES)	• Cu, Zn, Pb, Ni, As, Cd 등
음이온	이온 크로마토그래피(IC)	• SO_4^{2-}, Cl^-, F^-, NO_3^-, PO_4^- 등

(가) 원자흡광 광도계(Atomic Absorption Spectrophotometry; AAS)

용액시료를 적당한 방법으로 해리시켜 중성원자로 증기화하여 생긴 기저상태의 원자가 이 원자층을 투과하는 특유 파장의 빛을 흡수하는 현상을 이용하여 광전측광(光電測光)과 같은 개개의 특유 파장에 대한 흡광도를 측정하여 시료 중의 원소를 분석하는 방법이다. 기기의 구성은 그림 4-17과 같이 광원부, 시료원자화부, 단색화부 및 측광부로 되어 있다.

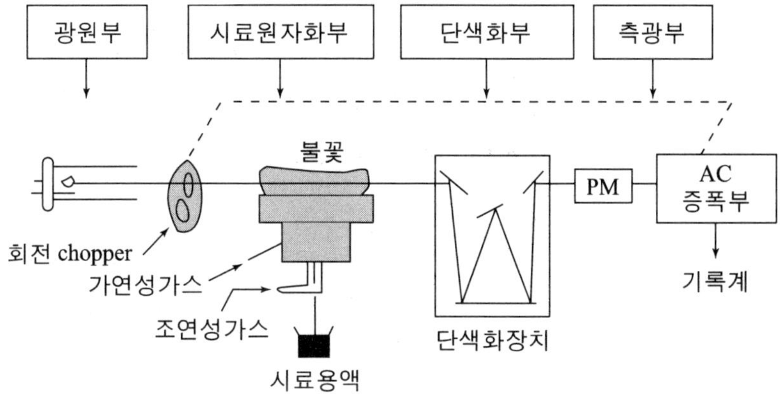

그림 4-17 AAS 분석기기의 구성

(나) 유도결합 플라스마 발광광도계(Inductively Coupled Plasma-Automic Emission Spectroscopy; ICP-AES)

시료를 고주파 유도코일에 의하여 형성된 아르곤 플라스마에 주입하여 고온(6,000~8,000°K)에서 여기된 원자가 기저상태로 이동할 때 방출되는 발광선 및 발광강도를 측정하여 원소를 분석하는 방법이다. 기기의 구성은 그림 4-18과 같이 시료도입부, 고주파전원부, 광원부, 분광부, 연산처리부 및 기록부로 되어 있다.

(다) 이온 크로마토그래피(Ion Chromatography; IC)

액체시료를 이온교환컬럼에 고압으로 전개시켜 분리되는 각 성분의 크로마토그램을 작성하여 분석하는 고속액체 크로마토그래피의 일종으로 액체 시료 중 음이온의 분석에 이용된다. 기기의 구성은 그림 4-19와 같이 용리액조, 시료주입부, 액송펌프, 분리컬럼, 검출기 및 기록계 등으로 되어 있고, 제조회사에 따라 분리컬럼의 보호 및 분석감도를 높이기 위하여 분리컬럼 전후에 보호컬럼 및 제거장치를 부착한 것도 있다.

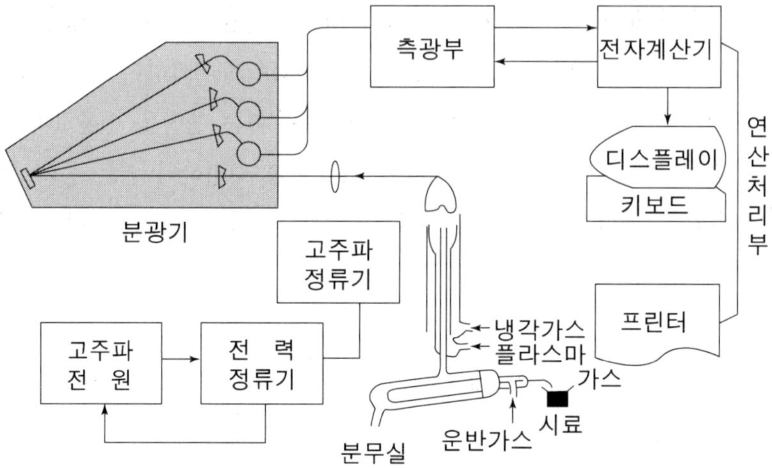

그림 4-18 ICP-AES 분석기기의 구성

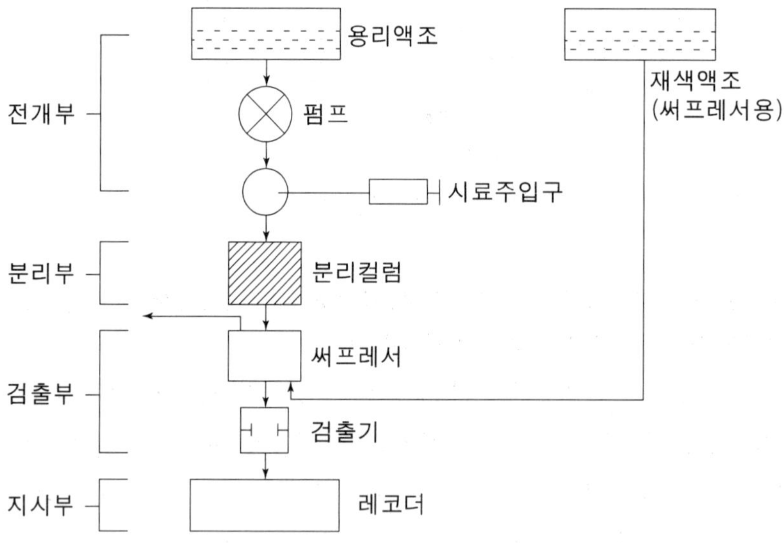

그림 4-19 IC 분석기기의 구성

5) 광산배수 수질분석 자료 도시

물에 존재하는 양이온과 음이온의 수질분석 결과를 그림으로 표현하여 시료채취 도면상에 나타내면 특정성분의 변화 추세를 이해하는데 유용하다. 수질자료를 시각적으로 표현하는 방법은 다양하나, 광산배수 분석에 파이퍼 다이아그램(Piper diagram), 스티프 다이어그램(Stiff diagram), 삼각 다이아그램을 주로 이용한다(그림 4-20). 다이어그램 축에 표시된 이온들의 농도 단위는 meq/L (milliequivalents per liter)로 표기하며, 다각형의 면적이 넓을수록 용존이온의 농도가 높다.

파이퍼 다이어그램은 수질특성을 주요 양이온과 음이온의 당량농도(equivalent concentration)의 상대적인 비율을 삼각형과 마름모 형태의 도표에 표시한 것으로, 여러 개소에서 채취한 시료들의 성분특성을 동시에 비교하는데 용이하다. 스티프 다이어그램은 다각형 형태로 농도 값이 0인 세로축을 기준으로 각 양이온과 음이온의 농도를 가로축에 표시하여 연결한 것으로, 서로 다른 기원을 가진 물을 쉽고 빠르게 비교하는데 유용하다. 삼각 다이어그램은 음이온과 양이온의 삼각도에 다이아몬드 도형으로 표시하여 수질특성을 분석할 수 있다.

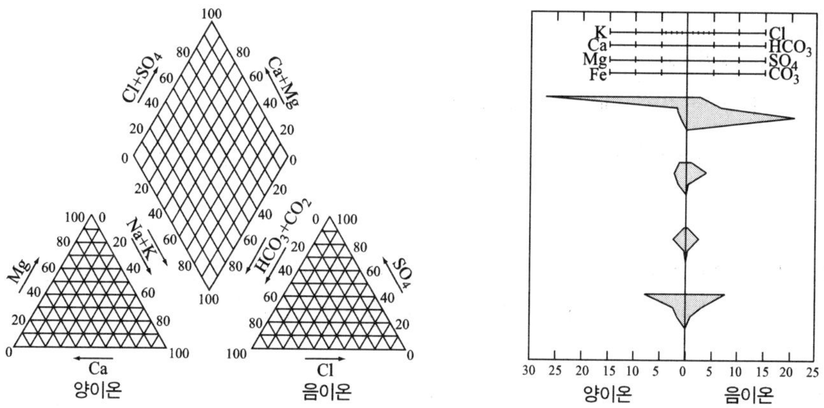

(a) 파이퍼 다이어그램 (b) 스티프 다이어그램

그림 4-20 광산배수 수질분석 자료 도시 방법

(2) 유량 측정

유량 측정자료는 적정 용량의 정화시설을 설계하는데 필수적인 기초자료이므로 정확한 계측은 매우 중요하다. 광산배수 유량은 연중 변화하므로 동일지점에서 우수기와 갈수기를 포함하여 정기적으로 측정하여야 하며, 최대와 최소 유량에 대한 자료를 확보하여야 한다. 유량은 구배에 따라 차이가 있으므로 정확한 유량 측정을 위해 평탄한 지형에 유량계를 설치한다.

광산배수가 합류되는 지점에 유량계를 설치하면 각 배출원별 유량을 알 수 없으므로, 갱내수 또는 침출수가 유출되는 개소마다 유량계를 설치하여야 한다.

1) 유량 측정방법

① 용기에 의한 유량 측정

유량이 소량 유출되는 경우 주로 사용하는 방법으로, 용량이 표기된 용기를 이용하여 유수를 채우는 데 소요되는 시간을 기록하여 소요시간으로 나누어 유량을 측정한다. 측정오차를 줄이고 정확성을 기하기 위해 광산배수를 10초 이상 담을 수 있는 용기를 사용하여 2회 이상 측정하여 평균값을 사용한다.

유량은 다음 공식에 의하여 산출한다.

$$Q = \frac{V}{t} \times 86.4$$

여기서, Q : 유량(m^3/일)
V : 용기에 채워진 광산배수량(L)
t : 유수가 용량(V)을 채우는데 걸린 시간(sec)

예제 용기를 이용하여 광산배수의 유량을 측정하고자 한다. 측정용기의 용량이 10 L이고, 이 용기를 채우는데 걸린 시간이 30초인 경우 하루에 발생하는 유량은?

풀이 $Q = \frac{V}{t} \times 86.4 = \frac{10}{30} \times 86.4 = 28.8$ (m^3/일)

② 측정용 수로에 의한 유량 측정

용기에 의한 유량 측정이 어려운 현장에서는 수로 상에 위어(weir)나 파샬플룸(Parshall flume) 등을 설치하여 유량을 측정한다(그림 4-21). 위어의 종류는 3각 위어와 4각 위어가 있으며, 수로 상에 위어를 설치하여 수두를 측정한 후 다음 공식에 의해 유량을 산출한다. 파샬플룸은 개수로에 잘록한 부분을 설치해 단면적은 줄이고 유속을 빠른 흐름으로 변화시키면 상류측의 높아진 수위가 유량과 일정한 관계를 갖는 것을 이용하여 수위계 등으로 측정한다.

최근에는 초음파 유량계(ultrasonic meter) 등과 같은 자동 유량측정계를 수로상에 설치하여 상시적으로 유량자료를 모니터링하고 있다.

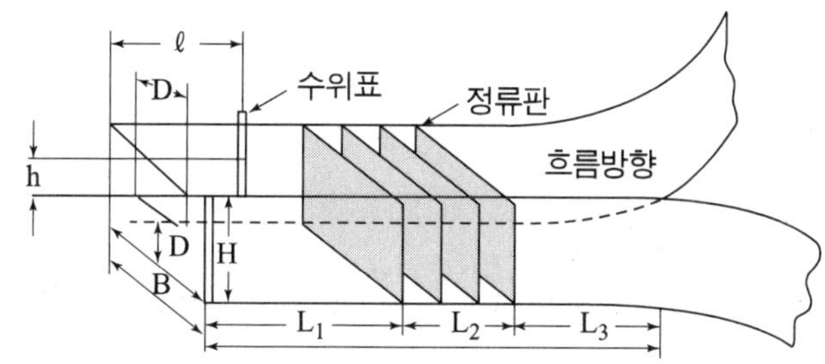

(a) 위어 모식도

(b) 3각 위어 전경

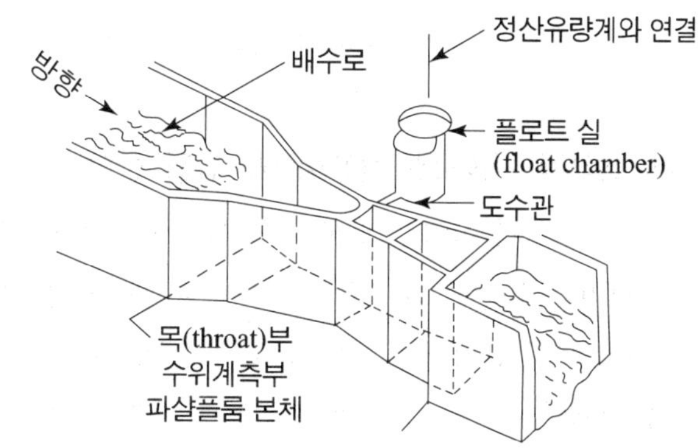

(c) 파샬플룸 모식도

그림 4-21 위어, 파샬플룸에 의한 유량 측정

(가) 직각 3각 위어

$$Q = K \cdot h^{\frac{5}{2}}$$

여기서, Q : 유량(m^3/분)

K : 유량계수 $= 81.2 + \dfrac{0.24}{h} + \left[8.4 + \dfrac{12}{\sqrt{D}}\right] \times \left[\dfrac{h}{B} - 0.09\right]^2$

B : 수로의 폭(m)

h : 위어의 수두(m)

D : 수로의 밑면으로부터 절단 하부점까지의 높이(m)

(나) 4각 위어

$$Q = K \cdot b \cdot h^{\frac{3}{2}}$$

여기서, Q : 유량(m^3/분)

K : 유량계수 $= 107.1 + \frac{0.177}{h} + 14.2\frac{h}{D} - 25.7 \times \sqrt{\frac{(B-b) \cdot h}{D \cdot B}} + 2.04\sqrt{\frac{B}{D}}$

B : 수로의 폭(m)

b : 절단의 폭(m)

h : 위어의 수두(m)

D : 수로의 밑면으로부터 절단 하부 모서리까지의 높이(m)

③ 펌프의 가동시간 자료로부터 유량 산정

펌프를 가동하여 광산배수를 배수하는 가행광산이나 현장에서 사용하는 유량 산정 방법이다. 유량은 배수펌프로 배출한 광산배수의 양과 같으므로, 가동시간 동안의 펌프용량과 가동시간을 곱하여 유량을 계산한다. 폐광으로 인해 폐탄광의 갱내수가 인접 가행탄광으로 월류되는 출수 피해를 예방하기 위한 펌핑작업 현장에서도 펌프의 성능 등을 감안한 오차를 반영하여 유량을 산정하고 있다.

2) 유량과 강수량 자료분석

지표수가 지하에 침투하여 갱내에 집적된 후 배출까지는 어느 정도 시간이 필요하다. 채굴적 상부 지반상태에 따라 차이가 있지만 집중호우가 내린 후 수일 정도 후에 유출량이 최대치를 나타낸다. 만일 갱내수량이 강우 후 바로 증가되거나 유량의 증가와 함께 수온이 변화된다면, 지표와 연결된 갱구나 채굴적 상부의 지표붕괴 등으로 지표의 물이 갱내로 유입되는 통로가 존재할 가능성이 높다.

이와 같이 갱내수량과 강우량은 밀접한 상관관계가 있으므로 이를 분석하여 정화시설 설계에 반영하여야 한다(그림 4-22).

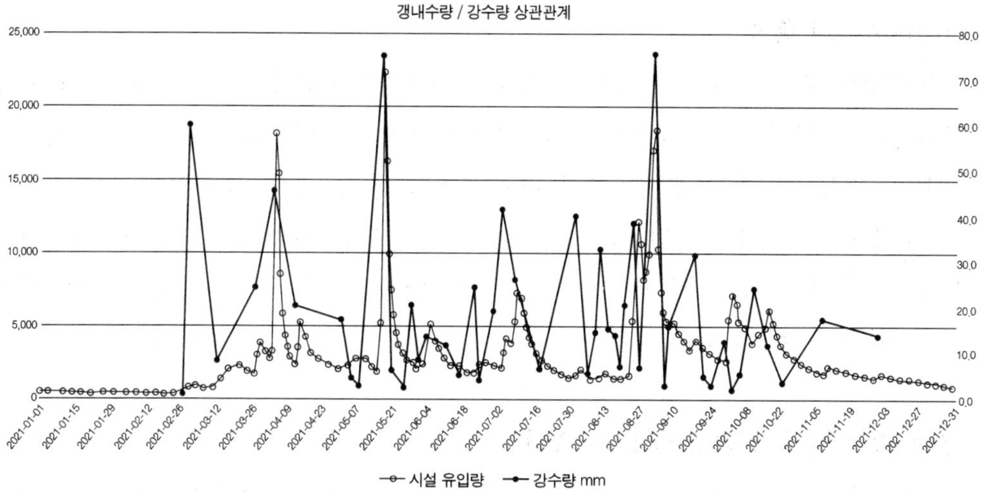

그림 4-22 갱내수량 및 강수량 모니터링 예시

4.2.2 산성배수 발생예측

광산개발이나 토목공사와 같이 굴착을 동반하는 공사에서는 대규모 암석이 산화상태로 노출되면서 산성배수가 발생할 수 있으므로, 환경피해를 예방하기 위해 사전에 산성배수 발생여부를 평가하여야 한다. 국내외적으로 산성배수의 발생 예측방법은 다양하나, 주로 산염기시험(Acid Base Accounting; ABA, Sobek et al., 1978)과 순산발생량시험(Net Acid Generation; NAG, Miller et al., 1997)을 활용하고 있다.

(1) 산성배수 예측 시험방법

1) 산염기시험(ABA)

산염기시험은 암석 내에 존재하는 총황(total sulfur) 함량을 이용한 산발생능력(Acid Potential; AP)과 이를 중화시킬 수 있는 산중화능력(Neutralization Potential; NP)을 비교하여 산성배수 발생 가능성을 평가하며, 시험과정은 다음과 같다.

① paste pH 측정

현장에서 시료를 채취하여 파・분쇄하고 증류수를 혼합하여 곤죽 형태의 paste에 대해 pH를 측정하며, paste pH 측정값으로 황철석의 산화 여부를 간이 평가하는 방법이다. 측정 목적에 따라 현장에서 바로 측정도 하며, paste 제조시 물 : 암석 비율을 조정하고 측정시간은 달리할 수 있다. 일반적으로 paste pH가 낮으면 산성배수 발생 가능성이 있다고 판단하나, 풍화가 되지 않은 신선한 시료는 paste pH가 증류수의 pH와 유사하여 향후 산성배수 발생 여부를 예측할 때 유의하여야 한다.

② 총황 분석 및 산발생능력(AP) 계산

황철석의 산화반응식을 이용한 이론적인 계산으로 황산의 발생량을 계산하여 잠재적인 산을 추정할 수 있다. 반응식에서 원자량은 Fe는 56 g, S는 32 g, O는 18 g, H는 1 g이므로, 1몰의 황철석(FeS_2, 120 g)은 2몰의 황산(H_2SO_4, 196 g)이 된다. 따라서 암석에서 황철석의 황 함량이 1% 존재하면 다음 계산과 같이 1톤당 30.6 kg의 H_2SO_4 (또는 31.25 kg의 $CaCO_3$)이 발생한다.

$$FeS_2 + 7/2H_2O + 15/4O_2 \rightarrow Fe(OH)_3 + 2H_2SO_4$$

$$\frac{196\,\text{g}\ H_2SO_4}{120\,\text{g}\ \text{황철석}} \times \frac{120\,\text{g}}{64\,\text{g}} \times 1\% = 30.6\,\text{kg}\ H_2SO_4/\text{t}$$

$$\frac{30.6\,\text{kg}\ H_2SO_4}{\text{t}} \times \frac{100\,CaCO_3}{98H_2SO_4} = 31.25\,\text{kg}\ CaCO_3/\text{t}$$

AP를 구하기 위해서는 총황(total S) 분석을 수행하여야 한다. 총황 분석은 보통 고온 연소방법으로 시료 내 포함된 총황 함량을 구하여 이를 모두 황철석 황으로 가정한 후 발생 가능한 AP를 다음 식과 같이 계산한다. 31.25는 1% 황철석 황이 산화되어 발생되는 황산을 $CaCO_3$로 변환시키기 위한 상수이다.

$$AP = \text{total S}(\%) \times 31.25\ \text{kg}\ CaCO_3/\text{t}$$

③ 산중화능력(NP) 계산

NP값을 구하는 시험은 시료 내 탄산염광물의 함량에 따라 염산(HCl) 첨가량을 다르게 첨가하면서 수행하며, 본 시험에 앞서 Fizz test를 실시한다. Fizz test는 25% HCl을 시료에 한두 방울 떨어뜨리면서 HCl의 반응 정도인 Fizz rating 결과에 따라 결정된 HCl과 증류수를 시료에 첨가하고 일정시간 용액을 끓인다. 식은 용액에 수산화나트륨(가성소다, NaOH)으로 pH 7까지 적정하여 시험에 사용된 HCl 및 NaOH의 주입량과 농도로부터 NP 값을 계산한다.

④ 산염기시험 결과의 평가

산염기시험 과정에서 얻은 paste pH, 황 함량, AP와 NP 값, AP/NP, NP와 AP의 차이인 산발생량 등의 자료를 종합하여 산성배수 발생 가능성을 평가한다.

시료에 대한 산염기시험 결과 AP가 NP보다 크거나 AP/NP가 1보다 클 경우 암석이 풍화작용을 받게 되면 산성배수 발생 가능성이 높다고 예측할 수 있다. 이러한 암석들이 포함된 광산폐기물 처리시 물과 산소에 접촉하지 않도록 차폐시설 계획을 수립하여야 한다. 그림 4-23은 AP와 NP 값을 도시한 사례로서, 많은 시료에서 AP/NP가 1보다 크므로 산발생 가능성이 높다고 평가할 수 있다.

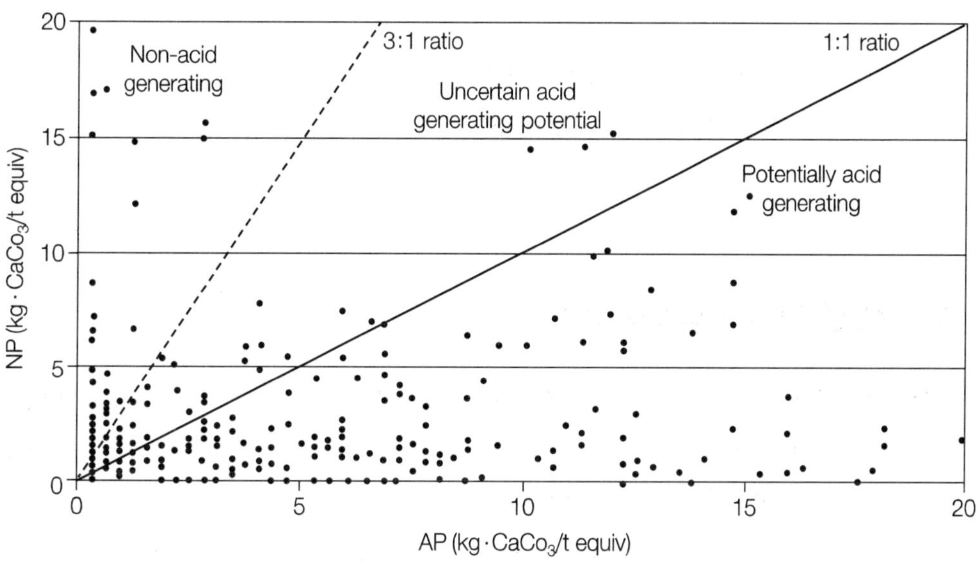

그림 4-23 AP와 NP 값의 도시 사례(www.robertsongeoconsultants.com)

예제 암석시료에 대한 시험 결과 산발생능력(AP) = 100g $CaCO_3$/kg, 산중화능력(NP) = 40g $CaCO_3$/kg이다. 이때 산발생량 값을 구하고, 이 암석시료가 화학적 풍화작용을 받게 될 경우 산성배수의 발생여부를 평가하시오.

풀이 1) 산발생량 = NP − AP = 40 − 100 = −60g $CaCO_3$/kg
2) AP > NP이므로 암석시료가 풍화작용을 받게 되면 산성배수가 발생할 것으로 예측

2) 순산발생량(NAG)시험

순산발생량시험은 시료(200 mesh 이하) 내 황화광물을 과산화수소(H_2O_2)로 강제 산화시켜 발생되는 산의 총량을 역적정을 통해 산발생량을 계산한다. 시료에 15% 과산화수소를 첨가하여 80∼90℃에서 반응시킨 후, pH를 측정하고 이를 최종 pH (NAG_{pH})로 정한다. NAG_{pH}에 따라 NaOH 용액을 주입하여 pH를 4.5 및 7까지 적정한 후 다음 식을 이용하여 NAG를 구한다. pH 4.5를 기준으로 NAG_{pH}가 이보다 작은 경우 산발생 시료로, 큰 경우 산을 발생하지 않는 시료로 분류한다.

$$\text{NAG (kg } H_2SO_4\text{/t)} = \frac{(V \times M \times 49)}{W}$$

여기서, V : 적정에 사용된 NaOH 용액의 양(mL)
M : NaOH 용액의 농도(mole/L)
W : 시료의 무게(g)

(2) 산발생 여부 시험결과 분석

산염기시험과 순산발생량시험 결과를 종합하여 산염기시험으로 획득한 순산발생능력(Net Acid Producing Potential; NAPP) 값과 순산발생량시험으로 얻은 NAG_{pH} 값을 함께 도시하여 암석시료의 산발생능력을 평가한다(그림 4-24).

그림에서 암석은 산발생(Potentially Acid Forming; PAF)군과, 산비발생(Non-Acid Forming; NAF)군으로 분류한다. 다만 2가지 시험결과가 서로 상이하여 산발생 여부가 불분명한 경우에는 불확실(Uncertain, UC)군으로 분류한다.

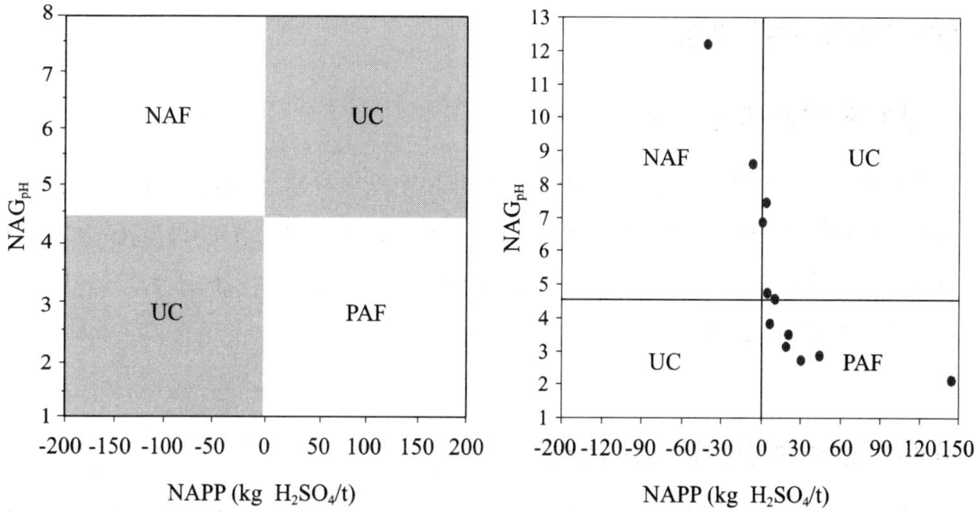

그림 4-24 산발생능력 평가결과 해석 및 분석자료 예시

4.2.3 광산배수 특성평가

(1) 광산환경에 따른 특성

광산배수의 수질특성은 광종(석탄, 금속, 비금속), 배출형태(갱내수, 적치장의 침출수, 노천광산의 채굴적 배수), 유출량 등의 광산환경에 따라 분류할 수 있다. 광종 및 배출형태에 따라 수질특성이 상이하므로 처리방법도 달리한다.

유출량은 총량기준으로 하루에 3,000 m^3 이상, 500～3,000 m^3, 500 m^3 이하로 분류할 수 있다(한국광해관리공단, 2017). 우리나라의 경우 보통 유출량은 석탄광산 갱내수나 노천광산의 채굴적 배수의 경우 하루에 500 m^3 이상 발생하며, 대부분의 금속광산 또는 비금속광산 갱내수나 폐석 및 광물찌꺼기적치장의 침출수는 500 m^3 이하로 발생한다.

(2) 수질에 따른 특성

1) 산도에 따른 특성

일반적으로 광산배수는 pH에 따라 분류하지만 정화시설 설계를 위해서는 pH보다 넓은 의미의 산도에 따라 분류한다. 순산도(net acidity)가 양(+)과 음(−)의 값에 따라 각각 산성배수, 알칼리성배수로 구분하며, 순산도가 양의 값일 경우 알칼리공급 공정이 반드시 필요하다.

2) pH 및 원소함량에 따른 특성

pH, 철 및 베이스메탈(base metal)은 광산배수에서 흔히 나타나는 중요한 오염원소이고 광산배수의 산도를 결정하므로, 처리를 위한 수질은 오염원소의 함량에 따라 분류할 수 있다. 표 4-7은 pH 및 원소함량에 따른 광산배수의 분류 예시이며, 표에서 M은 Cu, Zn, Pb, Cd 등 베이스메탈의 총 함량이다. Mn과 As는 동시에 처리가 어려우므로 분류항목의 하나로 고려한다.

일반적으로 베이스메탈과 As의 함량은 금속광산의 경우 높게 나타나므로 III 등급 이상으로, 석탄광산은 상대적으로 낮기 때문에 오염원소의 관점에서 대부분이 IV와 II 등급 이하로 나타난다(한국광해관리공단, 2017).

표 4-7 pH 및 원소함량에 따른 광산배수 분류(한국광해관리공단, 2017)

(단위 : mg/L)

구분	pH	Fe	베이스메탈	Mn	As
I	$pH \le 3$	$200 \le Fe$	$50 \le M$	$30 \le Mn$	$1 \le As$
II	$3 < pH \le 4.5$	$100 \le Fe < 200$	$10 \le M < 50$	$10 \le Mn < 30$	$0.25 \le As < 1$
III	$4.5 < pH \le 6$	$50 \le Fe < 100$	$2 \le M < 10$	$2 \le Mn < 10$	$0.05 \le As < 0.25$
IV	$pH > 6$	$2 < Fe < 50$	$M < 2$	$Mn < 2$	$As < 0.05$

광산배수의 오염 여부를 판단하는 항목은 pH와 유해 금속성분의 함량으로, 물환경보전법상 수질오염물질의 배출허용기준을 적용한다(표 4-8).

표 4-8 수질오염물질의 배출허용기준(물환경보전법, 2021년부터 적용되는 기준)

항목 \ 지역 구분	청정지역	가지역	나지역	특례지역
수소이온농도	5.8～8.6	5.8～8.6	5.8～8.6	5.8～8.6
시안(mg/L)	0.2 이하	1 이하	1 이하	1 이하
크롬(mg/L)	0.5 이하	2 이하	2 이하	2 이하
용해성 철(mg/L)	2 이하	10 이하	10 이하	10 이하
용해성 망간(mg/L)	2 이하	10 이하	10 이하	10 이하
아연(mg/L)	1 이하	5 이하	5 이하	5 이하
구리(mg/L)	1 이하	3 이하	3 이하	3 이하
카드뮴(mg/L)	0.02 이하	0.1 이하	0.1 이하	0.1 이하
수은(mg/L)	0.001 이하	0.005 이하	0.005 이하	0.005 이하
비소(mg/L)	0.05 이하	0.25 이하	0.25 이하	0.25 이하
납(mg/L)	0.1 이하	0.5 이하	0.5 이하	0.5 이하
6가크롬(mg/L)	0.1 이하	0.5 이하	0.5 이하	0.5 이하
불소(mg/L)	3 이하	15 이하	15 이하	15 이하
니켈(mg/L)	0.1 이하	3.0 이하	3.0 이하	3.0 이하

주) 광산에서 발생하는 갱수 및 폐수의 배출 기준(산업통상자원부, 2022년 기준) : 광산안전업무 처리지침 제36조

- 수소이온농도(5～9), 부유물질/생물학적 산소요구량(일반광 80, 석탄광 120 mg/L 이하), 화학적 산소요구량(일반광 90, 석탄광 130 mg/L 이하)
- 중금속 등의 오염물질 기준(단위 : mg/L) : 철(10 이하),아연(5 이하), 구리(3 이하), 납/시안(1 이하), 비소(0.5 이하), 카드뮴(0.1 이하)

* 광산 내에서는 배출 기준 제한 없음

4.3 광산배수 저감 및 처리

광산배수 처리를 위한 절차는 광산배수 특성에 대한 조사와 평가, 저감 및 처리방안 수립, 정화시설의 설치 및 운영관리의 과정이다(그림 4-25). 광산배수를 해결하기 위한 방법에는 광산배수의 유출량 또는 오염도를 저감(mitigation)하는 방법과 유출된 광산배수를 처리(treatment)하는 방법이 있다.

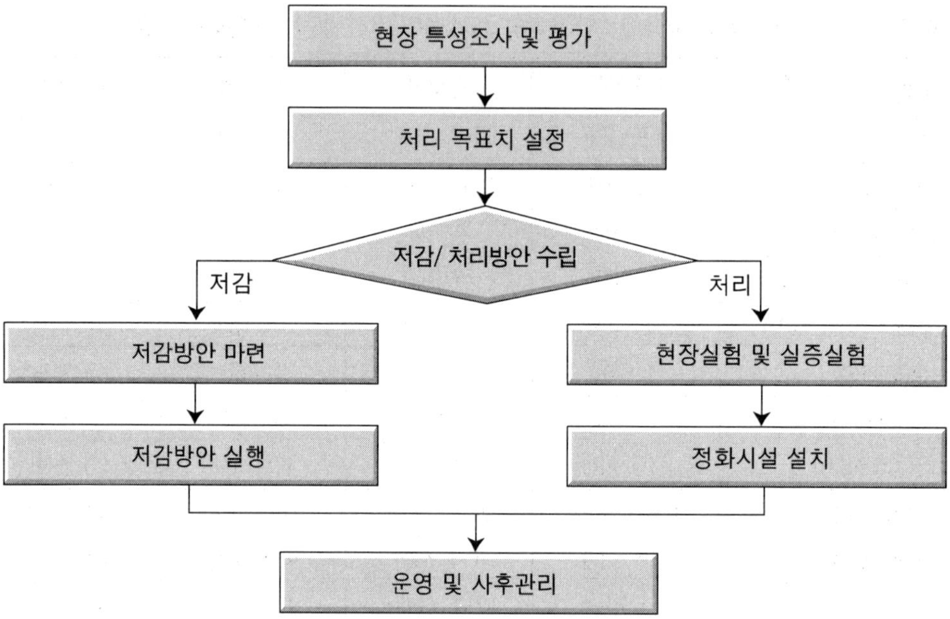

그림 4-25 광산배수 처리 절차

4.3.1 광산배수 저감

(1) 사전처리에 의한 광산배수 저감 방안

광산배수가 유출되는 지형을 활용하거나 갱도 차단 또는 산성배수 발생 방지기술 등의 사전처리를 통하여 광산배수를 저감하는 방법이다.

1) 갱도 차단

광산배수 생성을 억제 또는 감소시킬 목적으로 갱도를 차단하여 광산배수 유출과 공기유입을 방지하거나 갱도를 수몰시켜 황화광물의 산화작용을 제어하는 방법이다(그림 4-26). 유출량과 공기유입을 차단하는 완벽한 갱구의 밀폐는 공학적으로 쉽지 않으며, 갱도 차단으로 인해 지하수의 수압 등으로 지반이 약한 부분이나 다른 갱구를 통해 광산배수가 유출되어 오염원이 확산할 가능성이 있다.

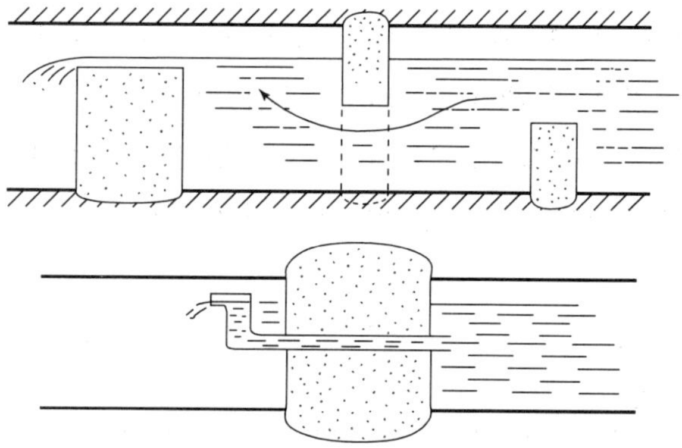

그림 4-26 광산배수 유출과 공기유입을 방지하는 갱도 차단 개념도

갱도를 차단하기 위해 갱도상 임의 지점에 댐체 형식의 플러그(plug)를 설치하면 물이 채워져 수위가 상승하며, 만약 상부 레벨(level)에 외부로 연결된 갱도가 있다면 갱내수는 머지않아 상부 레벨에서 흘러나오게 될 것이다. 플러그 설치시 플러그 뒤쪽으로 개발 정도에 따라 수십 m에 달하는 댐의 수압에 해당하는 수두가 형성될 수 있으며, 암반이 연약한 경우 플러그 설치 후 누수가 발생할 수 있다(그림 4-27).

이러한 이유로 플러그 설치로 인해서 예상치 못한 지점으로 광산배수가 월류 또는 지표면으로 유출되는 문제가 발생할 수 있다. 갱도 차단 계획을 수립할 때에는 사전에 광산도면을 기본으로 주변지역의 지형과 지질, 지하수위, 암반 내에 분포하는 연약지역이나 함몰지역, 인접광산과 연계성 등의 조건을 분석하는 것이 필요하다.

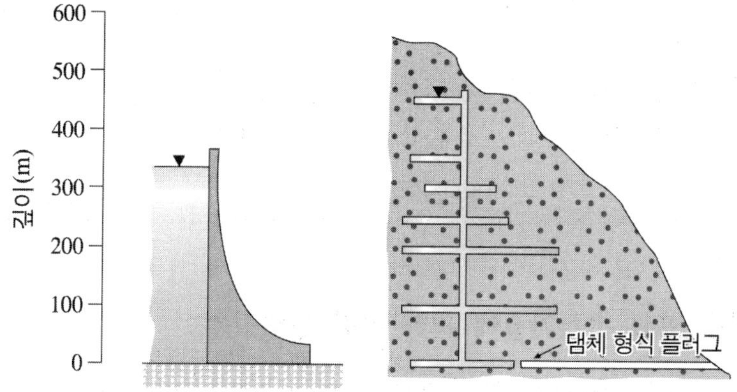

그림 4-27 최하부 수준의 갱도 차단으로 발생되는 수압(Younger & Wolkersdorfer, 2004)

갱도 차단방법에는 표 4-9와 같이 완전 차단(차수, zero discharge), 하부갱도 차단(overflow type), 공기차단법(air sealing), 혼합방법이 있다. 국내 폐탄광에서 상부갱도로 광산배수를 유출하기 위하여 하부갱도 차단과 공기차단법을 병행하여 시공한 사례가 있다. 또한 유량을 감소하기 위하여 플러그 설치나 그라우팅공법 등도 적용하고 있다.

표 4-9 갱도 차단방법

구분	갱도 차단방법	모식도
완전 차단	• 물이 유출되지 못하도록 기존 갱구를 석회석 등과 같은 충전물, 몰타르 등으로 플러그를 설치하여 완전 충전 밀폐하는 방법	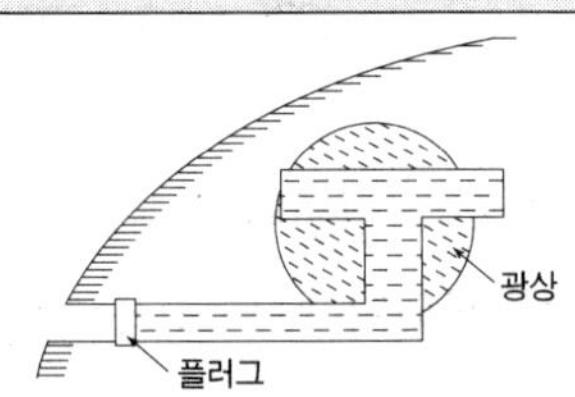
하부갱도 차단	• 하부에 있는 갱도를 완전 차단하고 개방된 상부 갱도까지 침수를 유도하여 갱내수가 유출되도록 하는 방법으로, 황화광물 채굴적은 갱내수에 의해 침수되어 산화작용이 억제	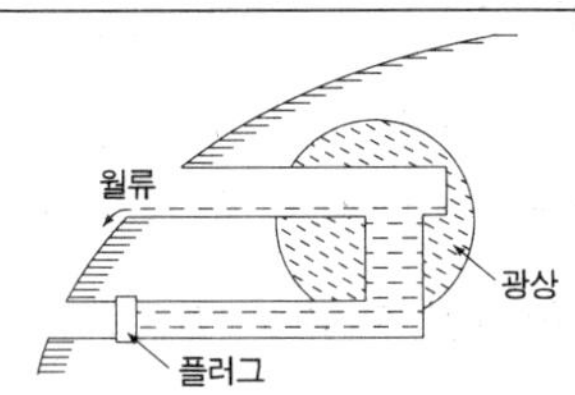
공기차단법	• 플러그의 시공이 어렵거나 누수가 예상될 경우 고려할 수 있는 방법으로, 물은 방류되고 공기의 유입을 차단하는 방법	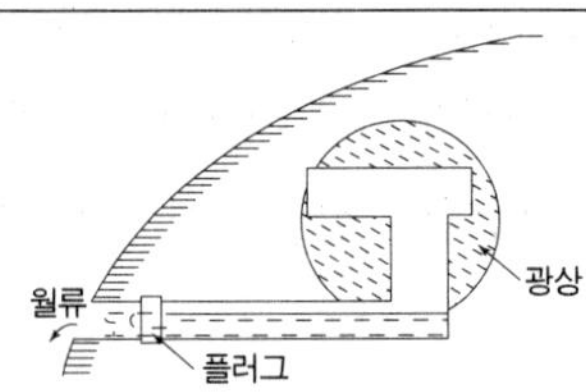
혼합방법	• 하부 갱도를 차단하고 상부 갱도에 공기차단을 위한 댐을 설치하여 갱내수를 월류시키는 방법	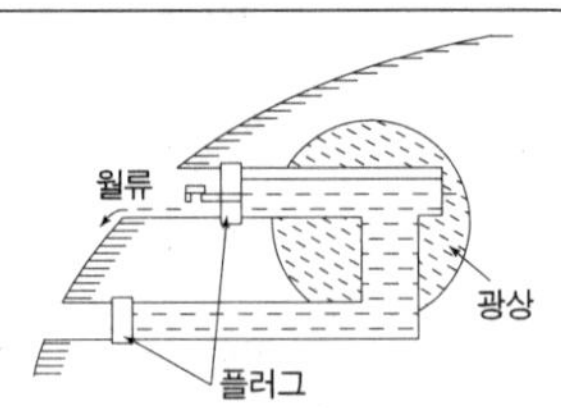

2) 산성배수 발생 방지기술에 의한 저감 방안

산성배수 발생을 예방하기 위해 황화광물을 함유하고 있는 채굴적 및 광산폐기물에 대한 산화방지 조치가 필요하다. 아울러 산성배수가 형성되는 것을 방지하기 위해 외부 유입수의 유입을 최소화하는 집수대책과 황화광물의 산화반응을 억제하기 위해 적치장 일대에 차수대책과 상부 덮개・복토하는 방안도 필요하다.

국내외적으로 노출된 채굴적이나 황화광물 표면에 과산화수소 등을 살포하여 불활성 피막을 형성하여 산성배수를 저감하거나, 살균제 등을 사용하여 산을 만드는 박테리아의 성장을 억제하는 실증연구도 실시하고 있다(표 4-10).

표 4-10 산성배수 발생 방지기술의 종류 및 내용(이창우 등, 2014)

종류	방지기술 내용
소수성 피막 형성 (hydrophobic coating)	• 박테리아의 활동과 화학적 산화를 억제하는 약품(fatty acid amine)을 이용하는 방법으로, amine으로 처리하면 황철석은 소수성을 갖게 되고 황철석 표면에서 산화제(예 : Fe^{3+})를 몰아내는 역할을 함.
불활성 피막 형성 (inlet coating)	• 과산화수소를 이용하여 황화광물의 표면을 산화시키고 potassium orthophosphate로 코팅시키는 방법으로, 분리된 고농도 황화광물의 처리법으로 사용 가능함. 그러나 경제성평가 및 현장 시공시 기술적 검토가 필요함.
살균제 살포 (bactericides)	• 살균제를 이용하여 박테리아 세포 표면에 있는 film을 분해하는 방법으로, 산성환경으로부터 박테리아를 보호하는 film이 제거되면 박테리아는 생존할 수 없음. • 살균제는 acidophilic bacteria(T. ferrooxidans, T. thiooxidans)의 활성을 일시적으로 막을 수 있으나 살균제가 없어지면 국부적인 환경에서 박테리아가 다시 급속히 성장할 수 있음. 고함량의 황화광물이 포함된 곳에서 산화를 지연시키는 효과적인 방법임.

4.3.2 광산배수 처리기술 분류 및 선정

광산배수 처리기술은 인공에너지나 화학약품을 이용하는 적극적처리법(active treatment)과 약품을 사용하지 않고 석회석, 미생물 등의 생화학적 반응을 이용하는 소극적처리법(passive treatment)으로 분류할 수 있다(그림 4-28).

일반적으로 소극적처리법을 자연정화법이라 하며, 본서에서는 서술의 일관성을 유지하고 용어 혼용사용에 의한 혼란을 방지하기 위해 소극적처리법을 자연정화법으로 서술한다.

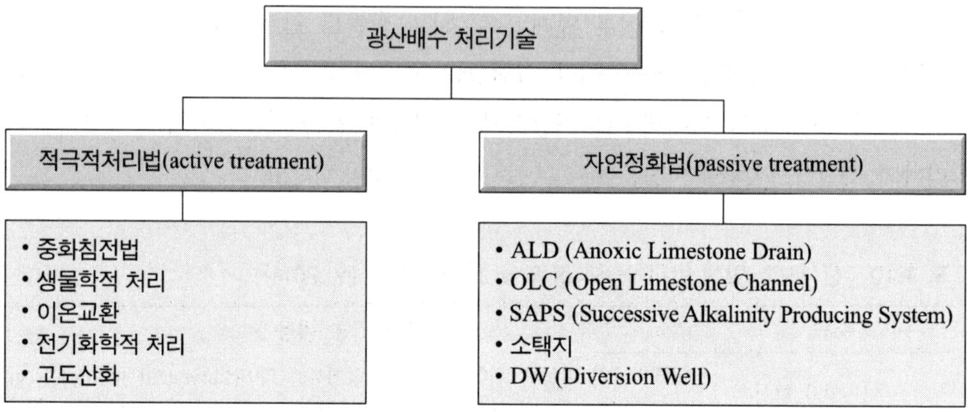

그림 4-28 광산배수 처리기술의 분류

광산배수 처리기술은 오염부하, 수질정화 목적, 비용 등을 고려하여 선정하며, 이중 오염부하가 가장 중요한 요소이다. 일반적으로 유량이 많고 오염농도가 높아 오염부하가 크면 적극적처리법을, 유량이 적고 오염농도가 낮아 오염부하가 작으면 자연정화법으로 처리한다(그림 4-29). 적극적처리법은 자연정화법에 비해 정화효율이 우수하고 정화부지가 적게 소요되는 장점이 있으나, 지속적으로 약품과 전기동력 등을 사용하므로 유지관리 비용이 많이 소요되는 단점이 있다.

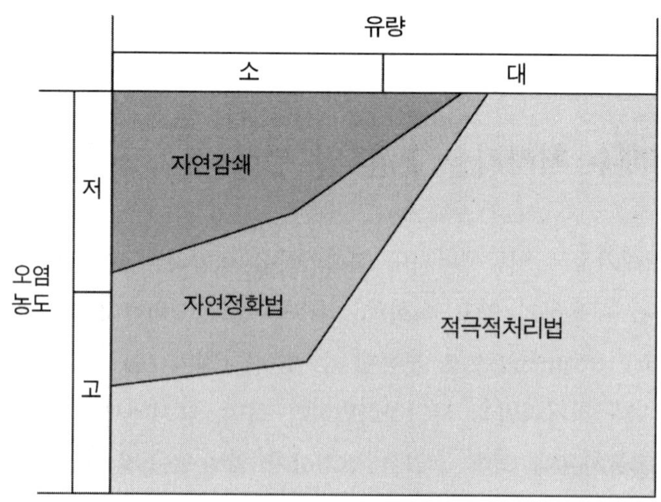

그림 4-29 오염부하에 따른 처리기술의 적합성(Younger et al., 2002)

우리나라는 광해방지사업 초기에는 사후관리비용 등의 문제로 대부분 자연정화법을 적용하였다. 정화효율 등을 고려하여 오염부하가 큰 가행탄광과 폐광산에서 적용되는 적극적처리법을 물리화학처리법이라 하며, 이러한 정화시설을 물리화학처리시설이라 한다.

배출수는 가행광산의 경우 광산안전법상 갱수 및 폐수의 배출기준(생물학적·화학적 산소요구량, 부유물질, pH, 중금속 등의 오염물질)을 적용하며, 폐광산에 대한 배출허용기준은 별도로 없으나 물환경보전법상 청정지역 기준을 적용하고 있다(표 4-8).

4.3.3 적극적처리법

적극적처리법에는 중화침전법, 생물학적 처리, 이온교환, 전기화학적 처리 등이 있으나, 국내외적으로 AMD 처리에 주로 pH조정법인 중화침전법을 적용한다. 일반적으로 광산에 적용하는 중화침전법의 처리공정은 유량조정조 → 산화중화조 → 응집조 → 침전조 → 농축조 → 탈수 공정 등으로 구성한다(그림 4-30).

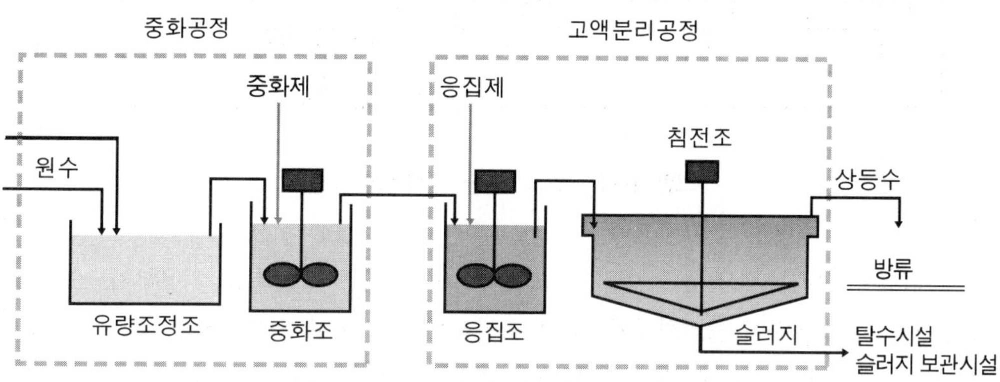

그림 4-30 일반적인 중화침전법 처리 공정도

광산배수는 유량조정조에서 일정시간 체류하면서 수질의 균등화를 도모하고, 중화조에서 중화제를 투입하여 pH를 조정하고 산화조에서 공기를 불어넣어 광산배수에 용해된 금속이온을 산화시켜 미세한 부유물질이 형성되어 부상한다. 응집조에서 응집제를 투입하여 부유물질을 덩어리 형태로 형성시켜 침전조에서 부유물질이 가라앉고 상등수는 방류하며, 침전조에 침전된 슬러지는 탈수처리 후 반출한다.

금속수산화물의 밀도는 물에 비하면 크지만 작은 입자끼리 결합함에 따라 입자와 입자 사이의 공극이 많아지고 공극에 물을 가둠에 따라 밀도가 작은 느슨한 슬러지가 생성된다(심연식, 2007). 이러한 슬러지는 탈수시켜도 수분이 잘 빠지지 않고 부피가 커서 슬러지처리에 문제가 발생한다.

슬러지 부피를 감소하기 위한 처리법으로 침전조의 슬러지 일부를 중화조로 반송시켜 입자가 크고 밀도가 높은 슬러지를 형성하는 슬러지반송 중화처리법(High Density Sludge; HDS)도 적용하고 있다(그림 4-31). 국내외적으로 소석회를 이용한 HDS 공정을 적용하고 있으며, 반송슬러지와 중화제 입자의 공침 등으로 슬러지 밀도를 약 20% 이상 높여 슬러지 발생량 저감에 활용하고 있다.

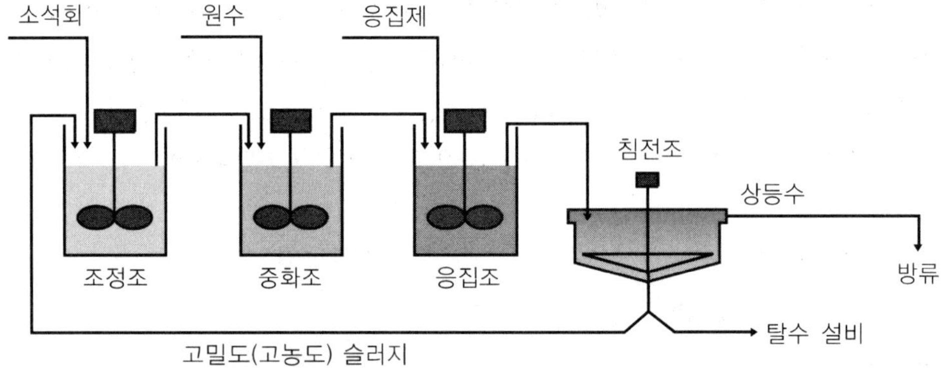

그림 4-31 슬러지반송 중화처리 공정

국내에서 유량은 적으나 오염도가 높은 폐광산의 경우 수질특성, 가용부지, 슬러지 발생량 등을 고려하여 물리화학처리법과 자연정화법의 단위공정을 결합한 Semi-active 시설을 설치 · 운영하고 있다(그림 4-32). 일부 문헌에서 Semi-passive시설이라 서술하나, 본서에서는 용어사용에 의한 혼란을 방지하기 위해 한국광해광업공단에서 사용되고 있는 용어인 Semi-active시설로 서술한다.

Semi-active 공정은 알칼리공급을 위한 전단의 공정은 물리화학처리법의 단위공정 중 pH조정조, 폭기조, 응집조 등을 전단에 배치하고, 금속의 산화 · 침전을 위한 후단의 공정은 자연정화법의 장방형 침전조와 호기성소택지 공정을 적용한다.

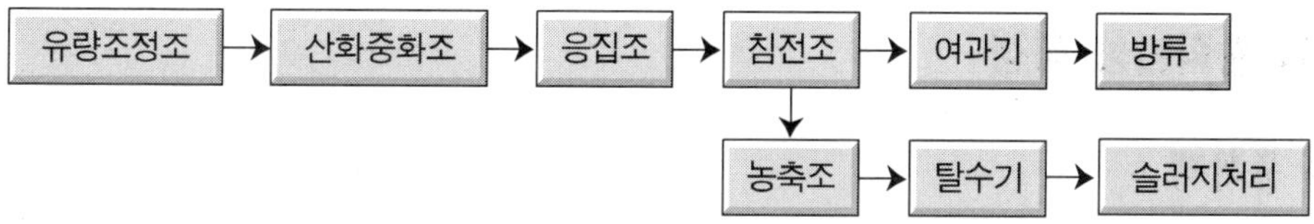

(a) 물리화학처리시설 처리 계통도

(b) 폐석탄광산 물리화학처리시설

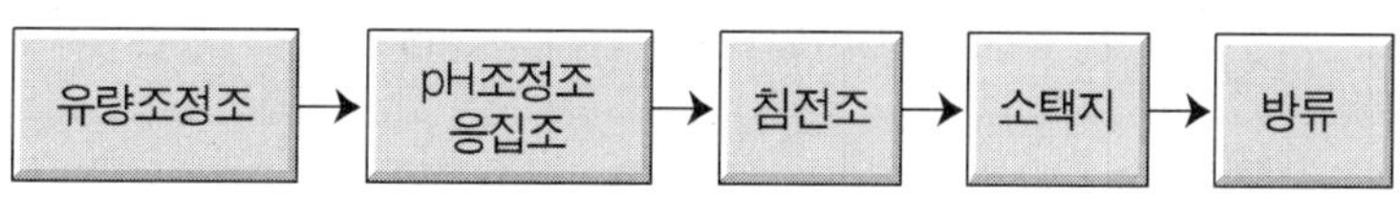

(c) Semi-active시설 처리 계통도

(d) 폐금속광산 Semi-active시설

그림 4-32 국내 폐광산 수질정화시설 처리 계통도 및 시설 전경

(1) 중화반응 공정

1) 중화제

광산배수의 pH를 상승시키는 용도로 사용되는 중화제는 다양하나 용해성, 침강·탈수성, 경제성 및 슬러지 발생량 등을 분석하여 선택한다(표 4-11). 석회석을 900℃ 이상으로 가열하면 열분해반응으로 생석회(CaO)가 만들어지며, 물을 첨가할 경우 수화반응에 의해 소석회[$Ca(OH)_2$]가 형성된다.

AMD 중화처리시 중화제로 대부분 가격이 저렴한 소석회를 사용하며, 국내 일부 탄광에서는 중화제로 가성소다(NaOH)를 사용한다. 중화제 투입으로 pH 변화에 따른 금속원소의 침전 경향을 분석하여 최적의 pH와 중화제 비율을 선정한다.

표 4-11 각종 중화제의 특성 비교(JOGMEC, 2006)

중화제(화학식)		용해성	침강·탈수성	반응속도	중화력	경제성
Ca 계열	소석회 $Ca(OH)_2$	○	△	○	○	△
	생석회 CaO	○	△	○	○	○
	석회석 $CaCO_3$	△	◎	△	△	◎
Na 계열	가성소다 NaOH	◎	×	◎	◎	×
Mg 계열	백운석 $Mg(OH)_2$	△~○	△~○	△~○	○	△~○
	산화마그네슘 MgO	△~○	△~○	△~○	○	△~○

주) ◎ : 아주 양호, ○ : 양호, △ : 중간, × : 나쁨

소석회는 다음 식과 같이 물에 용해되어 Ca^{2+} 이온과 수산기(OH^-)가 생기며, 이 수산기는 광산배수의 중화는 물론 금속이온과 결합하여 용존금속을 금속수산화물로 침전시킨다. 황산염이 고농도로 존재하는 광산배수를 석회로 처리하면 석고 스케일 형성과 석고가 다량 포함한 슬러지 발생이 문제가 될 수 있다. 비칼슘계인 가성소다로 처리하면 스케일 형성을 방지할 수 있으나, 가격이 상대적으로 비싸고 용해시 열

이 발생하므로 취급에 주의해야 한다.

일반적으로 소석회는 정화시설 내 사일로(silo)에 분말 상태로 저장하며, 소석회를 용해하여 5～20% 정도의 슬러리로 만들어 광산배수에 투입한다.

$$CaO + H_2O \rightarrow Ca(OH)_2 \qquad Ca(OH)_2 \rightarrow Ca^{2+} + 2OH^-$$
$$Al^{3+} + 3OH^- \rightarrow Al(OH)_3 \qquad Fe^{3+} + 3OH^- \rightarrow Fe(OH)_3$$
$$Pb^{2+} + 2OH^- \rightarrow Pb(OH)_2 \qquad Zn^{2+} + 2OH^- \rightarrow Zn(OH)_2$$

2) pH 조정에 의한 오염원의 제거

광산배수의 주요 오염성분인 철은 2가철과 3가철 형태로 존재한다. 2가철은 pH 12에서, 3가철은 pH 8에서 용해도가 낮게 나타나는 특성을 이용하여 중화제로 광산배수의 pH를 조정하여 철을 제거할 수 있다(그림 4-33).

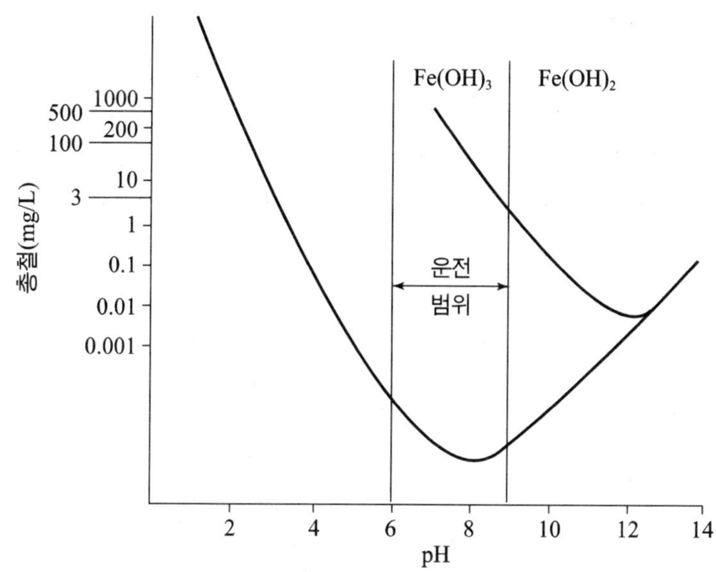

그림 4-33 다양한 pH 조건에서 2가철 및 3가철의 용해도 비교(Sengupta, 1993)

pH에 따라 금속수산화물의 용해도가 달라지므로 오염원을 금속수산화물로 제거하기 위한 적정 pH 범위를 설정하여야 한다(표 4-12). 광산배수의 pH가 약 9 이상일 경우 금속이온의 재용출 가능성이 있으므로 2단계의 중화공정을 적용하는 것이 효율적이다.

Fe, Al, Mn 농도가 높은 경우 Mn을 제거하기 위하여 pH를 9~10 이상으로 높이면 Al이 재용출되기도 한다. 이러한 경우 pH를 중성 부근으로 조절하여 Fe, Al을 침전 제거하고, 후단에서 pH를 조금 더 높여 Mn을 침전 제거한다. 또한 과망간산칼륨($KMnO_4$) 등의 산화제를 투입하여 비교적 낮은 pH에서 Mn을 제거하여 Al 용출을 방지할 수 있다.

표 4-12 금속수산화물로 제거하기 위한 적정 pH 범위(Kelly, 1988)

금속	Fe^{3+}	Al^{3+}	Pb^{2+}	Cu^{2+}	Zn^{2+}	Fe^{2+}	Cd^{2+}	Mn^{2+}
최소 pH (수산화물 침전)	3.5	4.5	6.5	7.0	8.5	8.0	10.0	10.6
수산화물 형태	$Fe(OH)_3$	$Al(OH)_3$	$Pb(OH)_2$	$Cu(OH)_2$	$Zn(OH)_2$	$Fe(OH)_2$	$Cd(OH)_2$	$Mn(OH)_2$

(2) 산화반응 공정

공기 중의 산소를 이용하여 용해된 중금속을 산화시키기 위한 공정이며, 이론적으로 용존산소 8 mg/L은 2가철 56 mg/L를 산화시킬 수 있다. 2가철의 산화속도는 다음 식과 같으며, pH 변화에 따른 2가철의 산화속도는 그림 4-34와 같다.

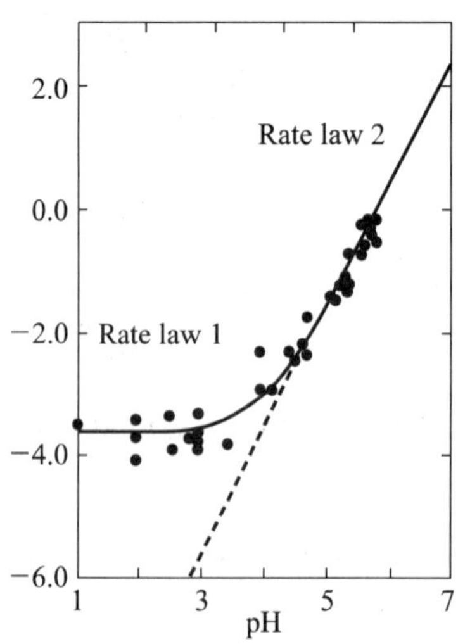

그림 4-34 25℃에서 pH 변화에 따른 2가철의 산화속도(Snoeyink & Jenkins, 1980)

$$\frac{d\,[\mathrm{Fe}^{2+}]}{dt} = \frac{-k_1\,[\mathrm{Fe}^{2+}]\,[\mathrm{O}_2]}{[\mathrm{H}^+]^2} \quad (\mathrm{pH} > 4.0)$$

2가철의 산화속도는 pH 3 이하에서는 일정하지만, pH 4 이상에서는 철 농도, 용존산소 농도, 용액의 pH가 클수록 증가한다(Snoeyink & Jenkins, 1980). 따라서 철이 대부분 2가철 형태일 때 2가철의 용해도가 낮은 pH 8 범위에서 산소를 공급하는 폭기를 시켜주면 2가철을 3가철로 산화시켜 효과적으로 철을 제거할 수 있다.

자연력 또는 기계력을 이용하여 폭기를 유도하거나 과산화수소, 과망간산칼륨, 오존 등과 같은 산화제를 사용하는 화학적 산화방법으로 용존산소를 증가시켜 주면 산화작용으로 철을 제거할 수 있다. 지형적으로 고도차가 있으면 계단을 형성하여 무동력으로 폭기를 유도할 수 있으나, 보통 산화조 하부에 미세공기를 분출하는 폭기장치(aerator)를 설치하여 공기를 주입한다(그림 4-35).

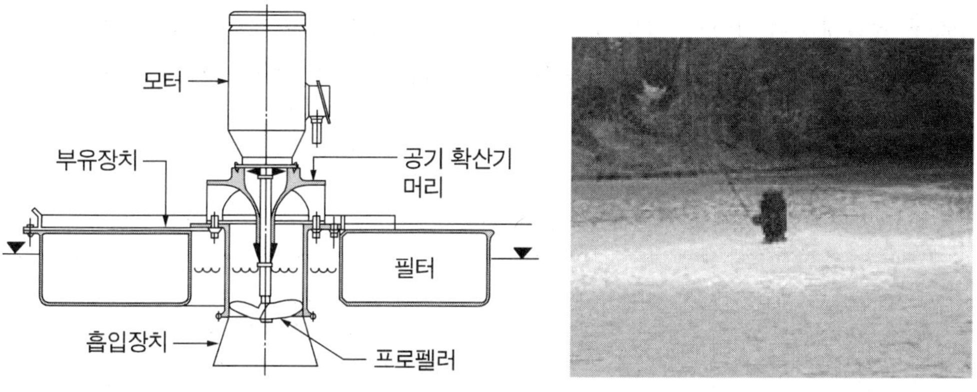

(a) 기계력에 의한 표면 폭기장치(USEPA, 1983) (b) 미국 폐탄광 폭기장치

그림 4-35 폭기장치

(3) 응집반응 공정

응집(flocculation)은 응집제를 첨가하여 전기적 중화에 의한 입자간의 반발력은 감소되고 입자를 충돌시켜 입자들끼리 서로 크게 뭉치게 하여 침전 제거시키는 화학적 침전이다(그림 4-36). 응집제 투입으로 뭉친 입자덩어리를 플록(floc)이라 하며, 플록의 크기가 클수록 무게가 무거울수록 침강속도는 빨라진다.

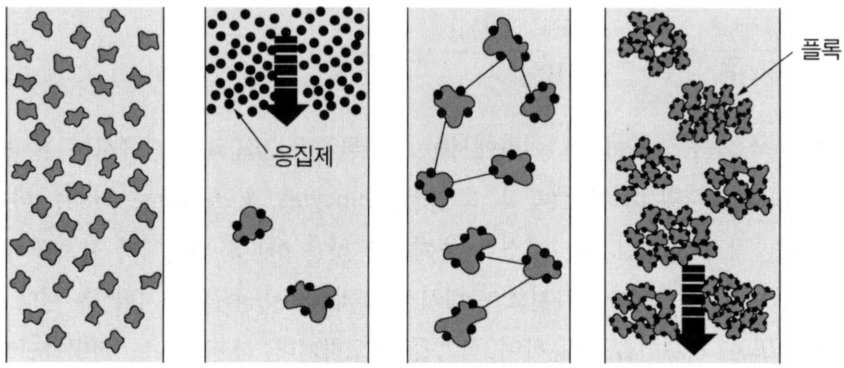

그림 4-36 응집 원리

일반적으로 광산배수 처리에 사용되는 응집제로는 황산알루미늄, 황산제일철, 황산제이철, 알루민산나트륨 등의 무기응집제와 유기 고분자응집제(polymer flocclants)가 있다(표 4-13). 음전하를 띄는 콜로이드성 입자에 알루미늄염이나 염화철 등의 양이온계 응집제를 첨가하여 미세 플록을 형성시킨다. 고분자응집제를 투입하여 입자 사이를 서로 연결시켜 주는 가교작용(bridge reaction)으로 미세 플록들을 뭉쳐 플록을 크게 만들어 침전시킨다.

표 4-13 광산배수 처리에 사용되는 응집제 종류

응집제	화학식	비고
황산알루미늄	$Al_2(SO_4)_3$	• 일명 명반(Alum) 또는 황산반토라고 함. • 가격이 저렴하고 부식성이 적음.
황산제일철	$FeSO_4$	• 일명 녹반이라고 함. • 황산알루미늄보다 느린 반응속도
황산제이철	$Fe_2(SO_4)_3$	• Fe(III)염은 Fe(II)염보다 빠르게 반응
알루민산나트륨	$NaAlO_2$	• 알칼리 응결제
고분자응집제	$[CH_2CHCONH_2]_m$ 등	• 양이온계, 음이온계가 있음. • PAM (polyacrylamide)이 대표적

응집조는 산화중화조에서 형성된 미세 플럭을 성장시켜 후속 공정인 침전조에서 고액분리를 용이하게 하는 조이다. 보통 교반속도는 중화조에서는 빠른 반응을 위해 급속교반(150～250 rpm)을, 응집조에서는 플록 형성을 위해 완속교반(100 rpm 이하)

한다.

화학응집반응의 영향인자로는 pH, 교반속도, 수온, 알칼리도, 탁도, 응집제의 종류 등이며, 최적의 pH와 응집제 주입량을 결정하기 위해 자테스트(jar test)를 실시한다. 일반적으로 수온이 낮을 경우 물의 점성이 커지고 화학반응속도가 저하되며 적정 pH가 낮아진다.

예제 유량 2,000 m^3/d를 응집 결과 황산알루미늄의 최적 투여량이 200 mg/L일 때, 1일 약품소요량(kg/d)은? (단, 황산알루미늄의 순도는 50%이다)

풀이 황산알루미늄 소요량 $= \dfrac{200\,\mathrm{mg/L} \times 2{,}000\,\mathrm{m^3/d} \times 10^{-3}}{0.5} = 800\,\mathrm{kg/d}$

(4) 침전 공정

침전조에서 스크래퍼(scraper)를 회전시켜 중화반응과 응집반응으로 조 아래로 모인 슬러지를 수집하여 농축조로 이송하고 상등수는 방류한다. 침전조는 철근콘크리트 구조물로서 침전조 형태는 원형, 장방형이 있으며, 광산배수 처리에 대부분 원형 침전조를 설치하고 있다(그림 4-37). 침전효율은 표면적에 좌우하므로 침전효율을 높이기 위해 경사판을, 유속을 저감시키기 위해 유입·유출부에 위어를, 실질적인 체류시간을 증대하기 위해 장방형 침전조 내에 배플(baffle)을 설치하기도 한다.

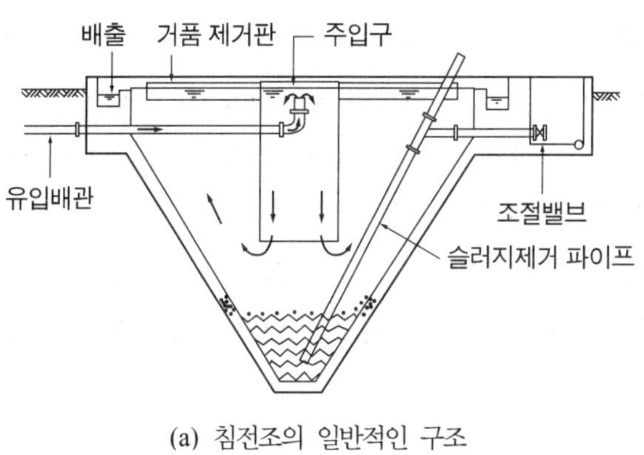

(a) 침전조의 일반적인 구조

(b) 폐광산 수질정화시설 침전조

그림 4-37 침전조

침전조 형식은 주변구동형과 중심구동형이 있으며, 슬러지제거가 용이하고 유량이나 슬러지부하 변동의 영향이 적은 형식을 선정한다(표 4-14). 침전조의 개수는 침전조 보수와 고장수리 등의 유지관리를 위하여 병렬의 2개(2지) 이상으로 하며, 침전조별 유입량을 조절할 수 있는 구조 및 장치를 적용한다. 하부 슬러지의 교란 및 부유를 최소화하기 위해 침전조의 스크래퍼 회전속도는 약 2 m/min 이하로 한다.

표 4-14 광산 수질정화시설에 적용되고 있는 침전조 형식

구분	설비 개요	비고
주변구동형	• 침전조 외부 구조물에 설치된 구동장치가 주변의 원형 주행레일 또는 주행로를 따라 스크래퍼 arm을 회전시켜 스크래퍼 blade로 슬러지를 중앙으로 모음 • 슬러지 부하가 비교적 작을 때 적용	
중심구동형	• 침전조 중심의 감속기 메인축 구동으로 스크래퍼 arm을 회전시켜 스크래퍼 blade로 슬러지를 중앙으로 모음 • 슬러지 부하에 관계없으며, 부하가 클 때 적용	

(5) 슬러지 탈수 공정

광산배수 슬러지는 금속성분의 침전뿐만 아니라 중화제와 응집제 투입 등으로 생성되며, 슬러지 성분은 주로 철 · 알루미늄수산화물, 석고, 황산염, 탄산칼슘 등이다. 슬러지 발생량은 광산배수의 화학조성과 중화제의 종류 및 처리공정 등에 따라 달라지며, 하루에 처리한 광산배수량의 5～10% 정도가 발생한다(Sengupta, 1993).

슬러지를 농축시키면 슬러지 부피가 감소되고 슬러지 처리시설에 가해지는 부하가 감소되어 처리효율이 증가한다. 슬러지의 함수율과 고형물 농도는 반비례 관계로 슬러지 부피에 큰 영향을 준다. 슬러지의 함수율과 슬러지 부피의 관계 및 슬러지 발생량은 다음 식과 같다. 식에서 V는 슬러지 발생량(m^3), Q는 수처리량(m^3/min), t_d는 지속시간(min)이다.

$$V = Q \times t_d$$

$$V_1 \times (100 - P_1) = V_2 \times (100 - P_2) \Rightarrow V_2 = \frac{V_1 \times (100 - P_1)}{(100 - P_2)}$$

여기서, V_1 : 수분 P_1%일 때 슬러지 부피(m^3)

V_2 : 수분 P_2%일 때 슬러지 부피(m^3)

P_1 : 부피 V_1%일 때 슬러지 수분(%)

P_2 : 부피 V_2%일 때 슬러지 수분(%)

광산 수질정화시설 슬러지는 보통 함수율이 약 95% 이상으로 슬러지 처분의 용이성과 비용을 줄이기 위해 표 4-15와 같은 탈수기를 사용하여 탈수과정을 거쳐 함수율을 약 80% 정도로 처리한다. 탈수작업 전에 농축된 슬러지의 침강속도를 개선하여 탈수성을 증대시키기 위해 폴리머를 주입하여 플록을 크게 한 후 탈수작업을 실시한다. 정화시설에서 발생한 슬러지는 대부분 매립처리하고 있으며, 일부는 시멘트공장에서 재활용하고 있다.

표 4-15 광산 수질정화시설에 적용되고 있는 탈수기 형식

구분	설비 개요	비고
원심 탈수기	• 본체의 내부 회전통이 회전하면서 슬러지는 원심력에 의해 탈수 * 폐탄광 적용 현장 : 함태	
필터프레스 탈수기	• 각 여실의 여포 사이에 슬러지를 유입하여 펌프압입으로 여과 탈수한 후 다이아프램을 팽창시켜 가압 압착하여 탈수 * 폐탄광 적용 현장 : 나전, 함백	
벨트프레스 탈수기	• 여포상에 이송된 슬러지는 중력에 의해 자연 탈수된 후 상하 2조의 벨트 사이에서 롤러로 압축여과 탈수 * 폐탄광 적용 현장 : 삼탄, 한보	

예제 수분 90%인 슬러지 20 m^3를 탈수하여 수분 70%로 하였을 때 슬러지량은?

풀이 $V_2 = \frac{V_1 \times (100 - P_1)}{(100 - P_2)} = \frac{20 \times (100 - 90)}{(100 - 70)} \fallingdotseq 6.7\,m^3$

(6) 여과 공정

침전조의 상등액에 잔류성 미세 부유물질이 존재할 경우 하상에 착색현상 등의 문제가 발생하므로 탁도를 제거하고 침전조 고장 등의 비상상황에 대처하기 위해 필요시 침전조 후단에 여과 공정을 설치하고 있다. 광산배수에 의한 부유물질 제거를 위해 적용되고 여과기 형식은 표 4-16과 같다.

일본에서는 주로 모래를 이용하여 여과와 세척을 하는 사여과기(모래여과기, sand filter)를 사용하며, 국내에서는 슬러지 구성성분과 상태에 따라 사여과기와 섬유디스크 필터를 설치·운영하고 있다.

표 4-16 광산 수질정화시설에 적용되고 있는 여과기 형식

구분	설비 개요	비고
사여과기 (모래여과기)	• 원수를 여과층 상부로부터 유입시켜 여과층을 하향으로 통과한 후 하부집수장치를 통하여 배출하는 방식으로, 여과지내 나누어진 셀(cell)별로 역세척 수행 * 폐탄광 적용 현장 : 함태, 함백	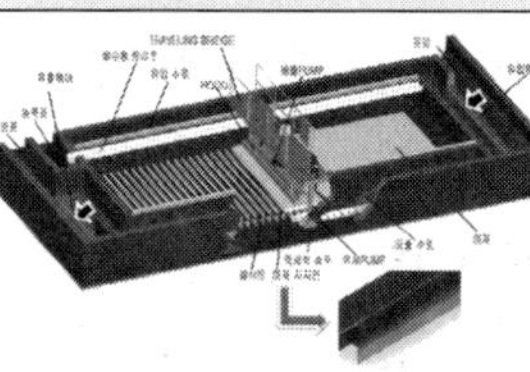
섬유디스크 필터	• 원수가 회전하는 필터를 통과하면서 부유물질을 제거하는 방식으로, 스프레이 노즐로 여과된 물을 분사하여 필터 표면을 세척 * 폐탄광 적용 현장 : 삼탄, 한보	
상향류식 여과기	• 원수를 가압하여 여층 상부로 유입시켜 여층을 하향으로 통과한 후 집수장치를 통하여 배출하는 방식 * 광산배수를 여과 처리하여 인공눈 살포용수로 사용	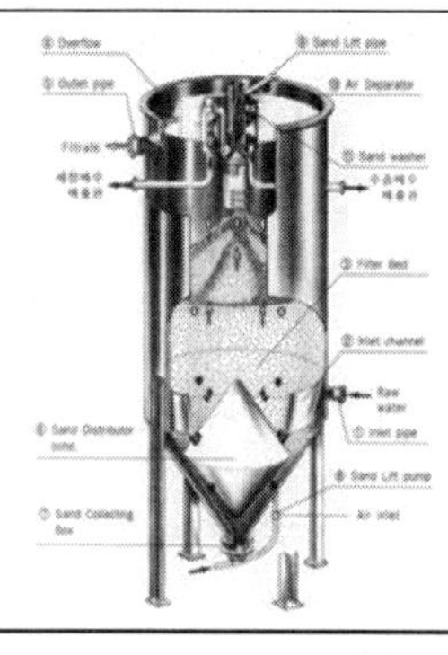

4.3.4 자연정화법

자연정화법은 석회석 등과 같이 자연물질의 알칼리 공급매질과 미생물 등의 생화학적 반응을 이용하여 처리하는 방법으로 오염부하량이 낮은 경우 적용한다. 일반적으로 폐광산에 적용하는 자연정화법의 처리공정은 그림 4-38과 같이 알칼리공급조(SAPS) → 산화·침전조 → 소택지로 구성한다.

광산배수의 산도 및 알칼리도에 따라 SAPS와 산화·침전조의 배치공정 순서를 변경하며, 처리대상 수질의 특성에 따라 단위공정을 추가할 수 있다.

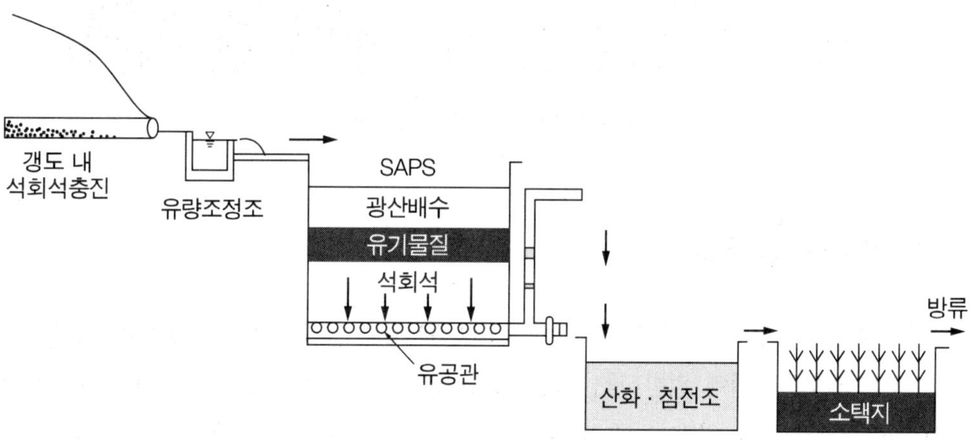

그림 4-38 광산배수 처리를 위한 일반적인 자연정화법 처리공정

미국은 1970년대부터 폐탄광의 시설 위치와 유지비용 등을 고려하여 자연정화법을 적용하고 있으며, 국내에는 1990년대 후반부터 약 30여개의 자연정화시설을 설치하였다(그림 4-39). 자연정화법은 수두차를 이용한 수리흐름과 석회석을 이용한 알칼리도 공급으로 기계장치, 약품투입이 필요 없어 운영비용이 적다는 장점이 있다.

그러나 적극적처리법에 비해 정화성능이 지속적으로 유지되지 않고 처리용량 대비 부지면적이 많이 소요되며, SAPS와 소택지 등에 대해 적절한 운영관리를 하지 않을 경우 시간이 지나면서 정화효율이 저하되는 단점이 있다.

그림 4-39 폐탄광 자연정화시설

(1) 자연정화법 종류

자연정화법 종류에는 석회석 배수법(ALD, OLC), 알칼리공급조(SAPS), 소택지 등이 있다. 자연정화법에 의한 광산배수 처리시스템 선정 흐름도는 그림 4-40과 같으며 pH, 용존산소, 철의 함량 등에 따라 단일 공정 또는 여러 공정을 복합적으로 적용하고 있다.

1) 석회석 배수법(limestone drains)

석회석 배수법은 다음 식과 같이 산성수를 중화시키는 석회석의 특성을 이용하여 유로상에 석회석을 일정 두께로 배치하여 광산배수의 pH를 높이고 낮은 농도의 Fe, Al 등 금속성분을 제거하는 방법이다. 석회석 배수법에는 산소접촉 여부에 따라 매립 형태의 혐기성 석회석 수로(ALD)와 지표에 노출된 형태의 호기성 석회석 수로(OLC)가 있다.

$$CaCO_3 + H^+ \leftrightarrow Ca^{2+} + HCO_3^-$$

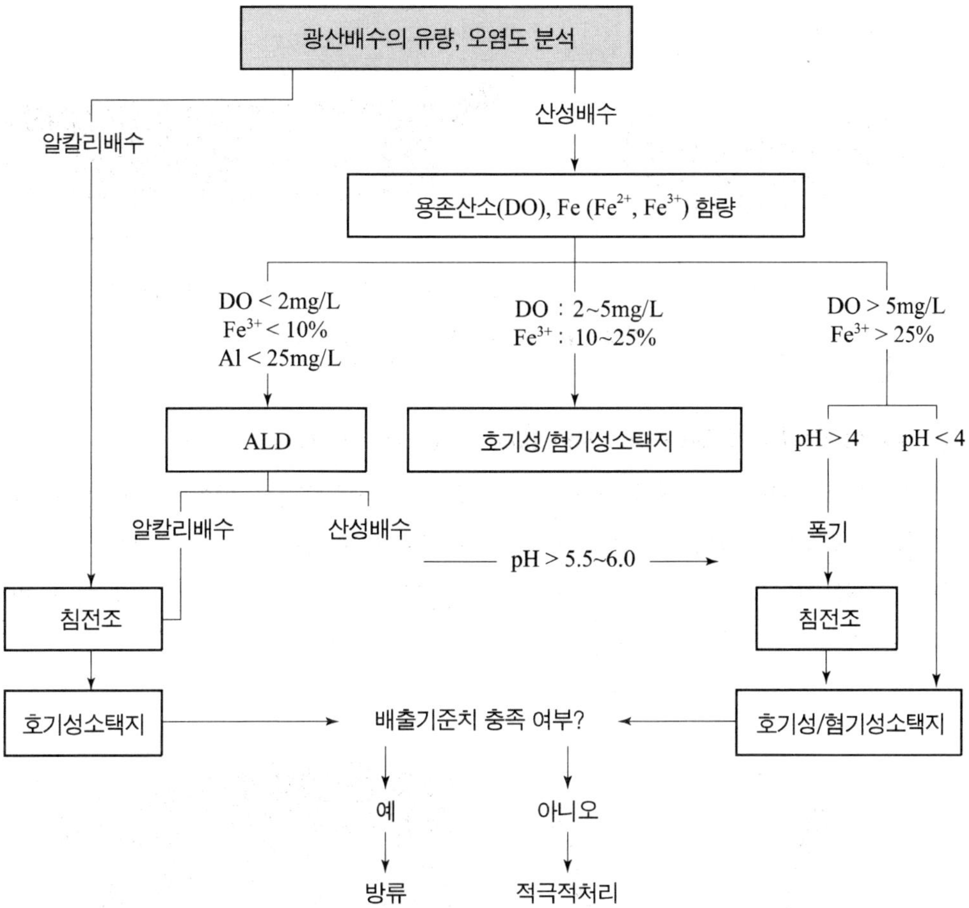

그림 4-40 자연정화법에 의한 광산배수 처리시스템 선정 흐름도(Hedin, 1994)

① 혐기성 석회석 수로(Anoxic Limestone Drain; ALD)

ALD는 굴착한 수로 주변을 차수시설한 후 석회석을 충전하고 석회석 상부를 점토 등으로 차단시켜 광산배수는 석회석 내부를 흐르면서 pH가 상승하여 중화하는 방법이다(그림 4-41). 용존산소가 높고 3가철과 Al 농도가 높은 광산배수가 석회석과 접촉하게 되면 철수산화물과 Al 침전물이 생성되어 석회석 표면이 코팅되거나 석회석 공극 사이를 막히게 하여 석회석의 중화효율과 ALD층의 투수성을 저하시켜 ALD의 수명이 단축된다(이창우 등, 2014).

ALD의 효과적인 운용을 위해서는 용존산소, 3가철 및 Al 등의 농도가 낮은 광산배수에 적용하는 것을 제안하고 있다(Hedin, 1994).

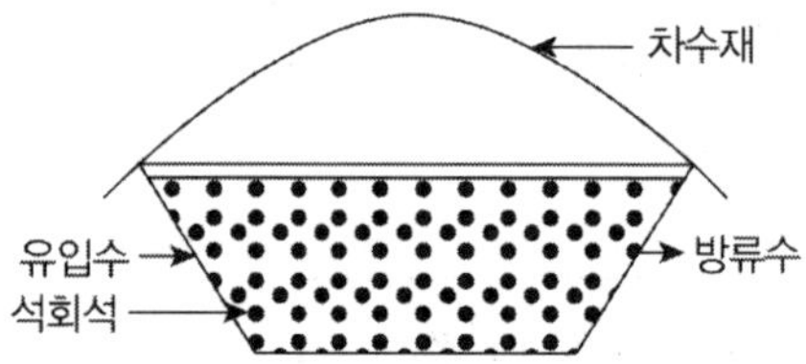

(a) ALD 모식도

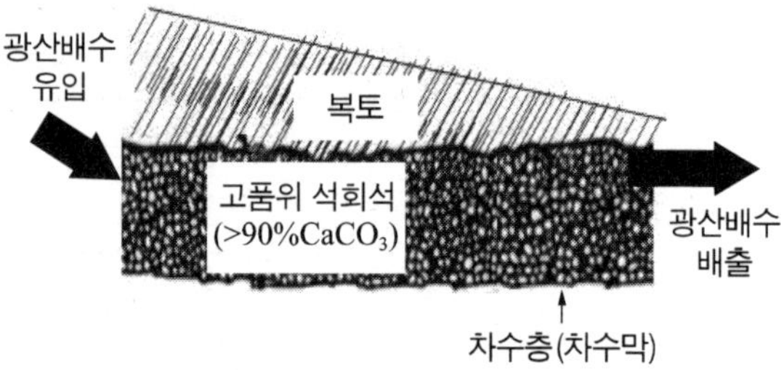

(b) ALD 시공 사례 단면(Hedin, 1994)

그림 4-41 혐기성 석회석 수로(ALD)

② 호기성 석회석 수로(Open Limestone Channel; OLC)

OLC는 광산배수가 지표에 노출된 석회석 수로를 흐르면서 석회석과 반응하여 pH를 높여 중화하는 방법이다(그림 4-42). OLC는 공기 중에 노출되는 방식으로 수로 형식이 대표적이다. 수로 상의 석회석이 철수산화물로 피복되는 것을 억제하기 위하여 광산배수가 유속을 갖고 난류 형태로 흐를 수 있도록 구배를 준다.

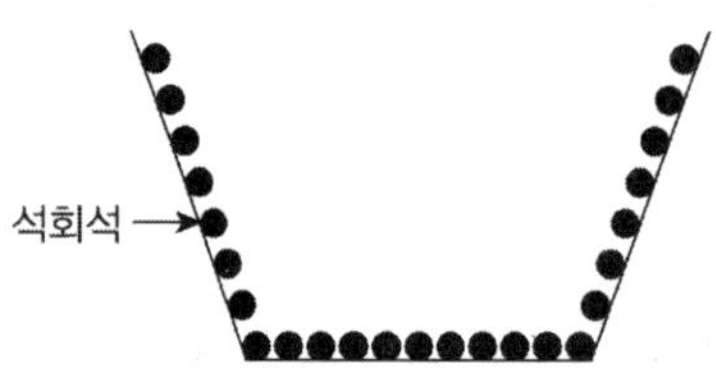

(a) OLC 모식도

(b) OLC 시공 사례

그림 4-42 호기성 석회석 수로(OLC)

2) 알칼리공급조(Successive Alkalinity Producing System; SAPS)

SAPS는 광산배수의 pH가 낮고 산도와 금속성분의 함량이 높아 석회석 배수법으로 처리하기 어려울 때 적용한다.

① SAPS 구조

SAPS는 약 3 m 깊이의 웅덩이를 조성하고 차수시설 또는 콘크리트를 타설하여 만든 조 형태이다. 조의 구조는 바닥에 배수관(유공관)을 설치하고 그 위에 석회석(1 m

내외), 유기물질(0.3～0.5 m)을 순차적으로 적치하고 유기물질층 상부에 약 1 m 정도 수심을 갖는다(그림 4-43). 상부에서 공급된 광산배수는 유기물질층과 석회석층을 하향으로 통과하는 하향 흐름(vertical flow)으로 유공관을 통해 방류된다.

유기물질층에서 환원된 광산배수는 하부 석회석층에서 14시간 이상 체류시간을 권장하며, SAPS에서 30～50 g/m²/day의 산도가 제거되는 것으로 보고되어 있다 (PIRAMID, 2003).

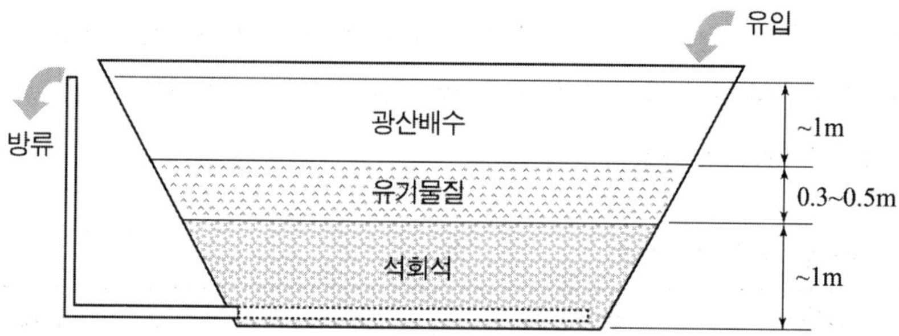

그림 4-43 SAPS 모식도

② 황산염의 환원과 금속성분 제거

국내에서는 유기물질로 버섯재배 농가에서 양송이를 재배하기 위해 볏짚, 닭똥, 쌀겨, 비료 등을 혼합하여 일정시간 양송이 균을 이식하여 재배·수확한 후 원예용 거름 등으로 이용되는 폐상퇴비를 사용하고 있다. 유기물질층에 황산염과 유기물(CH_2O)이 함유된 황산염환원균(Sulfate Reducing Bacteria; SRB)은 환원환경에서 관찰되는 미생물이다. SRB는 AMD가 유기물질층과 섞여 흐르면서 산소를 제거하고 금속을 환원상태로 만들어 침전을 방지하고 알칼리를 공급하여 석회석의 용해를 지속하게 한다.

SAPS에서 다음의 (1)～(4)의 과정으로 산성수의 중화 및 금속이온이 제거된다. 유기물질층에서 (1)과 같이 SRB에 의한 황환원반응으로 특유의 계란 썩는 냄새가 나는 황화수소(H_2S)와 알칼리도가 발생하고, (2)와 같은 석회석의 용해과정으로 알칼리도가 생성된다. SO_4^{2-}를 환원시키는 과정에서 생성된 HCO_3^-는 H^+를 중화시킴으로써 중성 pH로 회복시키고 산성수로부터 황과 금속이온을 제거한다. 황화수소와 알칼리도는 (3)과 같이 광산배수의 산도를 제거하며, 광산배수 중의 금속이온(M^{2+} : Fe, Ni, Cd, Zn, Cu 등)과 반응하여 (4)와 같이 금속이온을 황화물로 침전시킨다.

$$2CH_2O + SO_4^{2-} \rightarrow H_2S + 2HCO_3^- \quad (1)$$

$$CaCO_3 + H^+ \rightarrow Ca^{2+} + HCO_3^- \quad (2)$$

$$H^+ + HCO_3^- \rightarrow H_2O + CO_2(aq) \quad (3)$$

$$H_2S + M^{2+} \rightarrow MS\downarrow + 2H^+ \quad (4)$$

용존금속이 황화물로 침전될 때 금속성분의 제거는 pH, 금속황화물의 용해도적 및 반응물질의 농도 등에 달려있다. 금속황화물의 용해도적은 표 4-17과 같으며 이론적으로 맨 처음 형성되는 금속황화물은 CuS이며 다음으로 PbS, ZnS, CdS, NiS, FeS, MnS 순서이다. MnS는 용해성이 높은 황화물이므로 금속황화물로 형성되더라도 쉽게 용출되는 특성을 보인다.

표 4-17 금속황화물의 용해도적

금속황화물	용해도적	금속황화물	용해도적
MnS	5.6×10^{-16}	ZnS	4.5×10^{-24}
FeS	1.0×10^{-19}	PbS	1.0×10^{-29}
NiS	3.0×10^{-21}	CuS	4.0×10^{-38}
CdS	1.4×10^{-23}		

③ SAPS 시공 및 관리

일반적으로 폐광산에 설치되고 있는 SAPS의 시공 과정은 그림 4-44와 같다. 시공

① 터파기(약 3 m 정도) ② 바닥 평탄화 후 흙 포설 ③ 차수막과 부직포 설치

④ 유공관 설치 후 석회석 포설 ⑤ 석회석 위에 유기물질 포설 ⑥ SAPS 설치 완료

그림 4-44 SAPS 시공 과정

시 석회석 위에 유기물질을 포설할 때 기계사용으로 유기물질층의 다짐으로 인한 투수성 저하 등을 예방하기 위해 인력작업을 실시하여야 한다.

SAPS에서 광산배수의 흐름은 위에서 아래로 흐르고 조 바닥 부분의 유공관을 통해서 다시 수위조정 맨홀로 물이 유도되어 일정 수위까지 상승한 후 방류된다. 시간이 지나면서 조 내부에 슬러지가 쌓여 투수성 저하로 수위가 상승하여 월류되는 현상이 발생할 수 있으므로, 유출 맨홀 내부에 칸막이 형태의 스탑–로그(stop-log)를 설치하고 칸막이를 추가 또는 제거하여 수위를 조절한다(그림 4-45).

조 내 형성된 침전물 제거 등을 위해 주기적으로 일정시간 동안 강제배수(flushing)를 실시한 후 다시 칸막이를 유지하여 적정 수위로 관리하여야 한다.

(a) SAPS에 설치한 유출 맨홀(원내)

(b) 맨홀 내부 수위 조절용 스탑–로그(stop-log)

그림 4-45 SAPS의 수위 조절

많은 유기탄소를 공급하여 SRB의 활성도를 극대화하기 위해 유기물질층과 석회석층을 구분하는 SAPS와는 달리 유기물질층과 석회석층을 구분하지 않고 혼합한 RAPS (Reducing Alkalinity Producing System)에 대한 실증실험도 실시되고 있다.

3) 소택지(wetland)

소택지는 광산배수가 일정한 시간을 체류하면서 수생식물과 접촉 등으로 오염성분을 제거하기 위해 설치한다. 소택지는 호기성소택지(aerobic wetland)와 혐기성소택지(anaerobic wetland)로 분류하며(그림 4-46), 주로 호기성소택지를 설치한다. 소택지에서 금속이온의 산화 및 수산화반응, 부유물질의 여과, 금속이온의 흡착, 금속 유기화합물의 생성 및 수생식물에 의한 흡수 등을 유도하여 철 성분 등을 제거한다.

호기성소택지는 지표에서 물이 흐르는 형태로 유량이 적은 알칼리 수질이고 금속 성분의 농도가 낮을 때 적용한다. 광산배수는 지표상에서 흐르면서 용존금속은 산화작용으로 수산화물로 침전하거나 미생물 또는 식물 등에 의해 흡착 제거된다.

혐기성소택지는 지중으로 물이 흐르는 형태로 알칼리를 공급하여 금속의 침전을 가속화하기 위해 혐기환경을 조성하며, 조로 유입되는 산성수와 유기물질층의 알칼리수 혼합에 많은 체류시간이 요구되어 호기성소택지보다 6배 정도 면적이 필요하므로 현장적용에 어려움이 있다.

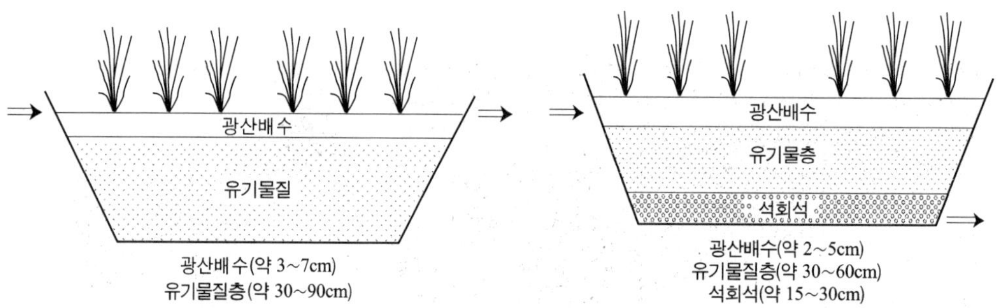

(a) 호기성소택지 모식도 (b) 혐기성소택지 모식도

그림 4-46 소택지

호기성소택지 시공은 약 1 m 이내로 터파기하여 누수방지 조치를 하고 흙이나 유기물질로 식재 기반을 조성하고 부들(cattail), 골풀(rush), 갈대 등과 같은 수생식물을 식재한다. 수위는 3~7 cm 정도로 유지하며, 체류시간이 증대되도록 조 내에 배플(baffle) 등을 설치하여 12시간 이상(20~40시간 정도) 체류하도록 한다.

수생식물은 보통 3~4/m^2 밀도로 20 cm 간격으로 지그재그 방향으로 식재하여 광산배수가 균일하게 흐르면서 수생식물과 접촉을 최대화하도록 한다.

4) DW (Diversion Well)

DW는 산성비에 의한 하천의 산성화를 막기 위해 고안된 방법으로 석회석을 가득 채운 웅덩이에 광산배수를 2~2.5 m 높이에서 떨어뜨려 석회석층을 교란하여 금속수산화물에 의한 석회석 표면의 피막형성을 억제시키는 방법이다(그림 4-47). OLC 원리를 응용한 형태인 DW는 금속성분의 농도가 다소 높더라도 사용할 수 있으나, 물의 낙차에 의해 석회석 마모가 발생하므로 자주 석회석을 보충하는 단점이 있다.

그림 4-47 DW 모식도 및 현장 적용

(2) 자연정화시설 공정 배치

자연정화시설은 광산배수의 산도와 알칼리도, 금속성분의 농도 및 금속이온의 제거효율을 분석하여 산화·침전조, SAPS, 호기성소택지 등의 공정을 연속적으로 배치한다(그림 4-48). 일반적으로 알칼리도가 높은 수질에서 철은 단시간 내에 산화되므로 산화·침전조를 앞단에 배치하며, 산도가 높은 수질은 SAPS를 앞단에 배치하여 SAPS에서 먼저 pH를 높여 알칼리수로 변화시키고 후단에 산화·침전조를 설치한다.

SAPS 앞뒤에 배치되는 산화·침전조의 깊이는 침전입자가 부유하지 않도록 1～3 m로 하며, 수면 높이(약 1 m)와 슬러지 발생량 및 제거주기를 고려하여 조 크기와 깊이를 결정한다. 체류시간은 현장실험 결과에 따라 산정하되 일반적으로 24시간 이상으로 한다.

오염물질 처리를 위해 조별 적정 체류시간, 오염부하 및 기간에 따른 슬러지 발생량 등을 고려하여 정화조의 면적과 투입물질(석회석, 유기물질 등) 양을 결정한다. 조의 면적은 유량, 유입수와 방류수 농도 및 면적을 보정한 오염물질 정화율 값을 대상으로 다음 식과 같이 산출한다. 식에서 면적 보정 오염물질 정화율은 현장실험이나 기존 참고문헌 자료를 사용하며, 호기성소택지의 경우 보통 10～20 $g/m^2/d$의 값을 권장하고 있다(Younger, 2004).

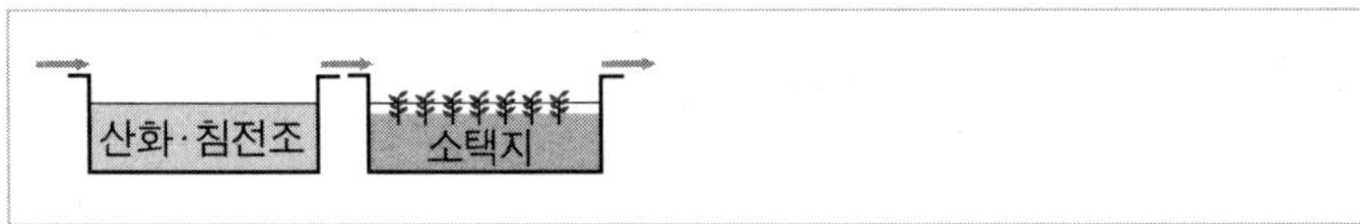

산화·침전조–소택지

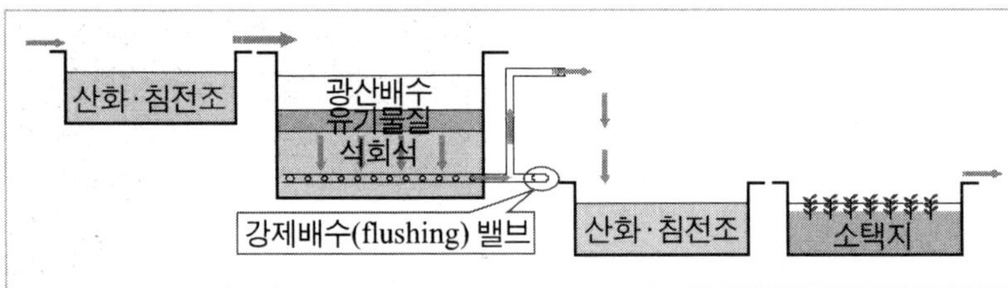

산화·침전조–SAPS–산화·침전조–소택지

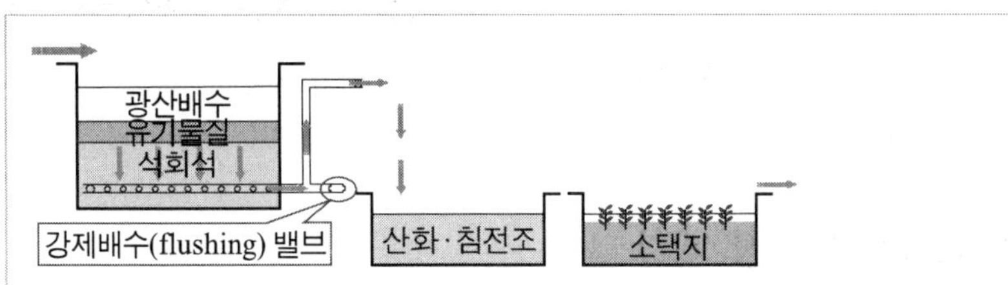

SAPS–산화·침전조–소택지

그림 4-48 자연정화시설 공정 구성 모식도

$$A = \frac{Q_d(C_i - C_t)}{R_A}$$

여기서, A : 필요 조 면적(m^2)

Q_d : 평균 유량(m^3/d)

C_i : 유입수 농도(mg/L)

C_t : 방류수 농도(mg/L)

R_A : 면적 보정 오염물질 정화율($g/m^2/d$)

조에 투입하는 석회석과 유기물질 양은 적정 체류시간과 유량을 바탕으로 다음 식을 이용하여 산출한다. SAPS 내 유기물질은 투수성과 혐기조성 조건을 고려하며 30~50 cm의 높이가 일반적이다.

$$\text{석회석 양(톤)} = \frac{\text{유량}(m^3/day) \times \text{체류시간}(day) \times \text{겉보기 밀도}(1{,}000 kg/m^3)}{\text{석회석 공극비}}$$

$$\text{유기물질 양}(m^3) = \frac{\text{유량}(m^3/day) \times \text{체류시간}(day)}{\text{유기물질 공극비}}$$

예제 광산배수의 유량은 150 m^3/day, 수질은 pH 6.5, Fe 30 mg/L일 때 소택지의 크기(m^2)는? (단, 소택지의 Fe 제거율은 10 g/m^2/day이다)

풀이 소택지 면적 = 오염부하량 / 제거율
Fe 오염부하량 = 150 m^3/day × 30 mg/L = 4,500 g/day
소택지 면적 = 4,500 g/day ÷ 10 g/m^2/day = 450 m^2

예제 pH 6.5, Fe는 10 mg/L로 배출되는 광산배수를 정화조를 설치하여 Fe를 2 mg/L 이하로 배출하고자 할 때 필요한 조의 최소 면적은? (단, 유량은 200 m^3/d, Fe 제거율은 10 g/m^2/day)

풀이 $A = \dfrac{Q_d(C_i - C_t)}{R_A} = \dfrac{200 \times (10-2)}{10} = 160\text{m}^2$

4.4 수질정화시설 운영 및 사후관리

AMD가 발생되는 광산에 대해 광산배수 저감 방안을 실행하고 수질정화시설을 설치하였다면 정기적으로 시설 전반에 대한 점검과 수질 모니터링을 실시하여 정화효율을 평가하여야 한다. 아울러 시설에 대한 정화효율 평가 결과를 분석하여 시설의 정화기능을 지속적으로 유지하고 운영 관리비를 최소화하는 방안을 수립하고 실행하여야 한다.

4.4.1 수질 모니터링 및 정화효율 평가

수질정화시설의 안정적인 운영과 정화효율을 유지하기 위해서는 우수기나 갈수기에 유량이나 수질변화 또는 설비장애 등에 신속한 대응조치를 할 수 있도록 상시 모니터링이 필요하다. 모니터링은 정기적으로 단위 공정별로 유입수와 방류수의 수질조사로 다음 식과 같이 시설의 정화효율(처리효율)을 단위 공정별로 평가한다.

방류수의 pH, Fe^{2+}, Fe, Al, Mn, SS 등 여러 항목을 점검하여 목표수질의 충족 여부를 확인하고, 기준치 초과시 공정별 모니터링 결과를 바탕으로 개선대책을 마련하여 조치하여야 한다.

$$\text{정화효율(\%)} = \frac{(C_{\text{유입}} - C_{\text{유출}})}{C_{\text{유입}}} \times 100$$

예제 A광산에 대한 수질조사 결과 유입수의 Fe 함량이 20 mg/L, 방류수의 Fe 함량이 2 mg/L이다. 정화조의 Fe 정화효율은?

풀이 Fe 정화효율 $= \frac{C_{\text{유입}} - C_{\text{유출}}}{C_{\text{유입}}} \times 100 = \frac{20 - 2}{20} \times 100 = 90\%$

4.4.2 수질정화시설 운영관리

일반적으로 기계와 약품 등을 사용하는 물리화학처리시설은 관리인력이 상주하여 시설을 운영관리하나, 자연정화시설은 인력이 상주하지 않으므로 운영관리에 어려움이 많다. 대부분 산악지에 위치한 자연정화시설은 갱구로부터 시설까지 배관이나 수로로 광산배수를 유입시키며, 장기간 운영과정에서 배관과 수로 등에 침전물이 쌓이고 각 조마다 많은 양의 슬러지가 발생한다.

그림 4-49는 자연정화시설의 정화효율 저하 사례로서 유입배관 내부에 슬러지로 인한 막힘현상으로 월류현상 등이 발생하며, 정화조 내 슬러지 퇴적으로 정화효율이 저하된다.

(a) 유입배관 내부 슬러지 퇴적　　(b) 정화조 내 슬러지 퇴적

그림 4-49 자연정화시설 정화효율 저하 사례

처리기술별 수질정화시설의 운영관리를 위한 주요 점검항목은 표 4-18과 같다. 시설의 효율적인 운영관리를 위하여 운영관리 매뉴얼을 마련하고 점검항목별로 점검하여 문제요인에 대해 보수작업을 실시한다. 특히 집중호우로 유량이 증가하는 우수기 전에 시설 전반에 대한 점검과 개보수를 실시하여 정화기능이 유지될 수 있도록 조치하여야 한다.

인력이 상주하지 않는 자연정화시설의 지속적인 정화기능을 유지하기 위해 주기적으로 현장점검을 실시하여 각 조별 수로 및 배관의 이물질이나 조별 슬러지를 적기에 제거하고, SAPS의 유기물질 교체 등을 실시하는 사후관리가 필요하다. 자연정화시설은 오염부하량의 변동이 적을 경우 일정기간 정화성능이 우수하지만, 정화조 내 슬러지 퇴적에 따른 수위상승으로 적정 체류시간 확보가 어렵고 SAPS에서 투수성 저하 등이 발생되므로 적절한 유지관리가 필수적이다.

SAPS 기능의 정상 수행 여부를 파악하기 위해 2가철의 농도 변화, 산화환원전위(ORP), 용존산소 등을 점검하고, SAPS 유출수와 수위조정 맨홀의 수위차가 너무 크면 유기물질층을 손상시킬 수 있으므로 수위차 비교를 통해 투수도를 점검한다. 소택지는 적정 체류시간 확보를 위하여 정기적으로 수생식물의 성장, 밀도 등을 확인하고, 필요한 경우 추가 식재와 제거를 실시한다.

한국광해광업공단에서는 인력이 상주하지 않는 시설(자연정화시설, Semi-active시설)의 슬러지를 적기에 제거하기 위해 개발한 이동식 탈수기와 슬러지 탈수튜브(KOMIR-Tube) 시스템을 활용하여 적정 슬러지 함수율(약 80% 내외)로 처리한 후 운반・반출하고 있다.

표 4-18 처리기술별 수질정화시설의 운영관리를 위한 주요 점검항목

처리기술	시설	주요 점검항목
물리 화학 처리 시설	유입부	• 유입수로 상태(균열, 누수 등) 및 유량계 정상 작동 여부 • 시설 유입수 차집수로의 슬러지 제거 등 정비
	유량조정조	• 분배수로 점검 및 분기 여부 • 유도수로의 슬러지 등 스케일 제거
	산화중화조	• 중화조 pH 전극 상태 및 원수와 중화제의 혼합 상태 • 교반강도 적정성 및 교반기 상태(소음, 진동, 열 발생 여부 등) • 산기관의 송풍량 점검
	응집조	• 약품 주입 및 플럭 형성 상태 • 교반강도 적정성 및 교반기 상태(소음, 진동, 열 발생 여부 등)
	침전조	• 슬러지 수집기 작동 상태 • 슬러지 인발 정도 및 슬러지 발생량 • 방류수의 부유물질
	기타 사항	• 조별 각종 기계장치 작동 상태 • 약품탱크의 교반기 작동 및 각종 약품의 용해 상태 • 여과기 사용시 여과기 작동상태 및 여과 효율
자연 정화 시설	유입부	• 유량계 정상작동 여부 • 유입수로 상태, 균열, 누수 여부
	산화・침전조	• 슬러지 침전 및 Fe^{2+}의 산화 정도 • 침전조 내 유로 형성 상태(사영역 존재)
	SAPS	• SAPS 유출수와 수위조정 맨홀의 수위차 • 수위조절장치 누수 여부 • SAPS 월류 여부 및 SAPS 상부 슬러지침전 정도
	소택지	• 수생식물 식재 상태 • 소택지 내 유로 형성 상태(사영역 존재)
	공통 사항	• 유입・유출 수로 및 배관의 슬러지, 이물질제거 등 정비 • 각 조별 슬러지침전 정도

제 5 장

광물찌꺼기에 의한 광해

5.1 광물찌꺼기 발생원 및 환경적 영향

5.1.1 광물찌꺼기 발생원

광물찌꺼기[일명 광미(鑛尾), tailing]는 채광 후 선광 및 제련과정으로 유용광물을 선별하고 남은 맥석광물로 입자가 미립인 집합체이며, 광물찌꺼기를 일정한 장소에 저장한 곳을 광물찌꺼기적치장(일명 광미장)이라 한다. 일반적으로 단일광종인 비금속 광산이나 석탄광산에서는 광물찌꺼기가 발생하지 않으나, 금속광산은 원광 중 유가금속(Au 2 g/톤, Cu · Pb · Zn 2～3%, WO_3 0.5%, MoS_2 0.4% 내외)이 미량 존재하므로 선광 · 제련과정에서 많은 양의 광물찌꺼기가 발생한다.

선광장에서 발생된 광물찌꺼기는 물과 섞은 슬라임(slime)을 관로를 통해 펌프로 압송하여 적치장에 적치한다. 대부분의 광물찌꺼기층은 회백색을 띠며 반복적으로 퇴적된 흔적이 나타나고, 광물찌꺼기층 상부는 산화가 되어 붉은색을 띤다(그림 5-1).

(a) 폐금속광산 광물찌꺼기적치장 전경 (b) 광물찌꺼기 퇴적층 단면

그림 5-1 금속광산 광물찌꺼기

광물찌꺼기는 광상 생성 환경 및 지질에 따라 차이가 있으나, 금속광물은 황철석, 유비철석 등을 주로 포함하고 자류철석, 황동석, 섬아연석, 방연석 등을 소량 함유하고 있다. 규산염광물로는 석영이 주구성광물이며 장석, 운모류, 카올리나이트(kaolinite) 등을 소량 함유하고 있다.

광물찌꺼기의 물리화학적 특성은 표 5-1과 같으며, 비중은 일반적으로 2.6～4.3(평균 3 내외)의 범위이고 입도분포는 모래와 실트(silt)의 함량이 우세하다.

표 5-1 금속광산 광물찌꺼기의 물리화학적 특성(채영배, 2005)

광물명	화학조성	비중	경도	자성 특성	정전기적 특성
석영	Si, O	2.65	7.0	NM	NC
장석	K, Na, Ca, Al, Si, O	2.55～2.76	6.0	NM	NC
백운모	K, Al, Si, O, H	2.78～2.88	2.8	NM	NC
흑운모	K, Mg, Fe, Al, Si, O, OH	2.8～3.2	2.5～3.0	PM	NC
녹니석	Mg, Fe, Al, Si, O, H	2.55～2.78	2.0～2.5	PM	NC
견운모	K, Al, Si, O, H	2.78～2.88	2.8	NM	NC
활석	Mg, Si, O, OH	2.7～2.8	1.0	NM	NC
백운석	Ca, Mg, C, O	2.85～2.95	3.5～4.0	NM	NC
유비철석	Fe, As, S	6.07±0.15	5.5～6.0	PM	C
섬아연석	Zn, S	3.8～4.1	3.8～4.0	PM	C
황철석	Fe, S	5.0～5.2	6.5	PM	C
방연석	Pb, S	7.4～7.6	2.5	NM	C
자류철석	Fe, S	4.6～4.7	4.0	FM	C
갈철석	Fe, OH, O, H	3.6～4.0	5.0～5.5	PM	NC
황동석	Cu, Fe, S	4.1～4.3	3.5～4.0	NM	C

* 자성 특성 : 비자성(Non-Magnetic; NM), 상자성(Para-Magnetic; PM), 강자성(Ferro-Magnetic; FM)
* 정전기적 특성 : 비전도성(Non-Conductive; NC), 전도성(Conductive; C)

5.1.2 광물찌꺼기 적치 방법 및 형태

(1) 광물찌꺼기 적치 방법

일반적으로 소규모 금속광산은 광물찌꺼기를 광산 주변에 쌓아두거나 계곡부에 옹벽 등을 설치하고 적치하였고, 대규모 금속광산은 가행 당시에 적치장을 건설하여 적치하고 있다. 광물찌꺼기를 적치하는 방법에는 상향축조법(upstream method), 하향축조법(downstream method), 중앙축조법(중심선축조법, center line method)이 있다(그림 5-2).

상향축조법은 광물찌꺼기를 물과 섞은 슬라임을 펌프로 압송하여 계곡부 상류로 올라가면서 축조하는 방법으로, 비중이 큰 모래는 적치댐 근처에 쌓이고 비중이 낮은 점토, 실트 등은 계곡부 안쪽에 쌓이게 된다. 하향축조법은 상향축조법과 반대로 슬라임을 계곡부 하류쪽으로 내려가면서 축조하며, 중앙축조법은 슬라임을 중앙 직상부로 올라가면서 축조한다.

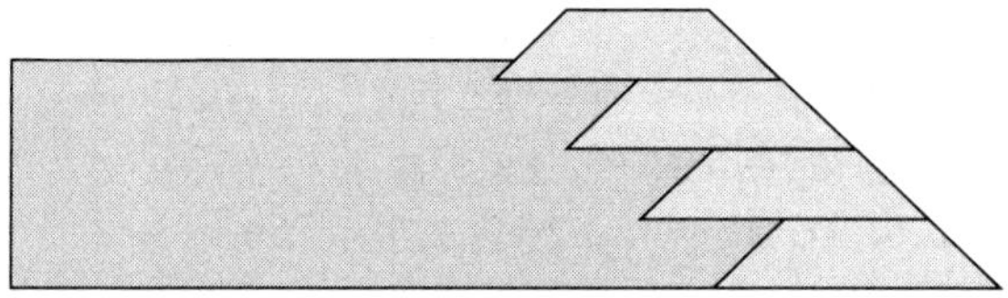

(a) 상향축조법

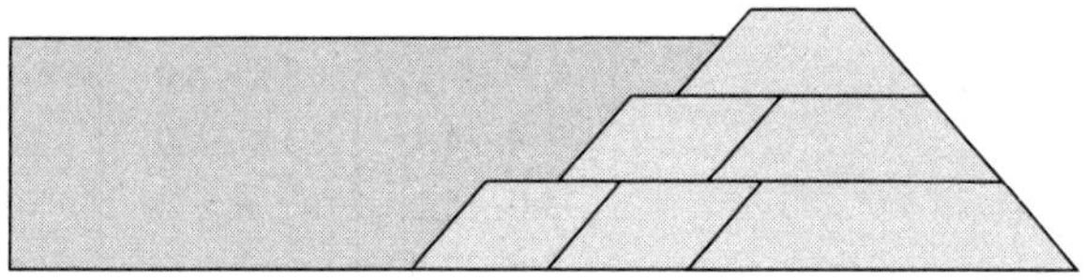

(b) 하향축조법

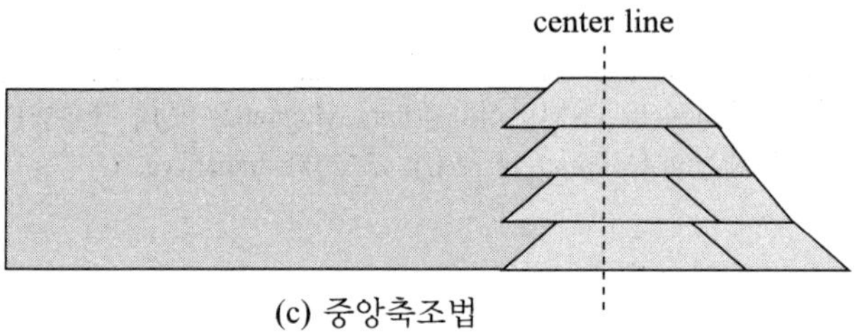

(c) 중앙축조법

그림 5-2 광물찌꺼기 적치 방법

광물찌꺼기적치장은 광산에서 가까운 곳에 지진활동이 거의 없고 적치된 광물찌꺼기의 자중을 견딜 수 있도록 지반이 견고한 위치에 선정하며, 적치장 사면은 15~20° 정도로 완만하게 건설한다. 광산안전법에 광물찌꺼기적치장 주위에는 붕괴·유실 등을 방지하기 위하여 필요한 경우 석축, 옹벽, 배수구 등의 시설을 설치하도록 되어 있다. 또한 붕괴·유실 등으로 인하여 위해 또는 광해가 발생할 염려가 있는 적치장은 건축물 또는 주요 공공시설에서 30 m 이상 떨어져 설치하도록 규정하고 있다.

그림 5-3은 국내 대표적인 폐금속광산의 광물찌꺼기적치장 전경 및 모식도이다. 과거 세계 최대 규모의 텅스텐을 채광했던 상동광산(2003년 폐광)은 가행 중인 1974년

에 사면부에 적치장을 건설하고, 1981년까지 상향축조법으로 10단을 조성하여 약 400만톤을 적치하였다. 또한 납과 아연을 채광했던 제2연화광산(2008년 폐광)은 가행 초기에 계곡부에 콘크리트댐을 설치하여 광물찌꺼기를 적치하다가, 본격 생산단계에서 2개소의 계곡부에 적치댐을 쌓고 상향축조법으로 약 500만톤을 적치하였다.

(a) 상동광산(사면부 적치 : 높이 38 m, 길이 상단 590 m, 하단 830 m)

(b) 제2연화광산(계곡부 적치)

그림 5-3 폐금속광산 광물찌꺼기적치장

(2) 광물찌꺼기 적치 형태

광물찌꺼기 적치 형태는 지형적 유형에 따라 계곡형, 사면형, 평지형으로 분류한다(그림 5-4). 국내 휴폐금속광산 중 광해방지사업이 완료된 약 80여개를 조사한 결과 사면형이 68%, 계곡형은 24%, 평지형은 8% 정도이다.

(a) 계곡형 (b) 사면형 (c) 평지형

그림 5-4 광물찌꺼기 적치 형태

계곡형은 광산 주변의 계곡에 댐을 만들어 적치하는 형태로, 집중호우시 갱내수와 계곡수의 유입 및 강우 등에 의해 유실되기 쉽고 계곡을 따라 오염확산의 우려가 있다. 사면형은 광산 주변의 산사면에 적치한 형태로, 강우에 의한 유실이나 침출수 문제가 발생할 수 있고 사면붕괴의 위험성이 있다. 평지형은 광산 인근의 평지에 적치하거나 평지에 댐을 쌓아 적치하는 형태로, 먼지날림에 의한 비산과 강우에 의한 적치장 주변 오염확산의 우려가 있다.

5.1.3 광물찌꺼기에 의한 광해

광물찌꺼기에 의한 광해로는 태풍 등 집중호우로 광물찌꺼기 적치사면의 붕괴 및 유해중금속을 함유한 광물찌꺼기의 비산과 적치장 침출수에 의한 수질오염 및 토양오염 피해이다(그림 5-5, 그림 5-6). 광물찌꺼기는 황화광, 산화광 형태로 존재하며 다양한 중금속을 수반하기 때문에 중금속오염 가능성이 높고, 선광과정에서 사용하는 수은 및 시안화합물 같은 독성시약도 잔류할 수 있다.

광물찌꺼기는 실트 이하의 미립자로서 비표면적이 커서 물과 공기와 반응하여 산성광산배수가 생성되어 주변 수계에 나쁜 영향을 끼친다. 일반적으로 국내 폐금은광산의 광물찌꺼기에서 비소가 높은 농도로 나타나는데, 이는 금과 은을 함유하는 석영맥 중에 있는 유비철석(FeAsS)에서 기인한다.

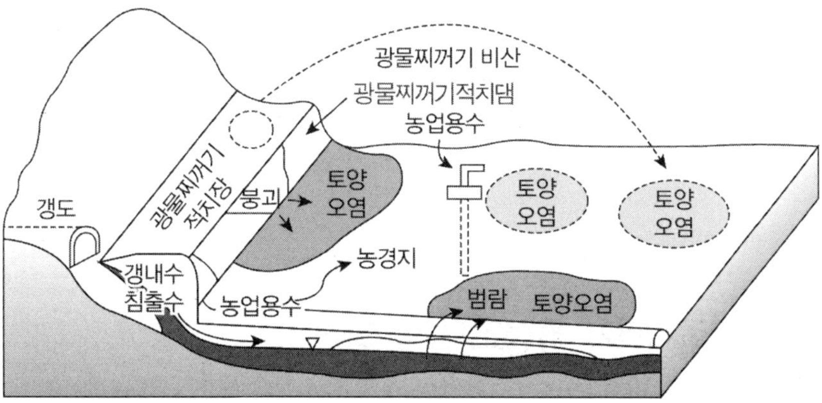

그림 5-5 광물찌꺼기 비산 및 유실로 인한 수질·토양오염 발생

광물찌꺼기적치장은 광물찌꺼기로 이루어진 댐체의 과부하, 비정상적인 거동 또는 배수문제로 인해 적치장 내부 공극수압이 증가하여 댐체 등의 붕괴가 발생할 수 있다. 적치장 댐체는 우수기 집중호우 시기에 붕괴 가능성이 증가하며, 댐체 붕괴시 많은 인명사상 및 재산피해와 다량의 고농도 오염원이 하부지역으로 확산되는 피해가 발생한다.

(a) 집중호우로 적치댐 붕괴(국내 제2연화광산)

(b) 적치댐 연약구간 붕괴(헝가리)

그림 5-6 국내외 광물찌꺼기적치장 붕괴로 인한 피해

국내에서도 2000년대 집중호우와 태풍으로 경북 봉화군과 강원도 삼척시에 소재한 폐광산 광물찌꺼기적치장이 붕괴되어 오염된 광물찌꺼기가 하천으로 유실되는 사고가 발생하여 긴급공사를 실시하였다.

해외에서도 2010년 헝가리에서 알루미늄 정련 중 발생하는 산화철을 주성분으로 하는 레드 머드(red mud)를 적치한 광물찌꺼기적치댐 붕괴로 다수 사망자와 가옥 파괴 등의 대형사고가 발생하였다. 특히 2019년 브라질 브루마딩요 철광산의 광물찌꺼기적치장에서 댐체 내부물질의 액상화로 사면 불안정성을 야기하여 붕괴사고가 발생함으로써 약 270명이 사망하였고, 하부지역이 중금속으로 심각하게 오염되었다.

5.2 광물찌꺼기 특성조사 및 평가

광물찌꺼기의 특성조사 및 평가 절차는 그림 5-7과 같이 광물찌꺼기 시료채취, 현장시험, 시료분석 및 오염도평가 순서로 수행하며, 광물찌꺼기에 대한 특성조사 및 오염현황을 평가하여 광해방지사업 여부 판단과 처리 공법을 선정한다.

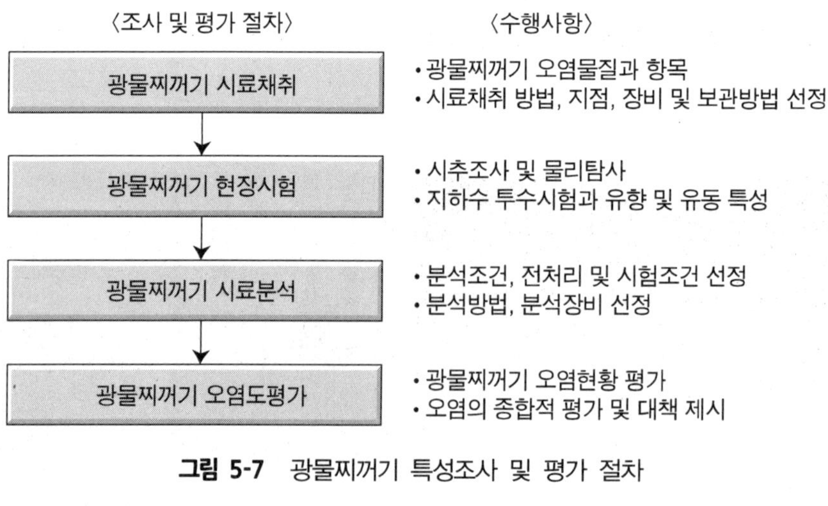

그림 5-7 광물찌꺼기 특성조사 및 평가 절차

5.2.1 광물찌꺼기 특성조사

광물찌꺼기 특성조사는 지질학적 및 지형학적 특성, 광물찌꺼기의 물리·화학적 특성, 수리학적 및 주변환경 특성 등을 조사하여 광물찌꺼기의 적정 처리방안 수립에 적용한다(그림 5-8). 이러한 특성조사 결과는 오염원 분석, 적치장 안정성 해석 등의 설계인자 및 처리공법 선정에 활용한다.

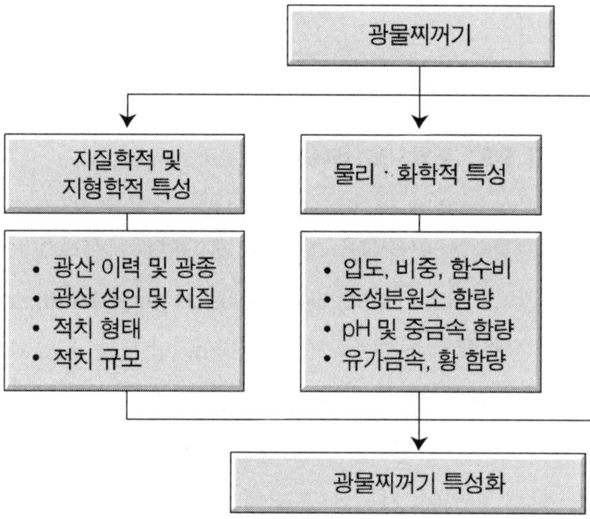

그림 5-8 광물찌꺼기 특성조사 항목

5.2.2 광물찌꺼기 오염도조사

(1) 광물찌꺼기 시료채취

광물찌꺼기 시료는 토양오염공정시험기준에 따라 농경지가 아닌 지역은 조사대상 지역의 중심이 되는 1개 지점과 그 주변 4방위의 5～10 m 거리에 있는 1개 지점씩을, 농경지는 대상지역 내에서 지그재그형으로 5～10 m 거리에 있는 5～10개 지점을 채취한 후 혼합하여 500 g 시료를 만든다(그림 5-9).

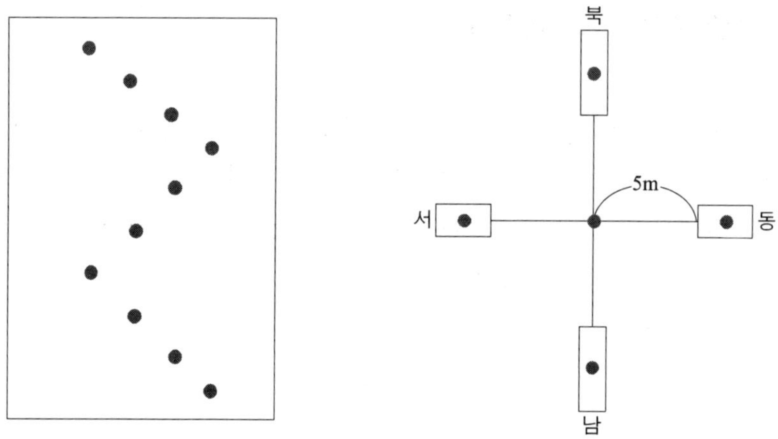

(a) 농경지 (a) 기타지역

그림 5-9 토양시료 채취지점도

시료채취는 상부 잡초 및 유기물 등 이물질을 제거한 후 표토는 플라스틱 재질의 모종삽으로, 중간토 및 심토는 핸드오거(hand auger)나 manual slide hammer와 같은 토양시료채취기 등을 이용한다. 시료채취 밀도는 30 m × 30 m 당 1개 시료를 채취하며 표토(30 cm 이내), 중간토(30～60 cm), 심토(60 cm 이상)를 500 g 정도 채취한다.

시료채취시에는 날짜, 좌표, 토색, 심도 및 현장 특이사항 등에 대하여 시료채취 현장기록지를 작성한다. 아울러 위치 확인이 가능한 도면에 광물찌꺼기 양, 면적 및 규모 등을 파악할 수 있는 분포도를 작성하고 시료채취 지점을 표기한다(그림 5-10).

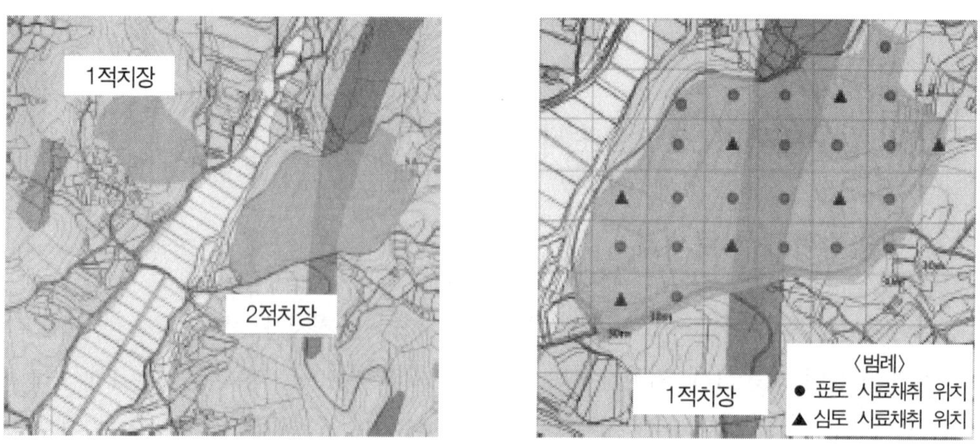

(a) 광물찌꺼기 분포도 예시 (b) 광물찌꺼기 분포지역의 시료채취 지점 예시

그림 5-10 광물찌꺼기 분포도 및 시료채취 지점

채취한 시료 중 약 300 g을 분취하여 pH 및 중금속 시험용은 폴리에틸렌 봉지에 담고, 시안 및 유기물질 시험용은 유리병에 넣어 보관한다. 나머지 200 g은 200 mL 이상 용량의 유리병에 가득 담고 밀봉한 후 0~4℃로 보관하여 수분보정용 시료로 사용한다. 분석원소에 따라 차이는 있지만 중금속을 대상으로 분석할 경우 폴리에틸렌 봉지와 유리병을 이용하여 0~4℃로 보관한다.

(2) 광물찌꺼기 현장시험

광물찌꺼기의 분포 현황 및 물량을 산정하기 위해 물리탐사, 시추조사 및 시험굴(trench)조사 등을 실시하며, 침출수 유동경로 및 오염물질 확산 등을 검토하기 위해 지하수 수리시험을 실시한다.

1) 물리탐사

광물찌꺼기 적치 규모와 분포 특성을 파악하기 위해 물리탐사를 실시한다. 일반적으로 광물찌꺼기는 중금속 함량이 주변 토양에 비해 높고 적치장 내 공극수로 인하여 전기전도도가 높아 상대적으로 저비저항값을 나타내는 특성을 이용하여 주로 전기비저항탐사법을 적용하고 있다. 탐사로 파악된 이상대 분포대 자료와 시추조사를 병행하여 지층과 암반의 경계면을 분석하고 적치 규모를 파악할 수 있다(그림 5-11).

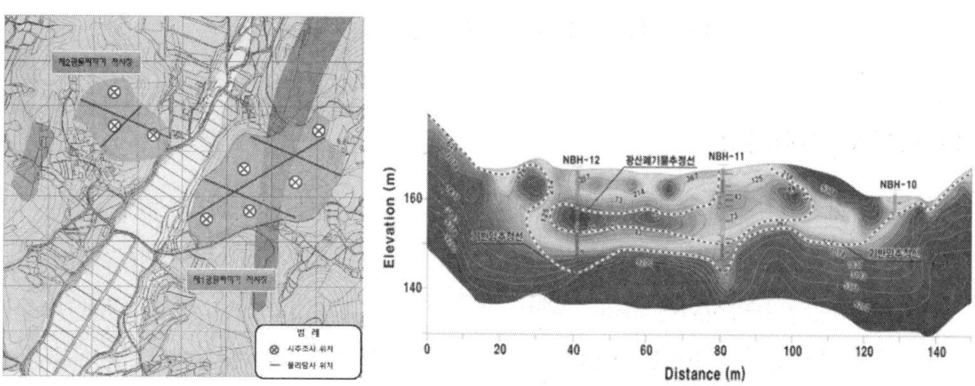

(a) 물리탐사 측선 및 시추조사 위치도 (b) 전기비저항탐사 해석 예시

그림 5-11 광물찌꺼기 물리탐사

2) 시추조사 및 시험굴조사

시추조사는 광물찌꺼기적치장의 심도와 분포상태를 확인하는 가장 직접적인 방법으로, 회전식 시추기를 이용한다. 시추위치는 물리탐사 결과를 기준으로 선정하며, 설계정수 산정을 위해 시추공과 시추코어를 활용하여 현장시험과 실내시험을 실시한다.

시추공을 이용한 현장시험은 지반의 다짐정도 등을 평가하는 표준관입시험과 지하수위 측정 및 투수시험 등 각종 원위치시험을 실시한다. 시추코어를 이용한 실내시험은 물리적 특성시험(입도, 비중, 함수비 등)과 강도시험 등을 실시하며, 시추코어 중 일부는 오염도조사 시료로 사용한다.

또한 광물찌꺼기 매립 여부 및 적치장 경계부 파악을 위해 필요한 위치에서 시험굴조사를 실시한다. 시추조사와 시험굴조사로 파악된 시추공별 광물찌꺼기 심도를 연결하여 양단면 평균법을 적용하여 광물찌꺼기 물량을 산정한다(그림 5-12).

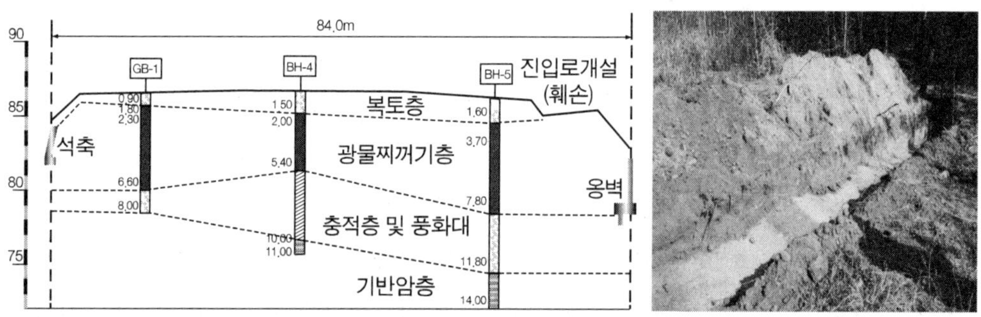

(a) 시추조사 결과 단면 예시 (b) 시험굴조사

그림 5-12 광물찌꺼기 시추조사 및 시험굴조사

3) 지하수 수리시험

적치장 내 지하수 유동특성, 침출수 유동경로 및 오염물질 확산 검토를 위해 시추공 내에서 지하수 수리시험(지하수 유향・유속시험, 투수시험)을 실시한다(그림 5-13).

지하수 유향・유속시험은 주로 지하수 내에 열원(heat pulse)을 주어 열원이 자연적인 지하수의 유동에 따라 이동하는 것을 4방향의 센서를 이용하여 측정하는 방법을 사용한다. 투수시험은 현장의 시추공에서 펌프로 지하수를 퍼올리면서 지하수위 저하량을 측정하는 양수시험으로, 주로 대수층의 투수성을 평가하는 방법을 사용한다.

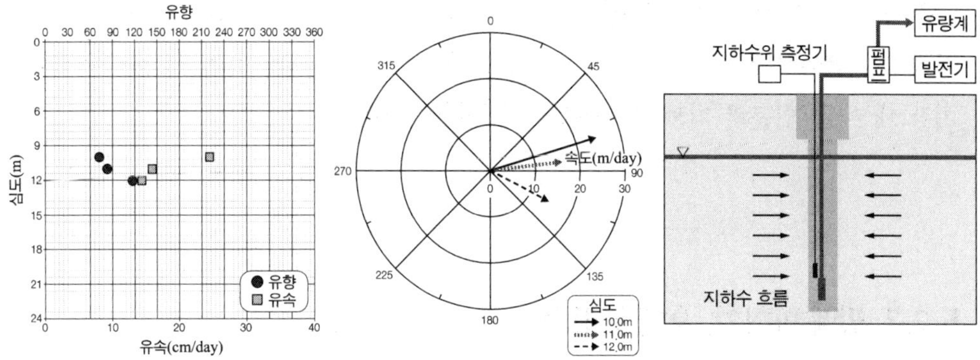

(a) 지하수 유향·유속시험 결과 예시 (b) 투수시험 모식도

그림 5-13 지하수 수리시험

(3) 광물찌꺼기 시료분석

광물찌꺼기 시료의 오염도조사, 오염원소의 존재 형태 및 침출수 발생 여부 등을 조사하기 위해 항목별로 분석을 실시한다(표 5-2). 분석기기로 양이온은 원자흡광 광도계(AAS)나 유도결합 플라스마 발광광도계(ICP-AES)를, 음이온은 이온 크로마토그래피(IC)를 이용한다.

광물찌꺼기의 오염도조사를 위해 토양오염공정시험기준과 폐기물공정시험기준의 용출시험을 실시하여 중금속 함량을 파악한다. 또한 광물찌꺼기 내 오염원소의 광물학적·화학적 존재 형태를 분석하기 위해 주로 Tessier (1979) 연속추출법을 적용하여 5단계까지 연속추출 분석을 실시한다. 분석 결과는 1단계 이온교환형태, 2단계 탄산염 또는 흡착형태, 3단계 철·망간 산화형태, 4단계 유기물간의 결합 또는 황화물형태, 5단계 잔류형태로 구분한다.

표 5-2 광물찌꺼기 시료분석 내용 및 항목

분석 내용	분석 방법	분석 항목
광물찌꺼기 오염도 조사	토양오염공정시험	• Cu, Pb, Ni, As, Zn, Hg, Cd, CN^-, Cr^{6+} 등
	폐기물공정시험	• Cu, As, Hg, Cd, Pb, Cr^{6+} 등
오염원소의 존재 형태	광물찌꺼기 연속추출	• As, Cd, Cu, Pb, Ni, Zn 등
침출수 발생 및 수계 영향범위 파악	수질오염공정시험	• 현장 측정 : pH, EC, DO, ORP, 산도(알칼리도) 등 • Fe, Mn, Al, Cu, Pb, As, Zn, Cd, CN^-, Cr^{6+} 등

우수 등에 의한 침출수 발생 여부를 파악하기 위해 광물찌꺼기 퇴적토에 대하여 산성배수 예측시험(산염기시험)을, 침출수에 의한 주변 영향범위를 파악하기 위해 적치장 내부 및 인근의 지하수에 대해 수질분석을 한다.

5.2.3 광물찌꺼기 오염도평가

시료채취 지점별로 광물찌꺼기의 오염도 분석결과를 평가하여 토양환경보전법상 토양오염기준과 폐기물관리법상 지정폐기물에 함유된 유해물질 기준을 초과한 채취지점에 대한 오염현황도를 작성한다(표 5-3, 표 5-4).

표 5-3 토양오염우려기준 및 토양오염대책기준(토양환경보전법, 2022.1.21 기준, 단위 : mg/kg)

물질	토양오염우려기준			토양오염대책기준		
	1지역	2지역	3지역	1지역	2지역	3지역
카드뮴	4	10	60	12	30	180
구리	150	500	2,000	450	1,500	6,000
비소	25	50	200	75	150	600
수은	4	10	20	12	30	60
납	200	400	700	600	1,200	2,100
6가크롬	5	15	40	15	45	120
아연	300	600	2,000	900	1,800	5,000
니켈	100	200	500	300	600	1,500
불소	400	400	800	800	800	2,000
시안	2	2	120	5	5	300

* 1지역 : 전 · 답 · 과수원 · 목장용지 · 광천지 · 대 · 학교용지 · 구거 · 양어장 · 공원 · 사적지 · 묘지인 지역과 어린이 놀이시설 부지
* 2지역 : 임야 · 염전 · 대(1지역 외) · 창고용지 · 하천 · 유지 · 수도용지 · 체육용지 · 유원지 · 종교용지 및 잡종지인 지역
* 3지역 : 공장용지 · 주차장 · 주유소용지 · 도로 · 철도용지 · 제방 · 잡종지(2지역 외)인 지역과 국방 · 군사시설 부지

표 5-4 지정폐기물에 함유된 유해물질 기준(폐기물관리법, 2021.4.30 기준, 단위 : mg/L)

구분	Pb	Cu	As	Hg	Cd	Cr^{6+}	CN
기준치	3	3	1.5	0.005	0.3	1.5	1

오염현황도는 조사지역의 전반적인 상황을 쉽게 이해할 수 있도록 광산과 광물찌꺼기적치장, 시료채취 위치와 오염 현황, 하천 수계방향 및 지하수·침출수 유출방향 등을 표기한다(그림 5-14). 광물찌꺼기적치장 일대에 대한 광물찌꺼기의 물리·화학적 특성조사 및 오염도평가 결과를 반영하여 현장여건에 적합한 최적의 처리 공법을 선정하고 광해방지사업을 실시한다.

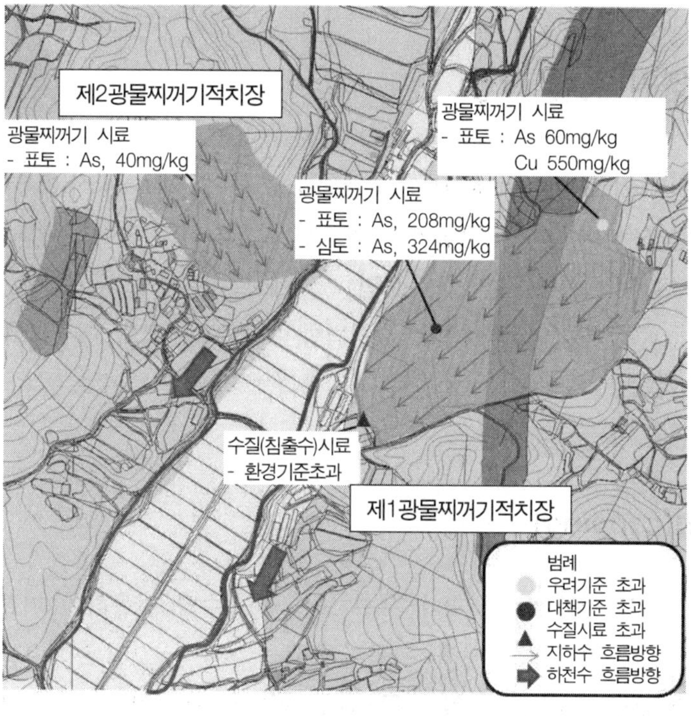

그림 5-14 광물찌꺼기 오염현황도 예시

5.3 광물찌꺼기 처리 방법

광물찌꺼기 처리 방법으로는 일시적으로 오염원을 격리 저장하는 방법, 근원적인 오염원 제거 및 이동을 제어하기 위해 정화기술을 이용하는 방법, 기존의 갱내 채굴적에 충전하는 방법, 재활용기술을 이용하는 방법, 매립장으로 이송 처리하는 방법이 있다. 이러한 방법 중 광물찌꺼기의 오염수준, 경제성 및 최종 처리목표 등을 종합하여 최적의 처리 방법을 선정하여야 한다.

5.3.1 오염원 격리 저장

오염원 격리 저장(containment)은 오염물질을 원위치에 저장하거나 일정지역에 오염물질을 이동시켜 격리하는 방법이다. 적절한 오염처리 기술이 선정되기 전 또는 장기적으로 오염처리시설의 설치가 유보된 지역에 일시적으로 사용되고 있다. 이 방법에는 복토법, 수직벽법(연직차수벽), 수평벽법이 있으며, 국내 대부분의 폐광산에서는 복토법과 수직벽법을 사용하는 차단형 매립방식을 적용하고 있다.

(1) 복토법(capping)

복토법은 오염물질이 비산하거나 우수 또는 지표수와 반응하여 지표 및 지하수를 오염시키는 것을 방지하기 위해 광물찌꺼기 상부를 비오염토양이나 HDPE (High Density Polyethylene) 등과 같은 불투수층 물질로 덮는 방법이다(그림 5-15). 복토 후 표토에 잔디 등을 식재하여 토양의 유실이나 유수의 흐름속도를 저감시키고 식생으로 주변 환경과 조화를 이루도록 한다.

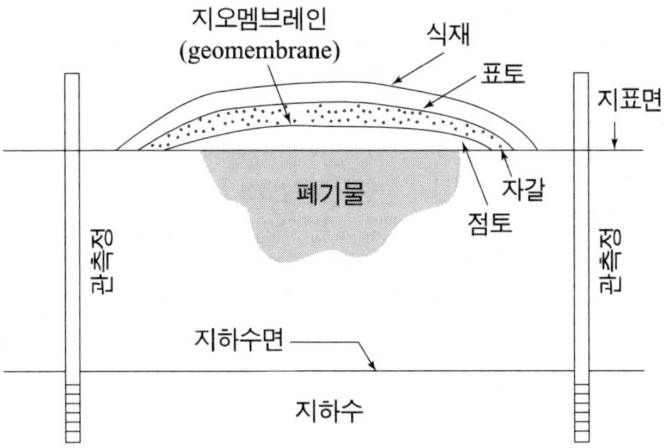

그림 5-15 복토법 모식도

(2) 수직벽법(연직차수벽, vertical barriers)

수직벽법은 오염물질이 지하수로 이동되어 수평으로 분산되는 것을 방지하기 위해 수직벽체를 설치하는 방법이다. 적치장 내로 주변 지하수의 유입 및 적치장에서 발생한 침출수가 주변 비오염지역으로 이동하는 것을 차단하기 위해 적치장 일대 하부의 저투수성 암층까지 연직차수벽을 복토법과 연계하여 설치한다(그림 5-16).

연직차수벽의 설치 방법에는 지하수의 흐름 등을 고려하여 표 5-5와 같이 전면 고립화 방법, 상류구배 또는 하류구배 배치 방법이 있다.

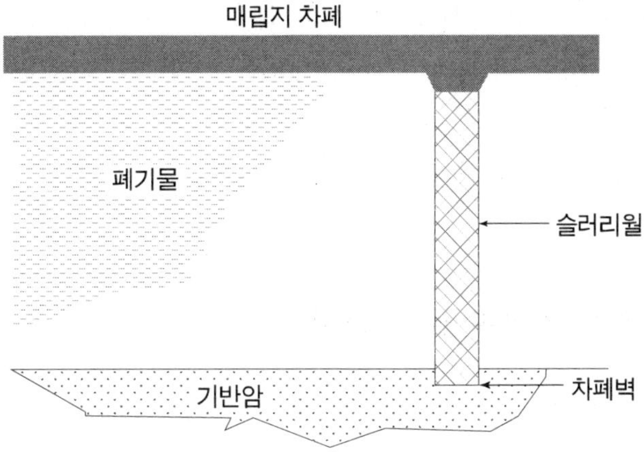

그림 5-16 슬러리월과 복토법을 연계한 모식도

표 5-5 연직차수벽 설치 방법

구분	설치 개요 및 적용	모식도
전면 고립화 방법	• 오염지역 전체를 둘러싸서 차단하는 방법으로, 지하수를 식수원으로 사용하는 지역 또는 주거단지에 인접하여 폐기물의 이송이 어려운 경우에 적용 • 대상부지 전체를 차단해야 하므로 공사비 많이 소요	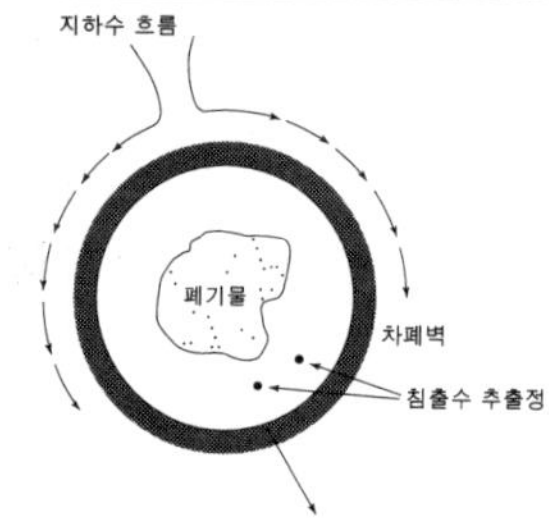
상류구배 배치 방법	• 오염지역에서 지하수가 유입되는 면에 차단벽을 설치하는 방법으로, 오염지역 상부와 하류의 수두경사가 큰 경우 비오염된 지하수를 오염지역 외부로 우회시키기 위해 사용 • 오염물질의 유출이 없고 하류지역에서 지하수의 사용량이 많을 경우에 적용	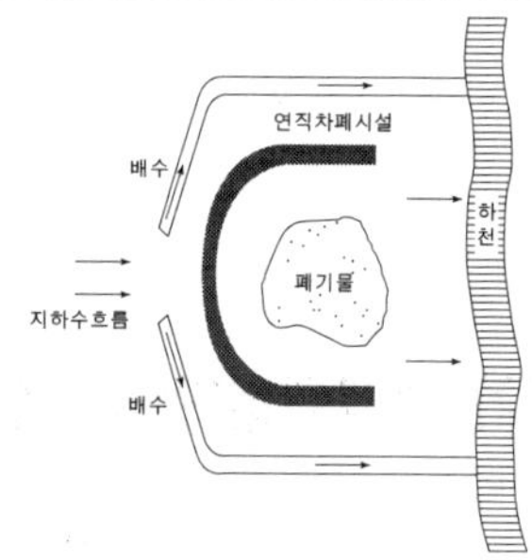
하류구배 배치 방법	• 지하수가 유출되는 하류면에 차단벽을 설치하는 방법으로, 주로 계곡 매립지에서 지하수와 침출수가 계곡 하류쪽으로 모이는 경우에 사용 • 지하수 양이 많지 않아 침출수 처리량이 적은 지역으로, 차단층 설치가 비교적 짧은 경우에 적용	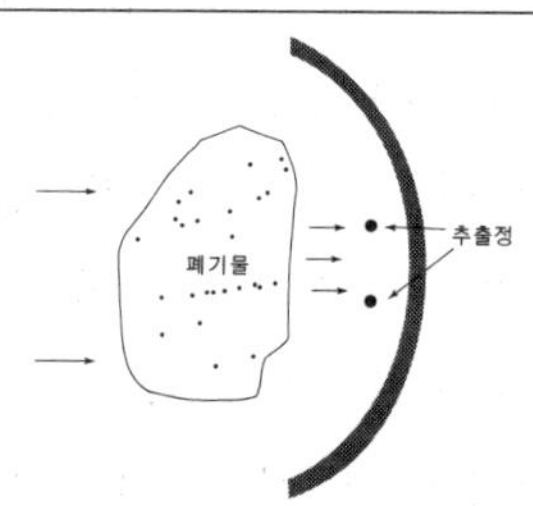

지하수 오염물질의 수평 분산을 방지하는 대표적인 연직차수벽 공법에는 슬러리월(slurry wall), 스틸시트 파일(steel sheet pile), 그라우트 커튼(grout curtain) 공법 등이 있다(표 5-6). 이러한 공법과 매립장 등의 차수에 사용된 공법을 폐금속광산의 현장 여건에 맞게 응용하여 적치장의 연직차수에 적용한 사례가 있다.

(3) 수평벽법(horizontal barriers)

수평벽법은 오염물질을 퍼내지 않고 수평으로 벽을 만들어 오염물질의 하부 이동을 저감시키는 방법으로 수직보링법과 수평드릴링법이 있다. 격자식으로 시추공을 굴착하고 그라우팅하여 수평 불투수층 지층을 형성시켜 오염물질의 수직적 분산을 억제하는 방법으로, 현장 실증기술이 개발되어 있다. 시추작업으로 인한 토양의 다짐현상과 시추시 하부 지층이 오염원에 의한 추가 오염이 발생할 수 있다.

표 5-6 대표적인 연직차수벽 공법

공법	공법 개요	비고
슬러리월 (slurry wall)	• 트렌치 굴착 후 낮은 수리전도도를 갖는 흙이나 다른 첨가제 등을 수직 트렌치 내에 충전하여 벽체를 시공 • 충전재로는 토양－벤토나이트, 시멘트－벤토나이트 등을 혼합하여 사용	
스틸시트 파일 (steel sheet pile)	• 타입식 공법으로 지수재를 도포한 철재파일을 지층에 박아 연속벽체를 형성 • 10～15 m 깊이의 천부 오염지역의 차단격리에 사용하거나, 슬러리월의 설치가 곤란할 때 토양-벤토나이트 슬러리월과 연계하여 사용	
그라우트 커튼 (grout curtain)	• 시추공에 유체를 주입·고화시켜 유체의 흐름을 저감하는 방법 • 주입물질은 시멘트, 점토, 알칼리규산염, 유기폴리머 등을 사용하며 비용상 점토를 가장 널리 사용	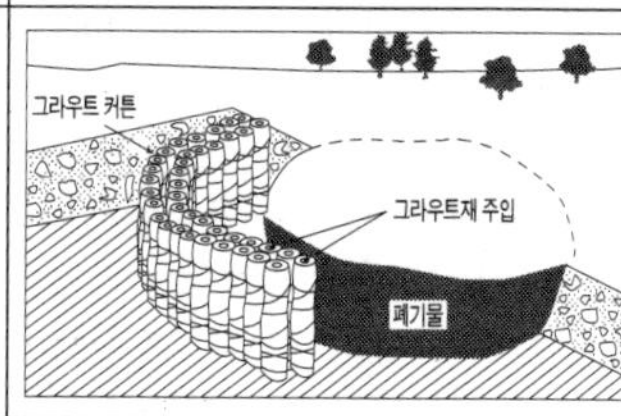

5.3.2 정화기술에 의한 처리

토양 중의 오염물질을 분해 또는 분리·추출 및 고정화하는 정화기술을 이용하는 것으로, 오염토양의 특성에 따라 생물학적, 물리·화학적, 열적 처리 방법을 적용한다(표 5-7). 일반적으로 광물찌꺼기 적치량은 대규모이고 오염도가 높아 근원적인 오염원 제거를 위한 정화기술 적용에 막대한 비용이 소요된다.

우리나라는 광물찌꺼기 내의 중금속 용출과 이동을 제한하여 오염원 확산을 예방하기 위해 물리·화학적 처리 방법 중 고형화/안정화법과 토양세척법을 일부 시범 적용한 사례가 있다.

표 5-7 국내 오염토양 정화기술의 종류(환경부, 2005)

정화기술		공정 개요
생물학적 처리 방법	생물학적분해법 (biodegradation)	• 영양분과 수분(필요 시 미생물)을 오염토양 내로 순환시킴으로써 미생물의 활성을 자극하여 유기물 분해기능을 증대시키는 방법
	생물학적통풍법 (bioventing)	• 오염된 토양에 대하여 강제적으로 공기를 주입하여 산소농도를 증대시킴으로써 미생물의 생분해능을 증진시키는 방법
	토양경작법 (landfarming)	• 오염토양을 굴착하여 지표면에 깔아놓고 정기적으로 뒤집어줌으로써 공기 중의 산소를 공급해 주는 호기성 생분해 공정법
	바이오파일법 (biopile)	• 오염토양을 굴착하여 영양분 및 수분 등을 혼합한 파일을 만들고 공기를 공급하여 오염물질에 대한 미생물의 생분해능을 증진시키는 방법
	식물재배정화법 (phytoremedation)	• 식물체의 성장에 따라 토양 내의 오염물질을 분해 · 흡착 · 침전 등을 통하여 오염토양을 정화하는 방법
	퇴비화법 (composting)	• 오염토양을 굴착하여 팽화제(bulking agent)로 나뭇조각, 동식물, 폐기물과 같은 유기성물질을 혼합하여 공극과 유기물 함량을 증대시킨 후 공기를 주입하여 오염물질을 분해시키는 방법
	자연저감법 (natural attenuation)	• 토양 또는 지중에서 자연적으로 일어나는 희석, 휘발, 생분해, 흡착 그리고 지중물질과의 화학반응 등에 의해 오염물질 농도가 허용 가능한 수준으로 저감되도록 유도하는 방법
물리 · 화학적 처리 방법	토양세정법 (soil flushing)	• 오염물 용해도를 증대시키기 위하여 첨가제를 함유한 물 또는 순수한 물을 토양 및 지하수에 주입하여 오염물질을 침출, 처리하는 방법
	토양증기추출법 (soil vapor extraction)	• 압력구배를 형성하기 위하여 추출정을 굴착하여 진공상태로 만들어 줌으로써 토양에 존재하는 휘발성 오염물질을 휘발 · 추출하는 방법
	토양세척법 (soil washing)	• 오염토양을 굴착하여 토양입자 표면에 부착된 유 · 무기성 오염물질을 세척액으로 분리시켜 이를 토양 내에서 농축 · 처분하거나 재래식 폐수처리방법으로 처리
	용제추출법 (solvent extraction)	• 오염토양을 추출기 내에서 용매와 혼합시켜 용해시킨 후 분리기에서 분리하여 처리하는 방법
	화학적 산화/환원법 (chemical oxidation/reduction)	• 오염된 토양에 오존, 과산화수소 등의 화합물을 첨가하여 산화/환원반응을 통해 오염물질을 독성이 없거나 독성을 저감시키는 방법
	고형화/안정화법 (solidification/stabilization)	• 오염토양에 첨가제(시멘트, 석회, 슬래그 등)를 혼합하여 오염성분의 이동성을 물리적으로 저하시키거나, 화학적으로 용해도를 낮추는 등 무해한 형태로 변화시키는 방법
	동전기법 (electrokinetic separation)	• 투수계수가 낮은 포화토양에서 이온상태의 오염물(음이온 · 양이온 중금속 등)을 양극과 음극의 전기장에 의하여 이동속도를 촉진시켜 오염토양을 처리하는 방법
열적 처리 방법	열탈착법 (thermal desorption)	• 오염토양 내의 유기오염물질을 휘발 · 탈착시키는 기법이며, 배기가스는 가스처리시스템으로 이송하여 처리하는 방법
	소각법 (incineration)	• 산소가 존재하는 상태에서 800~1,200℃의 고온으로 유해성 폐기물 내의 유기오염물질을 소각 · 분해시키는 방법
	유리화법 (vitrification)	• 굴착된 오염토양 및 슬러지를 전기적으로 용융시킴으로써 용출 특성이 매우 적은 결정구조로 만드는 방법
	열분해법 (pyrolysis)	• 산소가 없는 혐기성 상태에서 열을 가하여 오염토양 중의 유기물을 분해시키는 방법

(1) 고형화/안정화법(solidification/stabilization)

고형화/안정화법은 오염물질에 시멘트, 석회 등과 같은 첨가제를 혼합하여 오염물질의 물리적 형태를 변화시키는 고형화법과, 화학적으로 용해도를 감소시키는 안정화법이다. 미국의 오염지역 이동처리 기술 중에서 가장 많이 활용되는 방법으로 주로 폐기물 및 매립지의 환경복원 등에 적용하고 있다. 방사능물질을 포함한 무기물의 처리에 고형화 물질로 주로 시멘트를 이용한 지중 고형화법을 적용하고 있다.

오염된 광물찌꺼기 처리에 적용하는 고형화법은 시멘트, 석회, 폴리머 등과 같은 첨가제를 굴착장비를 이용하여 광물찌꺼기와 혼합하거나 적치장 상부 시추공에서 첨가제를 주입하여 오염성분의 이동성을 물리적으로 저하시키는 방법이다(그림 5-17).

소석회[$Ca(OH)_2$]를 이용하는 고형화법은 광물찌꺼기에 함유된 실리카, 알루미나와 같은 가용성분이 소석회와 반응하여 불용성 칼슘실리케이트나 칼슘알루미네이트 수화물을 형성하는 포졸란(pozzolan) 반응을 이용하여 조직을 치밀하게 한다. 국내에서도 강원도 영월군 소재 폐금속광산에서 실증시험을 실시한 사례가 있다.

$$Ca(OH)_2 + [SiO_2,\ Al_2O_3] = 3CaO \cdot 2SiO_2 \cdot 3H_2O$$
$$3CaO \cdot Al_2O_3 \cdot 6H_2O$$

(a) 고형화법 모식도 (b) 소석회를 이용한 광물찌꺼기 고형화

그림 5-17 광물찌꺼기 고형화법

(2) 토양세척법(soil washing)

토양세척법은 세척제와 기계적 마찰력을 이용하여 광물찌꺼기 내 미세 토양입자에

결합된 중금속으로 오염된 토양을 분리하여 오염물질의 양과 중금속 농도를 줄이는 방법이다(그림 5-18). 입도가 작을수록 표면적이 커서 중금속 함량이 높아지므로 입도 분포별 오염도를 분석하고 현장 실증실험을 통해 적정 세척제의 종류와 농도, 세척시간 등을 도출한다. 세척제(세척약품) 사용으로 폐수가 발생하므로 별도의 처리방안이 필요하다.

경기도 광명시 소재 폐금속광산의 광물찌꺼기 처리에 토양세척법을 적용한 사례가 있다. 대부분 실트 이하의 미세입자로 존재하는 광물찌꺼기 처리에 토양세척법 적용 시 미세입자간 서로 엉겨 붙어 오염물질 분리가 어렵고 시공성이 확보되지 못하는 기술적 문제 등을 해결하여야 한다.

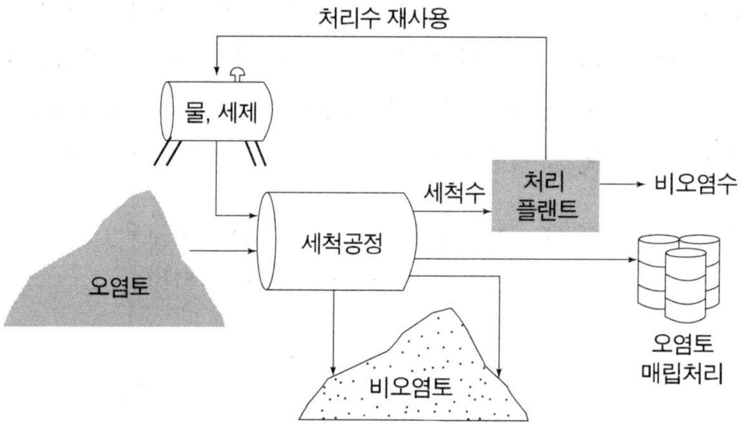

그림 5-18 토양세척법 모식도

5.3.3 갱내 충전에 의한 처리

기존의 채굴적이나 폐갱도로 광물찌꺼기를 이송하여 충전시키는 방법이다. 갱내 충전은 사용되는 재료와 이송하는 방법에 따라 암석(폐석) 충전, 슬러리형태 수력 충전, 페이스트(paste) 충전으로 구분할 수 있다. 강원도 영월군 소재 상동광산에서 가행 당시 채광 실수율 향상과 지반침하방지를 목적으로 물과 섞은 광물찌꺼기 슬라임을 펌핑하여 수력충전법으로 채굴공동을 충전한 사례가 있다. 해외의 경우 호주와 중국은 광물찌꺼기를, 일본은 폐석이나 수질정화시설 슬러지를, 미국은 석탄회를 사용하여 채굴공동을 충전한 사례가 있다(그림 5-19).

광물찌꺼기를 갱내에 충전할 경우 적치장의 설치 및 유지비용이 불필요하다는 장점이 있으나, 충전 개소로부터 유출되는 침출수로 인한 지하수오염 가능성이 있으므로 침출수에 대한 대책이 필요하다.

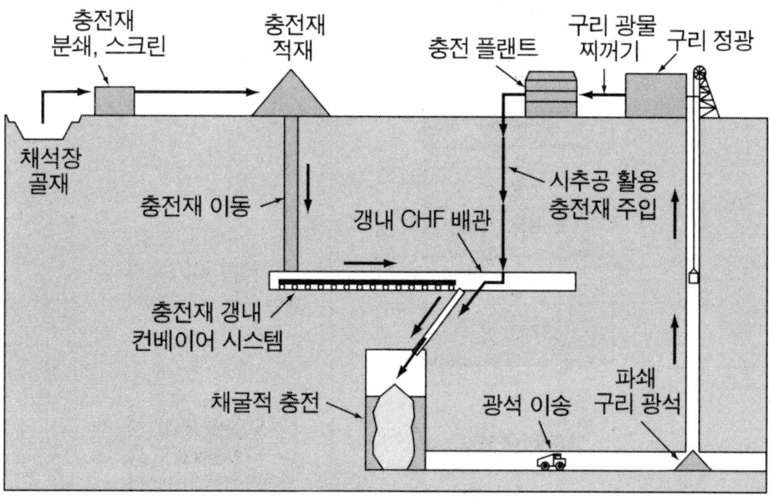

그림 5-19 해외 구리광산의 광물찌꺼기 충전재 이송 모식도(정영욱, 2006)

5.3.4 재활용기술에 의한 처리

선광·제련기술을 활용한 물리적 선별 및 화학적 침출처리로 광물찌꺼기 내에 함유된 유해 중금속을 분리·제거하는 방법이다. 국내외에서 경제성과 선광기술 부족으로 방치된 광물찌꺼기에서 유가금속의 회수와 함께 오염원을 제거하는 재활용 기술을 적용하고 있다(그림 5-20).

남아프리카공화국에서는 금광산의 광물찌꺼기 처리를 위해 월 10만 톤 규모의 재활용 플랜트를 건설하여 유가금속을 회수하고, 유해물질을 제거한 광물찌꺼기는 산림복구사업에 사용하였다. 국내에서도 광물찌꺼기에 대해 오염물 처리기술(무해화 기술)을 적용하여 선별된 실리카광물, 점토광물 등을 산업원료 소재로 활용하고, 미량 함유되어 있는 금과 은을 회수한 사례가 있다. 또한 광물찌꺼기를 활용하여 다공성의 세라믹 담체 및 도로포장재 등으로 재활용한 사례가 있다.

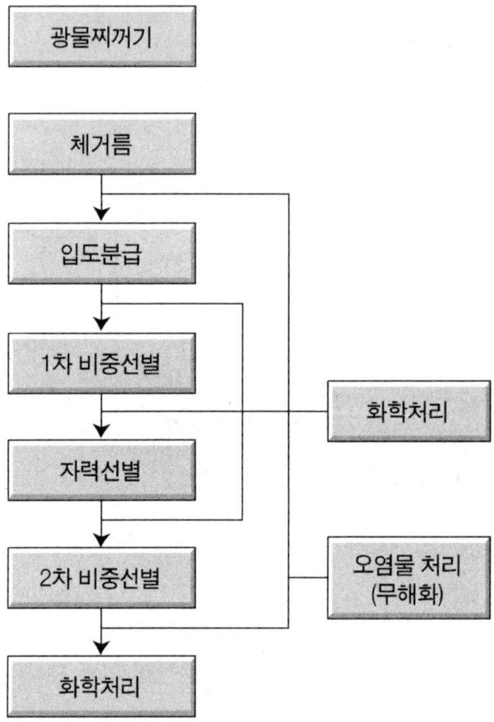

(a) 물리적 선별법 적용 예시

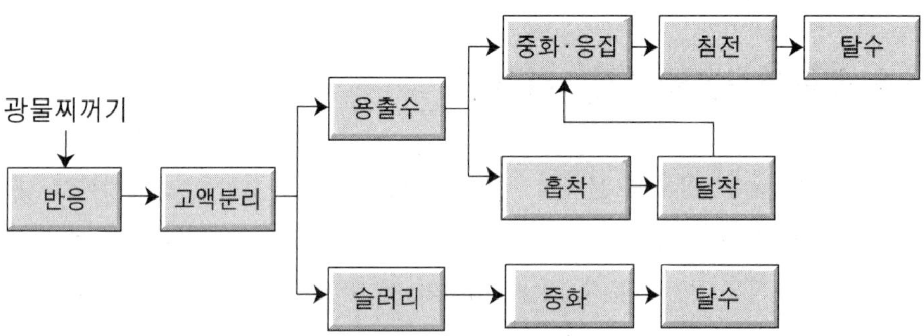

(b) 화학적 침출법 적용 예시

그림 5-20 광물찌꺼기 재활용기술

5.3.5 매립장으로 이송 처리

광물찌꺼기를 기존 매립장(폐기물매립장)으로 이송하여 처리하거나 새로운 지역에 별도로 광산폐기물 매립장을 조성하여 이송 처리하는 방법이다. 폐광산의 경우 대부분 광물찌꺼기 양이 대규모이므로 매립장 부지확보, 처리비용 및 민원발생 등을 고려할 때 매립장을 확보하고 매립장까지 운반처리하는 일련의 과정에 많은 제한이 있다.

대부분의 광물찌꺼기는 적치장 위치에서 차단형 매립방식으로 처리하고 있으나, 폐광산과 제련소 등의 영향으로 식수원오염 문제를 해결하기 위해 하천변에 유실된 광물찌꺼기를 정부 정책에 따라 기존 매립장으로 이송 처리한 사례도 있다(그림 5-21).

(a) 하천변 광물찌꺼기 퇴적층 (b) 하천변 경화된 광물찌꺼기 제거

그림 5-21 하천변에 유실된 광물찌꺼기를 제거하여 매립장 이송 처리

1972년 집중호우로 가행 당시 축조된 경북 봉화군 소재 연화광산 광물찌꺼기적치댐이 붕괴되어 많은 양의 광물찌꺼기가 낙동강 수계 하천으로 유실되는 사고가 발생하였다. 하천변에 퇴적된 광물찌꺼기로 인한 안동댐 식수원보호 및 환경오염 확산을 예방하기 위해 2020년부터 연차적으로 하천변에 경화된 광물찌꺼기를 제거하여 기존 매립장으로 이송 처리하고 있다.

5.4 국내외 광물찌꺼기 광해방지사업

5.4.1 국내 광물찌꺼기 광해방지사업

국내 광물찌꺼기에 대한 광해방지사업은 사업 초기에는 유실방지를 위한 단순 옹벽 설치와 사면정리 위주로 하였다. 1990년대 중반부터는 광물찌꺼기유실방지와 적치장의 침출수 발생을 예방하기 위해 차수시설을 설치하는 밀폐 및 차단공법을 주로 적용하고 있다. 광물찌꺼기로 인한 광해방지사업시 적용 가능한 공법은 정부에서 고시한 광해방지사업의 핵심공법 또는 핵심기술의 범위에 근거하여 현장여건과 광물찌꺼기 특성을 고려하여 선정한다(표 5-8).

표 5-8 광해방지사업의 핵심공법 또는 핵심기술의 범위(산업통상자원부, 2015)

전문분야	핵심공법 또는 핵심기술
광물찌꺼기유실방지사업 (동 사업과 관련된 광재·폐석 및 침출수처리 등을 포함한다)	• 밀폐 및 차단공법 : 매립댐공법 차수벽(막) 설치, 차단벽 및 옹벽 설치 • 안정화공법 : 고형화법, 유리화법 중화법, 세척법 등 토양개량 및 정화법 • 오염수처리 및 우수배제 공법 : 투수성 반응벽체, 반응벽 설치 오염수질개선 방법

(1) 밀폐 및 차단공법

광물찌꺼기의 유실방지 및 침출수 발생을 예방하기 위해 옹벽이나 댐 등의 유실방지시설, 차수시설 및 우수배제시설 등을 설치하고 복토하는 차단형 매립방식이다. 적치장의 차수시설은 폐기물매립시설에 적용하는 기준과 유사한 방법으로 폐기물관리법에 규정된 폐기물처리시설의 관리기준을 준용하여 광산별로 적용하고 있다(그림 5-22).

일반적으로 광물찌꺼기가 강우 등에 의해 주변 환경에 영향을 주는 경우 적치장 상부에 대한 차수를, 지하수위가 광물찌꺼기층 내에 있을 경우 오염물질의 이동 등을 예방하기 위해 연직차수를 실시한다.

밀폐 및 차단공법은 영구적 처리방식이 아닌 일시적 격리 저장방법으로 장기간 관리하여야 하는 단점이 있으나, 외부 반출처리가 곤란할 경우 다른 공법에 비해 경제적이고 시공이 간편하므로 주로 시행되고 있다.

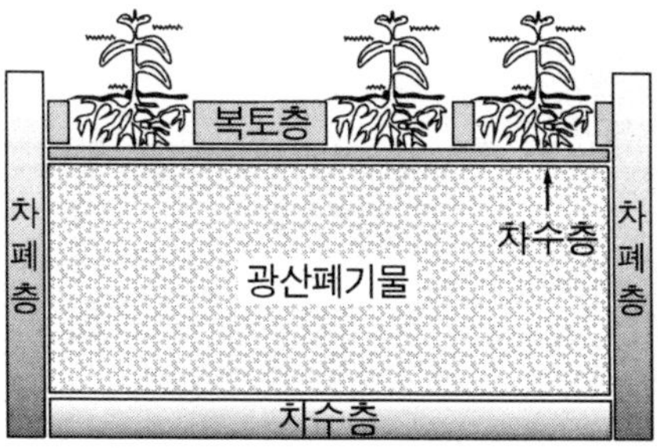

(a) 밀폐 및 차단공법 모식도

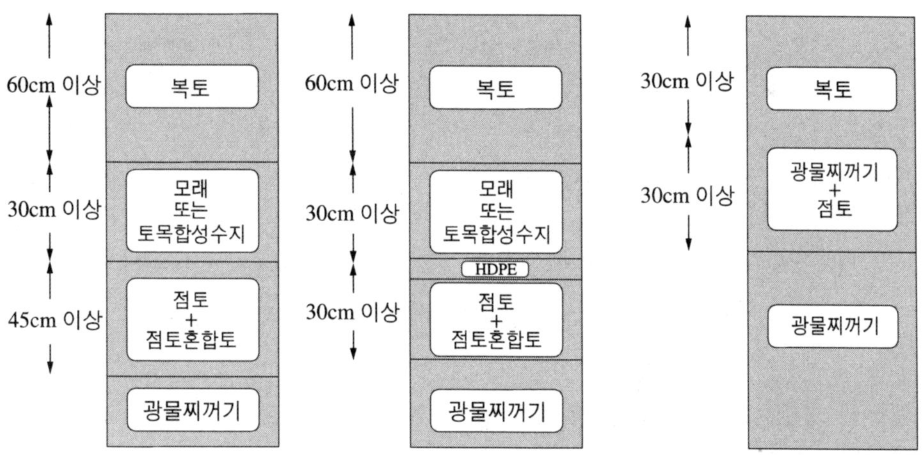

(b) 밀폐 및 차단공법 적용

그림 5-22 광물찌꺼기적치장에 대한 밀폐 및 차단공법

국내 광물찌꺼기적치장의 대표적인 광해방지사업 사례는 그림 5-23과 같다. 광해방지사업은 광산 주변지역의 지형, 광물찌꺼기의 물리·화학적 특성, 지하수·지표수의 상태에 따라 단순 복토법, 차수 및 복토법, 차수 및 연직차수법을 적용하고 있다.

광물찌꺼기 양이 적은 경우 상부, 하부, 사면을 각각 고밀도폴리에틸렌 차수막(HDPE sheet) 등으로 차수하고 상부를 복토한다. 그러나 적치된 광물찌꺼기 양이 많고 넓은 지역에 적치된 경우 하부 차수가 곤란하므로, 적치장 주위를 경암층 깊이까지 연직차수벽을 설치하고 상부를 차수 및 복토한다.

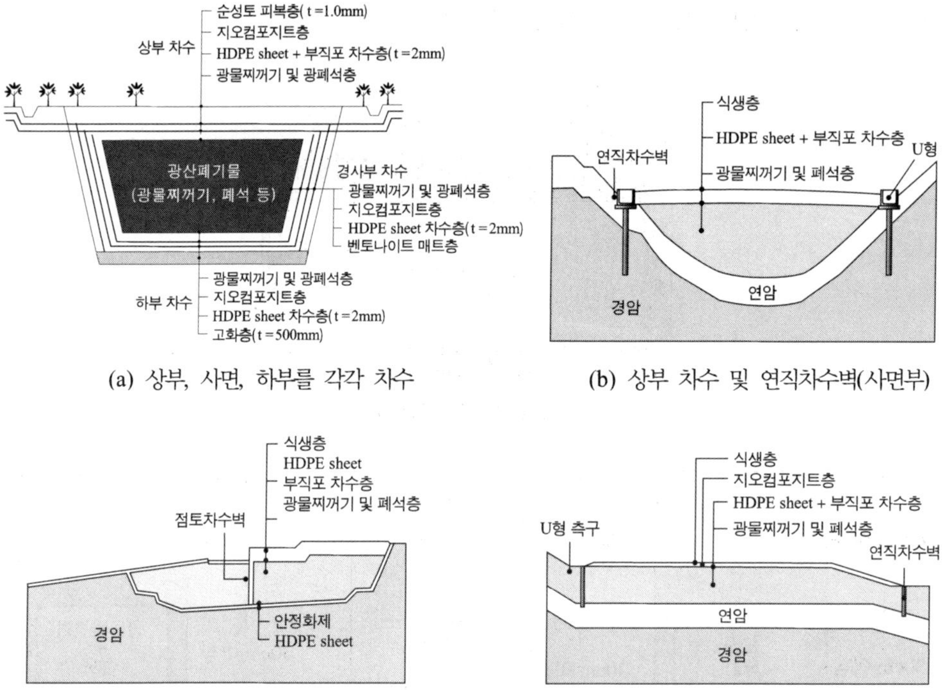

(a) 상부, 사면, 하부를 각각 차수

(b) 상부 차수 및 연직차수벽(사면부)

(c) 상부 차수 및 복토, 식생

(d) 상부 차수 및 연직차수벽(구릉지)

그림 5-23 국내 광물찌꺼기적치장 광해방지사업 사례

폐광산 광물찌꺼기유실방지사업의 시공 순서도는 그림 5-24와 같다. 광물찌꺼기층 표면 등에 존재하는 풀, 나무 등을 제거한 후 면고르기를 실시하고, 자연배수를 위해 광물찌거기층의 구배는 약 2∼5% 범위로 차수층을 시공한다. 광물찌꺼기층 상부의 차수재료로 주로 HDPE sheet를 사용하며 원활한 배수와 차수재 보호 등을 위해 HDPE 상부에 지오컴포지트(geocomposite)를, HDPE 하부와 지오컴포지트층 상부에 부직포를 포설한다. 차수작업 과정에서 차수재료의 연결부분에 대한 이음부의 접합 시공시 누수가 발생하지 않도록 유의하여야 한다.

차수층 상부에 포설하는 복토층은 식생을 고려하여 다짐 후 시공 두께를 60 cm를 기준으로 하며, 하부 30 cm는 현장다짐도를 90% 이상으로 하고 상부 30 cm는 식생을 고려하여 현장다짐도를 50% 정도로 한다.

그림 5-24 폐광산 광물찌꺼기유실방지사업 시공 순서도

(2) 투수성 반응벽체(Permeable Reactive Barriers; PRBs)

투수성 반응벽체는 오염대가 존재하는 지표 하부에 반응물질층을 설치하고 지하수의 수리학적 흐름을 이용하여 반응매질과 오염물질의 화학적 반응으로 오염원을 제거하는 방법이다(그림 5-25). 반응물질로는 영가철(zero-valent iron), 제강슬래그, 석회석, 활성탄 등이 있으며, 침출수 처리에 영가철을 포함한 철화합물을 사용하고 있다.

경북 봉화군 소재 폐금속광산의 침출수를 처리하기 위해 적치장 주변에 연직차수벽을 시공하고, 지하수 흐름을 고려하여 적치장 하부에 투수성 반응벽체를 시공한 사례가 있다. 반응벽체 시공지에 대한 정기적인 모니터링을 실시하여 오염물질에 대한 반응물질의 정화효율 및 처리수명을 평가하여야 한다.

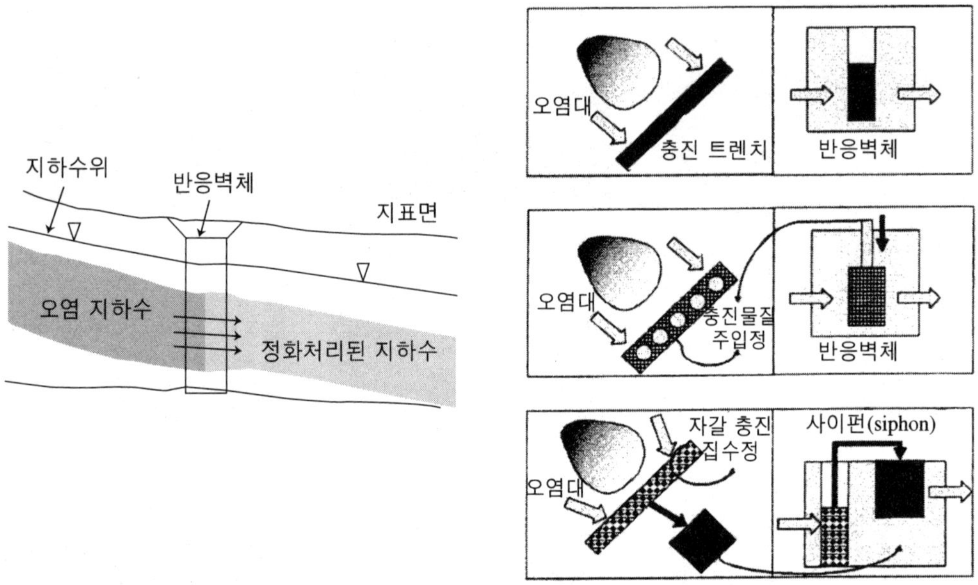

(a) 투수성 반응벽체 모식도 (b) 투수성 반응벽체 적용

그림 5-25 투수성 반응벽체 모식도 및 적용

5.4.2 국외 광물찌꺼기 광해방지사업

외국에서의 광물찌꺼기 등을 포함한 광산폐기물 처리 및 광해방지사업 사례는 표 5-9와 같으며, 대부분 밀폐 및 차단공법을 적용하고 있다. 일부 광업선진국에서는 광산폐기물 내 오염물질을 제거하기 위해 오염토양에 적용되고 있는 정화기술을 응용하였다. 또한 호주 등에서는 선광공정 등에서 발생된 광물찌꺼기를 일정장소에 보관하였다가 경제성이 있는 경우 선광기술 및 재활용기술을 활용하여 유가금속을 회수하고 있다.

세계적으로 광산폐기물 내 오염원의 제거와 유가금속 회수를 위하여 정화기술과 재활용기술에 대해 지속적으로 연구 및 기술개발을 하고 있다.

표 5-9 외국에서의 광산폐기물 처리 및 광해방지사업 사례

국명	광산명	광종	처리 방법
미국	Cyprus copper stone mine	금	• 광물찌꺼기적치장 하부에 400 mm PVC liner 포설 시공 및 광물찌꺼기적치장 내부에 배수시스템을 설치하고 상부는 폐석 및 토양으로 매립 후 지반정리
	Waker mine	구리	• 새로운 지역의 광산폐기물 매립장으로 이동하여 점토 liner (60 cm) 차수층 설치, 광물찌꺼기 상부 점토층(30 cm) 포설 및 토양(30 cm) 피복 후 식재하고 광물찌꺼기적치장 주변에 우수배제시설
	Grey Eagle mine	구리	• 광물찌꺼기적치장 상부 지반을 정리한 후 차수재, 폐석, 벤토나이트 및 토양 순으로 피복하여 매립하고 광물찌꺼기적치장 주변에 우수배제용 관로시설
	Double Rainbow mine	금, 우라늄	• 광물찌꺼기 및 폐석을 광산 주변 처분장으로 이동시켜 알칼리 석탄회와 혼합매립 후 복토
캐나다	Westmin resources limited	금, 은, 구리, 아연	• 광산폐기물을 정비하고 숏크리트로 표면처리
	Health Steel mine	연, 아연	• 기반암 부분 차수재 포설, 광물찌꺼기 및 폐석 상부에 토양 피복
	City Resource Ltd.	금	• 산성침출수가 생성되는 광산폐기물을 배수시스템이 시설된 곳에 적치하고, 점토로 복토 매립
	Nikel Lim mine	금, 우라늄	• biogenic apatite mineral 반응벽체를 이용하여 광물찌꺼기 침출수 중 중금속 제거
노르웨이	Kjoli mine	구리	• 폐석 정리, 차수재 포설 후 토양 피복
	Skorowas mine	구리	• 광물찌꺼기를 주변 호수로 이동·침수시킨 후, 주변 토양으로 피복하고 호수 둑을 높여 처분
핀란드	Pyhasalmi mine	구리, 아연	• 광물찌꺼기를 부선법을 이용하여 유가금속 회수 및 유해 산성침출수 억제
호주	Broken Hill mine	금, 우라늄	• 광물찌꺼기를 분쇄, 부유선별을 실시하여 유가금속 회수

5.5 광물찌꺼기유실방지사업지 모니터링 및 사후관리

5.5.1 광물찌꺼기유실방지사업지 모니터링

광해방지사업 준공시설에 대한 기존자료(조사 · 설계 · 준공보고서, 준공도면, 보수이력, 기존 모니터링 자료 등)를 검토하여 모니터링 계획을 수립하고 정기점검을 실시한다. 모니터링은 매년 상 · 하반기 정기적으로 실시하며, 기상조건(해빙기, 장마나 태풍 전후 등)을 고려하여 필요시 수시모니터링을 실시한다. 모니터링 항목은 광물찌꺼기 노출과 비산 및 유실조사, 복토층 및 사면 토사유실 여부 점검, 옹벽 등 구조물 파손 여부 및 유도배수로 점검, 침출수 발생 여부 및 주변 수계영향, 적치장 사용 현황 및 적치장 상부 식생상태 조사 등이다.

모니터링은 표 5-10과 같은 점검표를 활용하여 시설물의 원형 변화와 기능유지 상태 등에 대한 육안검사를 실시하고 특이사항은 사진 촬영 등으로 기록한다. 결함의 원인이나 정도 또는 진행성 여부를 판단하기 곤란할 경우 현장시험, 계측 등의 보완

표 5-10 광물찌꺼기유실방지사업지 모니터링 점검표 예시

구분	현 황	
• 광산 현황(광종, 가행기간, 생산량 등)		
• 저장시설 현황(준공일, 사업내용 등)		
• 보수이력 및 내용		
• 저장시설 주변 환경 특이사항 (인접 하천, 농경지오염이나 민원)		
• 기타 특이사항(사진 자료 등)		
모니터링 항목	점검 결과	조사자 의견
• 광물찌꺼기 노출과 비산 및 유실조사		
• 복토층 및 사면 토사유실 점검		
• 옹벽, 배수로 등 구조물 파손 여부		
• 침출수 발생 여부 및 주변 수계영향		
• 적치장 상부 및 주변 식생상태		
• 적치장 사용 현황(논밭, 과수원 등)		

조사와 구조물의 안정성진단 등을 실시한다. 이러한 조사결과에 따라 모니터링 주기를 조정하고 시설물에 대한 부분 또는 전면 보수·보강을 실시하여야 한다.

최근에는 광물찌꺼기저장시설을 지속적으로 모니터링하기 위해 사물인터넷(IoT) 기술과 클라우딩 컴퓨터 등을 기반으로 하는 실시간 모니터링시스템을 도입·운영하고 있다(그림 5-26). 시스템은 저장시설에 GPS를 기반으로 지하수위계, 경사계, 지중침하계, 강우량계 등 계측장비를 설치하고 실시간으로 획득한 데이터를 분석하여 붕괴사고 등을 예방한다.

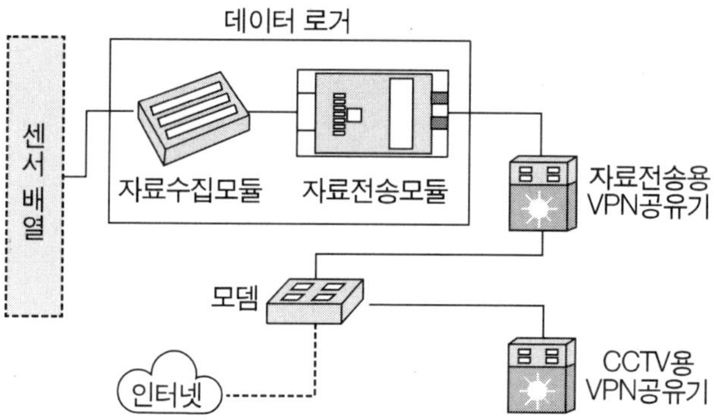

(a) 모니터링시스템 구성도

계측 장비	계측 항목
GPS	• 위도, 경도
지하수위계	• 지하수위, 온도
경사계 지중침하계	• 방향별 경사도 • 지중 변위
강우량계	• 강우량

(b) 계측항목 예시

그림 5-26 광물찌꺼기저장시설 실시간 모니터링시스템

5.5.2 광물찌꺼기유실방지사업지 사후관리

광해방지사업을 완료한 광물찌꺼기유실방지사업지에 집중호우, 태풍 등의 자연재해 및 시설의 노후화 등으로 사면유실 또는 붕괴되는 대형사고가 발생할 수 있다. 이러한 사고를 예방하기 위해 시설물의 전반적인 상태를 정기적으로 점검하는 모니터링을 실시하며, 사업지의 안정성을 평가하고 적기에 보수·보강하는 유지관리 방안을 마련하여야 한다. 폐광산에서 발생하는 광해를 예방하기 위해 광물찌꺼기 등의 저장시설은 오염원의 누출 여부 등을 지속적으로 사후관리 및 유지관리를 하도록 규정하고 있다.

광물찌꺼기유실방지사업지의 차수층, 복토층, 우수배제시설 등의 시설물에 대한 사후관리 방안은 표 5-11과 같다.

표 5-11 광물찌꺼기유실방지사업지 사후관리 방안

구분	사후관리 방안
차수층	• 차수층 하부의 지하수위는 장기적으로 저하되기 때문에 관측공을 만들어 적치장 내부 수위의 주기적인 모니터링을 통하여 차수층의 효율 파악 • 침출수 발생 여부와 유출량 점검
우수배제시설	• 낙엽, 나뭇가지 등으로 우수배제시설이 막히지 않도록 주기적인 청소 실시 • 시설이 파손되었을 경우 보수 및 주기적으로 집수정의 토사 등 제거
유실방지시설	• 유실방지시설을 하천변에 설치한 경우 시설 기초 하단부가 유수에 의한 세굴 여부, 옹벽·석축의 균열 등을 주기적으로 모니터링하고 발생 시 보수 시행
침출수 유도관 등	• 침출수 유도관이 막히지 않도록 주기적인 모니터링 • 적치장 주변에서 침출수가 관찰될 경우, 그 원인을 찾아 개·보수 실시
복토층	• 집중호우 등에 따른 유실 등이 발생할 수 있으므로 주기적인 모니터링 • 현장투수시험으로 복토층의 안정성 평가
식재	• 복토층 상부의 식생 상태에 대한 주기적인 모니터링 • 식재의 활착이 불량할 경우 다시 식재 또는 시드스프레이 등으로 보완

제 6 장

토양오염에 의한 광해

6.1 광산지역 토양오염원 및 환경적 영향
6.2 광산지역 토양오염 조사 및 평가
6.3 광산지역 오염토양 개량·복원 및 정화공법
6.4 국내외 광산지역 오염토양 토양복원사업

6.1 광산지역 토양오염원 및 환경적 영향

광산지역 토양오염원은 가행광산과 휴·폐광산 및 광종에 따라 차이가 있다. 본서에서 토양오염은 광물찌꺼기의 비산, 갱내수와 침출수 등에 의한 중금속 토양오염과 석면광산에 의한 석면 토양오염을 의미하며, 광화대 등의 자연적인 지질특성에 의한 토양오염은 제외한다.

6.1.1 광산지역 중금속 토양오염원

(1) 중금속 특성 및 인체에 미치는 영향

토양은 지각을 구성하는 암석의 풍화작용 등에 기원하며, 토양 내의 원소는 Al, Fe, Mg 등과 같이 함유량이 1% 이상인 주성분원소(major element)와 Mn, Ti, P 등과 같이 0.1～1%인 부성분원소(minor element)와 Pb, Zn, Cu, Mo, W 등과 같이 0.1% 미만인 미량원소(trace element)로 분류한다(그림 6-1). 대부분의 중금속은 미량원소로서 Cu, Zn 등과 같이 생명체에 필수적인 원소도 있지만 Cd, Hg, Pb 등과 같이 독성을 띠는 원소도 있다.

중금속(heavy metals)은 금속 중에서 비중이 큰 금속으로 학자에 따라 다르지만 비중 5 이상의 금속으로, 주기율표에서 전이금속의 대부분이 해당한다. 일반적으로 비소는 금속성과 비금속성을 모두 갖는 비금속(base metal)이며, 불소는 비금속에 속하지만 본서에서는 시안(화합물)을 포함하여 모두를 중금속으로 표현하여 기술한다.

중금속의 오염원은 광산폐기물, 산업폐수, 중금속이 함유된 암석 등이며, 중금속 원소별 특성 및 인체에 미치는 영향은 표 6-1과 같다. 중금속은 유기물과는 달리 비휘발성이고 생물학적 분해가 불가능하여 미량이라도 장기간 노출되면 몸속에서 배출되지 않고 축적되며, 토양에 유입되면 토양 중에 장기간 잔류하여 환경을 오염시키고 사람에 영향을 미치게 된다. 이에 세계보건기구(WHO)에서 유해한 중금속에 대해 인체흡수 환경기준을 설정하여 관리하고 있다.

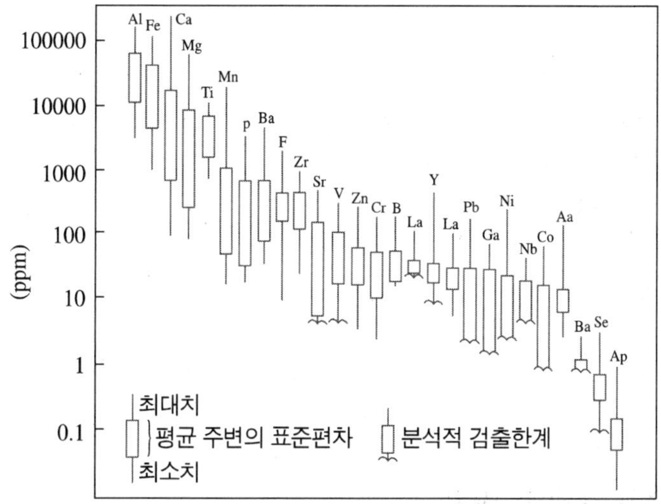

그림 6-1 토양에서의 주성분, 부성분 및 미량원소들의 함량 범위(Connor 등, 1975)

표 6-1 중금속 원소별 특성 및 인체에 미치는 영향

원소	배출원 및 특성	인체에 미치는 영향
크롬	• 크롬합금 및 제조공정 등에서 배출 • Cr^{6+}은 하천수에서 환원되어 Cr^{3+}으로, 수도수에서는 염소에 의해 산화	• 간 및 신장장애 • 내출혈, 호흡장애, 구토, 설사
니켈	• 니켈합금 및 제조공정, 전지, 진공관, 장신구 제조업 등에서 배출	• 피부염, 빈혈, 간장 및 신장장애 • 폐암, 비강암
구리	• 구리 제련, 전선공장 등에서 배출 • 높은 열전도도, 합금력	• 혈변, 요독증, 피부궤양, 간경변, 경련 * WHO 기준 : 1일 최대 30 mg (60 kg 체중 기준)
아연	• 배터리, 산업폐수 오염에 의해 증가 • 아연강관에서 녹아나와 물을 흐리거나 불쾌한 맛을 냄	• 인간에게 필수적인 원소 • 과량 존재시 구토, 복통, 경련 등 위장자극 * WHO 기준 : 1일 최대는 체중 기준 1 mg/kg
납	• 납제련소, 축전지공장 등에서 배출 • 석회암지대 자연수에 미량 함유	• 신속히 뼈에 축적, 간질병, 기억상실 * WHO 기준 : 1일 최대 430μg (60 kg 체중 기준)
비소	• 살충제, 제초제 등에서 배출 • 원소 자체는 불용성, 약독성이나 비소화합물은 유독하고 수용성	• 신경장애, 지하수오염으로 피부암 발생 * WHO 기준 : 15μg/kg (무기성 비소)
수은	• 공장폐수 유입, 농약살포 등에서 배출 • 미나미타병의 발생 계기로 사용 규제되어 전기기기, 무기약품에서만 사용	• 메틸수은은 세포막을 통하여 이동, 맹독성 • 신경정신병 증세, 시야협착, 만성기침

(표 6-1 계속)

원소	배출원 및 특성	인체에 미치는 영향
카드뮴	• 도금, 안료, 다른 금속과 합금 등에서 배출 • 아연 제련의 부산물	• 간장 · 신장손상, 골연화증(이따이이따이병) * WHO 기준 : 7μg/kg
시안	• 제련, 시안화합물 제조업 등에서 배출 • 자연수에는 존재하지 않으나 시안화합물 혼입에 의해 검출	• 경련, 호흡곤란, 시력감퇴, 청각장애 • 치사한 물고기의 아가미가 선홍색을 띰 * 독성 오염물질을 판단하는 지표로 이용
불소	• 유리, 합성수지, 농약제조 등에서 배출 • 토양, 자연수에 함유	• 만성 중독시 반상치 유발 • 적당량은 충치 예방

(2) 토양 중의 중금속 이동

토양으로 중금속이 이동되는 과정은 황화광물 등을 포함한 모암의 풍화, 황화물, 탄산염, 산화물(Fe, Al, Mn 등), 수산화물 등으로 침전, 점토나 토양 유기물과의 이온교환, 식물 뿌리를 통한 흡수, 토양 유기물과의 결합 등으로 분류한다.

중금속의 이동도 또는 용해도를 결정하는 주요 인자는 pH, 산화환원전위(Eh 또는 ORP), 양이온교환능력 등이다. 대부분의 중금속은 황화물 또는 산화물 등과 결합되어 있어 pH에 따라 용해도가 변화한다. 일반적으로 중금속은 pH가 낮아지면서 용해도가 증가하는 경향을 보이나, As, Mo, Se는 산소와 결합하여 산화형 음이온으로 존재하며 pH가 높은 환경에서 이동도 또는 용해도가 증가한다.

토양의 Eh는 보통 $-0.35 \sim +0.8$ V 범위이며, 물속에 잠겨있는 토양의 Eh는 -0.18V 정도이다(임선욱, 1996). 통기성과 배수조건이 불량한 토양은 산화능력이 떨어져 Eh가 낮아지고 금속황화물을 형성한다. 토양의 양이온교환능력은 금속의 흡착에 영향을 주는 요소로서 주로 pH, 점토 및 유기물 함량, 산화물 함량 등에 의해 변화한다.

(3) 광산지역 중금속 토양오염원

광산지역에서 중금속이 함유된 토양오염의 주요 발생원은 채광활동에서 발생되는 광산폐기물의 유실 · 비산, 갱구에서 유출되는 산성광산배수 및 광산폐기물 적치장에서 유출되는 침출수 등이다. 또한 과거 금속광산에서 선광・제련과정에서 사용되었던 유해한 수은, 시안화물(cyanide) 등도 광산 주변지역 토양을 오염시켰다.

금속광산의 폐석이나 광물찌꺼기, 석탄광산의 채굴적과 폐석 및 납석 등 일부 비금속광산의 폐석 등은 황화광물을 포함하고 있다. 석탄 자체에도 비소와 황을 함유하며, 함탄층 상하부의 탄질셰일에 황철석 및 유비철석이 많이 분포한다. 황화광물의 산화작용으로 유해 중금속이 함유되어 있는 오염된 갱내수와 침출수를 농업용수로 사용함으로써 광산 주변지역 토양과 지하수가 광범위하게 오염되고 있다(그림 6-2).

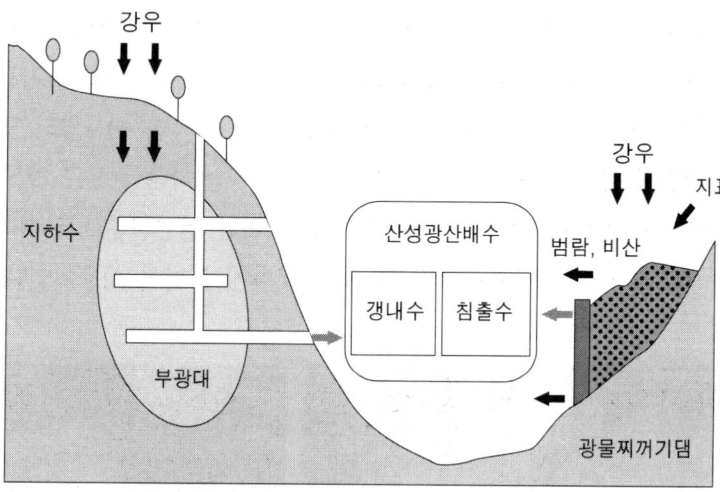

그림 6-2 광산 주변지역 토양오염 발생 메커니즘

일반적으로 광산지역의 토양은 지질학적 요인과 중금속을 포함한 광화대 풍화작용으로 광산지역이 아닌 토양에 비하여 높은 중금속 함량을 보인다. 모암에 함유된 중금속은 풍화과정을 통해 토양 내에 함유된다. 중금속을 다량 함유한 암석으로는 다량의 Pb를 함유한 녹연석(pyromorphite), 다량의 Ni를 함유한 사문석, 다량의 Cd, Mo, U, Se, V 등을 함유한 흑색셰일이 있다.

광산 주변지역 토양의 주요 오염물질은 As, Cd, Cu, Pb, Zn 등이다. 중금속은 주로 양이온의 형태로 토양 내에 존재하나, 비소는 양이온(As^{3+}, As^{5+})뿐만 아니라 음이온(AsO_4^{3-})의 형태로 존재하여 환경매체에서 화학적 거동이 다른 특성을 보인다.

6.1.2 광산지역 석면 토양오염원

(1) 석면의 종류

석면(石綿, Asbestos)은 화성암의 일종인 천연광물질로서 사문석(serpentine)과 각섬석(amphibole) 계열의 광물에서 채취된 규산염의 극세 섬유상 광물이다(그림 6-3). 석면 토양오염에서 정의하는 석면은 석면상으로 산출되는 규산염광물로 편광현미경으로 분석하였을 경우 장·단비가 1 : 3 이상인 침상 형태의 광물이다(환경부, 2009).

석면은 6종류로 사문석계열의 백석면(chrysotile)과 각섬석계열의 트레모라이트(tremolite, 투각섬석), 안소필라이트(anthophyllite, 직섬석), 악티노라이트(actinolite, 양기석), 갈석면(amosite), 청석면(crocidolite)이다. 전체 석면 사용량의 90% 이상이 백석면이며, 석면의 유해성 정도는 청석면 > 갈석면 > 백석면 순으로 보고되고 있다.

석면은 저렴하고 불연성, 보온성, 내연성 등이 뛰어난 천연섬유로서 슬레이트, 천정텍스, 보온용재료와 자동차 제동장치 등 다양한 분야에서 널리 사용되었다.

(a) 석면광산의 석면광물 (b) 석면광물의 현미경 사진

그림 6-3 석면광물

(2) 국내 석면광산 현황

국내 석면 채굴실적이 있는 폐석면광산은 38개로 대부분이 충남(보령, 예천, 홍천) 지역에 분포하며, 충북(제천), 강원(영월), 경기(가평)의 일부 지역에도 분포한다. 대표적인 석면광산은 일제강점기 시대부터 1980년대까지 아시아 최대 규모로 생산한 홍

성군 소재 광천광산과, 1970년대부터 2000년대 중반까지 생산한 보령시 소재 신석광산이다. 노천채굴하여 채광된 광석은 파쇄기(크러셔)로 파쇄하고 선광장에서 분쇄하는 공정에서 발생하는 석면입자는 선풍기를 이용한 풍실에서 진공흡입하여 회수하고, 저품위 분체는 폐석장에 적치하였다(그림 6-4).

채광과 선광뿐만 아니라 판매를 위해 광산에서 철도나 비포장 육로를 통한 운송과정에서 석면이 비산되어 광산 및 운송구간 주변지역 토양이 광범위하게 오염되었다.

(a) 노천채굴적 전경

(b) 폐석장 전경

그림 6-4 폐석면광산 노천채굴적 및 폐석장

석면광산 뿐만 아니라 활석(talc), 사문석, 질석(vermiculite), 해포석(sepiolite) 등을 채광하는 광산에서는 광물 내에 석면을 함유할 가능성이 있어 광산 주변지역이 석면으로 오염될 가능성이 있다. 이러한 광산을 석면물질 함유가능광산이라 하며, 정부에서는 이러한 광물을 자연발생석면(Naturally Occurring Asbestos; NOA)으로 관리하고 있다.

(3) 광산지역 석면 토양오염원

광산지역에서 석면이 함유된 토양오염의 주요 발생원은 석면함유 광물의 채광, 파·분쇄 및 광산에서 철도나 비포장 육로를 통한 운송과정 등에서 발생하는 석면의 비산이다. 또한 폐광되어 방치된 노천채굴적 및 폐석과 광체 노두에서는 풍화에 의해 지속적으로 석면이 분리되어 대기나 지하수를 오염시킬 수 있다.

비산된 분진은 주변의 토양과 지표수로 확산될 수 있으며, 석면이 함유된 하천수 등을 농업용수로 활용하는 과정에서 농지로 유입되어 농경지가 오염될 수 있다.

6.1.3 광산지역 토양오염에 의한 환경적 영향

(1) 중금속오염으로 인한 피해

광물찌꺼기의 비산과 적치장 사면의 붕괴 또는 태풍 및 집중호우 등에 의한 광물찌꺼기 유실 등으로 광산 주변 토양과 하천이 중금속으로 광범위하게 오염될 수 있다(그림 6-5). 또한 갱구와 적치장에서 배출된 산성광산배수가 수계를 오염시키고, 오염된 하천수로 재배한 농작물을 섭취할 경우 중금속중독 피해가 발생할 수 있다. 이러한 원인으로 광산 주변 토양은 As, Cd, Cu, Pb, Zn 등의 중금속함량이 기준치의 수십 배를 초과하기도 한다.

대표적인 광산 주변지역 중금속오염 피해 사례로는 일본 토야마현 일대에서 광산배수를 식수 및 농업용수로 사용하여 재배한 농작물을 장기간 섭취한 주민들에게 골절과 심한 통증이 발생하여 일본어로 "아프다아프다"라는 의미의 "이타이이타이"병을 들 수 있다. 1960년대 이슈화되어 일본 후생성의 조사 결과 미쓰이 금속광업이 아연의 제련과정에서 배출한 폐광석에 함유된 카드뮴이 원인으로 밝혀졌다.

(a) 광물찌꺼기 유실로 인한 수계 및 토양오염

폐광지역 농산물 무더기 중금속 오염

(b) 폐광지역 농산물 중금속오염 언론보도

그림 6-5 폐광산 중금속오염으로 인한 피해

2004년 폐금속광산 주변 주민들이 카드뮴 중독이 의심된다는 언론보도로 지역 농산물의 판매에 심각한 지장을 초래하였다. 이에 폐금속광산에 대한 조사 결과 44개 폐금속광산 주변 농작물에서 허용기준치 이상의 중금속이 검출되어 사회적 문제로 대두되었다.

정부에서는 중금속으로 오염된 농산물의 유통을 예방하기 위해 식품공전에 쌀, 콩 등 10대 농산물에 대한 중금속(납, 카드뮴, 무기비소) 허용기준을 규정하고 있다. 농산물은 작물별로 납과 카드뮴의 기준을, 무기비소 기준은 쌀에만 있다. 쌀의 경우 카드뮴, 납, 무기비소의 허용기준(2022년 기준)은 0.2 mg/kg이며, 허용기준치를 초과한 쌀은 전량 수거하여 폐기처분하고 있다.

(2) 석면오염으로 인한 피해

침묵의 살인자라고 불리는 석면은 대표적 1급 발암물질로서 인체에 노출 또는 장기간에 걸쳐 흡입할 경우 석면폐증, 폐암, 악성중피종, 흉막질환 등 각종 질환의 원인물질이다. 이러한 석면의 위해성이 알려지면서 국내에서는 2009년부터 석면과 석면 함유제품의 사용, 제조 및 유통, 수입이 전면 금지되었다.

채광 및 파·분쇄 등의 과정에서 발생한 석면 비산 등으로 근로자나 인근 주민들에게 폐질환이 관찰되고 있다(그림 6-6). 또한 광산과 운반도로 주변의 농경지에 오랜 기간 축적된 석면입자들이 경작활동 등에 의해 다시 비산하여 인체에 흡입됨으로써 석면질환이 발생할 가능성이 있다. 석면의 흡입량에 따라 다르지만 석면질환은 잠

(a) 석면으로 인한 폐질환 (b) 폐석면광산 피해 언론보도(TJB뉴스, 2013)

그림 6-6 폐석면광산 석면오염으로 인한 피해

복기가 보통 10~40년으로 석면으로 인한 피해는 단시간에 나타나지 않는다.

폐석면광산 주변지역 주민의 건강우려가 제기되어 정부에서는 석면관리 종합대책(2009년)을 수립하여 주민 건강영향조사 등을 실시하고 있다.

6.2 광산지역 토양오염 조사 및 평가

6.2.1 광산지역 토양오염 조사

광산지역 토양오염 조사는 기초조사, 개황조사, 정밀조사의 3단계로 실시한다. 일반적으로 토양오염원을 중심으로 개황조사를 하여 정밀조사 범위를 설정하고, 정밀조사 결과에 따라 복원대책을 수립한다.

(1) 기초조사

기초조사는 자료조사, 청취조사 및 현장조사를 통하여 토양오염의 가능성 여부를 판단하기 위해 실시한다. 주요 조사내용은 표 6-2와 같으며, 토지사용 이력과 광산 주변지역의 환경실태에 대해 중점적으로 조사한다.

(2) 개황조사(예비조사)

개황조사는 오염토양 개선대책이 요구되는 지역의 오염물질 종류, 오염면적 및 오염범위 등을 파악하기 위한 사전 개략조사이다. 개황조사에서 토양오염원(중금속, 석면)에 대한 시료채취와 분석을 실시하여 정밀조사 범위를 설정한다. 일반적으로 광산지역의 토양오염에 대한 개황조사와 관련하여 조사범위, 조사항목, 시료채취 및 분석 등 주요 조사내용은 표 6-3과 같다.

표 6-2 광산지역 토양오염 기초조사 주요 조사내용

구분	주요 조사내용
자료조사	• 주변지역 환경실태 : 거주 인구, 용수이용실태(지하수, 상수원수), 산업시설, 개발계획 등 • 자료수집 분석 : 지형도, 지질도, 토양도, 항공사진, 강우량, 토양 및 수질측정망 자료 • 기존 보고서(정부 및 유관기관) : 폐광산 이력, 토양·지하수 등 환경오염실태
청취조사	• 휴·폐광 이전의 환경관리 현황 및 토양오염 유발물질의 관리상태 • 광해 관련 민원발생 사례 및 조치현황 등
현장조사	• 광산 이력조사 : 주요 광종, 채광기간, 생산량, 광물찌꺼기량 등 • 오염원 조사 : 갱내수·침출수의 유출 여부 및 유출량, 이용실태, 폐석 및 광물찌꺼기 적치량(유실 여부), 선광시설 유무, 기타 오염원 존재 여부 등 • 주변 환경조사 : 광산 및 인근 유입하천과의 이격거리, 광산환경 오염영향권 내 토지이용 현황, 농경지 분포 및 농작물 현황 등

표 6-3 광산지역 토양오염 개황조사 주요 조사내용

구분	오염원	주요 조사내용
조사범위	중금속	• 토양오염원을 중심으로 하부 2 km 이내
	석면	• 토양오염원을 중심으로 장방형 4 km 이내 • 석면광석의 이동경로 지역
조사항목	중금속	• 토양, 폐석·광물찌꺼기, 하천퇴적토, 수질, 농작물 내 중금속 함량
	석면	• 석면
시료채취	중금속	• 시료채취 방법 : 토양오염공정시험기준의 시료채취 방법을 적용 • 시료채취 지점 수 : 환경부의 토양정밀조사의 세부방법에 관한 규정 등을 준용
	석면	
시료분석	중금속	• 토양, 하천퇴적토 : pH, As, Cd, Cu, Pb, Zn, Ni, Hg, CN, Cr^{6+} (토양오염공정시험기준) • 폐석, 광물찌꺼기 : As, Cd, Cu, Pb, Zn, Hg, CN, Cr^{6+} (폐기물공정시험기준) • 갱내수 및 침출수 : 현장측정(pH, EC, DO, ORP, 온도, 산도, Fe^{2+}) 및 실내분석(As, Cd, Cu, Pb, Zn, Hg, CN, Ni, Cr^{6+}, Fe, Al, Mn 등) • 농작물 : 벼(As, Cd, Pb), 나머지 작물(Cd, Pb)
	석면	• 토양, 수질시료 : 석면

주) 조사범위, 시료채취 지점 수, 시료분석 항목은 기준(지침) 개정에 따라 변동될 수 있음.

(3) 정밀조사

정밀조사는 오염물질 및 오염도, 오염면적, 오염량 및 오염범위를 정확하게 파악하기 위해 실시하며, 정밀조사 결과를 반영하여 토양오염 특성에 적합한 오염토양 개량·복원방안을 수립한다. 정밀조사에서 시료채취는 가능한 농지 단위로 시료를 채취하며, 개황조사 결과에 의한 토양환경보전법상 토양오염 우려기준치 이상의 오염물질을 대상으로 분석한다.

정밀조사 보고서에는 광산 주변지역의 실태(거주 인구, 가구 수, 농경지 현황), 오염원의 위치와 규모, 오염 분포도(오염물질, 깊이별 오염항목 및 오염도, 오염면적) 등을 종합적으로 분석한 내용이 포함되어야 한다. 이러한 정밀조사 결과를 종합하여 농지별 지번, 경작자, 면적, 재배작물, 오염 현황 등을 파악할 수 있도록 토양오염 현황표를 작성한다(표 6-4).

표 6-4 정밀조사 결과 토양오염(중금속) 현황표 작성 예시

<table>
<tr><th rowspan="2">연번</th><th colspan="5">토지대장</th><th colspan="2">환경부</th><th colspan="2">농식품부
(부적합 필지)</th><th colspan="6">정밀조사 결과</th></tr>
<tr><th>지번</th><th>지목</th><th>면적 (m^2)</th><th>소유자 (경작자)</th><th>주소 (경작자)</th><th>오염 물질</th><th>오염농도 (mg/kg)</th><th>작물</th><th>면적 (m^2)</th><th>토양시료 채취깊이 (m)</th><th>오염 물질</th><th>오염농도 (mg/kg)</th><th>면적 (m^2)</th><th>재배 작물</th><th>이용 실태</th></tr>
<tr><td rowspan="2">1</td><td rowspan="2">100</td><td rowspan="2">전</td><td rowspan="2">500</td><td rowspan="2">홍길동</td><td rowspan="2">정선군 …</td><td rowspan="2">Cd</td><td rowspan="2">2.0</td><td rowspan="2">쌀</td><td rowspan="2">500</td><td rowspan="2">표토 (0～0.3)</td><td>Cu</td><td>75</td><td rowspan="2">450</td><td rowspan="2">콩</td><td rowspan="2">창고</td></tr>
<tr><td>Zn</td><td>800</td></tr>
<tr><td>2</td><td>102</td><td>답</td><td>1000</td><td>김영희</td><td>봉화군 …</td><td></td><td></td><td>쌀</td><td>500</td><td>심토 (0.3～0.6)</td><td>Cd</td><td>1.7</td><td>1200</td><td>벼</td><td>농경지</td></tr>
<tr><td>3</td><td>103</td><td>전</td><td>600</td><td>김철수</td><td>봉화군 …</td><td></td><td></td><td>쌀</td><td>600</td><td>심토 (0.3～0.6)</td><td>Cd</td><td>1.8</td><td>400</td><td>벼</td><td>농경지</td></tr>
<tr><td>⋮</td><td></td><td></td><td></td><td></td><td></td><td></td><td></td><td></td><td></td><td></td><td></td><td></td><td></td><td></td><td></td></tr>
</table>

토양오염 현황표상의 DB자료를 바탕으로 지적이 표시된 현황측량도에 농지별로 토양오염도를 작성한다(그림 6-7). 중금속오염 조사지역은 토양오염우려기준(노란색)과 토양오염대책기준(빨간색)을 초과한 농지를, 석면오염 조사지역은 석면 1% 초과한 농지를 구분하여 별도의 색으로 표시하고 범례에 표기한다.

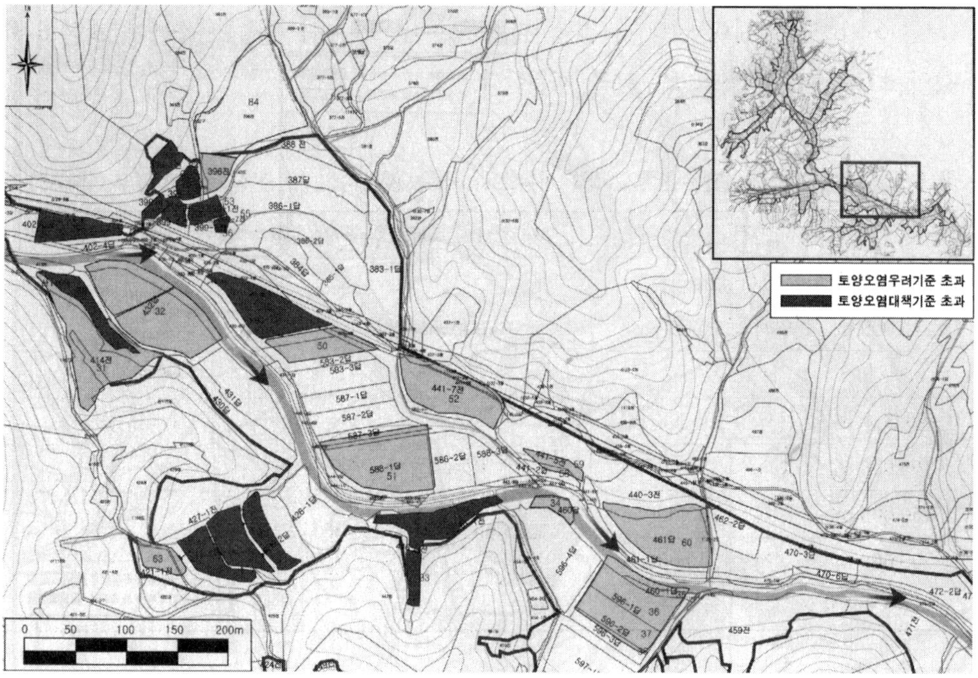

그림 6-7 농지별 토양오염도(중금속) 작성 예시

6.2.2 토양시료 채취 및 분석

(1) 중금속 분석용 토양

1) 중금속 토양시료 채취

광산 부지 및 하류의 주변 하천에 인접한 농경지에 대해 하천수의 흐름방향, 하천수의 이용여부 및 광물찌꺼기 등 오염물질의 농경지로의 유실가능성 등을 고려하여 거리별로 시료(표토, 심토)를 채취한다. 시료채취 지점 수는 환경부의 광산 활동 관련 지역의 산정기준을 적용하며, 대조군(배경토) 시료는 광산에 의한 토양오염 개연성이 낮고 조사대상 지역과 유사한 지질특성을 갖는 지점에서 채취한다(표 6-5).

시료채취 방법은 토양오염공정시험기준에 따라 농경지는 대상지역 내에서 지그재그형으로 5∼10 m 거리에 있는 5∼10개 지점에서 토양시료채취기로 시료를 채취한다

(그림 5-9). 다만 시료채취기가 없을 때는 모종삽 또는 삽 등을 사용하여 그림 6-8과 같이 A부분을 제거하고 B부분을 채취한다.

표 6-5 광산/제련소 활동 관련지역의 개황조사 시료채취 지점 수 산정기준(환경부, 2020)

조사면적	시료채취 지점 수 산정기준	최소지점 수
면적 ≤ 10,000 m^2		1
10,000 m^2 < 면적 ≤ 20,000 m^2	10,000 m^2 당 1개 이상	2
⋮		⋮
90,000 m^2 < 면적 ≤ 100,000 m^2		10
100,000 m^2 < 면적 ≤ 150,000 m^2	100,000 m^2까지는 10,000 m^2 당 1개 이상과 100,000 m^2를 초과할 때부터는 50,000 m^2당 1개 이상 추가	11
150,000 m^2 < 면적 ≤ 200,000 m^2		12
200,000 m^2 < 면적 ≤ 250,000 m^2		13
⋮		⋮

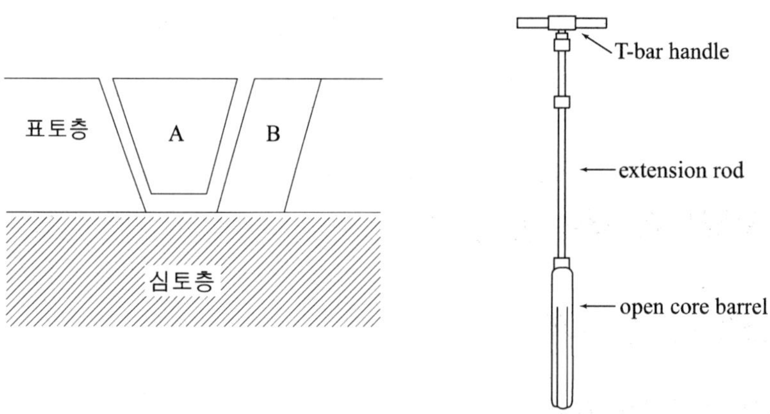

그림 6-8 표토 토양시료 채취법 및 심토 토양시료채취기

시료는 표토(일반토양은 지표면 하부 15 cm까지, 농지는 지표면 하부 30 cm까지)와 표토를 채취한 동일한 지점에서 심토를 채취한다. 심토는 표토시료 수 3개 지점당 최소 1개 지점 이상으로 지표면에서 1 m까지 기존으로 15～30 cm, 30～60 cm, 60～100 cm에서 각각 1점 이상씩 채취한다. 만일 1 m 이상 깊이까지 오염물질이 확산될 우려가 있을 경우, 1 m를 초과한 깊이에서는 50 cm 간격으로 시료를 추가 채취한다. 시료채취 밀도는 개황조사는 표 6-5와 같으며, 정밀조사시 표토시료는 900 m^2

당 1개 지점 이상을 선정하여 채취한다.

채취한 시료를 4분법 등으로 혼합하여 균질화한 후 이중 약 500 g을 분취하여 시료봉지에 넣고 보관하며, 가급적 빠른 시간에 실험실로 운반한다. 또한 토양시료 채취기록부 등을 활용하여 채취날짜, 채취심도, 지목, 재배작물, 위치좌표(GPS) 등에 대한 정보를 작성한다.

2) 중금속 토양시료 사전처리

사전처리는 현장에서 채취한 토양시료를 실험실에서 물리·화학적 특성조사 및 화학분석을 위해 필요한 준비과정이다. 이 과정에는 시료의 건조, 분쇄, 체질 등의 과정이 포함되며 분석을 실시하기 전까지 보관하는 과정도 사전처리에 해당한다(그림 6-9).

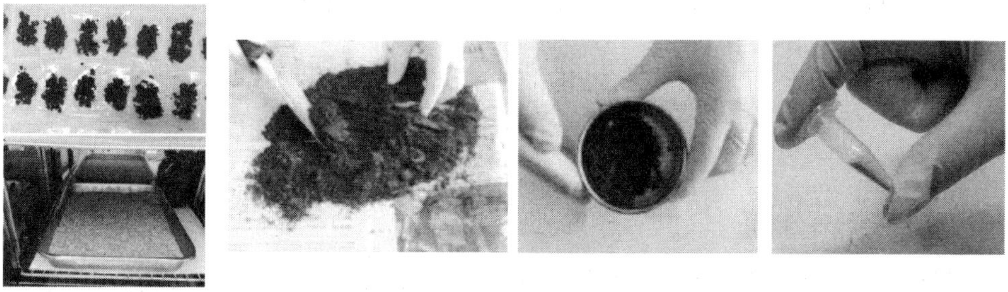

(a) 시료 건조 (자연 또는 건조기 건조)   (b) 시료 분쇄   (c) 시료 체질   (d) 분석시료 제조

그림 6-9 중금속 토양시료 사전처리 과정

① 시료 보관 및 운반

채취한 토양시료 중 일정량을 분취하여 중금속 및 불소 분석용 시료는 폴리에틸렌 봉지에 보관하고 시안, 수은 및 유기물질 시험용 시료는 입구가 넓은 유리병에 넣어 보관한다. 시료 중 일부는 유리병에 가득 담고 마개로 막아 밀봉한 후 0~4℃의 냉장상태로 실험실에 운반하여 수분보정용 시료로 사용한다.

② 시료 건조

실험실로 운반된 토양시료는 보통 일정수분을 함유하고 있으므로 분석을 위해 상온에서 자연건조하거나 건조기를 이용하여 건조한다. 종이봉투에 담긴 토양은 봉투의 윗부분을 개봉하여 건조하며, 폴리에틸렌 봉지에 담긴 토양은 개봉하여 고르게 펼쳐서 건조한다. 건조기를 이용하는 경우에는 보통 50~70℃에서 건조하며, 대부분 72시간이면 완전히 건조가 된다.

그러나 비소, 수은 등과 같이 휘발성이 강한 원소는 50℃ 정도에서 휘발이 될 수 있으므로, 자연건조 또는 30~40℃ 정도의 저온에서 5일 이상 건조한다.

예제 폐광산 하부 농경지 오염토의 수분 함량을 측정한 실험결과이다. 이 시료의 수분 함량은?
- 증발접시를 105~110℃로 건조한 후 데시케이터 안에서 방랭한 후 측정한 무게 = 100g
- 증발접시에 시료를 넣은 후 측정한 무게 = 160 g
- 건조기로 건조한 후 데시케이터 안에서 방랭한 후 측정한 증발접시와 시료의 무게 = 140 g

풀이 증발접시 무게(W_1) = 100 g

증발접시 무게(W_1) + 시료 무게(W_2) = 160 g

건조기로 건조한 후 증발접시와 시료의 무게(W_3) = 140 g

$$수분 = \frac{(W_2 - W_3)}{(W_2 - W_1)} \times 100 = \frac{(160\,\text{g} - 140\,\text{g})}{(160\,\text{g} - 100\,\text{g})} \times 100 \fallingdotseq 33.3\%$$

③ 시료 분쇄와 체질

토양오염공정시험기준에서는 토양의 중금속 전함량을 결정하기 위하여 채취한 토양시료를 풍건시킨 토양덩어리들을 나무망치 등을 이용하여 파쇄하고, 낙엽 등의 협잡물을 제거하기 위해 10 mesh 표준체(눈금간격 2 mm)를 사용하여 체거름한다. 이후 토양시료를 균질하게 만들고 왕수(질산 1 : 염산 3)와 반응하는 입자의 표면적을 증가시켜 중금속 추출효율을 증대시키기 위해 100 mesh 표준체(눈금간격 150 μm)로 체거름하여 분석에 이용한다(안지성 등, 2018).

④ 시료 분해

토양에 함유된 중금속의 농도를 분석하기 위해 각종 산을 이용하여 시료를 분해한다. 우리나라는 2010년 이전에는 Cd, Cu, Pb 등은 0.1 N 염산, As는 1 N 염산, Ni, Zn은 왕수로 분해하였다. 2010년부터는 개정된 토양오염공정시험기준에 따라 시료채취 및 조제과정을 거친 후 왕수분해(aqua regia digestion) 방법을 사용하고 있다.

왕수는 일부 규산염광물을 제외한 대부분의 토양구성 성분을 분해할 수 있으며, 왕수 분해법으로 결정된 토양 내 중금속의 농도를 보통 전함량이라 한다(안지성 등, 2018).

3) 중금속 토양시료 분석

현장에서 휴대용 X-선 형광분석기(X-Ray Fluorescence spectrometry; XRF)를 이용하여 토양에 함유된 중금속의 종류와 농도에 대한 개략적인 정보를 수집할 수 있으나, 정확한 중금속 농도는 분석기기로 측정한다.

토양시료 중에 함유된 양이온 분석은 주로 원자흡광 광도계(AAS)와 유도결합 플라스마 발광광도계(ICP-AES)를, 음이온 분석은 이온 크로마토그래피(IC)를 이용하여 분석한다(표 4-5, 표 4-6 참조). 최근에는 질량분석기(ICP-MS, IC-MS)를 이용하여 더욱 정량적으로 미량원소의 함량을 측정하고 있다.

4) 분석결과 검정

분석에서 표준시료 선택의 부적당 또는 조제의 잘못, 분석자료의 처리방법과 희석의 부적당, 분석기기의 부적절한 조건 등의 원인으로 분석오차가 발생하므로, 신뢰도 높은 분석결과를 얻기 위해서는 정확도와 정밀도를 확보하여야 한다. 이를 위해 분석 항목별로 적절한 표준작업절차서 등에 따라 정도관리(Quality Assurance/Quality Control; QA/QC)를 하여야 한다.

① 정확도(accuracy)

분석과정에서 다양한 종류의 분석오차가 발생하므로 정확한 결과를 얻기 위해서는 최대한 분석오차를 줄여야 한다. 정확도는 분석한 결과가 참값에 접근하는 정도를 나타내는 용어이며, 분석오차를 조사하기 위해 주로 국제적으로 공인된 표준물질시료(Standard Reference Material; SRM)를 이용한다(표 6-6).

일반적으로 광해조사에서는 분석결과의 정확성을 확보하기 위하여 화학분석을 위한 각각의 batch (편의상 100개를 1묶음으로 분석함)에 5% 이상의 국제공인시료를 첨가한다(이창우 등, 2014).

$$\text{분석오차}(\%) = \frac{(\text{분석값} - \text{참값})}{\text{참값}} \times 100$$

표 6-6 국제적으로 공인된 표준물질시료의 종류와 공인된 원소(이창우 등, 2014)

제조 판매	이름	시료 종류	공인된 원소
미국(NIST)	SRM 2710	Montana soil	Ag, Al, As, Ba, Ca, Cd, Cu, Fe, Hg, K, Mg, Mn, Na, Ni, P, Pb, S, Sb, Se, Si, Sr, Ta, Ti, V, Zn
	SRM 2711	Montana soil	Ag, Al, As, Ba, Ca, Cd, Cu, Fe, Hg, K, Mg, Na, Ni, P, Pb, S, Sb, Si, Ti, V, Zn
	SRM 1573	tomato leaves	As, Ca, Cr, Cu, Fe, K, Mn, P, Pb, Rb, Sr, Th, U, Zn
유럽연합(BCR)	CRM 281	rye grass	As, B, Cd, Cu, Hg, Mn, Mo, Ni, Pb, Sb, Se, Zn
일본(NIES)	NIES 10 (a, b, c)	unpolished rice flour	Ca, Cd, Cu, Fe, K, Mg, Mn, Mo, Ni, P, Rb, Zn
중국(IECAS)	GBW 08501	peach leaves	As, Ba, Cd, Cr, Cu, Fe, Hg

예제 분석의 정확도를 점검하기 위해 공인된 아연의 함량이 200 mg/kg인 시료를 분석한 결과 220 mg/kg이 검출되었다. 분석오차(%)는 얼마인가?

풀이 $$\text{분석오차(\%)} = \frac{(\text{분석값} - \text{참값})}{\text{참값}} \times 100 = \frac{(220-200)}{200} \times 100 = 10\%$$

② 정밀도(precision)

정밀도는 단일시료에 대해 반복 분석하여 얻은 결과의 유사성 또는 재현성을 검정하는 것이다. 일반적으로 정밀도는 다음 식과 같이 중복시료를 이용해서 측정된 결과의 표준편차를 평균으로 나눈 값으로 산출하며, 식에서 X_i는 단일시료의 분석값이고 n은 분석값의 개수이다.

화학분석 결과에 대한 신뢰성을 확보하기 위한 정밀도는 지구화학탐사에서는 10% 이내를, 환경지구화학적 연구에서는 5% 이내의 정밀도가 요구된다(정명채, 2002).

$$\text{정밀도(\%)} = \frac{S_c}{x} \times 100$$

여기서, x : 중복시료의 함량(평균값)

S_c : 중복시료의 표준편차 $S_c = \sqrt{[n\Sigma X_i^2 - (\Sigma X_i)^2]/n \cdot (n-1)}$

예제 중복시료의 Pb함량을 측정한 결과가 각각 95 ppm, 98 ppm, 102 ppm 및 105 ppm이고 표준편차는 4.4일 경우 정밀도(%)는?

풀이 $$\text{정밀도}(\%) = \frac{S_c}{x} \times 100 = \frac{4.4}{(95+98+102+105) \div 4} = \frac{4.4}{100} \times 100 = 4.4\%$$

(2) 석면 분석용 토양

광산지역의 석면분석을 위한 토양시료의 채취, 사전처리 및 분석은 환경부의 석면광산 등 석면발생지역의 토양환경 관리지침에 따라 수행한다.

1) 석면 토양시료 채취

석면 토양시료는 석면으로 인한 토양오염이 우려되는 지역을 대상으로 미세한 석면섬유를 차단할 수 있는 헤파(HEPA)필터류가 장착된 마스크와 보호복 등 보호장비를 구비한 후 채취한다(그림 6-10).

시료는 중금속 분석용 토양시료 채취방법과 동일하게 토양오염공정시험기준에 따라 토양시료채취기 등으로 채취한다. 시료채취 지점에 대해 GPS좌표를 기록하고, 시료용기에 채취장소 및 채취일자 등을 기록하고 보관한다.

그림 6-10 석면 토양시료 채취

2) 석면 토양시료 사전처리

사전처리는 현장에서 채취한 석면 토양시료를 실험실에서 정성 및 정량분석을 위해 필요한 준비과정이다. 건조기 등으로 건조하고 10 mesh 표준체(눈금간격 2 mm)를 통과한 시료를 4분법으로 구획한 시료의 일부(약 50~100 g)를 분취하여 입자크기가 75 μm 이하가 되도록 분쇄한다. 모든 균질화과정은 작업자의 안전을 위해 안전하게 헤파필터가 장착된 후드 내에서 수행한다.

3) 석면 토양시료 분석

석면광물의 검출 유무, 석면섬유의 형태 및 광학적·결정학적·화학적 특성을 파악하기 위하여 사전처리한 토양시료에 대해 정성분석과 정량분석을 한다. 석면의 정성분석 및 정량분석에는 편광현미경(Polarized Light Microscope; PLM)과 X-선 회절(X-Ray Diffraction; XRD)을 이용한다(그림 6-11).

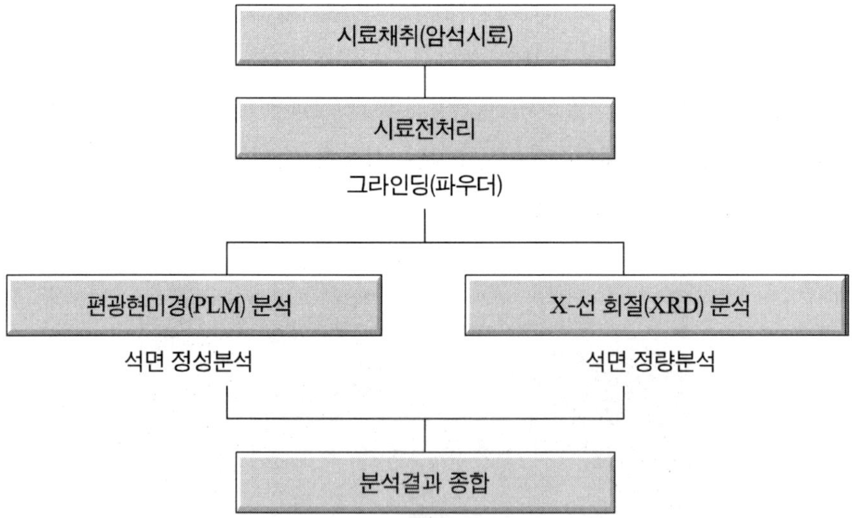

그림 6-11 암석시료 중 석면분석 흐름도(환경부, 2010)

석면 종류를 판단하는 정성평가는 시험물질의 형태, 굴절률, 색깔, 다색성(pleochroism), 복굴절률(birefringence), 소광특성(extinction), 신장율 부호(sign of elongation), 분산염색(dispersion staining color) 등 섬유나 광물의 광학적 특성을 분석한다

(표 6-7).

표 6-7 석면의 모양과 굴절 특성(환경부, 2010)

석면의 종류	형태와 색상	굴절률(근사값)		복굴절률
		신장율(상한)	신장율(하한)	
백석면 (chrysotile)	• 꼬인 물결 모양의 섬유 • 다발의 끝은 분산 • 가열되면 무색~밝은 갈색 • 다색성 • 종횡비는 전형적으로 10 : 1 이상	1.54	1.55	0.002 ~0.014
갈석면 (amosite)	• 곧은 섬유와 섬유 다발 • 다발 끝은 빗자루 같거나 분산된 모양 • 가열하면 무색~갈색 • 약한 다색성 • 종횡비는 전형적으로 10 : 1 이상	1.67	1.70	0.02 ~0.03
청석면 (crocidolite)	• 곧은 섬유와 섬유 다발 • 긴 섬유는 만곡 • 다발 끝은 분산된 모양 • 특징적인 청색과 다색성 • 종횡비는 전형적으로 10 : 1 이상	1.71	1.70	0.014 ~0.016
안소필라이트 (anthophyllite)	• 곧은 섬유와 섬유 다발 • 절단된 파편 존재 • 무색~밝은 갈색 • 비다색성 내지 약한 다색성 • 종횡비는 일반적으로 10 : 1 이하	1.61	1.63	0.019 ~0.024
트레모라이트 (tremolite)	• 곧은 섬유 • 절단된 파편이 일반적이며, 큰 섬유다발 끝은 분산된 모양 • 트레모라이트는 무색 • 악티노라이트는 녹색~약한 다색성 • 종횡비는 일반적으로 10 : 1 이하	1.60 ~1.62	1.62 ~1.64	0.02 ~0.03
악티노라이트 (actinolite)		1.62 ~1.67	1.64 ~1.68	

석면 함량을 파악하는 정량분석은 편광현미경을 이용한 점계수법(포인트계수법, point counting)을 사용하여 정량한다(그림 6-12). 점계수법은 현미경 대안렌즈의 십자선을 이용하여 시야에서 십자선 교차점과 중첩되는 입자 중 석면의 비율을 산출하는 방법이다. 석면 함량은 다음 식과 같이 총 400지점 중 계수된 석면 지점 수에 대한 백분율(%)로 표시한다. 석면의 함량이 5%라면 400지점 중 5%인 20지점에서 석면이 발견되었다는 의미이다.

$$\text{석면 함량(\%)} = \frac{\text{400지점 중 계수된 석면 지점 수}}{400} \times 100$$

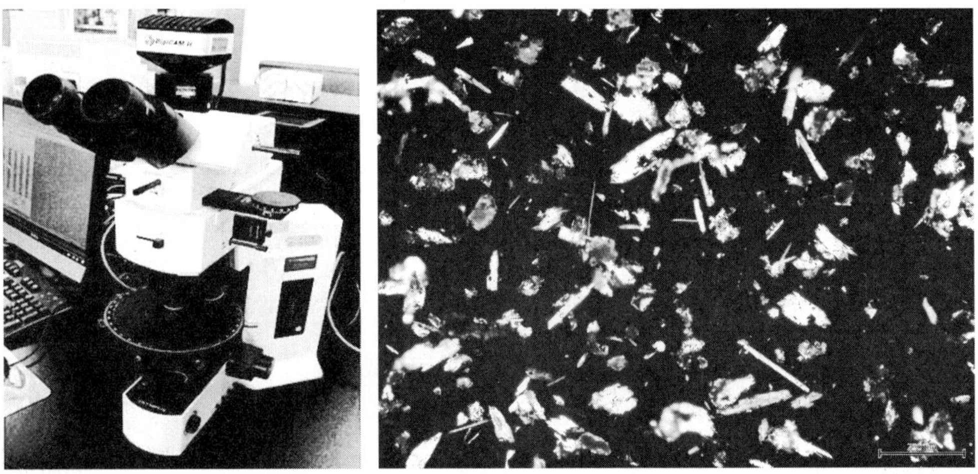

그림 6-12 편광현미경을 이용한 석면 분석

6.2.3 토양오염 수준 평가

광산지역의 오염토양을 복구하기 위해서는 직접적인 오염원과 광산 주변지역의 오염도, 피해 범위 및 규모 등 토양오염 수준을 평가하여야 한다. 광산 주변지역의 토양오염 수준을 객관적으로 평가하는 방법으로 오염지수를, 사업의 우선순위 결정 및 복구 목표치를 설정하는 방법으로 위해성평가를 활용하고 있다.

(1) 오염지수(Pollution Index; PI)

오염지수는 다음 식과 같이 채취·분석한 각각의 중금속 분석값을 적용 기준값으로 나누어 준 후 이들을 합한 값을 분석성분의 수로 나누어 준 값이다. 식에서 기준값은 토양환경보전법상 토양오염우려기준 및 토양오염대책기준을 적용한다(표 5-3).

PI가 1이라 함은 기준값과 분석값이 동일하다는 것으로 PI가 1 이상이면 오염지역, 1 이하이면 비오염지역을 의미한다. 그러나 토양오염은 여러 원소 중 일부 특정 원소에 의하여 주로 오염이 발생하기 때문에 PI가 1 이하일지라도 오염지역으로 나타날 수 있다.

$$\text{오염지수(PI)} = \frac{\sum_{i=1}^{N} x_i / X_i}{N}$$

여기서, x_i : 분석값(mg/kg)

X_i : 기준값(mg/kg)

N : 분석성분 수

예제 다음은 A광산지역 토양에 대한 분석 결과이다. 토양오염우려기준의 1지역 기준을 적용하여 분석된 시료의 오염지수는?

분석원소	As	Cd	Cu	Pb	Zn
분석값(mg/kg)	20	2.4	50	80	350
기준값(mg/kg)	25	4	150	200	300

풀이 $$\text{오염지수} = \frac{\sum_{i=1}^{n} x_i / X_i}{N} = \frac{[(20/25)+(2.4/4)+(50/150)+(80/200)+(350/300)]}{5} = 0.66$$

(2) 위해성평가(risk assessment)

1) 개요

위해성평가는 어떤 유해오염물질의 특정농도나 용량에 노출되어 나타날 수 있는 인간의 건강피해 확률 또는 생태계에 미치는 영향을 정량적으로 추정하는 방법이다. 1970년대 중반 미국 환경청에서 살충제와 연관된 발암 위험성 정도를 평가하는 방법으로 사용되었고, 우리나라는 2004년에 위해성평가 제도를 도입하고 2018년에 토양오염물질 위해성평가 지침을 제정하였다.

광산지역의 주요 오염원과 노출경로는 광물찌꺼기 비산, 농업용수나 식수로 사용하는 오염된 지표수와 지하수, 농경지로 오염된 광산배수 또는 광물찌꺼기의 유입, 오염된 토양의 섭취 또는 피부접촉 및 오염된 농작물의 섭취 등이다(그림 6-13).

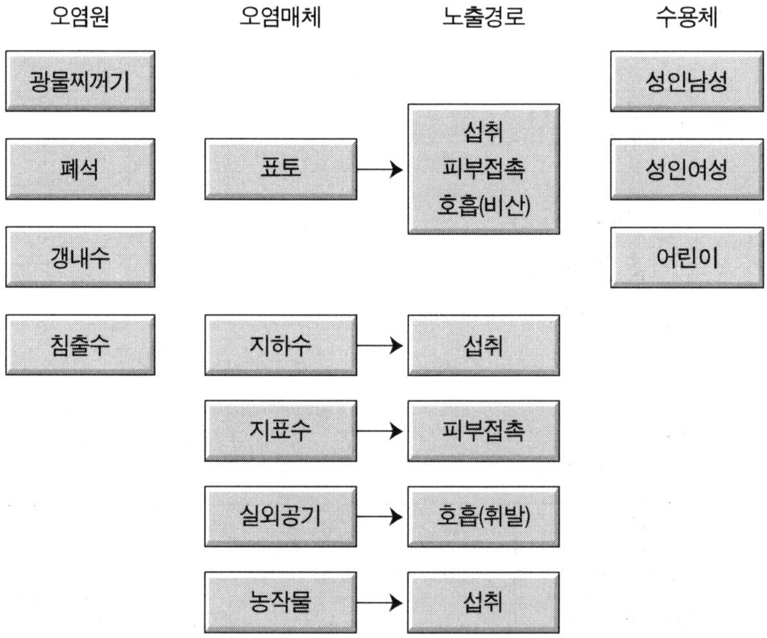

그림 6-13 광산지역 주요 오염원과 노출경로 개념도(한국광해관리공단, 2017)

휴·폐광산지역에서 오염원-수용체 사이의 상호작용에 대한 노출경로를 중심으로 구성한 개념적 현장모델은 그림 6-14와 같다. 국내에서도 경남 고성군 폐광산 일대 주민들에게 "이따이이따이"병의 발생이 의심된다는 언론보도 후, 폐광산이 주민의 건강에 미치는 영향에 대한 체계적인 조사에 위해성평가를 일부 적용하였다.

위해성평가는 휴·폐광산지역과 인구학적 특성과 환경조건이 비슷한 대조지역을 선정하여 조사지역과 대조지역의 측정자료를 비교 분석하는 방식을 적용하였다.

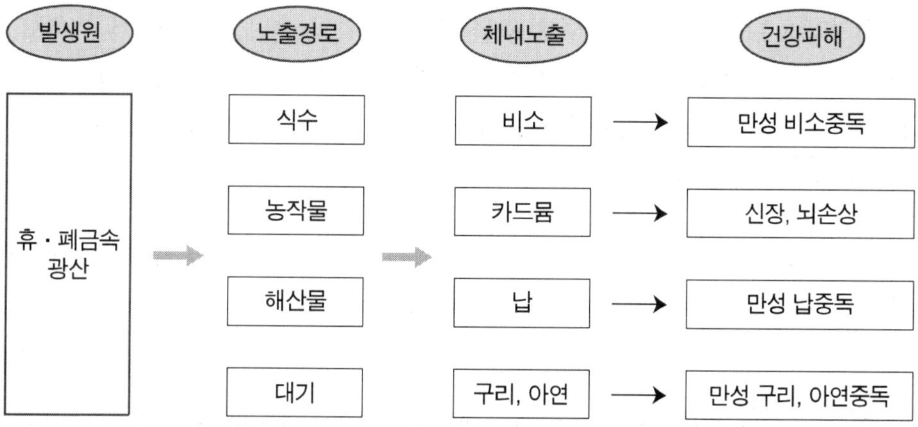

그림 6-14 휴·폐광으로 인한 주민 건강피해 시나리오

2) 위해성평가 단계

일반적으로 위해성평가는 ① 유해성확인, ② 노출평가, ③ 용량-반응평가 또는 독성평가, ④ 위해도결정의 단계로 수행한다.

① 유해성확인(hazard identification)

유해성확인은 어떤 물질의 잠재 유해성과 연관성의 증거를 조사하는 과정이다. 어떤 오염물질에 대한 노출과 암발생과의 상관관계 규명은 쉽지 않고 확실하지 않기 때문에 역학조사와 동물실험 등을 통해 유해성확인 및 연관성을 규명할 수 있다.

광산지역에서 유해성확인은 오염원 주변 중금속으로 오염된 환경매체(토양, 자연수, 지하수, 농작물 등)에 대한 화학분석 자료를 평가하고 독성 중금속들의 유해성을 확인하는 과정이다.

② 노출평가(exposure assessment)

노출평가는 노출된 인구집단의 크기, 노출의 강도, 빈도 및 기간, 노출경로를 통해 인체노출량을 정량적으로 추정하는 과정으로, 유해물질에 이미 노출된 집단을 파악하여 노출방법, 노출량 및 노출시간 등을 계산한다. 이 단계에서 주민들이 환경매체와의 접촉 및 섭취를 통해 노출되는 경로를 파악하는 개념적모델을 구성하고 파악된 노출경로에 따라 인체노출량을 산출한다.

광산지역의 다양한 노출경로별로 중금속의 일평균 노출량을 산출하기 위해서는 오염물질의 농도와 노출변수 및 인체노출인자의 자료(성인의 평균 체중, 쌀·음용수 섭취량, 노출빈도, 하루 중 목욕시간 등)가 파악되어야 한다. 오염물질의 일평균 노출량을 산정하는 식의 적용 예는 다음과 같다.

$$\frac{\text{일평균 노출량}}{(\text{mg/kg}\cdot\text{day})} = \frac{[\text{노출농도(mg/kg)} \times \text{오염매체와 접촉율} \times \text{노출기간(년)} \times \text{노출빈도(일/년)}]}{\text{평균 체중(kg)} \times \text{평균 노출시간(일)}}$$

③ 용량-반응평가(dose-response assessment) 또는 독성평가(toxicity assessment)

용량-반응평가는 유해오염물질의 용량과 노출된 인구집단에서 노출로 인한 유해건강영향이 어느 정도 기간과 용량에 의해 나타나는지를 평가하는 단계이다. 평가 자료로 발암위해도와 비발암위해도를 판단한다. 발암물질은 용량과 반응의 상관성을 반영하는 수치(발암계수 등)를 결정하며, 비발암물질은 수용체에 해롭지 않는 범위 이내의 노출수준을 반영하는 수치(참고 섭취량 등)를 결정한다.

④ 위해도결정(risk characterization)

유해성확인, 노출평가 및 용량-반응평가 결과를 종합하여 예측된 노출량에 대한 유해건강영향의 발생수준을 위해도로 나타내는 과정이다. 특정오염물질이 특정농도에 노출되었을 경우 개인이나 인구집단에서 독성이나 발암과 같은 위해영향이 발생할 확률을 결정한다.

발암위해도는 유해오염물질에 의한 장기간의 인체노출 결과 암이 발생할 수 있는 확률을 10의 (-)지수값으로 산출한다. 허용가능한 총 초과발암위해도는 $10^{-5} \sim 10^{-6}$이며, 산정된 총 초과발암위해도가 허용가능한 총 초과발암위해도보다 크면 발암 위해성이 있는 것으로 판단한다.

3) 중금속 오염토양 위해성평가

국내 토양오염물질 위해성평가 지침에 의한 위해성평가 대상 중금속류는 Cd, Cu, As, Hg, Pb, Cr^{6+}, Zn, Ni이다. 인체 위해성평가 결과 위해성이 있다고 결정되면 국내 토양 중 자연배경 농도를 고려하여 발암 및 비발암 정화목표치(토양오염대책기준을 초과할 수 없음)를 설정하여 저감 방안을 수립하여야 한다.

4) 석면 오염토양 위해성평가

석면 오염토양 위해성평가는 환경부의 석면광산 등 석면발생지역의 토양환경 관리지침에 따라 수행한다.

① 위험성확인

기존 문헌 및 데이터베이스를 활용하여 석면발생지역 위해성평가에 필요한 발암성 독성 영향, 노출량 및 수준을 조사하며, 잠재적으로 문제가 될 수 있는 매체도 파악하여야 한다. 위험성확인을 위한 자료로는 미국 환경청의 종합위해정보시스템(Integrated Risk Information System; IRIS) 데이터를 이용한다.

② 노출평가

석면발생지역의 노출평가는 고정식 대기시료 채취와 활동근거시료(Activity Based Sampling; ABS) 방식으로 사람의 호흡 위치에서 측정한다(그림 6-15). 고정식 대기시료는 시료채취 펌프를 이용하여 멤브레인 여과지로 공기 중 입자상물질을 여과 채취한다. 시료채취는 바닥으로부터 약 1.2 m의 높이에서 실시하며, 공기는 1～16 L/min의 유량으로 각 시료채취 매체 당 최소 1,200 L 이상의 공기를 채취한다.

(a) 석면 분석시료 포집기 (b) 활동근거시료(ABS) 채취

그림 6-15 석면발생지역의 노출평가를 위한 시료채취

위해성평가를 위한 ABS는 거주 또는 생활하고 있는 사람의 활동에 의해 토양이 교란되어 공기 중에 비산된 석면을 측정하여 인체에 미치는 영향을 파악하는 방법이다. ABS채취는 주요 활동인 농업활동(김매기, 흙파기, 예초기), 여가 및 생활활동(체육활동, 마당쓸기), 이동수단에 의한 활동(경운기, 자전거, 차량, 오토바이)별 시나리오에 따라 위해도를 산출한다.

시료는 호흡기영역(어른 : 약 1.5 m, 어린이 : 약 1.0 m)에서 셀룰로오스 에스테르 필터 또는 폴리카보네이트를 사용하여 포집한다. 공기는 5～10 L/min의 유량으로 각 시료채취 매체 당 최소 400 L 이상 4,000 L 미만으로 채취한다. 시료를 포집한 필터는 에칭(etching)처리, 탄소막코팅 등의 전처리 후 편광현미경으로 석면 함량을 분석한다.

③ 발암성물질의 노출평가를 통한 발암위해도 산출

석면의 발암위해도는 노출농도, 노출시간, 최초 노출로부터 경과시간 등의 인자를 이용하여 다음 식과 같이 계산한다. 노출농도는 고정식 시료채취와 활동 시 공기측정 농도를 이용하며, 연중 최소 지속노출을 산정하기 위해 시간가중인자를 적용한다. 흡입단위 위해도(inhalation unit risk)는 석면광산 등 석면발생지역의 토양환경 관리지침의 자료를 이용하며, 최초 노출나이와 노출기간을 고려하여 적용한다.

$$\text{발암위해도} = \text{노출농도} \times \text{시간가중인자} \times \text{흡입단위 위해도}$$

$$\text{여기서, 시간가중인자} = \frac{\text{노출시간(시간/일)}}{24} \times \frac{\text{노출빈도(일/년)}}{365}$$

④ ABS를 이용한 오염토양 정화 여부 및 정화범위 산정

석면광산의 석면 위해성평가 업무 흐름도는 그림 6-16과 같으며, 토양 중 석면 함량이 0.25～1%인 경우에는 ABS를 이용한 위해성평가를 실시한다. 정밀조사 결과 토양 중 석면 함량이 석면관리기준(1% 이상)을 초과하거나, 0.25～1%인 경우 ABS를 이용한 위해성평가 결과 10^{-4} 이상인 지역을 정화대상으로 한다.

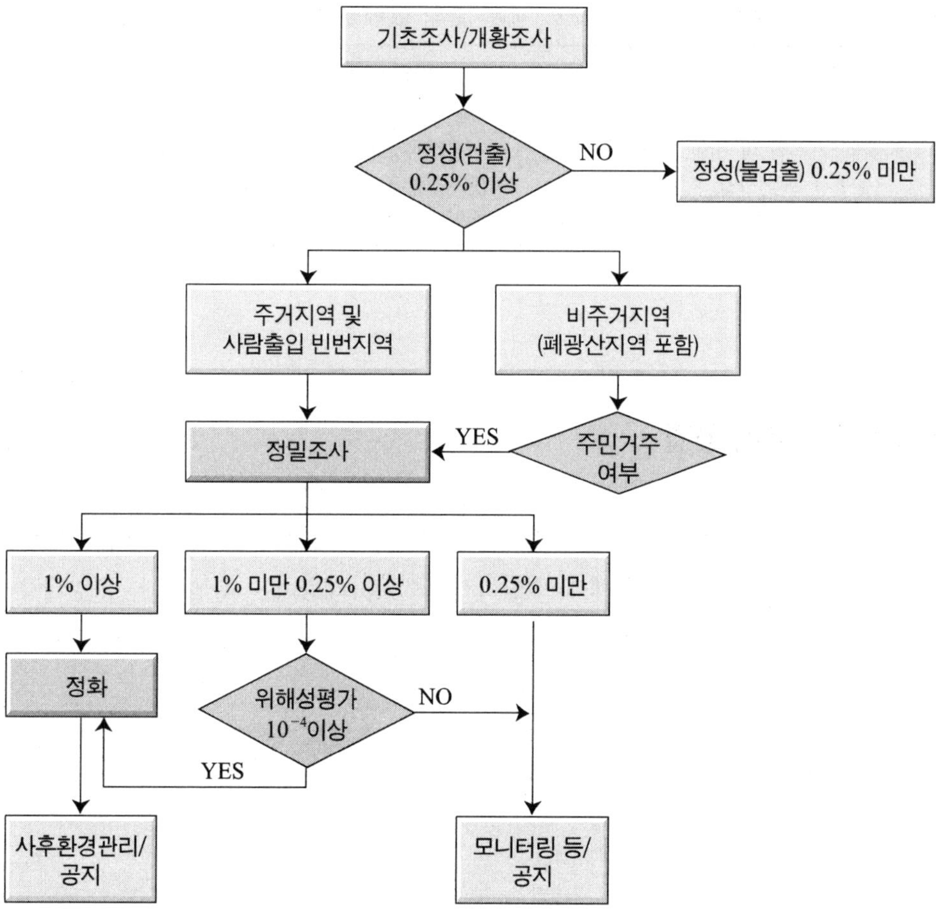

그림 6-16 석면광산의 석면 위해성평가 업무 흐름도

6.3 광산지역 오염토양 개량·복원 및 정화공법

광산활동으로 오염된 토양의 개량·복원 및 정화사업은 대부분 광산 주변지역의 오염농경지를 대상으로 하며, 적용 가능한 공법은 정부에서 고시한 광해방지사업의 핵심공법 또는 핵심기술의 범위에 근거하여 선정한다(표 6-8).

표 6-8 광해방지사업의 핵심공법 또는 핵심기술의 범위(산업통상자원부, 2015)

전문분야	핵심공법 또는 핵심기술
토양개량·복원 및 정화 (농경지 포함)사업	• 토양개량공법 : 복토법, 환토법 • 토양정화공법 : 식물재배정화법, 토양경작법, 토양세정법, 토양세척법, 용제추출법, 동전기법(electrokinetic separation) • 고형화공법 : 고형화/안정화법

6.3.1 토양개량공법

토양개량공법은 외부로부터 반입한 양질토와 오염된 토양을 혼합하여 오염물질의 농도 저감 등을 통해 작물재배에 적합하게 토양을 개량하는 방법이다. 토양개량공법은 오염토 상부를 일정한 두께의 비오염토로 덮는 복토법과 오염토를 비오염토로 교체하는 환토법으로 분류한다(그림 6-17).

설계시 표토와 심토의 오염도, 복원농경지의 유효토심, 적치장 이송·매립 및 지반고상승 가능 여부 등을 검토하여 복토법 또는 환토법을 적용한다.

그림 6-17 토양개량공법 모식도

6.3.2 토양정화공법

토양정화공법은 오염토양의 정화기술을 적용하여 토양 중의 오염물질을 분해 또는 분리·추출 및 처리하여 정화하는 방법이다. 오염물질을 근원적으로 제거하는 토양정화공법은 법률적 제한, 경제성 등을 고려 시 광산지역 농경지의 토양복원사업에 적용하기 곤란하다. 장항제련소 일대 오염토양 부지에 대해 토양세척법과 식물재배정화법을 시범 적용한 사례가 있다.

식물재배정화법(phytoremediation)은 식물체를 이용하여 토양 내 오염물질을 흡수·제거하는 방법으로 식물추출, 식물안정화, 식물분해 등의 작용을 이용한다(표 6-9). 주로 중금속을 다량 흡수할 수 있는 해바라기, 인도겨자, 담배, 상추 및 옥수수 등과

표 6-9 식물재배정화법의 종류 및 원리

구분	원리 및 내용
식물추출 (phytoextraction)	• 오염물질을 식물체 내로 흡수·농축시킨 후 식물체를 제거하는 방법
식물안정화 (phytostabilization)	• 오염물질이 뿌리 주변에 비활성의 상태로 축적되거나 식물체에 의하여 이동이 차단되는 원리를 이용한 방법
식물휘발화 (phytovolatilization)	• 오염물질이 식물체에 의해 흡수, 대사되고 휘발성산물로 변형되어 대기로 방출
근권여과 (rhizofiltration)	• 뿌리여과라도 하며 오염물질이 뿌리 주변에 축적되거나 식물체로 흡수되어지는 과정으로 토양보다는 오염된 지하수 정화에 효과적
식물분해 (phytodegradation)	• 오염물질이 식물체에 흡수되어 그 안에서 대사에 의해 분해되거나 식물체 밖으로 분비되는 효소 등에 의하여 분해하는 물질대사 과정
근권분해 (rhizodegradation)	• 뿌리 부근에서 미생물 군집이 식물체의 도움으로 오염물질을 분해하는 과정

모식도

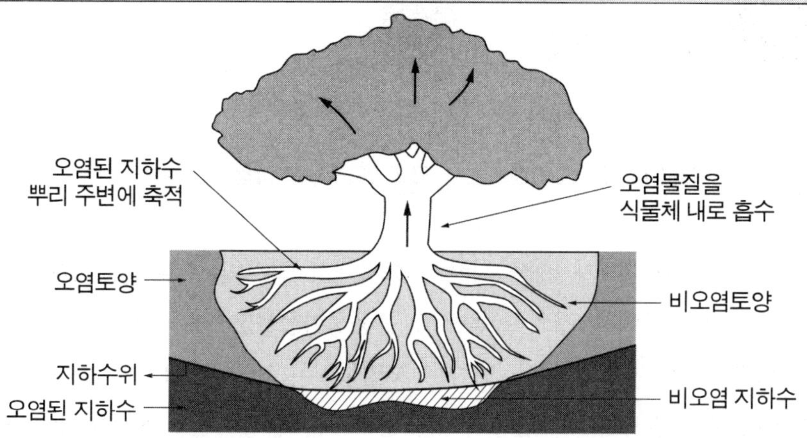

같은 과농축식물(hyperaccumulation plant)을 식재하여 정화한다. 친환경적으로 비용이 저렴하다는 장점이 있으나, 정화기간이 길고 계절의 영향을 받으며 오염도가 높은 지역은 적용이 곤란하다는 단점이 있다.

6.3.3 고형화공법

고형화공법에는 고형화/안정화법이 있으며, 토양과 시멘트 등을 혼합하여 고형화시켜 오염물질의 용해도를 낮추는 고형화법은 농경지토양에 적용하기 곤란하므로 주로 안정화법이 사용되고 있다. 안정화법은 오염물질을 토양으로부터 완전히 제거하지는 않지만, 오염물질을 화학적으로 유동성, 독성, 용해성이 낮은 형태로 변환시켜 위해성을 감소시키는 기법이다. 중금속으로 오염된 농경지에 대해 오염물질의 용해도, 이동도, 생물학적 유효도 등을 감소시키고 지속적인 작물 생산이 가능하도록 석회석, 제강슬래그와 같은 안정화제를 이용한 안정화법을 적용하고 있다.

토양 안정화제는 오염물질과의 산화-환원, 중화, 침전, 이온교환, 착화합물 형성 등의 화학적 반응으로 오염물질을 용해도가 낮은 형태로 전환하게 한다(그림 6-18).

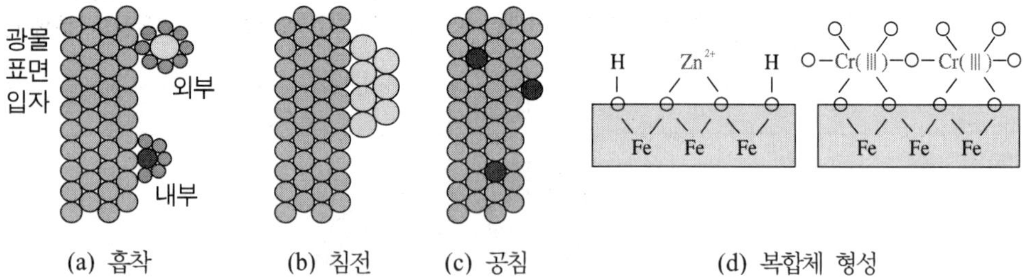

그림 6-18 토양표면에서 물과 중금속의 상호작용 메커니즘

대부분의 중금속이 pH가 중성 이상의 환경에서 침전되는 특성을 활용하여 안정화제와 토양수 내 용존이온 간의 반응으로 불용성화합물을 생성한다. 그러나 비소, 크롬 등 토양수 내 음이온 거동을 보이는 오염물질은 반대로 pH가 중성 이상에서 용출성 및 이동성이 증가되므로 반응기작을 달리하는 안정화제를 선택하여야 한다.

안정화제로는 주로 석회물질, 철염, 제강슬래그를 사용하며, 안정화제별 안정화 효율은 표 6-10과 같다. 석회물질에서 발생하는 탄산이온, 칼슘이온의 화학적 결합 및 pH 교정효과로 중금속의 안정화 역할을 하며, 경제성 등을 고려하여 석회물질 중 석회석(4～16 mm)을 주로 활용한다.

철염 형태인 영가철(zero-valent iron)은 자체 산화반응과 오염물질의 환원반응 및 흡착반응을 유도하여 독성저감 또는 침전반응의 안정화 효과를 발휘한다. 제강공정의 부산물인 제강슬래그(2～6 mm)는 철산화물(Fe_2O_3, 약 32%)과 석회물질(CaO, 약 38%)이 풍부하고 영가철보다 저렴하여 토양복원사업의 안정화제로 주로 사용하고 있다.

표 6-10 안정화제별 안정화 효율 비교(한국광해관리공단, 2011)

구분	안정화제	pH 교정효과	중금속	비소	비소+중금속
석회물질	소석회 [$Ca(OH)_2$] 생석회 (CaO) 석회석 ($CaCO_3$) 백운석 [$CaMg(CO_3)_2$]	○～◎	◎	△～○	△～○
철염	영가철	×	△	◎	△～○
산업부산물	제강슬래그	○～◎	○	○～◎	○

◎ : 아주 양호, ○ : 양호, △ : 중간, × : 나쁨

6.4 국내외 광산지역 오염토양 토양복원사업

6.4.1 국내 중금속 오염토양 토양복원사업

광산지역의 토양복원사업은 오염토양에 대한 조사 및 평가에 따라 사업이 필요한 경우 설계과정을 거쳐 최적 처리공법을 선정하여 시공하며, 사업 후 일정기간 모니터링을 실시하여 사업효과를 검증하는 절차로 수행한다(그림 6-19).

중금속으로 오염된 농경지에 대한 토양복원사업은 토양환경보전법상 1지역의 토양오염우려기준 미만으로 복원하여 농경지로서 기능을 회복시키고 유지함을 목표로 한다.

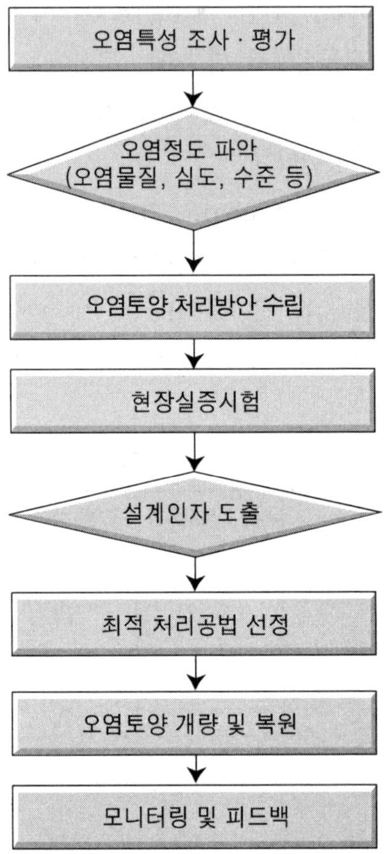

그림 6-19 광산지역 오염토양 토양복원사업 추진 절차

(1) 중금속오염 농경지 토양복원사업

중금속오염 농경지의 토양복원사업은 주로 오염토양에 존재하는 유해 중금속의 이동성을 저감하기 위한 안정화처리와 복토를 연계한 토양개량공법을 적용하고 있다. 오염토 상부에 안정화처리층을 두고 표토와 심토의 오염도, 복원농경지의 유효토심, 이용(논, 밭) 현황, 적치장 이송 · 매립 및 지반고상승 가능 여부, 경작시 용배수 조건 등을 고려하여 복토법과 환토법을 적용하고 있다(그림 6-20).

그림 6-21은 반입토 및 오염토의 토공 운반계획 등을 고려하여 작성한 오염농경지의 구역별 복원계획 평면도이다. 수계를 따라 오염된 농지를 구역별로 나누어 구역별 적합한 위치에 반입토 및 오염토의 임시적치장을 선정한다. 또한 농지별 진입도로 여

건을 파악하여 대운반(25톤 트럭), 소운반(4.5톤, 2.5톤 트럭 등)으로 구분하여 반입토의 토공 운반계획을 수립한다.

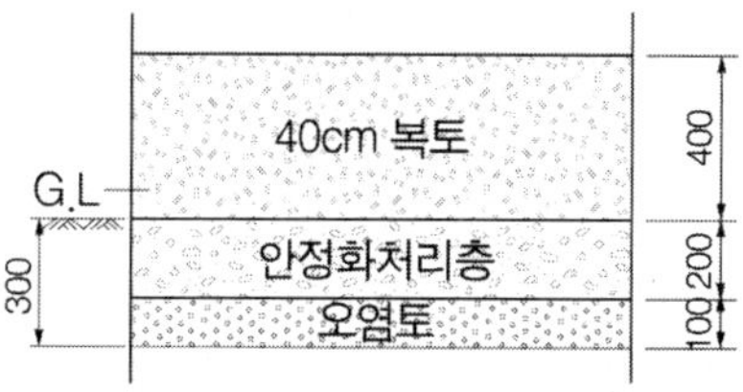

(a) 복원경작지 중 지반상승 가능한 농지
(안정화처리 + 복토 40 cm)

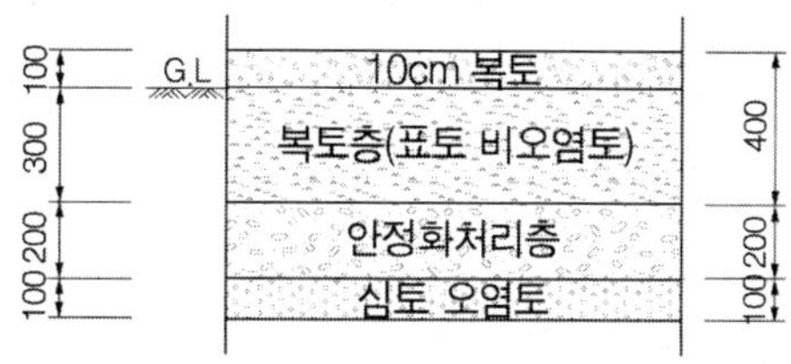

(b) 심토만 오염된 농지 중 지반상승 가능 농지
(안정화처리 + 표토 재활용 + 복토 10 cm)

(c) 지반상승이 일부 가능한 농지
(환토 30 cm + 안정화처리 + 복토 40 cm)

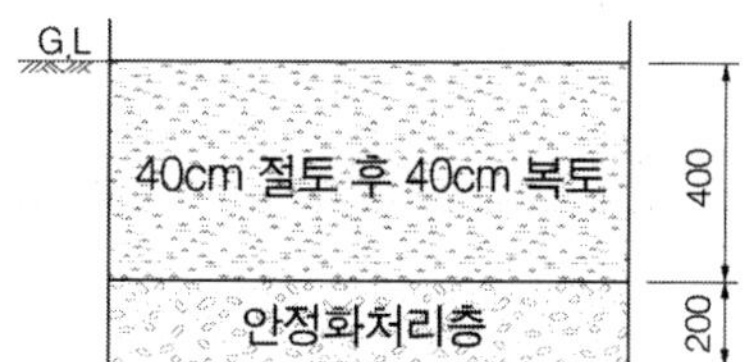

(d) 지반상승이 불가능한 농지
(환토 40 cm + 안정화처리 + 복토 40 cm)

그림 6-20 중금속오염 농경지 토양복원사업 유형

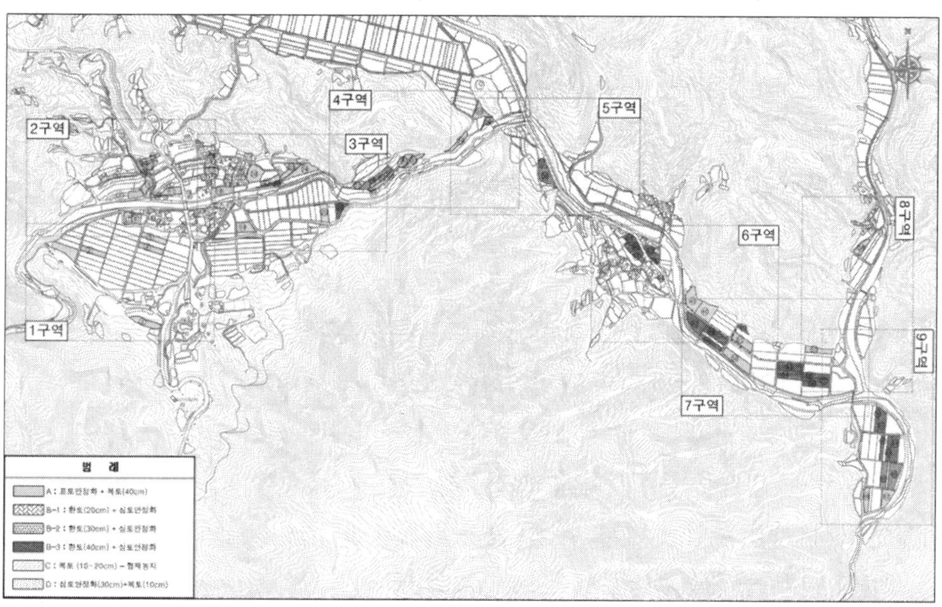

그림 6-21 토양복원사업 구역별 복원계획 평면도 예시

(2) 적정 안정화제 및 혼합비율 선정

적정 안정화제 선정과 혼합비율을 결정하기 위하여 토양배양시험(batch experiment), 컬럼용출시험(column experiment) 등의 실내시험과, 오염의 대표성을 갖는 농지에서 현장실증시험을 실시한다(그림 6-22).

현장실증시험은 안정화제를 적용하지 않은 1개의 대조구와 실내시험으로 도출한 안정화제를 다양한 혼합비율으로 적용한 3개의 현장실증시험구로 구성하여 최소 3개월 이상 모니터링을 실시한다. 시험구마다 매달 1회 이상 토양수와 토양시료(20 cm, 50 cm)를 채취하여 현장실증시험 전후의 성분을 분석함으로써 최적의 안정화제 및 혼합비율을 선정한다.

그림 6-22 안정화제 종류 및 혼합비율 선정을 위한 현장실증시험 수행절차

국내 광산지역의 토양오염물질은 중금속으로만 오염된 형태, 비소로만 오염된 형태, 중금속과 비소가 복합적으로 오염된 형태로 분류할 수 있다. 토양복원사업에 적용하고 있는 오염물질별 안정화제와 혼합비율은 표 6-11과 같다.

중금속오염 농경지의 토양복원에서 중금속 안정화에는 석회석 및 제강슬래그를, 비소 안정화에는 영가철이나 석회석, 제강슬래그를 주로 사용한다. 알칼리기반의 안정화제 사용시 과량 투입에 따른 토양 pH의 급격한 상승과 알칼리농도의 증가로 농작물 생육에 나쁜 영향을 줄 수 있으므로 주의하여야 한다.

표 6-11 오염물질별 안정화제 혼합비율 예시 및 현장실증시험구

오염물질	안정화제	혼합비율	현장실증시험구 모식도
중금속 (Cd, Cu, Pb, Zn 등)	석회석 또는 석회석+제강슬래그	1～3 wt.%	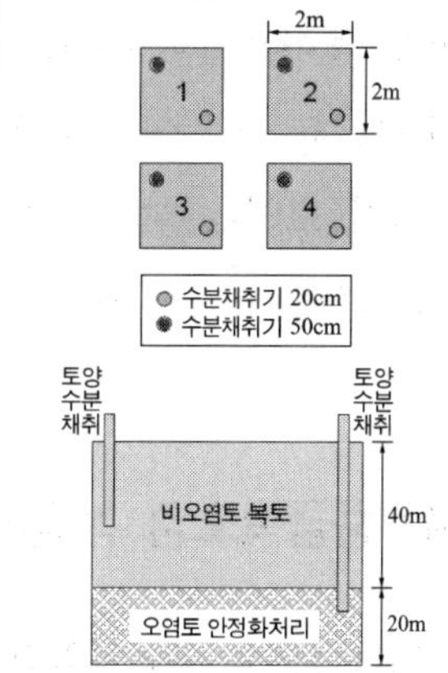
비소(As)	영가철, 제강슬래그 또는 석회석+제강슬래그	1～3 wt.%	
비소+중금속 (복합물질)	석회석+제강슬래그	1～3 wt.%	

주) 안정화제 1% 적용시 중금속 오염토양 1 m^3당 18 kg [흙의 단위중량(1.8톤/m^3) × 1%] 투입

(3) 농경지 토양복원사업 주요 고려사항

농경지에 대한 토양복원사업시 주요 고려사항은 토양개량의 깊이인 복원심도와 복토층의 토양유실이다. 농경지는 지속적인 논・밭갈이로 토양 혼합이 발생하므로 사용 농기계의 실증시험을 통해 교반심도를 예측하고 복원심도를 선정하여야 한다(그림 6-23). 일반적으로 농경지의 복원심도는 경운기나 트랙터 등의 경운심도, 뿌리 정착 심도, 논・밭갈이 및 강수와 경작으로 인한 토양침식 등에 의한 여유두께를 고려하여 40 cm로 하고 있다.

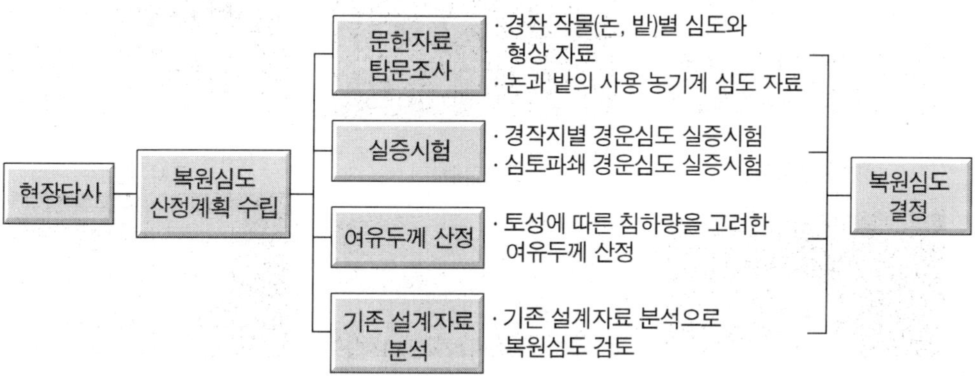

그림 6-23 복원심도 선정 기준

복토층의 토양유실은 작토층 토양과 유기물 유실로 작물의 생산성이 저하되며, 오염토층의 지표노출로 유실된 토양이 주변 수계로 유입되어 수질오염의 원인이 될 수 있다. 토양유실을 예방하기 위해 설계단계에서 토양유실평가 모델을 활용한 유실량의 예측과 유실 최소화 방안을 검토하고 복원사업 후 적정 관리방안이 필요하다.

특히 토양유실과 토양침식의 가능성이 높은 밭 경사지는 복토재 유실방지를 위한 수로 조성 및 작물재배 등의 조치와 관리가 필요하다.

(4) 중금속오염 농경지 토양복원공사

일반적으로 광산지역의 중금속 오염농경지(논)에 대해 실시하는 토양복원공사의 시공 순서도는 그림 6-24와 같으며, 밭의 경우 물다짐을 실시하지 않는다. 오염농지에 안정화제를 살포기를 이용하여 고르게 살포하고 산화가 이루어지도록 일정시간 노출시킨 후, 교반장비로 오염토양과 안정화제가 잘 섞이도록 4회 이상 교반하며, 안정화

그림 6-24 폐광산 중금속오염 농경지(논)에 대한 토양복원공사 시공 순서도

층은 복토 후 다짐 후에도 20 cm 이상 유지될 수 있도록 한다. 안정화제의 품질에 대해 공인기관의 분석자료를 확인하고, 시공 전에 입경 및 재료상태를 확인하여야 한다.

반입토는 국토교통부의 토석정보공유시스템(TOCYCLE)을 활용하여 인근지역 개발계획을 조사하여 사업지와 가깝고 적합한 토성을 가진 토취장 후보지를 선정한다(그림 6-25). 후보 토취장의 표토와 심토를 채취하여 pH, 중금속(As, Cd, Cu, Pb, Zn, Ni) 및 이화학특성[(P_2O_5, K_2O, CaO, MgO, pH, 토성(soil texture) 등]을 분석한다. 분석결과 중금속 농도가 토양환경보전법상 1지역 우려기준의 50% 이하에 해당하면 토취장으로 선정하여 토양을 반입하며, 반입토의 품질확보를 위해 일정물량(1,500 m^3) 마다 토양분석을 실시한다.

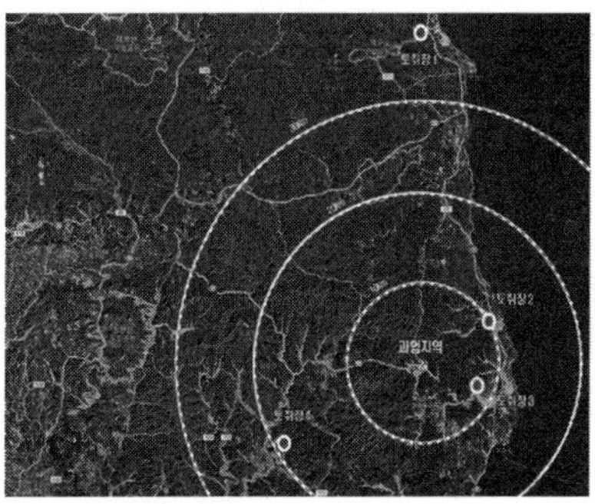

(a) 사업지 인근 토취장 조사

■ 입력 현황

작물명	배추(노지)	면적	1,000m²

■ 토양 검정 결과

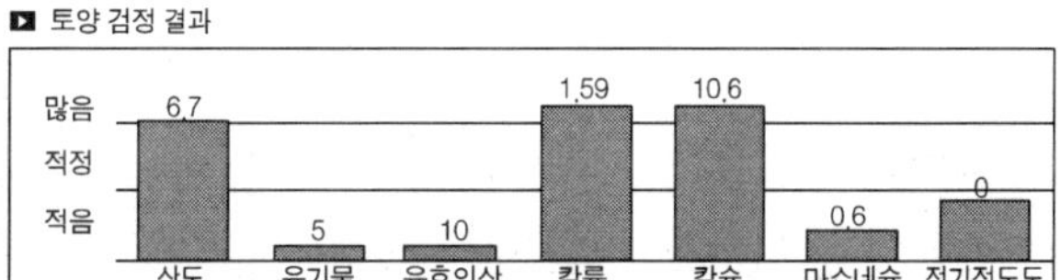

단위	pH(1:5)	g/kg	mg/kg	cmol+/kg	cmol+/kg	cmol+/kg	dS/m
적정범위	6.0~6.5	25~5	350~450	0.65~0.8	5.0~6.0	1.5~2.0	0~2.0
분석치	6.7	5	10	1.59	10.6	0.6	0

(b) 토양시비처방 프로그램 예시(농업기술센터의 흙토람)

그림 6-25 토취장 조사 및 토양시비처방 프로그램

복토는 외부 반입토로 보통 40 cm로 균등하게 다지면서 포설하고 경작에 지장이 없도록 돌자갈을 정리하며, 자연다짐 등을 고려하여 도면에 표시된 두께 이상으로 복토한다. 물다짐이 필요한 논은 배수흐름이 중요하므로 공사시 지반고가 상승되지 않도록 고려한다. 복토 후 재배 작토층의 기능을 발휘하도록 농업기술센터 등의 토양시비처방 결과를 반영하여 재배작물의 생육에 적합한 토양개량제 및 시비를 포설하고 혼합한다(그림 6-25).

아울러 토양복원사업이 완료된 농경지의 토양과 농작물에 대해 일정기간(3년) 매년마다 시료를 채취하여 중금속 함량에 대한 사후모니터링을 실시한다.

6.4.2 국외 중금속 오염토양 토양복원사업

일본은 금속광산에서 유출되는 카드뮴에 의하여 오염된 도야마현 진즈가와(神通川) 지역 오염농경지에 대한 토양복원사업을 1979년부터 시행하였다. 일본에서 광산지역의 중금속으로 오염된 농경지에 대한 토양복원사업은 주로 매립객토공법과 상승객토공법을 적용하였다(그림 6-26).

매립객토공법은 표토의 오염토를 하부로 옮기고 상부에 반입한 객토를 매립하는 방법으로 자갈채취가 가능한 지역에서는 역질토(stony soil)를 경반층 재료로 활용한다. 상승객토공법은 상부복토공법으로 오염토양 위에 모세관현상 등에 의한 오염물질의 상승을 막는 자갈차단층(약 20 cm 정도)을 조성하고, 외부에서 반입한 점질토로 복토한다. 우리나라도 사업 초기에는 일본의 상승객토공법을 적용하였으나, 농기계 사용과정에서 경작불편 등으로 자갈차단층을 적용하지 않고 안정화처리를 하고 있다.

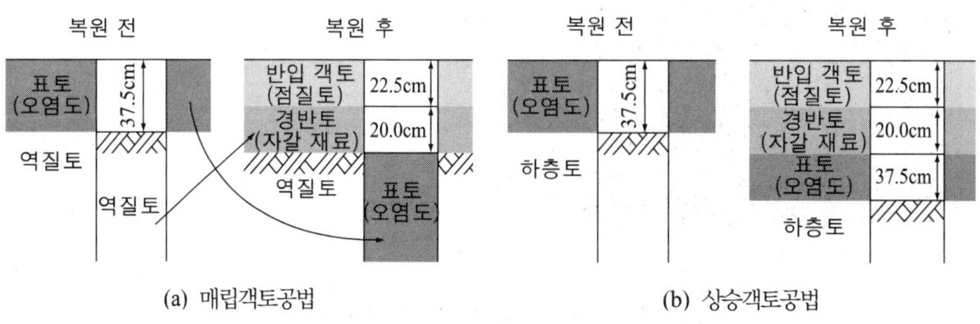

그림 6-26 일본 진즈가와지역 오염농경지 토양복원사업 모식도(한국광해관리공단, 2006)

미국은 환경청에서 주도되는 슈퍼펀드 복원조치(superfund remedial actions)와 SITE program에 의해 오염토양 복원사업이 이루어진다. 미국에서 수행된 슈퍼펀드 복원조치 중 굴착비용이 소요되지 않고 대규모 부지에 적용이 가능한 원위치(In-situ) 공법이 증가하는 추세이다. 오염토양은 대부분 고형화/안정화법으로 처리되었고 화학적 처리공법, 생물학적 처리공법, 식물재배정화법 등도 일부 적용되었다.

6.4.3 국내 석면 오염토양 토양복원사업

(1) 석면 오염토양 처리방법

석면 오염토양의 처리방법은 생물학적 처리, 물리적 처리, 고형화/안정화 처리, 열적 처리 및 석면오염지역의 출입제한 또는 폐쇄 등이 있다(표 6-12). 석면오염지역의 토지용도, 현장여건 및 경제성 등을 종합적으로 고려하여 최적의 처리방법을 선정하여야 한다.

표 6-12 석면 오염토양 처리방법(환경부, 2010)

구분	원리 및 처리방법
생물학적 처리	• 석면오염지역에 식물 등으로 토양의 외부 노출을 차단할 수 있도록 녹지를 조성하여 석면 비산을 방지하는 방법 • 해당지역의 자생종 등을 이용하여 생태교란 방지
물리적 처리	• 석면으로 오염된 토양이 외부환경으로 유출·비산·확산되는 것을 방지하여 위해성을 제거·감소·차단시키는 방법 • 처리방법 : 덮개 사용, 오염토양 복토 또는 치환, 사면안정화
고형화/안정화 처리	• 석면이 함유된 토양에 첨가제(고형화물질 등)를 혼합하여 물리·화학적으로 무해한 형태로 변환시키는 방법
열적 처리	• 석면으로 오염된 토양에 열을 가하여 석면을 용해시켜 위해도를 제거·감소 또는 유리화하는 방법 • 처리방법 : 소각법, 유리화법, 열분해법
기타 처리	• 출입제한 또는 폐쇄, 우회도로 설치 등 환경위해요인을 차단·제거·저감 등을 할 수 있도록 환경부장관이 인정하는 방법

국내외적으로 석면광산의 오염토양 처리는 외부환경으로부터 석면의 비산·확산 등을 방지하기 위해 주로 오염토양 상부를 복토하는 방법을 사용하고 있다. 국내 폐석면광산 부지 일대에 광범위하게 석면으로 오염된 임야지역의 사면유실방지와 사면안정화를 위하여 채굴적에 대한 복토작업과 암석절취 사면에 대한 식생피복을 실시하였다. 또한 폐석면광산 일대 오염된 채광장 부지는 노천채굴적을 활용하여 많은 양의 석면 오염토양을 적치하고 복토를 실시한 사례도 있다.

(2) 석면오염 농경지 토양복원사업

석면오염 농경지에 대한 토양복원사업은 경작활동으로 인한 석면의 비산·확산을 방지하기 위해 토양개량공법을 적용한다. 오염원이 석면광물이므로 일반적으로 중금속 오염토양에 적용되는 안정화처리는 적용하지 않는다. 대부분 복토법을 적용하나, 지반고상승에 따라 인근 경작지에 용배수 문제가 발생하는 농경지는 오염토를 외부로 반출하는 환토법을 적용하고 복토를 실시한다(그림 6-27).

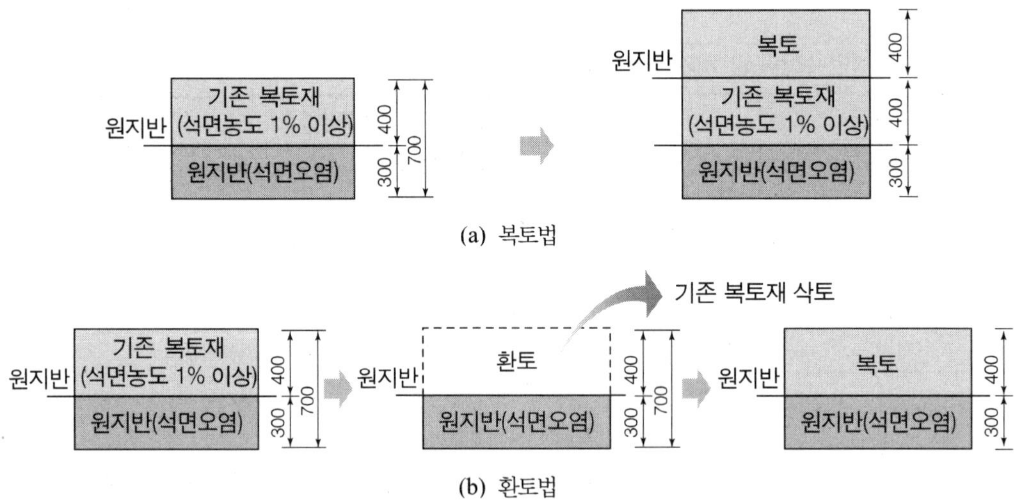

그림 6-27 석면오염 농경지 토양복원사업

(3) 석면오염 농경지 토양복원공사

일반적으로 폐석면광산의 석면오염 농경지(논)에 대해 실시하는 토양복원공사의 시공 순서도는 그림 6-28과 같다. 복토재는 석면을 함유하지 않으면서 토양환경보전법상 1지역 우려기준의 50% 이하인 토취장을 선정·반입하여 약 40 cm를 복토한다. 중금속오염 농경지의 토양복원사업과 동일하게 복토 후 토양시비처방 결과를 반영하여 시비 처방한다.

아울러 토양복원사업이 완료된 농경지 토양에 대해 일정기간(3년) 매년마다 시료를 채취하여 석면 함량에 대한 사후모니터링을 실시한다.

그림 6-28 폐석면광산 석면오염 농경지(논)에 대한 토양복원공사 시공 순서도

6.4.4 국외 석면 오염토양 토양복원사업

외국의 석면광산 복원은 석면의 비산으로 인한 확산방지 등을 위하여 대상부지의 접근제한을 통한 관리, 석면함유 토양에 대한 복토, 녹지화, 매립처리, 고형화처리, 출입제한 조치 등을 현장에 맞게 다양하게 적용하고 있다. 우리나라와는 달리 석면광산 오염토양을 농경지로의 복원이 아니라 복토나 매립, 포장 등으로 석면의 비산을 방지하는 목적으로 사업을 추진하고 있다.

세계적으로 유명한 미국의 몬타나주 소재 Libby 폐석면광산은 석면 함량이 1% 이상을 복원기준으로 설정하여 주거지역에 대해 토양개량공법과 도로부에 대한 포장을 실시하였고, 위해성과 비산 가능성에 따라 출입차단과 식생을 하였다. 계단식 노천채광법으로 석면을 채광한 그리스의 MABE 폐석면광산은 광산 부지를 석면폐기물 매립지로 활용하여 방치된 석면찌꺼기를 매립하고, 오염토양 유실방지를 위한 차단막설치와 주변 도로포장 및 접근제한 등의 조치를 하였다(그림 6-29).

그림 6-29 그리스 MABE 폐석면광산 전경 및 석면폐기물 매립 복원

제 7 장

소음·진동, 먼지날림에 의한 광해

가행광산에서 채광, 선광 및 운반작업 중에 소음 · 진동, 먼지날림(분진)에 의한 광해가 발생하여 광산 주변 주거환경에 영향을 주어 민원의 주된 요인으로 작용한다. 특히 암반 굴착작업시 수행되는 화약의 폭발력을 이용하는 발파작업은 필연적으로 발파소음, 발파진동, 먼지날림(분진), 암석의 비산 등이 발생하여 광산 주변 환경에 영향을 주고 있다(그림 7-1).

그림 7-1 노천광산 발파작업

7.1 소음에 의한 광해

7.1.1 광산지역 소음 발생원 및 환경적 영향

(1) 광산지역 소음 발생원

광산에서 발생하는 소음으로는 굴진 · 채광 관련 발파소음(air blast), 광물의 파 · 분쇄작업, 기계운전 및 운반기계 작동소리 등이며, 이중 화약을 사용하는 발파소음이

광산 주변 환경에 큰 영향을 미친다(표 7-1). 발파소음은 폭약의 에너지가 파쇄되는 암괴를 통하여 대기 중으로 방출되는 압축파에 의해 발생되며, 일반소음과 다르게 큰 압력을 가지므로 폭풍압이라고도 한다.

발파소음을 표현하는 방법에는 음압레벨과 소음레벨이 있다.

표 7-1 광산에서 소음발생 작업장

작업장	작업 내용
굴진 작업장	• 갱도굴착 등을 위한 화약발파
채광 작업장	• 착암기, 점보드릴이나 채광기계 사용
파・분쇄 작업장	• 파쇄기(조크러셔, 콘크러셔 등), 분쇄기 사용
갱내・외 기계수리실	• 광산기계 수리를 위해 선반 등을 이용한 가공
운반 작업장	• 운반기계(광차, 컨베이어, 광산차량 등)의 작동
제재소	• 전기톱 등으로 갱목을 절단
기계운전실 등	• 기계(권양기, 양수기, 압축기 등)의 운전

1) 음압레벨(Sound Pressure Level; SPL)

소음의 세기인 음압은 일반적으로 압력단위(Pa, psi)로 표시할 수 있으나, 환산단위인 데시벨 단위(dB)로도 많이 표시한다. 참고로 사람의 최대 가청한계는 60 Pa로 130 dB 정도이며, 달리는 자동차가 일으키는 소음은 약 80～90 dB 정도이다. 음압의 크기가 광범위하고 인체의 감응에 비례하지 않으므로 이를 지수척도로 표현한 음압레벨이 주로 사용되며, 음압으로부터 음압레벨을 구하는 방법은 다음 식과 같다.

음압레벨은 dB(L) 단위(L : Linear)로 많이 표시되며, 주파수에 대해 보정을 하지 않은 값으로서 구조물에 대한 영향평가에 사용된다. 폭풍압은 20 Hz 이하 저주파수 대역으로 진동을 포함하고 있어 먼 곳까지 에너지 손실 없이 전파되는 특성이 있다.

$$\text{음압레벨} = 20\log_{10}\frac{P}{P_o}$$

여기서, P : 음압(Pa)

P_o : 기준압($=2\times10^{-5}$ Pa, 사람이 인지할 수 있는 최저의 음압)

2) 소음레벨(Sound Level; SL)

사람 귀와 비슷하게 소음측정, 예측, 평가를 하기 위하여 청감보정을 한다. 청감보정회로(weighting networks)를 이용하여 측정한 소음을 소음레벨이라 하며, 사람이 들을 수 있는 가청주파수 대역은 20～2000 Hz이다. 청감보정회로는 사람의 귀와 비슷한 주파수 특성을 갖기 위한 회로로서, 1 KHz를 기준으로 A, B, C, D 보정곡선이 있다(그림 7-2).

대부분의 생활환경 소음은 A 보정곡선을 이용하여 dB(A)로 표기하며, C 보정곡선은 자동차 경적에, D 보정곡선은 항공기 소음에 이용한다. 발파소음은 음압의 크기 level을 dB(L)로 표기하며, 발파풍압으로 공기의 압력 크기가 결정된다.

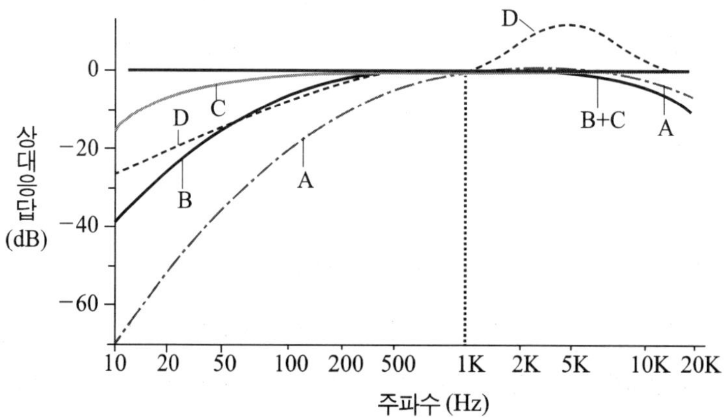

그림 7-2 청감보정회로곡선

(2) 발파소음에 의한 환경적 영향

발파소음에 의한 환경적 영향으로 사람에게 불쾌감, 생리기능 변화, 청력장해 등의 피해를, 가축에게 먹이섭취 부진현상, 번식장애, 소의 경우 우유량과 체중증가량의 저하 등이 나타난다. 인체에 대한 발파음은 초저주파로 전달되는 발파음이 건물 자체를 진동시켜서 인체를 자극하기 때문에 건물 밖보다 건물 안에서 영향이 증가한다.

발파 폭풍압 크기에 의한 구조물 및 인체의 영향은 표 7-2와 같다. 미국 광무국 조사 결과에 의하면 100 dB(L)부터 접시나 창문의 흔들림이 발생되며, 인체 고통의 한계는 110 dB(L)로 조사되었다.

표 7-2 발파 폭풍압 크기에 의한 구조물 및 인체의 영향

dB(L)	폭풍압(psi)	구조물 및 인체 반응
180	3	← 구조물 손상
170	0.95	← 대부분의 유리창이 깨짐
150	0.095	← 일부 유리창들이 깨짐
140	0.030	← 피해 한계
130	9.5×10^{-3}	← 미국 광무국 허용 한계치
120	3.0×10^{-3}	← 미국 광무국 안전 수치
110	9.5×10^{-4}	← 고통 한계(고통을 느끼는 시점)
100	3.0×10^{-4}	← 불평 한계(접시나 창문 흔들림)
80	3.0×10^{-5}	← 안정
60	3.0×10^{-6}	← 일상적 대화
20	3.0×10^{-8}	← 속삭임
0	3.0×10^{-9}	← 가청 한계

(3) 발파소음 규제기준

광산 발파소음 규제기준은 표 7-3과 같이 환경부 「소음·진동관리법」의 생활소음·진동의 규제기준 중 생활소음 대상지역의 사업장 소음원 기준을 적용한다. 광산의 경우 발파소음은 주간에만 사업장 규제기준치에 +10 dB을 보정한다.

표 7-3 생활소음 규제기준(환경부, 2022년 기준) [단위 : dB(A)]

대상 지역	소음원 \ 시간대별		아침, 저녁 (05:00~07:00, 18:00~22:00)	주간 (07:00~18:00)	야간 (22:00~05:00)
가. 주거지역, 녹지지역, 관리지역 중 취락지구·주거개발진흥지구 및 관광·휴양개발진흥지구, 자연환경보전지역, 그 밖의 지역에 있는 학교·종합병원·공공도서관	사업장	동일 건물	45 이하	50 이하	40 이하
		기타	50 이하	55 이하	45 이하
나. 그 밖의 지역	사업장	동일 건물	50 이하	55 이하	45 이하
		기타	60 이하	65 이하	55 이하

주) "동일 건물"이란 「건축법」 제2조에 따른 건축물로서 지붕과 기둥 또는 벽이 일체로 되어 있는 건물

7.1.2 발파소음 측정 방법

일반적으로 발파전용 측정장비로 발파소음과 발파진동을 측정한다. 발파소음은 소음계(KS C IEC61672-1에 정한 클래스 2)를 사용하여 소음·진동공정시험기준에 따라 측정한다. 발파소음은 피해가 예상되는 자의 부지경계선 중 소음도가 높을 것으로 예상되는 지점에서 지면 위 1.2∼1.5 m 높이로 소음계의 마이크로폰을 삼각대 등을 설치하여 측정한다(그림 7-3).

마이크로폰은 주요 소음원 방향으로 향하도록 하고, 풍속이 2 m/s 이상일 경우 마이크로폰에 방풍망을 부착하며, 풍속이 5 m/s를 초과할 때에는 측정하지 않는다. 배경소음도는 측정소음도의 측정점과 동일한 장소에서 발파소음이 없는 발파 전 5분 동안 측정한다.

(a) 발파소음 측정장비 예시 (b) 광산 발파소음 측정

그림 7-3 발파소음 측정

측정소음도에 배경소음도를 보정하여 대상소음도를 구하고, 시간대별 보정발파횟수(N)에 따른 보정량(+10 logN ; N > 1)을 보정하여 평가소음도를 구하고 발파소음 측정자료 평가표에 기재한다(표 7-4). 여기서 N은 측정 당일의 발파소음 중 소음도가 60 dB(A) 이상인 횟수이며, 지발발파는 보정발파횟수를 1회로 간주한다. 불가피하게 측정 당일의 발파횟수만큼 측정하지 못한 경우에는 측정시 장약량과 같은 양을 사용한 발파는 같은 소음도로 판단하여 보정발파횟수를 산정할 수 있다.

표 7-4 발파소음 측정자료 평가표 예시

발파소음 측정자료 평가표

작성년월일 : 년 월 일

1. 측정년월일	년 월 일 요일		시 분부터 시 분까지
2. 측정대상	소재지 : 명 칭 :		
3. 사업주	주소 :	성명 :	(인)
4 측정자	소속 : 직명 : 소속 : 직명 :	성명 : 성명 :	(인) (인)
5. 측정기기	소음계명 : 부속장치 :	기록기명 : 삼각대, 방풍망	
6. 측정환경	반사음의 영향 : 진동, 전자장의 영향 :	풍속 :	
7. 측정대상의 소음원과 측정지점			
폭약의 종류	1회 사용량	발파횟수	측정지점 약도
	kg	낮 : 밤 :	(지역 구분 :)
8. 측정자료 분석결과(기록지 등 첨부)			
• 측정소음도 : • 대상소음도 :	dB(A) dB(A)	• 배경소음도 : • 평가소음도 :	dB(A) dB(A)

7.1.3 발파소음 저감 방법

발파소음 저감 방법은 발파원에서 발파음을 제어하거나, 저폭속 및 정밀폭약을 사용하고 지발당 장약량을 최소화하거나, 충분한 전색을 실시하고 정기폭보다는 역기폭을 사용한다. 또한 발파펜스, 발파매트, 방음벽 및 방음덮개를 설치하여 발파음의 파동인 전파를 차단시키는 방법도 효과적이다.

노천광산에서 산꼭대기로부터 하부로 계단식으로 채광하는 과정에서 채광지역 경계부에 적정한 차폐벽을 설치할 경우 소음·진동, 분진의 방지효과뿐만 아니라 강우시 토사 및 폐석유출방지 효과를 기대할 수 있다(그림 7-4).

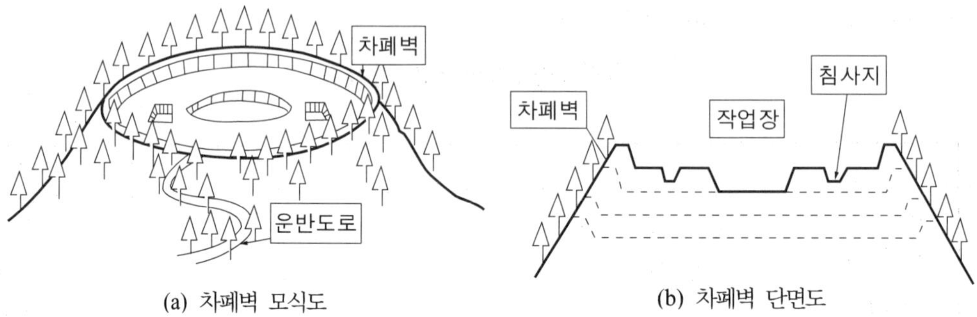

그림 7-4 노천채광장 경계부 차폐벽

7.2 진동에 의한 광해

7.2.1 광산지역 진동 발생원 및 환경적 영향

(1) 광산지역 진동 발생원

광산에서 발생되는 진동으로는 화약발파, 광물의 파쇄, 공기압축기의 작동, 각종 기계 · 장비의 운전 등이며, 이중 피해가 가장 큰 진동은 발파진동(blast vibration)이다. 발파진동은 암반을 파쇄할 목적으로 화약류를 암반 중에서 폭발시켰을 때, 암석의 파괴로 그 에너지가 모두 소멸되지 않고 남은 잔여 에너지가 암반 내에 전파되어 매질 내에 진동파를 발생하여 지반진동을 일으키는 것이다.

폭약의 폭발로 발생한 에너지 중 대부분은 주위 암석을 파괴 · 이동시키지만, 일부는 탄성파로 변환되어 발파진동으로 소비됨으로써 폭원으로부터 멀리 떨어진 지점까지 진동으로 전파된다. 이러한 탄성파가 암반 내부에 전파되어 지면에서는 진폭과 주기를 갖는 진동으로 나타난다. 광산개발 과정에서 화약을 사용하는 발파작업의 특성상 일반적으로 폭음이나 지반진동과 같은 충격성 소음 · 진동이 발파시 단발성으로 발생한다(그림 7-5).

(a) 에멀젼폭약(emulsion explosive) 장약

(b) 석회석광산 노천발파

그림 7-5 석회석광산 장약 및 발파[출처 : (주)한화]

진동의 크기는 진동하는 매질의 물리적 변화의 크기를 입자변위, 입자속도, 입자가속도로 표시하며, 지반운동은 이러한 3성분과 주파수로 표시한다. 변위는 기준위치로부터의 이동거리, 속도는 변위의 시간에 대한 변화율, 가속도는 속도의 시간에 대한 변화율이다. 진동의 형태를 일정한 주기를 갖는 단순조화진동(simple harmonic motion)으로 가정할 경우 다음 식과 같은 관계가 성립한다. 진동량은 미터법을 사용하나, 관습적으로 속도 단위인 kine (=cm/s)을, 가속도 단위로 중력가속도 g (gal= 980 cm/s^2)를 사용하기도 한다.

$$D = \frac{V}{2\pi f}\ ,\ V = \frac{A}{2\pi f}\ ,\ f = \frac{1}{T}$$

여기서, D : 입자변위(mm)
V : 입자속도(cm/s = kine)
A : 입자가속도(cm/s^2)
T : 진동의 주기
f : 진동의 주파수(Hz)

(2) 발파진동에 의한 환경적 영향

발파진동에 의한 환경적 영향으로 사람에게 불안감, 심신장애 등을, 가축에게 번식

장애, 먹이섭취 부진 등의 피해를 주며 각종 기기의 오작동이 발생한다. 사람들은 발파가 지진과 비슷한 큰 변위진폭을 보일 것으로 생각하며, 발파진동으로 인하여 구조물 붕괴 등의 피해가 발생할 것으로 예측한다. 일반적으로 변위진폭의 크기는 지진은 수십 cm 정도이고, 발파는 10 mm [Dowding (1996)에 의하면 0.0001～10 mm 범위 내] 정도로 작다(최병희 · 류창하, 2015). 또한 우세주파수(dominant frequency)는 지진은 1 Hz 내외로 매우 낮고, 발파진동은 수십～수백 Hz로 높은 편이다.

이러한 특성으로 발파진동은 건물(단층이나 2층은 고유주파수가 10 Hz 내외)이나 구조물에 거의 영향을 미치지 않으며, 취약한 낡은 가옥이라도 벽체에 실금이 생기거나 연장되는 손상을 입히기 위해서는 수십 cm/s 이상의 큰 진동속도(입자속도)가 실제로 가해져야 한다.

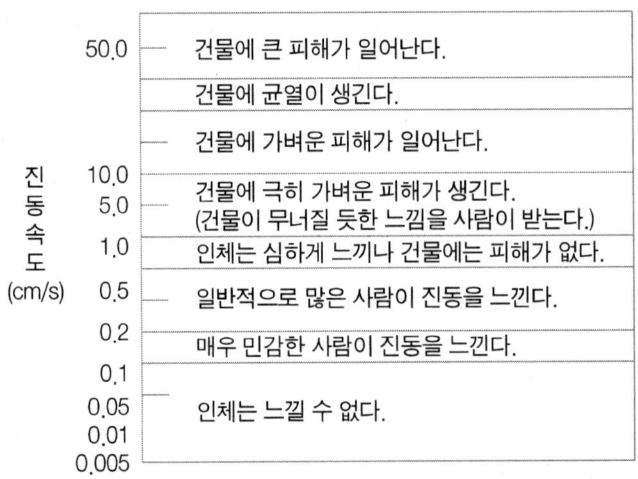

그림 7-6 발파진동에 따른 건물피해 및 인체에 미치는 감응 정도(김재극, 1986)

발파진동에 의한 구조물의 피해 정도는 진동속도에 비례하므로 각국에서는 발파진동의 규제기준을 진동속도의 최대치로 하고 있다. 발파진동에 따른 건물피해 및 인체에 미치는 감응 정도는 그림 7-6과 같다. 미국 광무국의 보고서에 발파진동의 허용치를 40 Hz 이상 진동수일 경우 5 cm/s로, 40 Hz 이하 진동수일 경우 1.2 cm/s로 적용하도록 하고 있다.

(3) 발파진동 규제기준

광산 발파진동 규제기준은 표 7-5와 같이 환경부 「소음·진동관리법」의 생활소음·진동의 규제기준 중 생활진동 규제기준을 적용한다. 광산의 경우 발파진동은 주간에만 규제기준치에 +10 dB을 보정한다.

표 7-5 생활진동 규제기준(환경부, 2022년 기준) [단위 : dB(V)]

대상지역 \ 시간별	주간(06:00~22:00)	심야(22:00~06:00)
가. 주거지역, 녹지지역, 관리지역 중 취락지구 및 관광·휴양개발진흥지구, 자연환경보전지역, 그 밖의 지역 안에 소재한 학교·병원·공공도서관	65 이하	60 이하
나. 그 밖의 지역	70 이하	65 이하

7.2.2 발파진동 측정 방법

발파진동은 진동레벨계를 사용하여 소음·진동공정시험기준에 따라 측정진동레벨은 발파진동이 지속되는 기간 동안에 측정하고, 배경진동레벨은 발파진동이 없을 때 측정한다. 발파진동의 측정점은 피해가 예상되는 위치의 부지경계선 중 진동레벨이 높을 것으로 예상되는 지점을 선택하며, 동일한 장소에서 배경진동도 측정한다(그림 7-7). 발파진동 측정을 위한 진동픽업(vibration pickup)은 완충물이 없고 충분히 다져서 단단히 굳은 장소로서, 수평면을 확보할 수 있는 옥외 지표장소에 수직방향 진동레벨을 측정할 수 있도록 설치한다.

측정진동레벨에 배경진동레벨을 보정하여 대상진동레벨을 구하고, 시간대별 보정발파횟수(N)에 따른 보정량(+10 logN ; N > 1)을 보정하여 평가진동레벨을 구하고 발파진동 측정자료 평가표에 기재한다(표 7-6). 여기서 N은 측정 당일의 발파진동 중 진동레벨이 60 dB(V) 이상인 횟수이며, 지발발파는 보정발파횟수를 1회로 간주한다. 불가피하게 측정 당일의 발파횟수만큼 측정하지 못한 경우에는 측정시 장약량과 같은 양을 사용한 발파는 같은 진동레벨로 판단하여 보정발파횟수를 산정할 수 있다.

(a) 발파진동 측정(채광작업장) (b) 발파진동 측정(광산 인근 축사)

그림 7-7 발파진동 측정

표 7-6 발파진동 측정자료 평가표 예시

발파진동 측정자료 평가표

작성년월일 : 년 월 일

1. 측정년월일	년 월 일 요일		시 분부터 시 분까지
2. 측정대상업소 등	소재지 : 명 칭 :		
3. 사업주	주소 :	성명 :	(인)
4 측정자	소속 : 직명 : 소속 : 직명 :	성명 : 성명 :	(인) (인)
5. 측정기기	진동레벨계명 : 기타부속장치 :	기록기명 :	
6. 측정환경	지면조건 : 반사 및 굴절진동의 영향 :	전자장 등의 영향 :	
7. 측정대상의 진동원과 측정지점			
폭약의 종류	1회 사용량	발파횟수	측정지점 약도
	kg	낮 : 밤 :	(지역 구분 :)
8. 측정자료 분석결과(기록지 등 첨부)			
• 측정진동레벨 :	dB(V)	• 배경진동레벨 :	dB(V)
• 대상진동레벨 :	dB(V)	• 평가진동레벨 :	dB(V)

7.2.3 발파진동 저감 방법

발파작업으로 전파해 가는 파동을 완전히 차단할 수 있는 기술은 불가능하므로, 표준발파 기술을 적용하여 폭약의 폭발에너지가 암반의 파쇄에 최대한 이용되도록 하는 소음·진동 저감대책을 수립하여야 한다..

(1) 기폭방법에 의한 저감

장약량이 많으면 진동이 크게 발생하므로 지발당 장약량을 감소시키기 위해 순발뇌관(Instantaneous Detonator; ID)보다는 지발뇌관(Milli-Second; MS)을 이용한 발파로 지연시간을 조절하는 방법이 효과적이다. 순발뇌관으로 기폭시키면 여러 개의 발파공이 동시에 폭발하기 때문에 각 발파공에서 발생한 파동이 같은 위상으로 중첩되어 발파진동이 커진다. 지발뇌관을 사용하면 점화시간의 미세한 차이로 짧은 시간 내에서 몇 개의 발파공이 분산되어 폭발하므로 발파진동이 감소한다.

(2) 장약방법에 의한 저감

과도한 장약은 발파진동을 증가시키고 지나친 파쇄와 암석의 비산을 유발하며, 과소한 장약은 자유면에서 반사되는 충격파의 효과를 감소시켜 발파효과를 줄이고 발파진동을 증가시킨다. 이에 천공경보다 약경이 작은 폭약을 사용하는 디커플링(decoupling) 장약으로 충격파를 완화하고, 충격파에 의한 동적 파괴효과의 비율을 작게 하여 발파진동을 저감할 수 있다.

(3) 파동의 전파차단에 의한 저감

발파진동을 줄이고 암반에 미치는 영향을 적게 하기 위해 주발파 전에 주변에 프리스프리팅(pre-splitting)발파로 파단면을 조성하여 전파를 차단하는 방법으로, 발파진동은 파단면 조성 전보다 0.7～0.8 정도로 감소되는 것으로 보고되고 있다. 또한 발파공 간 거리와 최소저항선의 비를 1 또는 1 이상으로 하거나, 장약공의 간격을 좁게 천공하여 발파진동을 저감할 수 있다.

7.3 먼지날림(분진)에 의한 광해

7.3.1 광산지역 분진 발생원 및 환경적 영향

(1) 광산지역 분진 발생원

분진은 천공, 분쇄, 연마 등의 작업공정에서 고체물질이 파쇄되어 생긴 미세한 고체입자로서, 보통 크기가 150 μm (1 μm = 1/1,000 mm) 이하이다. 광산에서 분진 발생원은 굴진 및 채광과정, 광물의 파 · 분쇄, 운송작업 등이며, 이중 발파에 의한 분진이 가장 많은 비중을 차지한다(표 7-7).

일반적으로 먼지 중 10 μm 이하 미세먼지와 2.5 μm 이하 초미세먼지는 대기 중의 합성된 질산염과 황산염이 대부분이다. 광산에서 배출되는 미세먼지는 발파, 파 · 분쇄 및 운송 중의 광물성먼지가 대부분이며, 초미세먼지는 연소산화물이 많은 편이다.

표 7-7 광산의 분진발생 작업장

<table>
<tr><td rowspan="6">석탄광</td><td rowspan="4">갱내</td><td>굴진</td><td>• 천공 및 발파
• 로더 등의 적입 · 적하</td><td rowspan="6">일반광</td><td rowspan="3">갱내</td><td>굴진</td><td>• 천공
• 광석 슈트</td></tr>
<tr><td>채탄</td><td>• 천공 및 발파
• 슈트 적하</td><td>채광</td><td>• 천공
• 채광</td></tr>
<tr><td>운반</td><td>• 파쇄(크러셔)
• 벨트컨베이어 적입 · 적하</td><td>운반</td><td>• 파쇄(크러셔)
• 갱정 투입</td></tr>
<tr><td>기타</td><td>• 갱도 충전
• 시추</td><td rowspan="3">갱외</td><td>선광장</td><td>• 파분쇄
• 벨트컨베이어 적입 · 적하</td></tr>
<tr><td rowspan="2">갱외</td><td>선탄장</td><td>• 파쇄(크러셔)
• 벨트컨베이어 적입 · 적하</td><td>제련</td><td>• 로 투입, 반출
• 소결 및 로 등 청소</td></tr>
<tr><td>기타</td><td>• 광산트럭 적재, 운반</td><td>기타</td><td>• 광산트럭 적재, 운반</td></tr>
</table>

(2) 분진에 의한 환경적 영향

가행광산에서 발생하는 대부분의 민원은 분진에 대한 대책 마련이며, 발파에 의한 분진은 발파에너지 및 공기의 이동에 따라 불규칙한 방향으로 상당히 먼 곳까지 확산되어 일상생활과 작물재배 등에 피해를 주고 있다. 흡입된 분진은 몸의 움직임에 따라 다시 몸 밖으로 배출되나, 미세먼지는 공기 중에 오래 지속적으로 부유하여 광산 및 인근지역의 대기환경을 장기간 악화시킨다. 분진에 노출되면 호흡기 및 눈 점막 질환, 알레르기, 피부장애 등 신체에 이상을 초래하며, 미세분진에 빈번히 노출되면 암을 유발하기도 한다.

일반적으로 호흡기에 침착할 가능성이 매우 높은 7～10 μm 이하의 분진을 호흡성 분진이라 한다. 특히 약 5 μm 이하의 분진은 구강호흡을 통해 폐포에 침착되어 폐섬유증이 일어나 호흡기능의 장애를 일으키는 진폐증(pneumoconiosis)의 주요 원인이 된다. 광산에서 발생되는 진폐증에는 석영분을 함유한 유리규산(SiO_2)의 흡입에 의한 규폐증과 석탄분진의 흡입에 의한 탄폐증 및 석면분진의 흡입에 의한 석면폐증 등이 있다.

(3) 먼지날림 규제기준

광산안전기술기준상 작업장의 먼지날림에 대한 허용기준치는 표 7-8과 같으며, 작업자의 보건안전을 위해 허용기준치 이하로 관리하도록 규정되어 있다.

표 7-8 광산안전기술기준상 작업장의 먼지날림에 대한 허용기준치

구 분	허용기준치
• 금속광산과 규석광산의 갱내 또는 실내선광장	5 mg/m^3
• 석탄광의 갱내 또는 실내선광장	3 mg/m^3
• 기타 비금속 일반광산의 갱내 또는 실내선광장	5 mg/m^3

주) 허용기준치는 광산안전기술기준 개정으로 변동될 수 있으므로 확인 필요

7.3.2 분진 측정 방법

광산에서 발생하는 분진은 대기오염공정시험기준의 비산먼지를 측정하는 방법 중 하이볼륨에어 샘플러(high volume air sample)법을 적용한다(그림 7-8). 이 방법은 대기 중에 비산 또는 부유하는 먼지를 하이볼륨에어 샘플러를 사용하여 여과지 위에 포집하여 중량농도를 구하는 방법이다.

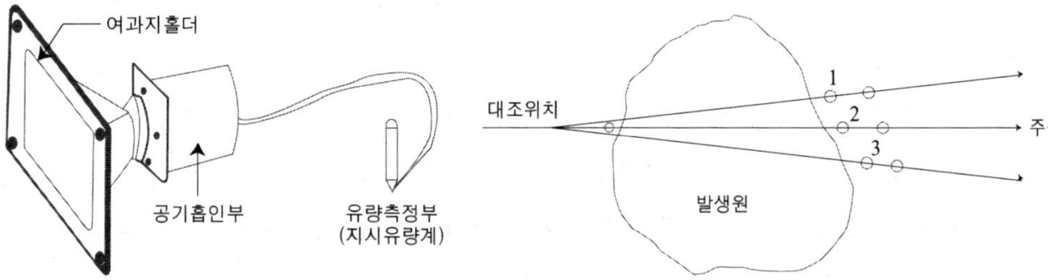

(a) 하이볼륨에어 샘플러 (b) 시료채취 위치 선정

그림 7-8 분진 시료채취 및 위치 선정

시료채취 위치는 측정하려고 하는 발생원의 부지경계선상에 주풍향 방향으로 다른 원인에 의해 영향을 받지 않고 발생원의 비산먼지 농도를 대표하는 지점 3개소 이상을 선정한다. 대조위치는 바람 방향에 발생원의 영향이 없는 지점을 선정한다. 시료채취는 1.5∼10 m 높이에서 발생원의 조업 중에 1회 1시간 이상 연속 채취하며, 풍속이 0.5 m/초 미만이거나 10 m/초 이상일 때는 시료채취를 하지 않는다.

일반적으로 사용되는 질량농도 측정법에 의한 비산먼지 농도는 포집 전후 여과지의 질량 차이와 공기흡입량으로부터 다음 식과 같이 구한다.

$$\text{비산먼지 농도}(\mu g/m^3) = \frac{W_e - W_s}{V} \times 10^3$$

여기서, W_e : 포집 후 여과지의 질량(mg)

W_s : 포집 전 여과지의 질량(mg)

V : 총 공기흡입량(m^3)

7.3.3 먼지날림 방지 대책

먼지날림으로 인한 광해를 방지하기 위하여 저탄장, 광물찌꺼기적치장 또는 파・분쇄기, 벨트컨베이어 등 먼지가 발생하는 시설이 설치된 장소에 먼지날림방지시설을 설치하고 있다. 광산에서 수행되고 있는 분진 대책은 표 7-9와 같다. 공기 중으로 비산된 분진을 완전히 제거하는 것은 비용과 기술적으로 어려우므로, 분진의 비산을 억제하거나 발생된 분진을 포집하는 대책을 수립하여야 한다.

표 7-9 광산에서 수행되고 있는 분진 대책

목적	분진 대책	내용
분진의 비산 억제	살수	• 스프레이, 살수차 등을 이용한 살수
	천공기계 등의 습식화	• 착암기 등의 습식화
	집진	• 크러셔 또는 착암기 등의 집진장치
	기계장치의 밀폐	• 방진 커버
	기타	• 습윤제의 살포・도포
비산한 분진의 제거 및 재비산 방지	통기	• 국부통기
	환기	• 선풍기 또는 자연환기
	청소	• 진공청소기, 세척, 불어냄
	기타	• 습윤제의 살포・도포
분진에 노출 감소	휴식	• 휴게실 설치, 분진이 비산하지 않는 곳에서 휴식
작업장 점검	분진농도 등 측정	• 정기적으로 분진농도 측정(분진 비산작업장)
분진의 흡입 방지	방진마스크 사용	• 방진마스크

일반적으로 광산에서 작업공정에서 분진을 발생시키는 장치와 장소에 국소배기장치(hood & duct)를 설치하여 분진을 포집하고, 포집된 분진을 집진기로 집진한다(그림 7-9). 파・분쇄기 일대에는 포위형 후드를, 벨트컨베이어 주변과 전환점, 진동체 주변, 슈트(chute)의 낙하지점에는 상방흡인식 캐노피형 후드를 사용한다.

집진기에는 여과집진기와 전기집진기가 있으며, 비금속광산은 주로 필터방식의 여과집진기를 적용하고, 일부 광산은 여과집진기 앞단에 원심형집진기를 적용하고 있다.

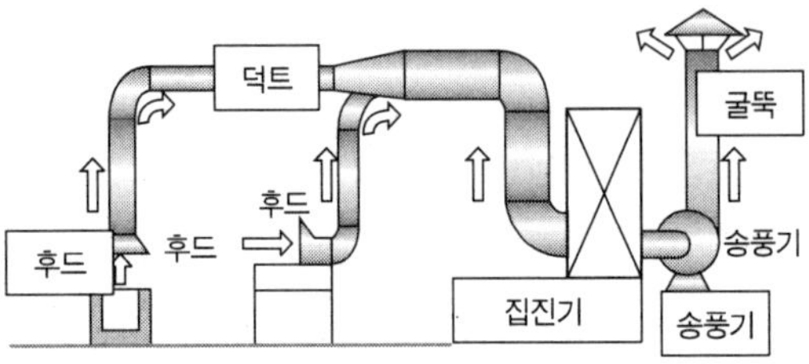

(a) 국소배기장치 및 집진시설 모식도

(b) 집진시설

그림 7-9 광산 국소배기장치 및 집진시설

아울러 광물 운반작업 등의 과정에서 발생되는 먼지날림을 방지하기 위하여 작업 공간 일대에 대해 덮개시설을 설치하거나, 광산진입로 입구에 세륜 또는 살수시설을 설치하고 있다(그림 7-10).

(a) 덮개시설

(b) 세륜시설

그림 7-10 가행광산 덮개시설 및 세륜시설

APPENDIX

부 록

에너지 · 자원 국가직무능력표준

(National Competency Standards; NCS)

■ NCS 개념

산업현장에서 직무를 수행하는 데 필요한 능력(지식, 기술, 태도)을 국가가 표준화한 것으로, 교육훈련·자격에 NCS를 활용하여 현장중심의 인재를 양성

〈NCS 개념도〉

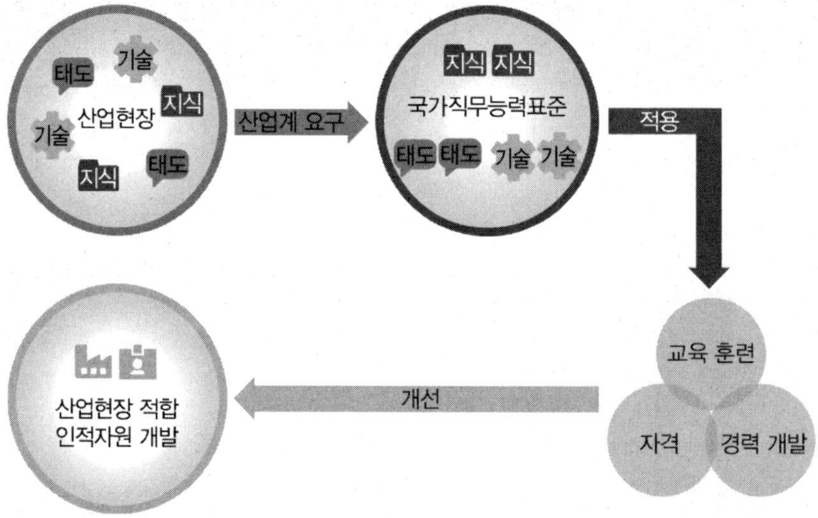

※ 에너지·자원 NCS 자료는 NCS 홈페이지(https://www.ncs.go.kr) 참조

■ NCS 분류

한국고용직업분류 등을 참고하여 직무 유형을 중심으로 건설, 기계, 환경·에너지·안전 등 24개 직무로 대분류하고, 대분류한 직무를 중분류, 세분류의 순으로 분류

〈세부 분류기준〉

분류	하위능력
대분류	• 직능유형이 유사한 분야(한국고용직업분류 참조)
중분류	• 대분류 내에서 산업, 직능유형이 유사한 분야 • 대분류 내에서 노동시장이 독립적으로 형성되거나 경력개발 경로가 유사한 분야 • 중분류 수준에서 산업별 인적자원개발협의체가 존재하는 분야
소분류	• 중분류 내에서 직능유형이 유사한 분야 • 소분류 수준에서 산업별 인적자원개발협의체가 존재하는 분야
세분류	• 소분류 내에서 직능유형이 유사한 분야 • 한국고용직업분류의 직업 중 대표 직무

■ NCS 능력단위

NCS 분류의 하위단위로서 능력단위 요소(수행준거, 지식 · 기술 · 태도), 적용범위 및 작업상황, 평가지침, 직업기초능력으로 구성

〈NCS 능력단위 구성〉

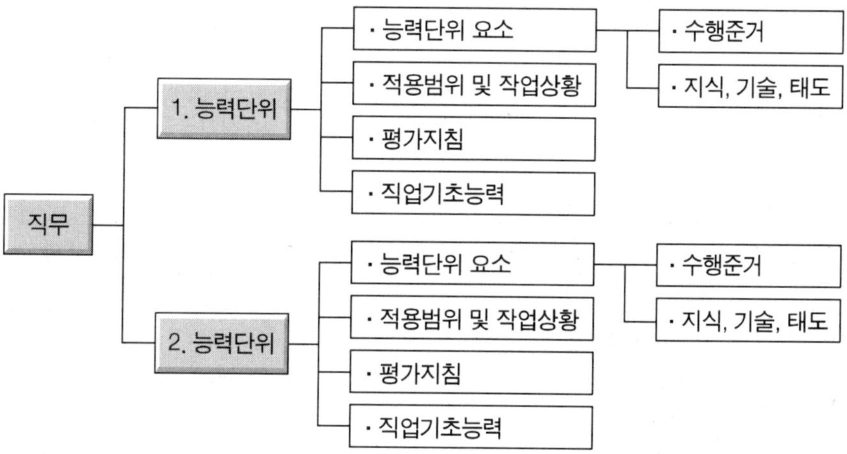

■ NCS 학습모듈

NCS 능력단위를 교육훈련에서 학습할 수 있도록 구성한 교수 · 학습자료로서, 구체적 직무를 학습할 수 있도록 이론 및 실습과 관련한 내용을 제시

〈NCS 학습모듈 활용〉

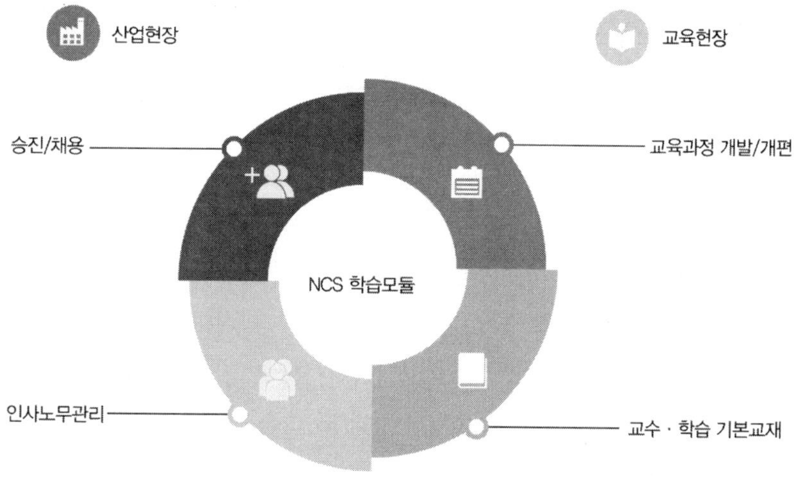

※ 에너지 · 자원 학습모듈 자료는 NCS 홈페이지(https://www.ncs.go.kr) 참조

〈에너지 · 자원 NCS 분류 예시〉

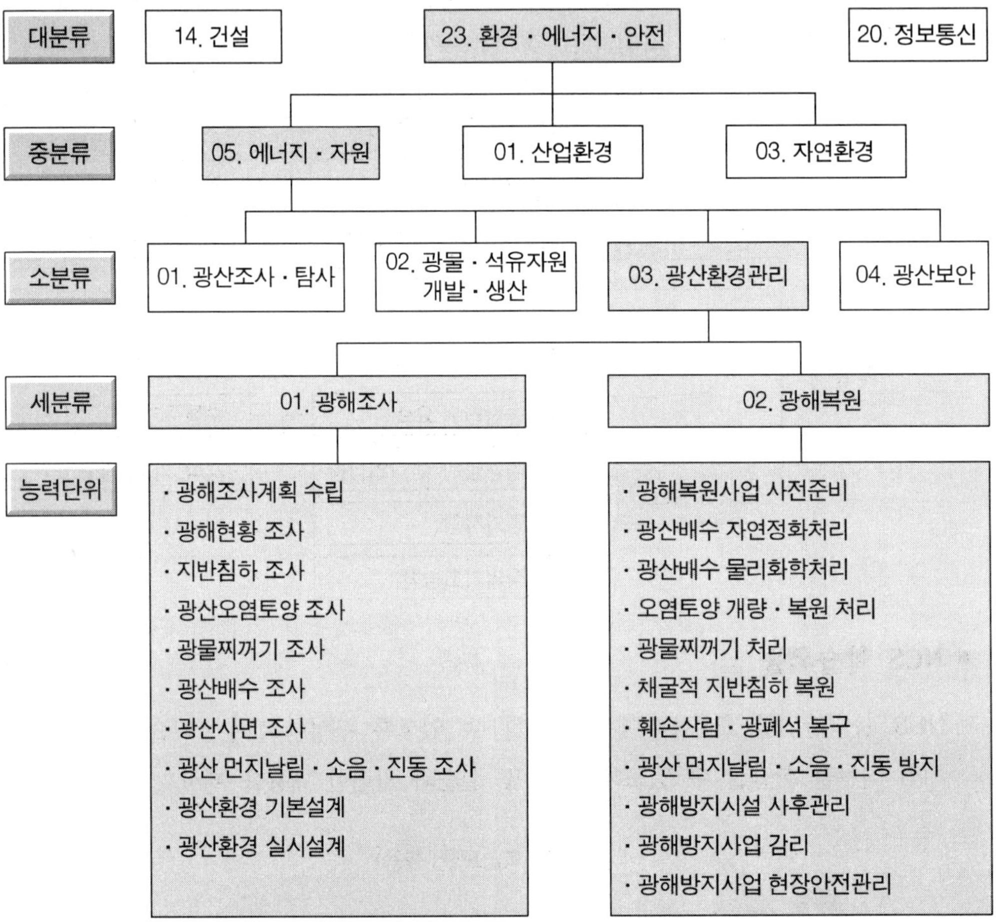

〈에너지 · 자원 NCS〉

대분류	중분류	소분류	세분류	능력단위
환경 · 에너지 · 안전	에너지 · 자원	01. 광산조사 · 탐사	01. 광산지질조사	1. 암석 · 광물 판별 2. 층서 · 구조 해석 3. 시료 채취 · 분석 자료 4. 지질도 작성 5. 변질대 조사 6. 탐광자료 해석 7. 광상탐사 기획 8. 3차원 광체 모델링 9. 지구통계 분석 10. 광산지질 예비조사
			02. 지구물리 · 화학탐사	1. 지구물리탐사 설계 2. 지구물리탐사 장비 운용 · 관리 3. 지구물리탐사 자료획득 4. 지구물리탐사 자료처리 5. 지구물리탐사 자료해석 6. 지구화학탐사 예비조사 7. 지구화학탐사 시료채취 8. 지구화학탐사 시료분석 9. 지구화학탐사 자료처리 10. 지구화학탐사 자료해석
			03. 석유시추	1. 시추계획 수립 2. 시추공 설계 3. 시추 · 평가 장비 조달 4. 시추공정 관리 5. 시추공 제어 6. 시추 안전환경보건 관리 7. 현장 시추정보 분석 8. 물리검층 · 코어 분석 9. 생산성 시험(DST) 10. 시추공 문제해결
			04. 광물시추	1. 광물시추계획 수립 2. 광물시추 공법 · 장비 선정 3. 광물시추장비 운용 4. 광물시추작업 준비 5. 광물시추 시공 6. 광물시추 공정관리 7. 광물시추 환경 · 안전관리 8. 광물시추 문제해결 9. 광물시추장비 유지 · 관리 10. 광물시추공 측정 · 시험 11. 광물시추코어 관리 12. 광물시추주상도 작성

대분류	중분류	소분류	세분류	능력단위
환경·에너지·안전	에너지·자원	02. 광물·석유자원개발·생산	01. 광물자원개발·생산	1. 광산개발계획 수립 2. 채광준비 3. 노천채광 4. 지하채광 5. 채광자원 운반 6. 광산 운영 7. 경사면 관리 8. 지하채광장 보강 9. 노천작업장 환경관리 10. 지하작업장 환경관리 11. 광산전기 관리 12. 광산기계 관리 13. 채광장비 운용 14. 광산운반장비 운용
			02. 석유자원개발·생산	1. 생산예측 2. 개발계획 수립 3. 개발예산 수립 4. 생산시설 구축 5. 유정 완결 6. 회수 증진 7. 유가스전 현장 HSE관리 8. 매장량 재평가 9. 유가스전 현장 운영 10. 생산 종결·철수 11. 유가스전 관리
			03. 자원처리	1. 원료 분석평가 2. 생산계획 수립 3. 파·분쇄작업 4. 분립작업 5. 비중선별 6. 전자기선별 7. 부유선별 8. 습식제련공정 운용 9. 선광후처리공정 운용 10. 건식제련공정 운용 11. 합성공정 운용 12. 미립화공정 운용 13. 금속자원 재활용공정 운용 14. 생산품질 관리 15. 자원처리 환경관리

대분류	중분류	소분류	세분류	능력단위
환경 · 에너지 · 안전	에너지 · 자원	03. 광산환경관리	01. 광해조사	1. 광해조사계획 수립 2. 광해현황 조사 3. 지반침하 조사 4. 광산오염토양 조사 5. 광물찌꺼기 조사 6. 광산배수 조사 7. 광산사면 조사 8. 광산 먼지날림 · 소음 · 진동 조사 9. 광산환경 기본설계 10. 광산환경 실시설계
			02. 광해복원	1. 광해복원사업 사전준비 2. 광산배수 자연정화처리 3. 광산배수 물리화학처리 4. 오염토양 개량 · 복원 처리 5. 광물찌꺼기 처리 6. 채굴적 지반침하 복원 7. 훼손산림 · 광폐석 복구 8. 광산 먼지날림 · 소음 · 진동 방지 9. 광해방지시설 사후관리 10. 광해방지사업 감리 11. 광해방지사업 현장안전관리
		04. 광산보안	01. 광산보안관리	1. 안전계획 수립 2. 광산 안전교육 3. 광산시설물 안전관리 4. 작업환경 안전관리 5. 지반구조 안전관리 6. 운반시설물 안전관리 7. 발파 안전관리 8. 광해 관리 9. 광산 중대재해 방지 10. 광산 구호
			02. 화약류관리	1. 사전조사 2. 발파계획 수립 3. 시험발파 4. 노천발파 설계 5. 지하발파 설계 6. 특수발파 설계 7. 발파작업 실시 8. 발파소음진동 관리 9. 화약류 안전관리 10. 화약류 취급관리

※ NCS 개선작업 등으로 분류기준과 능력단위는 변경될 수 있으므로 NCS 홈페이지(https://www.ncs.go.kr)에서 확인 필요

참고문헌

교육부, 2016, 광물찌꺼기 조사 NCS 학습모듈.

교육부, 2016, 광물찌꺼기 처리 NCS 학습모듈.

교육부, 2016, 광산 먼지날림·소음·진동 방지 NCS 학습모듈.

교육부, 2016, 광산 먼지날림·소음·진동 조사 NCS 학습모듈.

교육부, 2016, 광산배수 물리·화학 처리 NCS 학습모듈.

교육부, 2016, 광산배수 자연정화 처리 NCS 학습모듈.

교육부, 2016, 광산배수 조사 NCS 학습모듈.

교육부, 2016, 광산사면 조사 NCS 학습모듈.

교육부, 2016, 광산오염토양 조사 NCS 학습모듈.

교육부, 2016, 광해방지시설 사후관리 NCS 학습모듈.

교육부, 2016, 오염토양 개량·복원 처리 NCS 학습모듈.

교육부, 2016, 지반침하 조사 NCS 학습모듈.

교육부, 2016, 채굴적 지반침하 복원 NCS 학습모듈.

교육부, 2016, 훼손산림·광폐석 복구 NCS 학습모듈.

국립산림과학원, 2006, 훼손산지 비탈면의 생태적 복구기술.

권현호, 2005, 「광산피해의 방지 및 복구에 관한 법률」 제정 배경 및 주요 내용, 광해방지법의 효율적 운영을 위한 심포지움, 석탄합리화사업단, pp.1～9.

김병렬, 이승중, 최성웅, 2013, 채굴적에 의한 지반침하 사례 분석을 통한 침하발생 범위의 추정에 관한 연구, Tunnel & Underground Space Vol. 23.

김재극, 1986, 산업화약과 발파공학, 서울대학교출판부.

남광수, 2006, 폐광산 광해 현황 및 방지대책, 광해방지특별심포지움, 한국지구시스템공학회, pp.37～54.

남광수, 2021, 자원개발공학개론, 씨아이알.

남기천, 김유성, 김치환, 유광호 외, 2012, 토목시공학, 한솔. pp.709～716.

문희수, 최선규, 2001, 지구물질과학, 시그마프레스, p.478.

산업통상자원부, 2015, 광해방지사업의 핵심공법 또는 핵심기술의 범위, 광해방지기술 고시 제2015-239호.

산업통상자원부, 2021, 제4차 광해방지기본계획(2022~2026).

석탄산업합리화사업단, 1995, 폐광에 따른 광산지역 환경개선 연구보고서(폐수, 폐석).

석탄산업합리화사업단, 1997, 폐광지역 지반침하 메커니즘 및 침하방지 공법에 관한 연구보고서.

석탄산업합리화사업단, 2002, 점리지역 지반안정성 정밀조사 보고서.

석탄산업합리화사업단, 2004, 문경지역 계측조사 보고서.

석탄산업합리화사업단, 2004, 점리지역 지반보강공사 실시설계 보고서.

손호상, 2009, 대한금속재료학회, 비철금속 제련 및 희유금속 응용단기강좌.

심연식, 2007, 석탄광산 갱내수의 자연정화식 처리를 위한 기초 이론과 설계.

안진성, 유기현, 남경필, 2018, 토양시료의 분쇄가 왕수분해법을 이용한 비소와 납의 전함량 분석 결과에 미치는 영향, 토양지하수학회지, Vol. 23(1), pp.25~29.

양형식, 강성승, 선우춘, 장명환, 정소걸, 조상호, 2016, 노천광산 개발공학, 씨아이알.

윤지선, 박종만, 2002, 지반침하의 조사 및 평가, 지질환경재해 및 복원기술 심포지움, pp.159~181.

이병주, 선우춘, 2010, 토목기술자를 위한 한국의 암석과 지질구조, 씨아이알.

이창우, 김진, 김재동, 전석원, 김선준, 정명채, 임길재, 정영욱, 2014, 자원개발환경공학, 씨아이알.

이현구, 문희수, 오민수, 2007, 한국의 광상, 아카넷.

임선욱, 1996, 최신 토양학통론, 문운당, 서울, p.383.

임용생, 2010, 해외 광산개발 이것만은 알고 시작하자, 한울.

전효택, 김규한, 문희수, 정명채, 2004, 환경지질학, 서울대학교출판부.

정명채, 2002, 환경지구화학특론(강의자료).

정소걸, 선우춘, 조성준 역, 2010, 자원개발공학(Hartman H.L. and J.M. Mutmansky, 2002, Introductory Mining Engineering, 2nd ed.), 씨아이알.

정영국, 2015, 광해방지사업 기술 및 향후 추진계획(오염수질개선사업, 지반침하방지사업).

정영욱, 2006, 광산배수 오염방지 및 처리기술, 한국지질자원연구원.

정영욱, 2006, 폐금속광산 폐기물 복원사례, 광해방지특별심포지움, 한국지구시스템공학회, pp.119～133.

정형식, 2004, 토목기술자를 위한 암반역학, 새론.

조성준, 2017, 탐광자료 해석 및 자원량 산정, 한국지질자원연구원.

조태진, 윤용균, 이연규, 장찬동, 2015, 21C 암반역학, 건설정보사.

채영배, 2005, 휴/폐광산 폐자원의 자원화 방안, 휴·폐광산 광해방지를 위한 심포지움.

최병희, 류창하, 2015, 발파진동 및 발파소음의 측정 및 자료처리, 대한화약발파공학회지 제33권 제3호.

최선규, 2013, 광상모델과 예측탐사, 시그마프레스, pp.43～49.

한국광물자원공사, 2012, 광물 상식백과.

한국광해관리공단, 2009, 오염농경지 안정화 및 객토복원공법 기술개발 보고서.

한국광해관리공단, 2011, 광해방지 기술기준.

한국광해관리공단, 2013, 광해용어 설명집.

한국광해관리공단, 2017, 광해방지 기술기준.

한국광해관리공단, 2019, 안동댐 상류 하천 양안 광물찌꺼기 처리사업 실시설계 보고서.

한국광해광업공단, 2022, 광해방지 기술기준.

한국지구과학회, 1998, 지구과학개론, 교학연구사, p.720.

한국지질자원연구원, 2014, 광산개발에 따른 지질환경재해 조사・분석・평가.

현병구, 서정희, 1997, 신 물리탐사의 기본원리, 서울대학교출판부.

환경부, 2005, 환경부 고시 제2005-124호.

환경부, 2009, 석면관리 종합대책.

환경부, 2010, 석면광산 등 석면발생지역의 토양환경 관리지침.

환경부, 2018, 토양오염물질 위해성평가 지침.

환경부, 2020, 토양시료채취 해설서.

AMIC, 1989, Mine rehabilitation handbook, Australian mining industry Council, p.113.

Brady, B. H. G. & Brown, E. T., 1985, Rock mechanics for underground mining, George Allen & Unwin., p.527.

Bruhn, R. W., M. O. and Gray, R., 1978, Subsidence over the Mined cit Coal

ASCE Preprint 3293, pp.71~75.

Peng, S. S., 1993, Surface subsidence engineering, SME-AIME, p.161.

Hamrin, H., 1982, "Choosing an underground mining method", Sec. 1.6in Underground Mining Methods Handbook, edited by W. Hustrulid, New York: SME-AIME. pp.88~112.

Hartman H.L. and J.M. Mutmansky, 2002, Introductory Mining Engineering (2nd ed), John Wiley & Sons, Inc.

Hedin, R. S., 1994, Passive Treatment of Coal Mine Drainage, USBM, IC-9389.

Hutchison, P.G. and Ellison, R.P., 1992, Mine Waste Management, California Mining Association.

JOGMEC, 2006, 坑廃水処理の原理.

Karfakis, M. G., 1993, Residual subsidence over abandoned coal mines, In comprehensive rock engineering, Vol.5-1, pp.451~476.

Kelly, M., 1988, Mining and the freshwater environment, Elsevier Applied Science, London and New York.

Miller, S., Alan, R., Donohue, T., 1997, Advances in acid drainage prediction using the net acid generation (NAG) test, Proceedings of the 4th International Conference on Acid Rock Drainage, Vancouver, Vol. 2, pp.535~549.

National Coal Board, 1975, Subsidence Engineer's Handbook, 2nd Edition, London, p.111.

Lottermoser, B.G., 2007, Mine wastes, Springer, Berlin.

Peng, S.S., 1993, Surface subsidence engineering, SME-AIME, p.161.

Piggott, R. T. & Eynon, P., 1977, Ground movements arising from the presence of shallow abandoned mine workings, In Large Ground Movements & Structures, Pentech, pp.749~780.

PIRAMID, 2003, Engineering guidelines for the passive remediation of acidic and/or metalliferous mine drainage and similar wastewaters, the

PIRAMID consortium, University of Newcastle Upon Tyne, p.142.

Ren, G., Reddish, D. J. & Whittaker, B. N., 1987, Mining subsidence and displacement prediction using influence methods, Mining Science and Technology, 5, pp.89～104.

Rom, H., 1964, A limit angle system, Mitt. Markscheidew., 71, pp.197～199.

Schroder, J. L, 1973, "Modern mining methods - Underground", Chap. 14 in Elements of Practical Coal Mining, edited by S. M. Cassidy, New York: SME-AIME, pp.346～476.

Sengupta, M., 1993, Environmental impacts of mining (monitering, restoration and control), Lewis publisher.

Snoeyink, V.L. and Jenkins, D.J., 1980, Water chemistry, John Wiley & Sons, Inc, pp.382～386.

Sobek, A.A., Schuller, W.A., Freeman, J.R. and Smith, R.M., 1978, Field and Laboratory Methods Applicable to Overburdens and Minesoils, EPA-600/2-78-054, US-EPA.

Stumm, W. and Morgan, J. J., 1996, Aquatic Chemistry, 3rd Edition, John Wiley & Sons, New York.

Tessier, A. Campbell, P.G.C., and Bisson, M., 1979, Sequential extraction procedure for the speciation of particulate trace metal, Analytical Chemistry, pp.844～850.

USEPA, 1983, Design manual, Neutralization of acid mine drainage.

Whittaker, B. N. & Reddish, D. J., 1989, Subsidence Occurrence, Prediction & Control, Elsevier, p.528.

Younger, P.L., Banwart, S.A. and Hedin, R.S., 2002, Mine Water Hydrology, Pollution, Remediation, Kluwer Academic Publishers, p.396.

Younger, P.L. & Wolkersdorfer, Ch. 2004, 'Mining impacts on the fresh water environment: technical and managerial guidelines for catchment scale management', Mine Water Environ., p.23.

찾아보기

저자 소개

남광수

약력
- 자원공학박사
- 광해방지기술사(부회장)
- 한국광해광업공단 처장
- 에너지 · 자원 국가직무능력표준(NCS) 위원
- 연세대학교(원주) 겸임교수 역임
- 광업자원 국가기술자격 시험위원 역임

저서 『자원개발공학개론』

권현호

약력
- 자원관리기술사(부회장)
- 광산안전위원회 위원(부위원장)
- 산업통상자원부 기술서기관 역임
- 한국광해관리공단 광해사업본부장 역임
- 한양대학교, 강원대학교(삼척) 겸임교수 역임
- 한국광해협회 부회장 역임

광해방지공학 정가 25,000원

발 행 2007년 3월 10일 초판
2013년 10월 20일 2판
2023년 1월 10일 3판 1쇄

저 자 남광수 · 권현호

발행인 정우용

발행처 도서출판 동화기술

경기도 파주시 광인사길 201(문발동, 파주출판도시)

Tel (031)955-4211~6 donghwapub@nate.com

Fax (031)955-4217 www.donghwapub.co.kr

(등록) 1977년 12월 19일/9-16호

ISBN 978-89-425-9407-8